Quick Flora Mallorca

Horst Mehlhorn

Quick Flora Mallorca

Das kleine
Pflanzenbestimmungsbuch
für Ihre Reise

Horst Mehlhorn
Essen, Deutschland

ISBN 978-3-662-60735-0   ISBN 978-3-662-60736-7   (eBook)
https://doi.org/10.1007/978-3-662-60736-7

Die Deutsche Nationalbibliothek verzeichnet diese Publikation in der Deutschen Nationalbibliografie; detaillierte bibliografische Daten sind im Internet über http://dnb.d-nb.de abrufbar.

Einbandabbildung: © Kaesler Media / stock.adobe.com (Karte), © Horst Mehlhorn (Fotos)

Planung/Lektorat: Sarah Koch
Springer ist ein Imprint der eingetragenen Gesellschaft Springer-Verlag GmbH, DE und ist ein Teil von Springer Nature.
Die Anschrift der Gesellschaft ist: Heidelberger Platz 3, 14197 Berlin, Germany

Vorwort

Mallorca, Menorca, Ibiza und die anderen Inseln der Balearen gehören
zu den beliebtesten Urlaubszielen in Europa. Von kleinen Bildbänden
abgesehen gibt es aber bisher kein deutschsprachiges Bestimmungs-
buch, mit dem die weit über 1.400 auf den balearischen Inseln vorkommenden Wildblumen sicher bestimmt werden können. Auch die auf
Englisch und Spanisch verfügbaren Naturführer oder Bestimmungs-
bücher helfen nur begrenzt. Diese sind entweder vergriffen, enthalten
nicht alle Arten oder sie sind zu groß und zu schwer, um sie in den Urlaub und auf Wanderungen mitzunehmen. Auch dauert eine sichere
Bestimmung mit diesen meist länger, als auf Wanderungen akzeptabel
ist. Dies war der Antrieb, dieses Buch zu schreiben. Es sollte

- in wenigen Schritten eine schnelle Bestimmung ermöglichen,
- alle Wildblumenarten der balearischen Inseln enthalten,
- als Buch, auf dem PC, Tablet und Smartphone nutzbar sein,
- keine Internetverbindung erfordern,
- weitgehend auf Fachbegriffe verzichten,
- möglichst viele Bilder enthalten,
- und klein genug für die Hosen-/Jackentasche sein.

Hierfür habe ich einen neuartigen, mehrdimensionalen Schlüssel entwickelt. Dieser basiert auf 4 Merkmalen mit 256 theoretisch möglichen
Kombinationen. Übertragen in eine einseitige Tabelle kann so für die
meisten Arten direkt die (Doppel-) Seite ermittelt werden, auf der die
Pflanzen in wenigen Schritten bestimmt werden können. Bei Nutzung
auf einem Smartphone, Tablet oder PC können die angegebenen Seiten
außerdem direkt aus der Tabelle aufgerufen werden, ohne lästiges
Blättern, wie in herkömmlichen Bestimmungsbüchern.

Grundlage für die Auswahl der Arten waren hierfür die Werke von
Beckett (1988, 1993) und Gil und Llorens (1993), wobei endemische
Arten, also Pflanzen, die weltweit nur auf den Balearen natürlich
vorkommen, mit einem * gekennzeichnet sind. Aus Platzgründen und
weil Gräser und niedere Pflanzen, wie Farne, Moose oder Flechten, nur
selten auf Wanderungen bestimmt werden, wurde auf die Aufnahme
dieser Arten verzichtet.

Mein Dank gilt meiner Frau für Geduld und Verständnis auf Wanderungen und während der Entstehung des Buches sowie Dr. Sarah Koch und Dr. Meike Barth vom Springer-Verlag für ihre Unterstützung und Beratung bei der Fertigstellung des Buches.

Ich wünsche Ihnen beim besseren Kennenlernen der vielfältigen Pflanzenwelt der Balearen viel Freude und bin Ihnen für Korrekturvorschläge und Anregungen, die zur Verbesserung des Inhaltes beitragen, jederzeit dankbar.

Essen, den 5. Januar 2020

Horst Mehlhorn
quickflora@t-online.de

Inhaltsverzeichnis

Einführung in die Benutzung des Buches

Zur Gruppierung der Pflanzen in diesem Buch werden vier Kriterien herangezogen: die *Farbe* und *Form* der Blüten, die *Blattstellung* und die Art des *Blattrandes*. Mit Hilfe dieser vier Kriterien habe ich einen Schlüssel entwickelt, der es erlaubt, auf einer Doppelseite die meisten Arten in weniger als 10 Schritten zu bestimmen.

Farbe
In diesem Buch werden die Pflanzen nach den Farben *Weiß*, *Rosa*, *Rot*, *Blau*, *Gelb*, *Grün*, *Mehrfarbig* und *Anders* unterschieden. Weil sich die Wahrnehmung von Farben aber von Mensch zu Mensch unterscheidet und Farben oft Übergänge aufweisen, die nur schwer zu fassen sind, ist es oft schwierig, Arten eindeutig zuzuordnen. Entsprechend wurden viele Arten mehrfach zugeordnet.

Blütenform
Blüten unterscheiden sich außer in der Farbe auch hinsichtlich ihrer Form. Ähnlich wie bei den Farben konnten die Pflanzen auch hier in acht Gruppen unterteilt werden, (1) kleine Blüten, bei denen es oft schwierig ist zu erkennen, wie die Einzelblüte aussieht, (2) Blüten mit 2-4 radiärsymmetrischen Blütenblättern, (3) Blüten mit 5 radiärsymmetrischen Blütenblättern, (4) Blüten mit mehr als 5 radiärsymmetrischen Blütenblättern, (5) Blüten mit doldigen Blütenständen, (6) Blüten mit einer dorsiventralen Symmetrieachse, (7) margeriten- und löwenzahnartige Blütenstände und Blüten, die nicht in eines der vorhergehenden Kriterien passen.

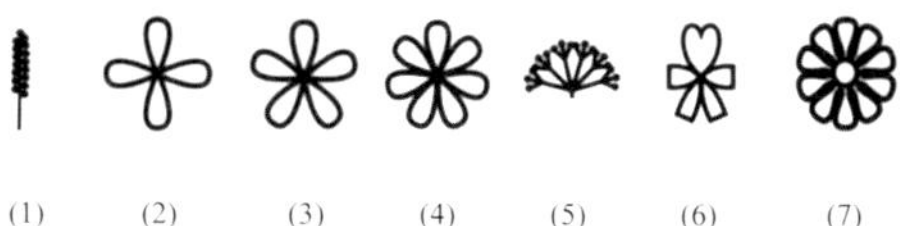

(1)   (2)   (3)   (4)   (5)   (6)   (7)

Blattstellung
Neben den Blüten unterscheiden sich Pflanzen auch durch ihre Blätter. Diese können *gegenständig* (8) oder *wechselständig* (9) sein.

© Springer-Verlag GmbH Deutschland, ein Teil von Springer Nature 2020
H. Mehlhorn, *Quick Flora Mallorca*,
https://doi.org/10.1007/978-3-662-60736-7_1

(8)   (9)

Hierbei schließt das Kriterium *wechselständig (nicht gegenständig)* auch Pflanzen ohne Blätter mit ein, ebenso wie Pflanzen, deren Blätter alle quirl- oder grundständig sind.

Blattrand

Außer in der Blattstellung unterscheiden sich Blätter auch in ihrem *Blattrand*. Dieser kann *ganzrandig* (10) oder *nicht ganzrandig* (11) sein. Ähnlich wie bei der Blattstellung gehören Pflanzen ohne Blätter auch hier zu den Pflanzen mit nicht ganzrandigen Blättern.

(10)   (11)

Weitere Bestimmungsmerkmale

Nach der Identifizierung der Doppelseite können die Arten anschließend in wenigen Schritten bestimmt werden. Wichtige Unterscheidungsmerkmale hierfür sind die Form der Blätter,

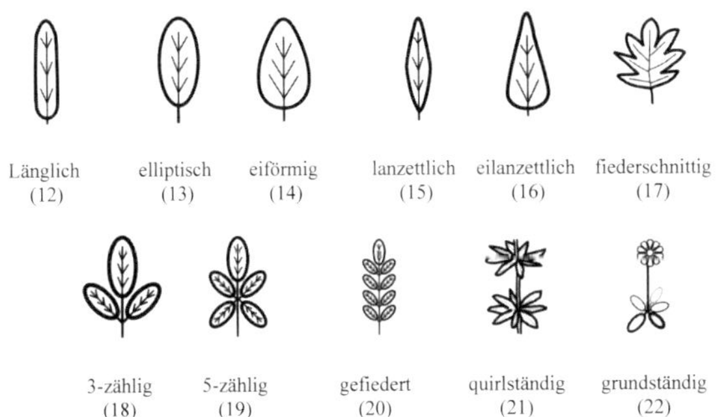

Länglich (12)	elliptisch (13)	eiförmig (14)	lanzettlich (15)	eilanzettlich (16)	fiederschnittig (17)
3-zählig (18)	5-zählig (19)	gefiedert (20)	quirlständig (21)	grundständig (22)	

die An- (23) oder Abwesenheit (24) von Blattstielen,

Blätter gestielt (23)

Blätter sitzend (24)

die An- (25) oder Abwesenheit (26) von Nebenblättern,

Blätter mit Nebenblättern (25)

Blätter ohne Nebenblätter (26)

und verschiedene Blütenmerkmale (27):

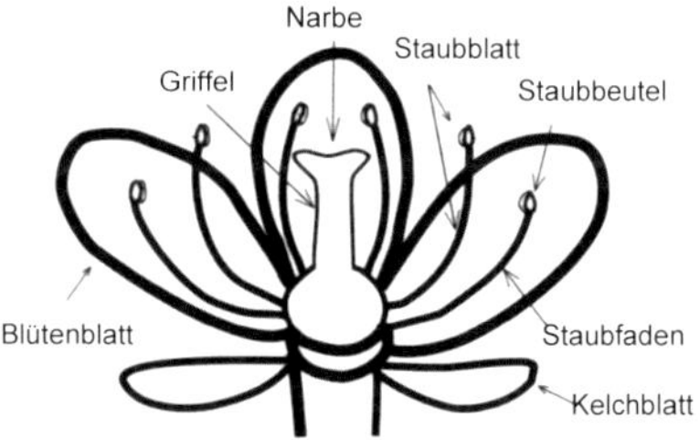

Blütenaufbau (27)

Pflanzenfamilien mit besonderen Merkmalen für die Bestimmung
Bei wenigen Pflanzenfamilien werden auch noch andere Merkmale
bei der Bestimmung genutzt. So sind bei Schmetterlingsblütlern
(Fabaceae) (28) die Farbe und Größe der Blütenblätter wichtig,

Schmetterlingsblüte (28)

bei Korbblütlern (*Compositae*) die Zahl der Reihen von Blütenhüllblättern (29),

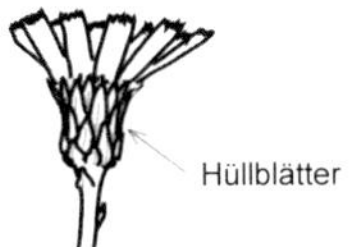

Korbblütler mit mehreren Reihen von Hüllblättern (29)

bei Doldenblütlern (*Apiaceae*) die Präsenz von Hüll- und Hüllchenblättern,

| Ohne Hüllblätter (30) | Mit Hüllblättern (31) | Mit Hüllchenblättern (32) |

bei Kreuzblütlern (*Cruciferae*) die Form der Früchte,

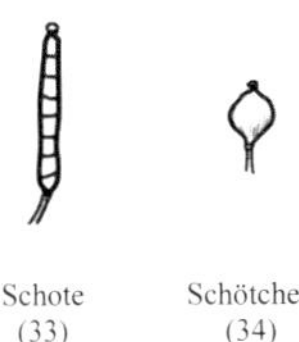

| Schote (33) | Schötchen (34) |

und bei Lippenblütlern (*Lamiaceae*) und anderen Pflanzenfamilien die Anwesenheit, Gestalt, und Größe von Unterlippe und Oberlippe (35).

Blüte mit Unterlippe und Oberlippe(35)

Nutzung der Bestimmungstabelle

Die Tabelle auf der gegenüberliegenden Seite gibt an, auf welcher Seite im Buch, eine Pflanzenart, die die entsprechenden Bestimmungsmerkmale aufweist, gefunden und bestimmt werden können. Hierfür ist die Tabelle folgendermaßen aufgebaut:

- Spalte 1 enthält die *Blütenform*
- Die Spalten zwei bis fünf verweisen auf Seiten mit Pflanzen, deren *Blattrand ganzrandig* ist.
- Die Spalten sechs bis neun verweisen auf Seiten mit Pflanzen, deren *Blattrand nicht ganzrandig* ist.
- Die Spalten 2, 3, 6 und 7 verweisen auf Seiten mit Pflanzen, deren Blätter *gegenständig* sind.
- Die Spalten 4, 5, 8 und 9 verweisen auf Seiten mit Pflanzen, deren Blätter *nicht gegenständig (wechselständig)* sind.
- Die farbigen Zellen verweisen jeweils auf die Blütenfarben *Weiß, Rosa, Rot, Blau, Gelb, Grün, Mehrfarbig* und *Anders,* wobei der olive Block die Farbe *Mehrfarbig* und der orange Block die Farbe *Anders* repräsentiert.

Beispiele:
A) Eine Pflanze mit blauen Blüten, mit 5 Blütenblättern, gegenständigen Blättern und ganzrandigem Blattrand kann auf der Seite 51 bestimmt werden.
B) Eine Rosettenpflanze mit mehrfarbigen Blüten, symmetrischen Blütenblättern, grundständigen Blättern und einem gezähnten Blattrand, kann auf der Seite 507 bestimmt werden.
C) Eine Pflanze mit violetten, symmetrischen Blüten und ganzrandigen, nicht gegenständigen Blättern kann auf der Seite 282 bestimmt werden.

Im Ebook sind zusätzlich auch Hyperlinks integriert, in der Tabelle, im Inhaltsverzeichnis, durch Ansteuerung der Kopfzeile (Sprung zurück zur Tabelle) oder Fußzeile (Sprung zum Index), im Schlüssel und der Artbeschreibung (unterstrichene Arten), der Bildlegende sowie den Registereinträgen im Index. Vom Index ist es außerdem möglich, auf die Seiten mit den abgebildeten Arten zu gelangen, indem die fett markierten Seitenzahlen angesteuert werden.

Mallorca

	Blätter ganzrandig				Blätter nicht ganzrandig			
	Gegenständig		Wechselständig		Gegenständig		Wechselständig	
Kleine · Blüten	19		86	174	303		360	
	33	63	115	214	311	339		488
	43		133				401	
	51	71	153	265				517
2-4 Blütenblätter	21	55	86	174	303		360	438
	33	63	115	221	311	339	387	495
	43		133	243	319	343	401	503
	51	71	153	267	325	345	423	518
5 Blütenblätter	22	57	92	180	303	335	366	446
	34	63	116	225	311	339	388	497
	43	69	137	245	319		407	505
	51	72	155	271	327	347	427	524
> 5 Blütenblätter	31	61	98	187			367	457
	41		123	229				499
	47	69	139	249			411	
		81	161	276			431	535
Dolde			107	191	303		374	459
				233			389	
								535
Blüten symmetrisch	31		108	192	305	337	380	462
	41		127	235	313		395	
	49	69	142	250	321	343	413	507
	53	83	165	282	329	348	433	536
Margerite · Löwenzahn		61		205		337		471
			131	207				474
			151	261			413	513
			171	297			433	545
Anders				208				485
		67		239	317	341	399	501
			151	261			417	
			173	299	333	357	437	546

Glossar

Ähre (1): Blütenstand mit sitzenden Blüten an unverzweigter, nicht verdickter Stängelachse

Ausdauernd: Pflanze mit unterirdischen Überdauerungsorganen

Außenkelch: kelchähnlicher Blattwirtel unmittelbar unter der Blütenhülle

Blütenhüllblätter (29): verschieden gestaltetes Tragblatt eines Blütenstandes

Brutzwiebeln: Vermehrungsorgan im Blütenstand

Dolde (30-32): schirmartiger Blütenstand, bei dem alle Blütenstiele vom selben Punkt ausgehen

Fahne (28): Blütenblatt der Schmetterlingsblüte

Flügel (28): Blütenblatt der Schmetterlingsblüte

Gefiedert (20): zusammengesetztes Blatt mit meist gegenständigen Blättchen an einer Blattspindel

Geflügelt: flügelartige Auswüchse oder Blattbildungen, z. B. an Stängeln, Blüten, Früchten

Gegenständig (23): zwei einander gegenüberstehende Blätter an einem Stängelknoten

Griffel (27): oberer, verjüngter Teil von Fruchtblättern, Narbe und Fruchtknoten der Blüte verbindend

Grundständig (22): Blätter stehen am Grund des Stängels, und bilden zu mehreren eine Rosette

Hüllblätter (29): verschieden gestaltetes Tragblatt eines Blütenstandes

Hüllchenblätter (32): Hüllblatt eines Döldchens

Kätzchen: ährenähnlicher Blütenstand

Kelch (27): unterer, meist grün gefärbter Blattwirtel einer doppelten Blütenhülle

Kelchblatt (27): einzelnes Blatt des Kelches

Knoten: Ansatzstelle der Blätter am Sproß

Köpfchen: vielblütiger Blütenstand mit horizontaler Blütenstandsachse

Lippe (35):	Blütenblatt, welches sich durch Form und Größe von den anderen Blütenblättern unterscheidet
Narbe (27):	oberster, bisweilen etwas verdickter oder lappig verlängerter Teil von Fruchtblättern der Blüte und das Keimbett für Blütenstaub bilden
Nebenblatt (25):	Blattbildung am Grunde des Blattstieles
Perianth:	Doppelte Blütenhülle aus Kelch- und Kronblättern
Quirlständig (21):	an jedem Knoten mehr als zwei Blätter stehend
Razem:	Ansammlung von Blüten innerhalb eines Blütenstandes, z. B. Ähren, Dolden, Trauben
Rispe:	mehrfach verzweigter Blütenstand, bei dem jedes Ästchen eine Blüte hat
Rosetten (22):	ringförmig angeordnete, grundständige Blätter
Schiffchen (28):	Kronblatt der Schmetterlingsblüte
Schmetterlingsblüte:	Blütenform, bei der das obere Blütenblatt Fahne (28), das untere Schiffchen (28) und die seitlichen Flügel (28) genannt werden
Schote (33):	Frucht (Länge zu Breite größer als 3 : 1)
Schötchen (34):	Frucht (Länge zu Breite kleiner als 3 : 1)
Staubblätter (27):	stark umgewandeltes Blatt der Blüte, in der Regel aus Staubfaden und Staubbeutel bestehend
Tragblätter:	Blatt, in dessen Achsel ein Seitenzweig oder eine einzelne Blüte steht
Traube:	verlängerter Blütenstand mit gestielten Blüten
Wechselständig (9):	an jedem Stängelknoten nur ein Blatt stehend
Zweihäusig:	männliche und weibliche Blüten auf verschiedenen Pflanzen

Blätter ganzrandig

-

Blätter gegenständig

Blätter ganzrandig - Blätter gegenständig

Vierblättriges Nagelkraut
Polycarpon tetraphyllum
(Caryophyllaceae)

Blüten klein

1A-Krautige Pflanze	
2A-Blätter quirlständig	***Polycarpon tetraphyllum***
2B-Blätter dickfleischig	***Crassula vaillantii***
2C-Blätter anders	
3A-Blätter spitz	***Asterolinon linum-stellatum***
3B-Blätter rund	
4A-Pflanze unten verholzt (Felsküsten)	***Polycarpon polycarpoides****
4B-Nicht verholzt (Strand und Sandböden)	***Polycarpon alsinifolium***
1B-Kletterpflanze	***Boussingaultia cordifolia***
1C-Strauch	***Phillyrea media***
1D-Baum	***Olea europaea***

Asterolinon linum-stellatum Stern-Lein (Primulaceae) Kraut/Stängel vierkantig
    Blätter lanzettlich/Blüten 0-2 mm/kalkhaltige Felder/März-Juni

Boussingaultia cordifolia Madeira-Wein (Basellaceae) Kletterpflanze/Blätter
    herzförmig/Blütenstand 5-20 cm/Blüten 2 mm/5 Staubblätter/Felder-Feucht-
    gebiete-Wegränder-Zierpflanze/Sep-Okt

Crassula vaillantii Vaillants Dickblatt (Crassulaceae) Kraut/Blüten 1-2 mm/
    Blätter fleischig/Blattstiel länger als die Blätter/Feuchtgebiete/Menorca/
    März-Juni

Olea europaea Ölbaum (Oleaceae) Baum/Blätter lanzettlich/Blüten klein und
    duftend/Eichenwälder-Felsspalten-Feuchtgebiete-Garigues-Kiefernwälder-
    Olivenhaine-Zierpflanze/Mai-Juni

Phillyrea media Steinlinde (Oleaceae) Strauch/Blüten 2-3 mm/Blütenstand in
    den Blattachseln/Baumheiden-Macchie-Eichenwälder-Felsspalten/März-Juni

Polycarpon alsinifolium Mierenblättrige Nagelkraut (Caryophyllaceae) Nieder-
    liegendes Kraut/Blätter eiförmig oder lanzettlich/Blüten 2-3 mm/Blütenblät-
    ter eingeschnitten/1-5 Staubblätter/Sandböden-Strand/März-Juli

Polycarpon polycarpoides* (Caryophyllaceae) Am Grund verholzt/Blütenblät-
    ter 1-2 mm/5 Staubblätter/Felsküsten/Apr-Aug

Polycarpon tetraphyllum Vierblättriges Nagelkraut (Caryophyllaceae) Kraut/
    Blätter verkehrt-eiförmig in vierzähligen Scheinquirlen/Blüten 2-3 mm/
    Blütenblätter eingeschnitten/1-5 Staubblätter/Felder-Mauern-Steinböden-
    Wegränder/März-Juli

Weiß

Ölbaum
Olea europaea
(Oleaceae)

2-4 Blütenblätter

1A-Blätter linear   *Crassula vaillantii*
1B-Blätter eiförmig   *Radiola linoides*
1C-Blätter lanzettlich
   2A-Baum   <u>*Olea europaea*</u>
   2B-Strauch
      3A-Blüten 2-3 mm/Blütenstand axillar   *Phillyrea media*
      3B-Blüten 4-6 mm/Blütenstand endständig *Ligustrum ovalifolium*

Crassula vaillantii Vaillants Dickblatt (Crassulaceae) Kraut/Blüten 1-2 mm/ Blätter fleischig/Blattstiel länger als die Blätter/Feuchtgebiete/Menorca/ März-Juni

Ligustrum ovalifolium Wintergrüner Liguster (Oleaceae) Strauch/Blätter oval/Blüten 4-6 mm/Blütenstand endständig/Juni-Juli

<u>*Olea europaea*</u> Ölbaum (Oleaceae) Baum/Blätter lanzettlich/Blüten klein und duftend/Eichenwälder-Felsspalten-Feuchtgebiete-Garigues-Kiefernwälder-Olivenhaine-Zierpflanze/Mai-Juni

Phillyrea media Steinlinde (Oleaceae) Strauch/Blüten 2-3 mm/Blütenstand in den Blattachseln/Baumheiden-Macchie-Eichenwälder-Felsspalten/März-Juni

Radiola linoides Zwergflachs (Linaceae) Kraut bis 10 cm/Blätter eiförmig/ Blüten 1-2 mm/Menorca/Mai-Sep

Weiß

5 Blütenblätter

1A-Blätter herzförmig
  2A-Blüten 2 mm   *Boussingaultia cordifolia*
  2B-Blüten > 5 mm
    3A-Blätter eiförmig   *Cynanchumm acutum*
    3B-Blätter schmal   *Vincetoxicum hirundinaria*
1B-Blätter nicht herzförmig
  2A-Kelchblätter der Blüte verwachsen
    3A-Blütenblätter kaum aus dem Kelch ragend
      4A-Blüten sitzend   *Silene disticha*
      4B-Blüten gestielt
        5A-Blüten zu 1-2   *Silene sedoides*
        5B-Blüten zu 5-15   *Silene nocturna*
    3B-Blütenblätter >> Kelch der Blüte
      4A-Blütenblätter tief eingeschnitten
        5A-Pflanze unbehaart   <u>*Silene vulgaris*</u>
        5B-Pflanze behaart
          6A-Kraut   *Silene nicaeensis*
          6B-Pflanze unten verholzt   *Silene mollissima**
      4B-Blütenblätter nicht tief eingeschnitten
        5A-Pflanze unbehaart   <u>*Saponaria officinalis*</u>
        5B-Pflanze behaart
          6A-Blüten lang gestielt/Kelch 4-7 mm   *Gypsophila pilosa*
          6B-Blüten sitzend
            7A-Blütenkelch 7-10 mm   *Silene gallica*
            7B-Blütenkelch 11-14 mm   *Silene tridentata*
  2B-Kelchblätter der Blüte nicht verwachsen
    3A-Blütenblätter verwachsen
      4A-Stängel rund   *Centaurium pulchellum*
      4B-Stängel vierkantig
        5A-Blüten bis 2 mm groß   *Asterolinon linum-stellatum*
        5B-Blüten 4-7 mm   <u>*Anagallis arvensis*</u>
    3B-Blütenblätter nicht verwachsen
      4A-Blätter gestielt   *Stellaria pallida*
      4B-Blätter sitzend
        5A-Blütenblätter eingeschnitten
          6A-Blüten mit 3 Griffeln   *Stellaria media*
          6B-Blüten mit 5 Griffeln
            7A-Blüten mit 5 Staubblättern
              8A-Kronblätter < Kelchblätter   *Cerastium semidecandrum*
              8B-Kronblätter > Kelchblätter   *Cerastium pumilum*

7B-Blüten mit 10 Staubblättern
  8A-Kronblätter < Kelchblätter — *Cerastium brachypetalum*
  8B-Kronblätter > Kelchblätter — *Cerastium glomeratum*
5B-Blütenblätter nicht eingeschnitten
  6A-Blüten mit 1-4(5) Staubblättern
    7A-Blüten doldenartig — *Polycarpon alsinifolium*
    7B-Blüte nicht in Dolden — *Polycarpon tetraphyllum*
  6B-Blüten mit 5 Staubblättern
    7B-Pflanze unbehaart
      8A-Blütenblätter bis 2 mm — *Polycarpon polycarpoides*
      8B-Blüten 12-20 mm — *Lonicera pyrenaica**
    7B-Pflanze behaart
      8A-Blütenknäuel axillar — *Paronychia argentea*
      8B-Blütenknäuel endständig — *Paronychia capitata*
      8C-Blüten endständig/12-14 mm — *Gomphocarpus fruticosus*
  6C-Blüten mit 6 Staubblättern — *Frankenia pulverulenta*
  6D-Blüten mit 10 Staubblättern
    7A-Pflanze unbehaart
      8A-Blätter mit Nebenblättern
        9A-Nebenblätter trockenhäutig — *Spergularia bocconei*
        9B-Nebenblätter nicht so — *Spergularia nicaeensis*
      8B-Blätter ohne Nebenblätter
        9A-Blütenstiel > als der Kelch — *Minuartia hybrida*
        9B-Blütenstiel nicht so — *Minuartia mediterranea*
    7B-Pflanze behaart
      8A-Blätter mit Nebenblättern — *Spergularia marina*
      8B-Blätter ohne Nebenblätter
        9A-Blütenblätter > Blütenkelch
          10A-Blätter länglich — *Arenaria grandiflora**
          10B-Blätter eiförmig — *Arenaria balearica**
        9B-Blütenkelch > Blütenblätter
          10A-Kelch 3-5 mm — *Arenaria serpyllifolia*
          10B-Kelch 2-3 mm — *Arenaria leptoclados*
  6E-Blüten mit vielen Staubblättern
    7A-Pflanze unbehaart — *Aizoon hispanicum*
    7B-Pflanze behaart
      8A-Blüten mit 3 Kelchblättern — *Cistus clusii*
      8B-Blüten mit 5 Kelchblättern — *Cistus monspeliensis*

Weiß

Clusius-Zistrose
Cistus clusii
(Cistaceae)

Aizoon hispanicum Spanisches Eiskraut, Spanisches (Aizoaceae) Kraut bis 25 cm lang/Blätter lanzettlich+sitzend/Blüten 9-10 mm/5-15 Staubblätter/Blüten einzeln/Felsküsten/Jan-Juni

Anagallis arvensis Acker-Gauchheil (Primulaceae) Kraut/Stängel vierkantig/ Blätter eiförmig zugespitzt/Blüten 4-7 mm/Felder-Wegränder/Apr-Mai

*Arenaria balearica** Balearen-Sandkraut (Caryophyllaceae) Behaarte Pflanze Blätter eiförmig/Blüten 4-6 mm/10 Staubblätter/Eichenwälder-Mauern-schattige Abhänge-Steinböden/Apr-Juli

*Arenaria grandiflora** Großblütiges Sandkraut (Caryophyllaceae) Behaarte Pflanze/Blätter länglich/Blüten ca. 15 mm/10 Staubblätter/Bergland-Fels-spalten-kalkhaltige Felder/Mai-Juli

Arenaria leptoclados Dünnstängeliges Sandkraut (Caryophyllaceae) Behaartes Kraut/Blätter eiförmig bis lanzettlich/Blüten 4-7 mm/10 Staubblätter/Kelch 2-3 mm/kalkhaltige Felder-Mauern-Steinböden/März-Juni

Arenaria serpyllifolia Quendel-Sandkraut (Caryophyllaceae) Behaartes Kraut/ Blätter eiförmig zugespitzt/Blüten 4-7 mm/10 Staubblätter/Kelch 3-5 mm/ März-Juli

Asterolinon linum-stellatum Stern-Lein (Primulaceae) Kraut/Stängel vierkantig Blätter lanzettlich/Blüten 0-2 mm/kalkhaltige Felder/März-Juni

Boussingaultia cordifolia Madeira-Wein, (Basellaceae) Kletterpflanze/Blätter herzförmig/Blütenstand 5-20 cm/Blüten 2 mm/5 Staubblätter/Felder-Feucht-gebiete-Wegränder-Zierpflanze/Sep-Okt

Centaurium pulchellum Kleines Tausendgüldenkraut (Primulaceae) Kraut/ unbehaart/Blüten 5-9 mm/Felsküsten-Felder-Sandböden-Strand/Apr-Mai

Cerastium brachypetalum Kleinblütiges Hornkraut (Caryophyllaceae) Kraut/ behaart/Kronblätter < Kelchblätter/Blüten 5-10 mm/Blütenblätter einge-schnitten/10 Staubblätter/kalkhaltige Felder-Steinböden/März-Juli

Cerastium glomeratum Knäuel-Hornkraut (Caryophyllaceae) Behaartes Kraut/ Blätter lanzettlich bis eiförmig/Kronblätter>Kelchblätter/Blütenblätter einge-schnitten/10 Staubblätter/Felder-Mauern-Steinböden/Feb-Juni

Cerastium pumilum Dunkles Zwerg-Hornkraut (Caryophyllaceae) Behaartes Kraut/Kronblätter>Kelchblätter/Blütenblätter eingeschnitten/5 Staubblätter/ Felder/März-Juli

Cerastium semidecandrum Fünfmänniges Hornkraut (Caryophyllaceae) Behaartes Kraut/Blüten 5-10 mm/Blütenblätter eingeschnitten/5 Staubblätter/ Kronblätter < Kelchblätter/Felder-Mauern-Steinböden-Wegränder/März-Juni

Cistus clusii Clusius-Zistrose (Cistaceae) Behaarter Strauch/Blätter linear/ Blüten 2-3 cm/Blütenblätter eingeschnitten/3 Kelchblätter/viele Staubblätter/ Garigues-Kiefernwald-Sandböden-Strand/Apr-Mai

Cistus monspeliensis Montpellier-Zistrose (Cistaceae) Drüsig-klebriger Strauch Zweige behaart/Blätter lineal-lanzettlich oder eiförmig/Blüten 20-30 mm/5 Kelchblätter/viele Staubblätter/Baumheiden Macchie-Olivenhaine/Apr-Juni

Echtes Seifenkraut
Saponaria officinalis
(Caryophyllaceae)

Cynanchum acutum Lianen-Schwalbenwurz (Asclepiadaceae) Kletterpflanze/
  Blätter herzförmig/Blüten 8-12 mm/Felsküsten-Strand-Sandböden/Juni-Aug
Frankenia pulverulenta Staubige Frankenie (Frankeniaceae) Behaartes Kraut/
  Blätter länglich-spatelförmig/Blütenblätter 3-5 mm/6 Staubblätter/Felsküsten
  Marschland-SandbödenStrand/März-Nov
Gomphocarpus fruticosus Strauchige Seidenpflanze (Asclepiadaceae) Strauch
  behaart/Blätter lineal-lanzettlich/Blüten 12-14 mm, endständig mit 5 ringför-
  mig verwachsenen Staubblättern/Felder-Feuchtgebiete-Wegränder/Mai-Sep
Gypsophila pilosa (Caryophyllaceae) Behaartes Kraut/Blüten lang gestielt/
  Kelch 4-7 mm/Blütenblätter ganzrandig oder gebuchtet
*Lonicera pyrenaica** Pyrenäen-Heckenkirsche (Caprifoliaceae) Pflanze unten
  verholzt/Blüte 12-20 mm/5 Staubblätter/Mai-Juni
Minuartia hybrida Feinblättrige Miere (Caryophyllaceae) Kraut/Blüten 5-8 mm
  10 Staubblätter/Blütenstiel länger als Kelch/kalkhaltige Felder-Mauern-
  Steinböden/März-Sep
Minuartia mediterranea Mediterrane Miere (Caryophyllaceae) Kraut/Blätter
  linear-lanzettlich zugespitzt/Blüten 5-8 mm/10 Staubblätter/Blütenstiel kürzer
  oder gleich lang wie die Kelchblätter/kalkhaltige Felder-Mauern-Steinböden/
  März-Sep
Paronychia argentea Silber-Mauermiere (Caryophyllaceae) Behaarter Zwerg-
  strauch/Blätter linear-lanzettlich, eilanzettlich der rundlich/Blütenknäuel 8-10
  mm/Blüten axillar/5 Staubblätter/Felder-Wegränder/März-Juni
Paronychia capitata Kopfförmige Mauermiere (Caryophyllaceae) Nieder-
  liegende Pflanze/flaumig behaart/Blätter verkehrt-lanzettlich/Blütenknäuel
  8-10 mm/Blüten endständig/5 Staubblätter/Felder-Wegränder/März-Juli
Polycarpon alsinifolium Mierenblättriges Nagelkraut (Caryophyllaceae)
  Niederliegendes Kraut/Blätter eiförmig oder lanzettlich/Blüten 2-3 mm/
  Blütenblätter eingeschnitten/1-5 Staubblätter/Sandböden-Strand/März-Juli
*Polycarpon polycarpoides** (Caryophyllaceae) Pflanze unten verholzt/Blüten-
  blätter 1-2 mm/5 Staubblätter/Felsküsten/Apr-Aug
Polycarpon tetraphyllum Vierblättriges Nagelkraut (Caryophyllaceae) Kraut/
  Blätter verkehrt-eiförmig in 4zähligen Scheinquirlen/Blüten 2-3 mm/Blüten-
  blätter eingeschnitten/1-5 Staubblätter/Felder-Mauern-Steinböden-Wegränder
  März-Juli
Saponaria officinalis Echtes Seifenkraut (Caryophyllaceae) Pflanze/Blätter
  elliptisch/Blüten 25-38 mm/Blütenblätter ganzrandig oder gebuchtet/Wälder-
  Nutzpflanze/Juni Sep
Silene disticha (Caryophyllaceae) Kraut/Kelch rauh behaart/Kelch 8-9 mm/Blü-
  tenblätter kaum aus dem Kelch ragend/Blüten fast sitzend/Blüten zu 3-8/Mai
Silene gallica Französisches Leimkraut (Caryophyllaceae) Behaartes Kraut/
  untere Blätter spatelig oder verkehrt-lanzettlich, obere lanzettlich oder
  linealisch/Blüten sitzend/Kelch 7-10 mm/Blütenblätter ganzrandig oder
  gebuchtet/Felder-Wegränder/Apr-Mai

Aufgeblasenes Leimkraut
Silene vulgaris
(Caryophyllaceae)

*Silene mollissima** (Caryophyllaceae) Behaarte Pflanze/Blütenblätter einge-
schnitten/Kelch 17-25 mm/Felsspalten/Mai-Juni

Silene nicaeensis Natolisches Leimkraut (Caryophyllaceae) Klebrig behaartes
Kraut/Blütenblätter eingeschnitten/Kelch 10-13 mm/Mai

Silene nocturna Nachtblühendes Leimkraut (Caryophyllaceae) Weich behaartes
Kraut/Blätter kurz gestielt, spatelig oder verkehrt-eiförmig bis lanzettlich
Blütenblätter kaum aus dem Kelch ragend/Blütenblätter eingeschnitten/Kelch
9-13 mm/Blüten fast sitzend/Felder-Wegränder/April-Juni

Silene sedoides Mauerpfeffer-Leimkraut (Caryophyllaceae) Weich behaartes
Kraut/Blätter fleischig/Blüten gestielt/Blüten zu 1-2/Kelch 6-8 mm/
Blütenblätter kaum aus dem Kelch ragend/Felsküsten/Mai

Silene tridentata Dreizähniges Leimkraut (Caryophyllaceae) Behaartes Kraut/
Blätter oben lanzettlich, unten verkehrt-lanzettlich oder verkehrt-eiförmig/
Blüten sitzend/Kelch 11-14 mm/Blütenblätter ganzrandig oder gebuchtet

<u>*Silene vulgaris*</u> Aufgeblasenes Leimkraut (Caryophyllaceae) Pflanze mit
lanzettlichen Blättern/Blüten 12-16 mm/Blütenblätter eingeschnitten/Kelch
aufgeblasen/Felder-Wegränder/Mai-Juni

Spergularia bocconei Boccones Schuppenmiere (Caryophyllaceae) Kraut mit
trockenhäutigen Nebenblättern/Blätter mit endständiger Borste/Blüten 7-9
mm/3 Griffel/10 Staubblätter/Felder-Felsküsten-Marschland-Wegränder/
Dez-Juni

Spergularia marina Salz-Schuppenmiere (Caryophyllaceae) Behaartes Kraut/
Blätter fleischig/Blüten 6-8 mm/Blütenblätter ganz/10 Staubblätter/
Kelchblätter ungefähr so groß wie die Blütenblätter/Apr-Sep

Spergularia nicaeensis Natolische Schuppenmiere (Caryophyllaceae) Pflanze
mit fleischigen Blättern/Blüten 9-12 mm/10 Staubblätter/März-Juli

Stellaria media Vogel-Sternmiere (Caryophyllaceae) Behaartes Kraut/Blätter
kahl/Blätter eiförmig oder lanzettlich/Blüten 4-7 mm/Blütenblätter einge-
schnitten/0-10 Staubblätter/Felder-Wegränder/Jan-Juni

Stellaria pallida Bleiche Sternmiere (Caryophyllaceae) Kraut/Blätter zugespitzt eiförmig/Blüten 4-5 mm/2 Staubblätter/Felder-Mauern-Steinböden-
Wegränder/Jan-Dez

Vincetoxicum hirundinaria Weiße Schwalbenwurz (Asclepiadaceae) Pflanze
mit zugespitzt-eiförmigen Blättern/Blattgrund herzförmig/Blüten 5-10 mm/
Felsspalten/Mai-Juli

Myrte
Myrtus communis
(Myrtaceae)

Mehr als 5 Blütenblätter

1A-Krautartige Pflanze/Blätter parallelnervig   *Nothoscordum fragans*
1B-Strauch
  2A-Blätter fleischig   *Drosanthemum floribundum*
  2B-Blätter nicht so   *Myrtus communis*

Drosanthemum floribundum Reichblütiges Drosanthemum (Aizoaceae) Steif behaarter Strauch/Blätter fleischig/Blüten einzeln/Blüten 10-25 mm/viele Staubblätter/Felsküsten-Zierpflanze/März-Juni
Myrtus communis Myrte (Myrtaceae) Immergrüner Strauch/jung drüsig behaart/Blätter lanzettlich zugespitzt/Blüten bis zu 3 cm/viele Staubblätter/ Baumheiden-Macchie-Eichenwälder-Feuchtgebiete/Mai-Juni
Nothoscordum fragans Maiglöckchen-Lauch (Liliaceae) Zwiebelpflanze/ Blätter parallelnervig und lineal/Blüten in 4 cm großen Dolden/Blütenblätter mit rosa Mittelvene

Blüten symmetrisch

1A-Blätter sitzend   *Polygala nicaeensis*
1B-Blätter gestielt   *Prunella laciniata*

Polygala nicaeensis Pannonisches Kreuzblümchen (Polygalaceae) Kraut/Blüten 9-10 mm/Blüten einzeln/viele Staubblätter/Apr-Juli
Prunella laciniata Weiße Braunelle (Lamiaceae) Behaartes Kraut mit Nebenblättern/Blätter länglich-eiförmig bis lanzettlich/Blüten 14-20 mm/ vielblütig/5 Staubblätter/Felder-Wegränder/Menorca/Juni-Aug

Glatte Frankenia
Frankenia laevis
(Frankeniaceae)

Blüten klein

1A-Blätter lanzettlich   *Silene apetala*
1B-Blätter fleischig
    2A-Blätter fast dachziegelaartig   *Crassula tillaea*
    2B-Blätter nicht so   *Crassula vaillantii*

Crassula tillaea Moos-Dickblatt (Crassulaceae) Moosartige Pflanze/Blätter fast
    dachziegelartig, eiförmig-lanzettlich, fleischig/Blütenblätter < Kelchblätter/
    Blütenblätter 1 mm/Felder-Wegränder-Felsspalten/Jan-Aug
Crassula vaillantii Vaillants Dickblatt (Crassulaceae) Kraut/Blüten 1-2 mm/
    Blätter fleischig/Blattstiel länger als die Blätter/Feuchtgebiete/Menorca/
    März-Juni
Silene apetala Kronblattloses Leimkraut (Caryophyllaceae) Behaartes Kraut/
    untere Blätter schmal lanzettlich, obere lineal-lanzettlich/Blütenblätter im
    Kelch verborgen oder fehlend/3 Griffel/Kelch 7-10 mm/Felder-Wegränder/
    Feb-März

2-4 Blütenblätter

1A-Blüten mit 2 oder 3 Blütenblättern   *Crassula tillaea*
1B-Blüten mit 4 Blütenblättern
    2A-Blüten bis 2 mm   *Crassula vaillantii*
    2B-Blüten 4-5 mm   *Exaculum pusillum*

Crassula tillaea Moos-Dickblatt (Crassulaceae) Moosartige Pflanze/Blätter fast
    dachziegelaartig, eiförmig-lanzettlich, fleischig/Blütenblätter < Kelchblätter/
    Blütenblätter 1 mm/Felder-Wegränder-Felsspalten/Jan-Aug
Crassula vaillantii Vaillants Dickblatt (Crassulaceae) Kraut/Blüten 1-2 mm/
    Blätter fleischig/Blattstiel länger als die Blätter/Feuchtgebiete/Menorca/
    März-Juni
Exaculum pusillum Kleines Zindelkraut (Gentianaceae) Kraut mit lanzettlichen
    Blättern/Blüten 4-5 mm/Narbe 2-teilig

5 Blütenblätter

1A-Kelchblätter der Blüte verwachsen
  2A-Blüte mit 2 Griffeln
    3A-Stängel unbehaart

4A-Blüten 6-8 mm	*Gypsophila pilosa*
4B-Blüten 8-16 mm	<u>*Vaccaria hispanica*</u>
4C-Blüten > 16 mm	<u>*Saponaria officinalis*</u>

    3B-Stängel behaart

4A-Blattscheide < 2x so lang wie breit	*Petrorhagia nanteuilii*
4B-Blattscheide viel länger als breit	*Petrorhagia dubia*

  2B-Blüte mit 3-5 Griffeln
    3A-Kelch der Blüte < 13 mm

4A-Blütenblätter verborgen/fehlend	*Silene apetala*
4B-Blütenblätter ungeteilt	
5A-Kelch < 3 mm	*Silene gallica*
5B-Kelch 11-14 mm	*Silene tridentata*
4C-Blütenblätter gebuchtet	
5A-Kelch nicht verengt	*Silene rubella*
5B-Kelchöffnung verengt	*Silene cerastoides*
4D-Blütenblätter tief eingeschnitten	
5A-Blüten einzeln	*Silene colorata*
5B-Blüten zu 2-8	*Silene nicaeensis*

    3B-Kelch der Blüte > 13 mm
      4A-Blüten zu 1-3

5A-Stängel drüsig behaart	*Silene almolae*
5B-Stängel nicht drüsig behaart	*Silene sericea*

      4B-Blüten zu > 3

5A-Pflanze unbehaart	*Silene muscipula*
5B-Pflanze (fast) unbehaart	*Silene secundiflora*
5C-Pflanze behaart	
6A-Blütenblätter ungeteilt	*Silene pseudatocion**
6B-Blütenblätter eingeschnitten	
7A-Pflanze unten verholzt	*Silene hifacensis**
7B-Pflanze unten nicht verholzt	*Silene bellidifolia*

1B-Kelchblätter der Blüte nicht verwachsen
  2A-Blütenblätter verwachsen

3A-Blätter gestielt	<u>*Nerium oleander*</u>

    3B-Blätter sitzend
      4A-Stängel vierkantig

5A-Blütenblätter > Blütenkelch	*Anagallis tenella*
5B-Blüten- und Kelchblätter gleich lang	<u>*Anagallis arvensis*</u>

4B-Stängel nicht vierkantig
  5A-Blüten 5-9 mm/Stängel verzweigt   ***Centaurium pulchellum***
  5B-Blüten größer
    6A-Blüten lachsfarben   ***Centaurium bianoris****
    6B-Blüten rosa   <u>***Centaurium erythraea***</u>
2B-Blütenblätter nicht verwachsen
 3A-Blätter ohne Nebenblätter
  4A-Blüten mit 4-5 Staubblättern
   5A-Blüten 5-9 mm/Stängel verzweigt   ***Centaurium pulchellum***
   5B-Blüten größer
    6A-Blüten lachsfarben   ***Centaurium bianoris****
    6B-Blüten rosa   ***Centaurium erythraea***
  4B-Blüten mit 6 Staubblättern
   5A-Blüten endständig   ***Frankenia hirsuta***
   5B-Blüten anders   <u>***Frankenia laevis***</u>
  4C-Blüten mit 10 Staubblättern   ***Rhodalsine geniculata***
 3B-Blätter mit Nebenblättern
  4A-Kelchblätter der Blüte 2-4 mm
   5A-Blätter mit endständiger Borste   ***Spergularia bocconei***
   5B-Blätter ohne endständige Borste   ***Spergularia marina***
  4B-Kelchblätter der Blüte 4-6 mm   <u>***Spergularia media***</u>

Rosa

Gemeiner Oleander
Nerium oleander
(Apocynaceae)

__Anagallis arvensis__ Acker-Gauchheil (Primulaceae) Kraut/Stängel vierkantig/ Blätter eiförmig-zugespitzt/Blüten 4-7 mm/Felder-Wegränder/Apr-Mai

__Anagallis tenella__ Zarter Gauchheil (Primulaceae) Kahles Kraut/Stängel vierkantig/Blätter rundlich/Blüten 6-10 mm/Feuchtgebiete/Apr-Sep

*__Centaurium bianoris*__* Zweifarbiges Tausendgüldenkraut (Gentiananceae) Kraut/Blätter sitzend/Blüten 11-18 mm/kalkhaltige Felder/Apr-Juni

__Centaurium erythraea__ Echtes Tausendgüldenkraut (Gentianaceae) Kraut/ Grundblätter verkehrt-eiförmig, Stängelblätter länglich bis schmal-eiförmig/ Blüten 9-15 mm/Felder-Felsküsten-Garigues-Kiefernwald-Macchie-Marschland/Apr-Aug

__Centaurium pulchellum__ Zierliches Tausendgüldenkraut (Gentianaceae) Reich verzweigtes Kraut/Blätter eiförmig-lanzettlich/Blüten 5-9 mm/Felder-Felsküsten-Strand/Apr-Mai

__Frankenia hirsuta__ Behaarte Frankenie (Frankeniaceae) Pflanze mit endständigen Blüten/Blätter eingerollt/Blütenblätter 4-6 mm/Felsküsten/Apr-Mai

__Frankenia laevis__ Glatte Frankenie (Frankeniaceae) Pflanze mit quirlständigen Blättern/Blütenblätter 4-6 mm/Felsküsten/Apr-Mai

__Gypsophila pilosa__ Behaartes Gipskraut (Caryophyllaceae) Kraut/Blätter länglich bis lanzettlich/Blüten 6-8 mm/Blütenblätter gebuchtet/2 Griffel oder Narben/Kelch mit papierartigen Verbindungen

__Nerium oleander__ Gemeiner Oleander (Apocynaceae) Strauch/Blätter länglich lanzettlich Blüten > 30 mm/Feuchtgebiete-Zierpflanze/Mai-Juni

__Petrorhagia dubia__ Samt-Felsennelke (Caryophyllaceae) Kraut/Stängel behaart/ Blattscheide >2x so lang wie breit/Blüten 2-3 mm/2 Griffel oder Narben/ Kelch mit Venen/Kelchröhre mit papierartigen Verbindungen

__Petrorhagia nanteuilii__ (Caryophyllaceae) Kraut/Blüte mit 2 Griffeln oder Narben/Stängel teilweise drüsig behaart/Blattscheide <2x so lang wie breit/ Kelch mit Venen/Kelchröhre mit papierartigen Verbindungen/Felder-Wegränder/Mai-Juni

__Rhodalsine geniculata__ Gekniete Rotmiere (Caryophyllaceae) Weich behaarte Pflanze/Blüten axillar/Blüten 5-8 mm/Felder-Felsküsten-Wegränder/Apr-Mai

__Saponaria officinalis__ Echtes Seifenkraut (Caryophyllaceae) Krautige Pflanze/ Blätter eiförmig spitz/Blüte mit 2 Griffeln oder Narben/Kelch ohne Venen/ Kelch glatt und röhrig/verwilderte Kulturpflanze/Juni-Sep

__Silene almolae__ (Caryophyllaceae) Behaartes Kraut/Stängel drüsig behaart/ Blüten zu 1-3/Kelch 12-18 mm/3 Griffel

__Silene apetala__ Kronblattloses Leimkraut (Caryophyllaceae) Behaartes Kraut/ untere Blätter schmal lanzettlich, obere lineal-lanzettlich/3 Griffel/Kelch 7-10 mm/Blütenblätter im Kelch verborgen oder fehlend/Felder-Wegränder/Feb-März

__Silene bellidifolia__ (Caryophyllaceae) Behaartes Kraut/Blüten zu mehreren/ Blütenblätter eingeschnitten/Blüten in dichten Blütenständen/Blüten lang gestielt

Saat-Kuhnelke
Vaccaria hispanica
(Caryophyllaceae)

Silene cerastoides (Caryophyllaceae) Behaartes Kraut/Blütenblätter gebuchtet/ Kelchöffnung verengt/Kelch 8-11 mm/Kelch mit Venen/Felsküsten-kalk- haltige Felder-Strand/März-Mai

Silene colorata Farbiges Leimkraut (Caryophyllaceae) Behaartes Kraut/Blätter spatelförmig bis lineal/Blütenblätter tief eingeschnitten/Blüten einzeln/3 Griffel/Kelch < 13 mm/Kelch mit Venen/Felder-Strand-Wegränder/Mai

Silene gallica Französisches Leimkraut (Caryophyllaceae) Behaartes Kraut/ Blätter länglich spatelig/Blüten 7-14 mm/Kelch < 3 mm/Kelch mit Venen/ 3 Griffel/Felder-Wegränder/Apr-Juni

Silene hifacensis* (Caryophyllaceae) Behaarte Pflanze/Kelch mit Venen/Kelch 10-venig/Felsspalten/Ibiza/Apr-Juni

Silene muscipula Fliegenfallen-Leimkraut (Caryophyllaceae) Kraut/Blätter lanzettlich/Blüten kurz gestielt/Blüten zu mehreren/Kelch 13-17 mm/3 Griffel

Silene nicaeensis Natolisches Leimkraut (Caryophyllaceae) Klebrig behaartes Kraut/Blütenblätter tief eingeschnitten/Blüten zu 2-8/Kelch < 13 mm/Kelch mit Venen/3 Griffel/Mai

Silene pseudatocion* (Caryophyllaceae) Behaartes Kraut/Blüten zu >3/ Blütenblätter ungeteilt/Blüten in Dichasien/Kelch 13-20 mm/Kelch drüsig behaart/3 Griffel/Apr-Juni

Silene rubella (Caryophyllaceae) Behaartes Kraut/Blütenblätter ungeteilt/ Kelchöffnung nicht verengt/Kelch 7-11 mm/Kelch mit Venen/3 Griffel/ Felder-Wegränder/Mai-Juni

Silene secundiflora Einseitswendiges Leimkraut (Caryophyllaceae) Kraut/ Blüten 7-8 mm/Kelch 13-17 mm/Blüten zu mehreren/Kelch 5-10nervig und kahl/3 Griffel/Felsküsten-kalkhaltige Felder-Strand/Apr-Juni

Silene sericea (Caryophyllaceae) Behaartes Kraut/3 Griffel/Kelch 12-20 mm/ Blüten einzeln oder selten zu 2-3

Silene tridentata Dreizähniges Leimkraut (Caryophyllaceae) Behaartes Kraut/ obere Blätter lanzettlich, untere verkehrt-eiförmig/Blüten sitzend/Kelch 11-14 mm/Blütenblätter ganzrandig oder gebuchtet/3 Griffel/Ibiza

Spergularia bocconei Boccones Schuppenmiere (Caryophyllaceae) Pflanze mit Nebenblättern/Blätter mit endständiger Borste/Blütenblätter < Kelchblätter/ Kelchblätter 2-4 mm/Felder-Felsküsten-Marschland-Wegränder/Dez-Juni

Spergularia marina Salz-Schuppenmiere (Caryophyllaceae) Pflanze mit Nebenblättern/Blätter linealisch fleischig/Blüten 3-6 mm/Kelchblätter 2-4 mm/Apr-Mai

<u>Spergularia media</u> Flügel-Schuppenmiere (Caryophyllaceae) Pflanze mit Nebenblättern/Blätter zugespitzt fleischig/Blüten 9-12 mm/Kelchblatter 4-6 mm/7-10 Staubblätter/Felsküsten-Marschland-Salzwiesen/Apr-Juni

<u>Vaccaria hispanica</u> Saat-Kuhnelke (Caryophyllaceae) Kraut/Blätter länglich- lanzettlich bis eiförmig-lanzettlich/Blüten 8-16 mm/Kelch mit 5 Flügeln/ 2 Griffel oder Narben/Felder-Wegränder/Feb-Juli

Ibiza-Thymian
*Thymus richardii**
(Lamiaceae)

Mehr als 5 Blütenblätter

1A-Blätter fast zylindrisch   ***Drosanthemum floribundum***
1B-Blätter dreikantig
   2A-Blüten 24-30 mm   ***Lampranthus multiradiatus***
   2B-Blüten 30-40 mm   ***Lampranthus roseus***

Drosanthemum floribundum Reichblütiges Drosanthemum (Aizoaceae)
   Zwergstrauch bis 15 cm/Blätter fast zylindrisch/Blüten 10-25 mm/viele
   Staubblätter/mit transparenten Papillen/Felsküsten-Zierpflanze/März-Juni
Lampranthus multiradiatus Mittagsblume (Aizoaceae) Strauch/Blätter drei-
   kantig/Blüten 24-30 mm/viele Staubblätter/Zierpflanze/Apr-Mai
Lampranthus roseus Mittagsblume (Aizoaceae) Zwergstrauch bis 15 cm/
   Blätter dreikantig/Blüten 3-4 cm/viele Staubblätter/ohne transparente
   Papillen/Zierpflanze/Apr-Mai

Blüten symmetrisch

1A-Blätter gestielt   ***Thymus richardii*****
1B-Blätter sitzend
   2A-Blüten < 8 mm/Stängel kaum behaart
    3A-(Trag)Blätter oval oder dreieckig   *Micromeria microphylla**
    3B-Obere (Trag)Blätter lanzettlich   *Micromeria nervosa*
   2B-Blüten > 8 mm
    3A-Stängel unbehaart   *Polygala nicaeensis*
    3B-Stängel weißwollig behaart   ***Teucrium marum*****

Micromeria microphylla* (Lamiaceae) Zwergstrauch/Blüten 5-8 mm/Blätter in
   Paaren/Blätter und Tragblätter oval oder dreieckig/Felder-Felsspalten-
   Mauern-Wegränder/Mai-Juni
Micromeria nervosa Nervige Bergminze (Lamiaceae) Zwergstrauch/Blätter
   spitz eiförmigBlüten 4-6 mm/obere Blätter bzw. Tragblätter linear lanzettlich/
   Garigue-Kiefernwald/Apr-Juni
Polygala nicaeensis Pannonisches Kreuzblümchen (Polygalaceae) Am Grund
   verholzte Pflanze/untere Blätter verkehrt-eiförmig-lanzettlich, obere lineal-
   lanzettlich/Blüten 8-11 mm/Blüten in endständigen Razemen und mit 8
   Staubblättern/Garigues-Macchien-lichte WälderFormentera/Apr-Juli
Teucrium marum* Katzen-Gamander (Lamiaceae) Graufilziger Zwergstrauch/
   Stängel weißwollig behaart/Blätter lineal-lanzettlich/Blüten 10-12 mm/Blüte
   ohne Oberlippe und mit 4 Staubblättern/Felsküsten-Garigues Kiefernwälder/
   Apr-Okt
Thymus richardii* Ibiza-Thymian (Lamiaceae) Zwergstrauch/Blüte 7-9 mm/
   Kelch 10-13 venig/Felsspalten-schattige Abhänge/Ibiza/Juni-Juli

Acker-Gauchheil
Anagallis arvensis
(Primulaceae)

Blüten klein

1A-Wasserpflanze — *Elatine hydropiper*
1B-Landpflanze
  2A-Blätter fleischig — *Lythrum portula*
  2B-Blätter nicht so — *Elatine macropoda*

2-4 Blütenblätter

1A-Blätter gestielt — *Elatine hydropiper*

5 Blütenblätter

1A-Blätter gestielt
  2A-Kraut/Blüten 25-35mm — *Mirabilis jalapa*
  2B-Am Grund verholzt/Blüten 6-8 mm — *Vincetoxicum nigrum*
  2C-Strauch/Blüten 40-60 mm — *Cistus creticus*
1B-Blätter sitzend
  2A-Blütenblätter verwachsen
   3A-Stängel vierkantig/Blüten 4-7 mm — *Anagallis arvensis*
   3B-Stängel rund/Blüten 12-14 mm
    4A-Blüten einzeln nur auf einer Seite — *Centaurium spicatum*
    4B-Blüten in Gruppen/Apr-Mai — *Centaurium tenuiflorum*
  2B-Blütenblätter nicht verwachsen
   3A-Kelchblätter verwachsen
    4A-Rand der Blütenblätter gezähnt — *Dianthus rupicola**
    4B-Rand der Blütenblätter nicht gezähnt
     5A-Pflanze unten verholzt — *Silene hifacensis**
     5B-Pflanze unten nicht verholzt
      6A-Kelchblätter > Blütenblätter — *Agrostemma githago*
      6B-Kelch < 11 mm — *Silene rubella*
      6C-Kelch 10-25 mm — *Silene cambessedesii**
   3B-Kelchblätter nicht verwachsen
    4A-Krautige Pflanze
     5A-Pflanze unten verholzt — *Spergularia fimbriata*
     5B-Pflanze unten nicht verholzt
      6A-Blütenstand ohne Tragblätter — *Spergularia diandra*
      6B-Blütenstand mit Tragblättern
       7A-Samen schwarz — *Spergularia heldreichii*
       7B-Samen braun — *Spergularia rubra*
    4B-Strauch
     5A-Pflanze behaart/Blüten 4-6 cm — *Cistus albidus*
     5B-Pflanze unbehaart/Blüten klein — *Coriaria myrtifolia*

Weißliche Zistrose
Cistus albidus
(Cistaceae)

Agrostemma githago Kornrade (Caryophyllaceae) Grau behaartes Kraut/Blätter lineal-lanzettlich/Blüten 3-5 cm/5 Griffel/Felder-Wegränder/Mai

Anagallis arvensis Acker-Gauchheil (Primulaceae) Kraut/Stängel 4-kantig/Blätter eilanzettlich/Blüten 4-7 mm/5 Staubblätter/Felder-Wegränder/Apr-Mai

Centaurium spicatum Ähriges Tausendgüldenkraut (Gentianaceae) Kraut/Blätter unten eiförmig, oben elliptisch/Blüten 12-14 mm/Juni-Okt

Centaurium tenuiflorum (Gentianaceae) Kraut/Blätter unten breit-eiförmig, oben elliptisch-länglich/Blüte 12-14 mm/Felder-Marschland-Strand/Apr-Mai

Cistus albidus Weißliche Zistrose (Cistaceae) Grauweiß behaarter Strauch/Blätter eiförmig bis elliptisch/Blüten 4-6 cm/Blütenstiel 5-20 mm/viele Staubblätter/Garigues-Kiefernwald/Apr-Juni

Cistus creticus Graubehaarte Zistrose (Cistaceae) Strauch/behaart/Blätter eiförmig-lanzettlich/Blüten 4-6 cm/Garigues-Kiefernwald-Strand/Apr-Juni

Coriaria myrtifolia Europäischer Gerberstrauch (Coriariaceae) Strauch/Stängel 4kantig/Blätter zugespitzt-eilanzettlich/Blüten 2-5 cm/Feuchtgebiete/Apr-Juli

Dianthus rupicola* (Caryophyllaceae) Strauch/Blätter 3-5 mm breit/Rand der Blütenblätter gezähnt/Blütenblätter 10-15 mm/Felsspalten/Juli-Sep

Elatine hydropiper Wasserpfeffer-Tännel (Elatinaceae) Wasserpflanze/Blätter elliptisch/8 Staubblätter/Feuchtgebiete/Menorca

Elatine macropoda (Elatinaceae) Kraut/Blüten gestielt/4 Kelch- und Blütenblätter/8 Staubblätter/Feuchtgebiete/Mai-Juli

Lythrum portula Sumpfquendel (Lythraceae) Kraut/Blätter verkehrt-eiförmig/Blüten 1-2 mm/Menorca

Mirabilis jalapa Wunderblume (Nyctaginaceae) Ausdauerndes Kraut/Blätter zugespitzt-eiförmig/Blüten 25-35mm/5 Staubblätter/Felder-Feuchtgebiete-Wegränder-Zierpflanze/Juli-Okt

Silene cambessedesii* (Caryophyllaceae) Drüsig behaartes Kraut/Kelch 10-25 mm/Kelch mit Venen/Felsküsten-Strand/März-Juni

Silene hifacensis* (Caryophyllaceae) Am Grund verholzt/behaart/Blütenblätter am Rand eingerollt/Kelch 17-21 mm/Kelch mit Venen/Felsspalten/Ibiza

Silene rubella (Caryophyllaceae) Behaartes Kraut/Kelch < 11 mm/Kelch mit Venen/Felder-Wegränder/Mai-Juni

Spergularia diandra (Caryophyllaceae) Kraut/Blätter mit dreieckigen Nebenblättern/Blüten 3-5 mm/2-3 Staubblätter/Felsküsten/Apr-Juni

Spergularia fimbriata (Caryophyllaceae) Pflanze unten verholzt/Blätter mit Nebenblättern/Blütenblätter 4-6 mm/10 Staubblätter/Ibiza

Spergularia heldreichii (Caryophyllaceae) Kraut mit Nebenblättern/Blütenstand mit (2)6-8(10) Staubblätter/Samen schwarz/Kapsel 2-3 mm

Spergularia rubra Rote Schuppenmiere (Caryophyllaceae) Klebriges Kraut/Blätter lineal mit Nebenblättern/Blütenblätter 3-4 mm/Staubblätter 5-10/Samen braun/Felder-Marschland-Strand-Wegränder/Apr-Mai

Vincetoxicum nigrum Schwarze Schwalbenwurz (Asclepiadaceae) Blätter breit eiförmig-lanzettlich/Blüten 6-8 mm/Staubblätter verwachsen/Felsspalten/Mai-Aug

Mittagsblume
Carpobrotus edulis
(Aizoaceae)

Mehr als 5 Blütenblätter

1A-Blätter gestielt	
2A-Blüten 1-2 mm	*Lythrum borysthenicum*
2B-Blüten > 10 mm	*Aptenia cordifolia*
1B-Blätter sitzend	
2A-Pflanze behaart	*Drosanthemum hispidum*
2B-Pflanze unbehaart	
3A-Blüte bis 2 mm	*Lythrum portula*
3B-Blüten > 10 mm	
4A-Blüte mit 4-5 Narben	*Lampranthus multiradiatus*
4B-Blüte mit 8-20 Narben	
5A-Staubblätter der Blüte weiß	*Disphyma crassifolia*
5B-Staubblätter der Blüte rot	*Carpobrotus chilensis*
5C-Staubblätter der Blüte gelb	
6A-Blüte 8-9 cm	<u>*Carpobrotus edulis*</u>
6B-Blüte > 10 cm	*Carpobrotus acinaciformis*

Aptenia cordifolia Herzblättrige Mittagsblume (Aizoaceae) Pflanze mit flachen Blättern/Blätter herzeiförmig und fein behaart/Blüten 2 cm/Blüten mit 4 Narben/Felder-Wegränder-Zierpflanze/Apr-Nov

Carpobrotus acinaciformis Mittagsblume (Aizoaceae) Pflanze unten verholzt/unbehaart/Blüte 11-12 cm/viele gelbe Staubblätter/Blätter dickfleischig und dreikantig/Felsküsten-Strand-Zierpflanze/Apr-Aug

Carpobrotus chilensis Mittagsblume (Aizoaceae) Pflanze unten verholzt/unbehaart/Blüte 25-50 mm/viele rote Staubblätter/Menorca + Ibiza

<u>*Carpobrotus edulis*</u> Mittagsblume (Aizoaceae) Dichte Matten bildende Pflanze/unbehaart/Blüte 8-9 cm/viele gelbe Staubblätter/Felsküsten-Garigues-Kiefernwald-Strand-Zierpflanze/Apr-Aug

Disphyma crassifolia (Aizoaceae) Bodendeckende Pflanze/Blätter dickfleischig Blüten 3-5 cm/Felsküsten-Strand-Zierpflanze/Mai-Aug

Drosanthemum hispidum Steifhaarige Mittagsblume (Aizoaceae) Strauch mit fleischigen Blättern/behaart/Blätter sitzend/Blüten 25-30 mm/März-Juni

Lampranthus multiradiatus Mittagsblume (Aizoaceae) Strauch/Blätter dreikantig/Blüten 24-30 mm/viele Staubblätter/Zierpflanze/Apr-Mai

Lythrum borysthenicum Aufrechter Weiderich (Lythraceae) Unbehaartes Kraut/Blätter eiförmig/Blüten 1-2 mm/6 Staubblätter/Feuchtgebiete-kalk-haltige Felder-Strand/März-Apr

Lythrum portula Sumpfquendel (Lythraceae) Kraut/Blätter verkehrt-eiförmig/Blüten 1-2 mm/Menorca

Rote Spornblume
Centranthus ruber
(Valerianaceae)

Blüten symmetrisch

1A-Unbehaartes Kraut   ***Centranthus ruber***
1B-Behaarter Zwerstrauch
   2A-Oberlippe eingeschnitten   ***Coridothymus capitatus***
   2B-Ober- + Unterlippe eingebuchtet   ***Micromeria graeca***

Centranthus ruber Rote Spornblume (Valerianaceae) Kraut/mit sitzenden Blättern/Blätter eiförmig-lanzettlich/Blüte 7-10 mm/1 Staubblatt/Felder-Mauern-Steinböden-Wegränder/Apr-Sep

Coridothymus capitatus Kopfiger Thymian (Lamiaceae) Zwergstrauch mit sitzenden Blättern/Blätter schmal, fast dreikantig/Oberlippe eingeschnitten/Blüten sitzend/4 Staubblätter/Blüten 7-10 mm/Garigues-Kiefernwald/Juni-Okt

Micromeria graeca Griechische Bergminze (Lamiaceae) Behaarter Zwergstrauch mit sitzenden Blättern/Blätter spitz eiförmig-länglich/Blüten mit eingebuchteter Ober- + Unterlippe/Blüten gestielt/Blüten 6-8 mm/4 Staubblätter/Felder-Garigues-Kiefernwald-Wegränder/Apr-Juli

Blauer Gauchheil
Anagallis foemina
(Primulaceae)

Blüten klein

1A-Kraut   *Valerianella eriocarpa*

Valerianella eriocarpa Wollfrucht-Rapünzchen (Valerianaceae) Kraut/untere
  Blätter löffelförmig, obere länglich/Blüten 2-3 mm/3 Staubblätter/Blätter am
  Grund gezähnt/Ödland/Apr-Mai

2-4 Blütenblätter

1A-Blätter sitzend   *Veronica anagallis-aquatica*

Veronica anagallis-aquatica Blauer Wasser-Ehrenpreis (Scrophulariaceae)
  Pflanze mit hohlem Stängel/Blätter lanzettlich/Blüten in gegenständigen
  Blütenständen/Blüten 5-10 mm/nasse Stellen/Apr-Sep

5 Blütenblätter

1A-Blätter gestielt   *Vinca difformis*
1B-Blätter sitzend
  2A-Blüten mit 2 bis 4 Staubblättern
    3A-Blüten 2-3 mm   *Valerianella eriocarpa*
    3B-Blüten 6-8 mm   *Lavandula stoechas*
  2B-Blüten mit 5 Staubblättern
    3A-Blütenblätter überlappend   *Anagallis arvensis*
    3B-Blütenblätter nicht überlappend *Anagallis foemina*

Anagallis arvensis Acker-Gauchheil (Primulaceae) Kraut/Blätter lanzettlich/
  Blüten 4-7 mm/Blütenblätter überlappend/Blütenblätter blau, rot oder
  weiß/Kulturland und Schutt/Apr-Okt
Anagallis foemina Blauer Gauchheil (Primulaceae) Kraut/Blüten 4-7 mm/
  Blätter lineal/Blütenblätter nicht überlappend/kalkhaltiges Kulturland und
  Schutt/Apr-Okt
Lavandula stoechas Schopf-Lavendel (Lamiaceae) Behaarter Strauch/Blätter
  länglich-lanzettlich/Blüten 6-8 mm/4 Staubblätter/Garigues-lichte Macchien-
  Kiefernwald/März-Juni
Valerianella eriocarpa Wollfrucht-Rapünzchen (Valerianaceae) Kraut/untere
  Blätter löffelförmig, obere länglich/Blüten 2-3 mm/3 Staubblätter/Blätter am
  Grund gezähnt/Ödland/Apr-Mai
Vinca difformis Mittleres Immergrün (Apocynaceae) Kriechpflanze mit
  immergrünen Blättern/Blätter eiförmig-lanzettlich/Blüten 30-45 mm/
  Gebüsche/Dez-Juli.

Blau

Katzen-Gamander
*Teucrium marum**
(Lamiaceae)

Blüte symmetrisch

1A-Blätter sitzend
  2A-Kraut
    3A-Blüten mit 2 Staubblättern   *Rosmarinus officinalis*
    3B-Blüten mit 8 Staubblättern   *Polygala nicaeensis*
  2B-Strauch/Blüten mit 4 Staubblättern   *Teucrium marum**
1B-Blätter gestielt
  2A-Kraut/Blätter einfach/Blüten 4-6 mm   *Mentha pulegium*
  2B-Strauch/Blätter handförmig gefingert   *Vitex agnus-castus*

Mentha pulegium Polei-Minze (Lamiaceae) Kraut/Blätter oval/Blüten 4-6 mm/keine deutliche Unter- und Oberlippe/Blüten über ganzen Stängel verteilt/nasse Stellen/Apr-Aug

Polygala nicaeensis Pannonisches Kreuzblümchen (Polygalaceae) Am Grund verholzte Pflanze/untere Blätter verkehrt-eiförmig-lanzettlich, obere lineal-lanzettlich/Blüten 8-11 mm/Blüten in endständigen Razemen und mit 8 Staubblättern/Garigues-Macchien-lichte Wälder/Formentera/Apr-Juli

Rosmarinus officinalis Rosmarin (Lamiaceae) Aromatischer Strauch/Stängel vierkantig/Blätter lineal/Blüten 10-12 mm/2 Staubblätter/Garigues-Macchien/Jan-Dez

*Teucrium marum** Katzen-Gamander (Lamiaceae) Graufilziger Zwergstrauch/ Stängel weißwollig behaart/Blätter lineal-lanzettlich/Blüten 10-12 mm/Blüte ohne Oberlippe und mit 4 Staubblättern/Felsküsten-Garigues-Kiefernwälder/ Apr-Okt

Vitex agnus-castus Keuschbaum (Verbenaceae) Strauch/Blätter handförmig gefingert/Blüten 8-10 mm/Blüten zweilippig/feuchte Stellen/Aug-Okt

Europäisches Pfaffenhütchen
Euonymus europaeus
(Celastraceae)

2-4 Blütenblätter

1A-Blätter gestielt   ***Euonymus europaeus***
1B-Blätter sitzend
    2A-Baum   ***Buxus balearica***
    2B-Kraut
      3A-Pflanze 1-3stämmig   ***Cicendia filiformis***
      3B-Pflanze vielstämmig
        4A-Blätter stachelspitzig (Lupe)   ***Sagina apetala***
        4B-Blätter nicht stachelspitzig (Lupe)   ***Sagina maritima***

Buxus balearica Balearen-Buchsbaum (Buxaceae) Immergrüner Strauch/ Blätter eiförmig-elliptisch/Blütencluster bis 10 mm/4 Staubblätter/Bergwald-Steinküsten/Jan-Feb

Cicendia filiformis Heide-Zindelkraut (Gentianaceae) Kraut/1-3stämmig/ Blätter linealisch/Blüten einzeln/Blüten lang gestielt/Blüten 3-7 mm/ Felder/Menorca/Apr-Juli

Euonymus europaeus Europäisches Pfaffenhütchen (Celastraceae) Strauch/ Zweige 4kantig/Blätter eiförmig-lanzettlich/Blüten 8-10 mm/Eichenwälder-Hecken/März-Mai

Sagina apetala Kronblattloses Mastkraut (Caryophyllaceae) Kraut/Blätter stachelspitzig oder begrannt (Lupe)/Blüten 2-4 mm/kalkhaltige Felder-Mauern-Steinböden/Apr-Mai

Sagina maritima Strand-Mastkraut (Caryophyllaceae) Kraut/Blätter linear-lanzettlich/Blüten 4-6 mm/Dünen-kalkhaltige Felder-Strand/Apr-Mai

Gelb

Stinkendes Johanniskraut
*Hypericum hircinum**
(Hypericaceae)

5 Blütenblätter

1A-Blätter gestielt   *Vincetoxicum hirundinaria*
1B-Blätter sitzend
  2A-Blütenblätter verwachsen   *Centaurium maritimum*
  2B-Blütenblätter nicht verwachsen
   3A-Blätter ohne Nebenblätter
    4A-Pflanze behaart
     5A-Kraut   *Hypericum tomentosum*
     5B-Strauch
      6A-Blüten 5-8 mm   *Helianthemum origanifolium*
      6B-Blüten 10-15 mm   *Helianthemum marifolium**
      6C-Blüten 20-30 mm   *Halimium halimifolium*
    4B-Pflanze unbehaart
     5A-Kraut
      6A-Kelch der Blüte drüsig
       7A-Blätter 7-25 mm   *Hypericum australe*
       7B-Blätter 13-60 mm   *Hypericum perfoliatum*
      6B-Kelch nicht der Blüte drüsig
       7A-Blüten 10-20 mm   *Hypericum triquetrifolium*
       7B-Blüten 20-30 mm   *Hypericum perforatum*
     5B-Strauch
      6A-Blattrand gewellt   *Hypericum balearicum**
      6B-Blattrand nicht gewellt   *Hypericum hircinum**
   3B-Blätter mt Nebenblättern
    4A-Kraut   *Helianthemum salicifolium*
    4B-Zwergstrauch
     5A-Äußere Staubblätter der Blüte steril   *Fumana thymifolia*
     5B-Staubblätter der Blüte fruchtbar
      6A-Außenkelch der Blüte oval   *Helianthemum caput-felis**
      6B-Außenkelch der Blüte linear   *Helianthemum nummularium*

Gelb

Katzenkopf-Sonnenröschen
*Helianthemum caput-felis**
(Cistaceae)

Centaurium maritimum Gelbes Tausendgüldenkraut (Gentianaceae)
Kraut/Blätter elliptisch/Blüten 11-25 mm/Garigues-trockene Wiesen/Apr-Juli

Fumana thymifolia Thymianblättriges Nadelröschen (Cistaceae) Zwergstrauch
mit Nebenblättern/Blätter nadelartig/Blüten 9-14 mm/äußere Staubfäden ohne
Staubbeutel/Felsfluren-Garigues/März-Juni

Halimium halimifolium Gelbe Zistrose (Cistaceae) Behaarter Zwergstrauch
ohne Nebenblätter/Blätter elliptisch/Blüten 2-3 cm/auf Sand/Apr-Mai

Helianthemum caput-felis* Katzenkopf-Sonnenröschen (Cistaceae) Kleiner
Strauch mit Nebenblättern/Blätter lineal-lanzettlich/Blüten 16-22 mm/alle
Staubblätter fruchtbar/Außenkelch oval+zurückgeschlagen/Strand/Mai-Juni

Helianthemum marifolium* Katzengamander-Sonnenröschen (Cistaceae)
Behaarter Zwergstrauch/Blätter oval/Blattunterseite grau- oder weißwollig/
Blüten 10-15 mm/Eichen- und Kiefernwald-Garigues-Strand/Feb-Juli

Helianthemum nummularium Gewöhnliches Sonnenröschen (Cistaceae)
Zwergstrauch mit Nebenblättern/Blätter länglich/Blattunterseite grau
behaart/Blüten 12-20 mm/alle Staubblätter fruchtbar/Außenkelch linear/
Apr-Mai

Helianthemum origanifolium (Cistaceae) Behaarter Zwergstrauch/Blüten 5-8
mm/auf Sand/Apr-Mai

Helianthemum salicifolium Weidenblättriges Sonnenröschen (Cistaceae) Kraut
mit Nebenblättern/behaart/Blätter eilanzettlich/Blüten 10-22 mm/März-Juni

Hypericum australe (Hypericaceae) Unbehaarte Pflanze/Blätter lanzettlich/
Blütenblätter 8-11mm/Kelch drüsig/Menorca

Hypericum balearicum* Balearen-Johanniskraut (Hypericaceae) Strauch/
Zweige vierkantig/Blätter eiförmig-länglich/Blattrand gewellt/Blüten 15-40
mm/Eichenwald-Olivenhaine/Jan-Dez

Hypericum hircinum* Stinkendes Johanniskraut (Hypericaceae) Strauch/
Blätter schmal-lanzettlich bis oval/Blüten 25-30 mm/feuchte Stellen in den
Bergen/Mai-Sep

Hypericum perfoliatum Durchwachsenblättriges Johanniskraut (Hypericaceae)
Kraut/Blätter lanzettlich/Blüten 16-26 mm/Kelch drüsig/Felder-Wegränder/
Mai-Juni

Hypericum perforatum Echtes Johanniskraut (Hypericaceae) Kraut/Blätter oval
bis linear/Blüten 2-3 cm/Ödland/Mai-Juli

Hypericum tomentosum (Hypericaceae) Behaartes Kraut/Blätter eiförmig/
Blüten 10-22 mm/an feuchten Stellen/Apr-Sep

Hypericum triquetrifolium Krausblättriges Johanniskraut (Hypericaceae)
Kraut mit gewellten Blättern/Blätter dreieckig-lanzettlich/Bluten 10-20 mm/
Garigues-Kulturland-Ödland/Menorca/März-Okt

Vincetoxicum hirundinaria Weiße Schwalbenwurz (Asclepiadaceae) Windende
Pflanze/Blätter herz-eiförmig/Blüten 5-10 mm/in Gruppen zu 6-8/Grasfluren/
Mai-Juli

Gelb

59

Mittagsblume
Carpobrotus edulis
(Aizoaceae)

Mehr als 5 Blütenblätter

1A-Blüte 8-15 mm   ***Blackstonia perfoliata***
1B-Blüten 20-30 mm/Blätter 3kantig   ***Lampranthus multiradiatus***
1C-Blüte 80-90 mm   ***Carpobrotus edulis***

Blackstonia perfoliata Verwachsenblättriger Bitterling (Gentianaceae)
Aufrechtes Kraut mit Grundblattrosette/Stängelblätter am Grund verwachsen/
Blüte 8-15 mm/feuchte Stellen/Jan-Sep
Carpobrotus edulis Mittagsblume (Aizoaceae) Niederliegende Pflanze mit
fleischigen Blättern/Blätter im Querschnitt dreieckig/Blüte 8-9 cm/viele gelbe
Staubblätter/Zierpflanze/Apr-Aug
Lampranthus multiradiatus (Aizoaceae) Strauch mit sitzenden Blättern/Blätter
3kantig/Blüten 24-30 mm/Zierpflanze/Apr-Mai

Blüte löwenzahnartig

1A-Blätter sitzend   ***Picris echioides***

Picris echioides Wurm-Lattich (Compositae) Behaartes Kraut/mehrblütig/
Hüllblätter der Blüte behaart+mehrreihig/Blüten bis 20-25 mm/Ödland-
Wegränder/Mai-Sep

Schmalblättrige Steinlinde
Phillyrea angustifolia
(Oleaceae)

Blüten klein

1A-Wasserpflanze
   2A-Mit Blättern an der Wasseroberfläche   *Potamogeton natans*
   2B-Ohne Blätter an der Wasseroberfläche   *Potamogeton pusillus*
1B-Strauchartige Pflanze
   2A-Blätter flach und gestielt   *Halimione portulacoides*
   2B-Blätter schuppenartig/Stängel fleischig
      3A-Samen schwarz   *Arthrocnemum macrostachyum*
      3B-Samen grau oder braun
         4A-Mit unterirdischen Stängeln   *<u>Sarcocornia perennis</u>*
         4B-Ohne unterirdische Stängel   *Sarcocornia fruticosa*
1C-Krautartige Pflanze
   2A-Blätter dickfleischig   *Salicornia ramosissima*
   2B-Blätter nicht dickfleischig
      3A-Blätter lang gestielt   *Spinacia oleraceae*
      3B-Blätter anders   *Herniaria hirsuta*

2-4 Blütenblätter

1A-Wasserpflanze
   2A-Mit Blättern an der Wasseroberfläche   *Potamogeton natans*
   2B-Ohne Blätter an der Wasseroberfläche   *Potamogeton pusillus*
1B-Landpflanze
   2A-Pflanze mit fleischigen Blättern
      3A-Stängel der Pflanze nicht verholzt   *Salicornia ramosissima*
      3B-Stängel der Pflanze verholzt
         4A-Mit unterirdischen Stängeln   *<u>Sarcocornia perennis</u>*
         4B-Ohne unterirdische Stängeln   *Sarcocornia fruticosa*
   2B-Pflanze ohne fleischige Blätter
      3A-Blätter sitzend
         4A-Blätter lineal oder lanzettlich   *Euphorbia falcata*
         4B-Blätter verkehrt-eiförmig   *<u>Euphorbia peplus</u>*
      3B-Blätter gestielt
         4A-Zweige behaart   *Phillyrea latifolia*
         4B-Zweige unbehaart   *<u>Phillyrea angustifolia</u>*

5 Blütenblätter

1A-Blätter sitzend
   2A-Kelchblätter der Blüte verwachsen   *Silene apetala*
   2B-Kelchblätter der Blüte nicht so   *Loeflingia hispanica*
1B-Blätter gestielt
   2A-Blüte mit 5 Staubblättern   *Moehringia pentandra*
   2B-Blüten meist mit 15 Staubblättern   *Tetragonia tetragonoides*

Ausdauernde Gliedermelde
Sarcocornia perennis
(Chenopodiaceae)

Arthrocnemum macrostachyum Graue Gliedermelde (Chenopodiaceae) Strauch/Blätter dickfleischig + schuppenförmig/Blüten klein/Felsküsten-Marschland/Apr-Sep

Euphorbia falcata Sichelblättrige Wolfsmilch (Euphorbiaceae) Kraut mit Milchsaft/Blätter lineal oder lanzettlich/Kapsel ungeflügelt/Felder/Mai-Sep

Euphorbia peplus Garten-Wolfsmilch (Euphorbiaceae) Kraut mit Milchsaft/ Blätter verkehrt-eiförmig/Felder-Wegränder/Mai-Okt

Halimione portulacoides Strandsalzmelde (Chenopodiaceae) Kleiner silbriger Strauch/untere Blätter gegenständig/Felsküsten-Marschland/Juli-Okt

Herniaria hirsuta Behaartes Bruchkraut (Caryophyllaceae) Behaartes Kraut/ Blätter elliptisch/Blüte 1-2 mm/Kelch dicht behaart/2-5 Staubblätter/trockene Stellen/Apr-Juni

Loeflingia hispanica Spanische Löfflingie (Caryophyllaceae) Drüsig behaartes Kraut/Blätter linear/Blüten 3-4 mm/3 Staubblätter/Strand/Ibiza/März-Juni

Moehringia pentandra Fünfmännige Nabelmiere (Caryophyllaceae) Kraut/ Stängel behaart/Blätter eiförmig/Blüten 4-8 mm/Blüte nur mit Kelchblättern/ ohne Blütenblätter/5 Staubblätter/schattiges Bergland/Apr-Mai

Phillyrea angustifolia Schmalblättrige Steinlinde (Oleaceae) Immergrüner Strauch/Blätter schmal-lanzettlich + mit 4-6 Venenpaaren/Blüten 2-3 mm/ Garigues-Kiefernwald-Olivenhaine/März-Juni

Phillyrea latifolia Breitblättrige Steinlinde (Oleaceae) Immergrüner Strauch/ Zweige fein behaart/Jugendblätter herzeiförmig bis eilanzettlich/Blüten 2-3 mm/Baumheide-Garigues-Eichenwald-Kiefernwald-Felsspalten/März-Juni

Potamogeton natans Schwimmendes Laichkraut (Potamogetonaceae) Wasserpflanze mit Blättern auch auf der Wasseroberfläche

Potamogeton pusillus Zwerg-Laichkraut (Potamogetonaceae) Wasserpflanze ohne Blätter auf der Wasseroberfläche

Salicornia ramosissima Ästiger Queller (Chenopodiaceae) Zwergstrauch/ Blätter fleischig/Blüten klein + mit gelben Staubbeuteln/Marschland/Aug-Okt

Sarcocornia fruticosa Strauchige Gliedermelde (Chenopodiaceae) Zwerg-strauch/Stängel weiß bereift/Blätter fleischig/Felsküsten-Marschland/Juni-Sep

Sarcocornia perennis Ausdauernde Gliedermelde (Chenopodiaceae) Matten-bildender Zwergstrauch/Blätter fleischig/Marschland/Juni-Sep

Spinacia oleraceae Spinat (Chenopodiaceae) Kraut/Blütenhülle 4-5teilig/4-5 Staubblätter/Nutzpflanze

Silene apetala Kronblattloses Leimkraut, Kronblattloses (Caryophyllaceae) Behaartes Kraut/Blätter schmal bis linear-lanzettlich/Blütenblätter fehlend oder nicht sichtbar/3 Griffel/Kelch 7-10 mm/Felder-Wegränder/Feb-Mai

Tetragonia tetragonoides Neuseeländer Spinat (Aizoaceae) Kraut/Blätter 3kantig/Blüten fast sitzend in den Blattachseln, meist mit 15 Staubblättern

Sumpfquendel-Wolfsmilch
Euphorbia peplus
(Euphorbiaceae)

<u>Blütenblätter anders</u>

1A-Stängel oben behaart   *Euphorbia prostrata*
1B-Stängel unbehaart
  2A-Blätter mit Nebenblättern   *Euphorbia peplis*
  2B-Blätter ohne Nebenblätter   *Euphorbia lathyris*

Euphorbia lathyris Kreuzblättrige Wolfsmilch (Euphorbiaceae) Kraut mit
    Milchsaft/Blätter linealisch/Blütenstand 2-6strahlig/Apr-Juli
Euphorbia peplis Sumpfquendel-Wolfsmilch (Euphorbiaceae) Kraut mit
    Milchsaft/Blätter unsymmetrisch und mit Nebenblättern/Strand/Juni-Sep
Euphorbia prostrata Hingestreckte Wolfsmilch (Euphorbiaceae) Kraut mit
    Milchsaft/Stängel oben behaart/Blätter länglich/Felder-Wegränder/Mai-Juli

Grün

Windendes Geißblatt
Lonicera implexa
(Caprifoliaceae)

5 Blütenblätter

1A-Blüten weiß mit orangem Zentrum   *Zygophyllum fabago*
1B-Blüten anders
    2A-Blüte verwachsen   *Centaurium bianoris**
    2B-Blüte nicht verwachsen
      3A-Blüten gelb mit schwarzem Punkt   *Halimium halimifolium*
      3B-Blüten weiß mit gelbem Grund   *Helianthemum appeninum*

*Centaurium bianoris** Zweifarbiges Tausendgüldenkraut (Gentiananceae) Kraut/Blätter sitzend/Blüten lachsfarben und gelb/Blüten 11-18 mm/ kalkhaltige Felder/Apr-Juni

Halimium halimifolium Gelbe Zistrose (Cistaceae) Behaarter Strauch/Haare sternförmig/Blätter länglich-elliptisch/Blüten gelb mit schwarzem Punkt/ Blüten 2-4 cm/viele Staubblätter/3-5 ungleiche Kelchblätter/Kiefernwald-Strand/Mai-Juli

Helianthemum appeninum Apenninen-Sonnenröschen (Cistaceae) Behaarter Strauch/Haare sternförmig/Blätter länglich-lanzettlich/Blüten weiß mit gelbem Grund/Blüten 14-20 mm/viele Staubblätter/Felsspalten/Apr-Juli

Zygophyllum fabago Bohnen-Jochblatt (Zygophyllaceae) Pflanze mit verkehrt-eiförmigen Blättern/Blüten weiß mit orangem Zentrum/10 Staubblätter/ Schuttplätze-Wegränder/Juni

Mehr als 5 Blütenblätter

1A-Blätter sitzend   *Nothoscordum fragans*

Nothoscordum fragans Maiglöckchen-Lauch (Liliaceae) Zwiebelpflanze mit parallelnervigen Blättern/Blüten in 4 cm großen Dolden/Blütenblätter mit rosa Mittelvene/Felder-Wegränder

Blüte symmetrisch

1A-Blüten 8-16 mm und mit 2-3 Staubblättern   *Fedia cornucopiae*
1B-Blüten 35-45 mm und mit 5 Staubblättern   *Lonicera implexa*

Fedia cornucopiae Füllhorn-Fedie (Valerianaceae) Kraut/Blätter spatelförmig/ Blüten 8-16 mm/Blüten rot + rosa gezeichnet/2-3 Staubblätter/Felder-Wegränder/Apr-Juni

Lonicera implexa Windendes Geißblatt (Caprifoliaceae) Kletternder, immer grüner Strauch mit sitzenden Blättern/Blätter eiförmig-elliptisch/Blüten 35-45 mm/5 Staubblätter/Baumheide-Eichenwald-Kiefernwald/Apr-Juni

Blauer Wasserehrenpreis
Veronica anagallis-aquatica
(Scrophulariaceae)

Blüten klein

1A-Blüten violett
  2A-Wasser- oder Uferpflanze
    3A-Obere Blätter gestielt   ***Elatine hydropiper***
    3B-Obere Blätter sitzend   ***Elatine macropoda***
  2B-Landpflanze
    3A-Stängel 4-6kantig   ***Valerianella eriocarpa***
    3B-Stängel rund   ***Lythrum portula***

2-4 Blütenblätter

1A-Blüten violett
  2A-Wasser- oder Uferpflanze
    3A-Obere Blätter gestielt   ***Elatine hydropiper***
    3B-Obere Blätter sitzend   ***Elatine macropoda***
  2B-Landpflanze
    3A-Blüten mit 2 oder 3 Blütenblättern   ***Crassula tillaea***
    3B-Blüten mit 4 Blütenblättern
      4A-Blüten bis 2 mm   ***Crassula vaillantii***
      4B-Blüten 4-5 mm   ***Exaculum pusillum***
      4C-Blüten 5-10 mm   ***<u>Veronica anagallis-aquatica</u>***

Crassula tillaea Moos-Dickblatt (Crassulaceae) Moosartige Pflanze/Blätter fast
  dachziegelartig, eiförmig-lanzettlich, fleischig/Blütenblätter < Kelchblätter/
  Blütenblätter 1 mm/Felder-Wegränder-Felsspalten/Jan-Aug
Crassula vaillantii Vaillants Dickblatt (Crassulaceae) Kraut/Blüten 1-2 mm/
  Blätter fleischig/Blattstiel länger als die Blätter/Feuchtgebiete/Menorca/
  März-Juni
Elatine hydropiper Wasserpfeffer-Tännel (Elatinaceae) Wasserpflanze/Blätter
  elliptisch/8 Staubblätter/Feuchtgebiete/Menorca
Elatine macropoda (Elatinaceae) Kraut/Blüten gestielt/4 Kelch- und Blüten-
  blätter/8 Staubblätter/Feuchtgebiete/Mai-Juli
Exaculum pusillum Kleines Zindelkraut (Gentianaceae) Kraut mit lanzettlichen
  Blättern/Blüten 4-5 mm/Narbe 2-teilig
Lythrum portula Sumpfquendel (Lythraceae) Kraut/Blätter verkehrt-eiförmig/
  Blüten 1-2 mm/Menorca
Valerianella eriocarpa Wollfrucht-Rapünzchen (Valerianaceae) Kraut/untere
  Blätter löffelförmig, obere länglich/Blüten 2-3 mm/3 Staubblätter/Blätter am
  Grund gezähnt/Ödland/Apr-Mai
<u>Veronica anagallis-aquatica</u> Blauer Wasser-Ehrenpreis (Scrophulariaceae)
  Pflanze mit hohlem Stängel/Blätter lanzettlich/Blüten in gegenständigen
  Blütenständen/Blüten 5-10 mm/nasse Stellen/Apr-Sep

Anders

5 Blütenblätter (violett)

1A-Stängel kantig
  2A-Pflanze unbehaart   ***Anagallis tenella***
  2B-Pflanze behaart   ***Valerianella eriocarpa***
1B-Stängel rund
  2A-Blätter gestielt
    3A-Kraut/Blüten 25-35mm   ***Mirabilis jalapa***
    3B-Am Grund verholzt/Blüten 6-8 mm   ***Vincetoxicum nigrum***
    3C-Strauch/Blüten 40-60 mm
      4A-Blätter eiförmig   ***Cistus creticus***
      4B-Blätter lanzettlich   ***<u>Nerium oleander</u>***
  2B-Blätter sitzend
    3A-Kelchblätter der Blüte verwachsen
      4A-Rand der Blütenblätter gezähnt   ***Dianthus rupicola********
      4B-Rand der Blütenblätter nicht gezähnt
        5A-Kelchblätter die Blütenblätter überragend ***<u>Agrostemma githago</u>***
        5B-Griffel und Narbe der Blüte behaart   ***Silene cambessedesii********
        5C-Blüte anders
          6A-Blüte mit 2 Griffeln
            7A-Stängel unbehaart
              8A-Blüten 6-8 mm   ***Gypsophila pilosa***
              8B-Blüten 8-16 mm   ***<u>Vaccaria hispanica</u>***
              8C-Blüten > 16 mm   ***<u>Saponaria officinalis</u>***
            7B-Stängel behaart
              8A-Blattscheide < 2x so lang wie breit   ***Petrorhagia nanteuilii***
              8B-Blattscheide viel länger als breit   ***Petrorhagia dubia***
          6B-Blüte mit 3-5 Griffeln
            7A-Kelch der Blüte < 13 mm
              8A-Blütenblätter ungeteilt
                9A-Kelch < 3 mm   ***Silene gallica***
                9B-Kelch 11-14 mm   ***Silene tridentata***
              8B-Blütenblätter gebuchtet
                9A-Kelch nicht verengt   ***Silene rubella***
                9B-Kelchöffnung verengt   ***Silene cerastoides***
              8C-Blütenblätter tief eingeschnitten
                9A-Blüten einzeln   ***Silene colorata***
                9B-Blüten zu 2-8   ***Silene nicaeensis***
            7B-Kelch der Blüte > 13 mm
              8A-Blüten zu 1-3
                9A-Stängel drüsig behaart   ***Silene almolae***
                9B-Stängel nicht drüsig behaart ***Silene sericea***
              8B-Blüten zu >3
                9A-Pflanze unbehaart   ***Silene muscipula***
                9B-Pflanze (fast) unbehaart   ***Silene secundiflora***

9C-Pflanze behaart
  10A-Blütenblätter ungeteilt — *Silene pseudatocion**
  10B-Blütenblätter eingeschnitten
    11A-Pflanze unten verholzt — *Silene hifacensis**
    11B-Pflanze nicht verholzt — *Silene bellidifolia*
3B-Kelchblätter der Blüte nicht verwachsen
4A-Blütenblätter verwachsen
  5A-Stängel mit basaler Blattrosette
    6A-Blüten lachsfarben — *Centaurium bianoris**
    6B-Blüten violett — *__Centaurium erythraea__*
  5B-Stängel ohne basale Blattrosette
    6A-Blüten 5-9 mm — *Centaurium pulchellum*
    6B-Blüten größer
      7A-Stängel nur oben verzweigt — *Centaurium tenuiflorum*
      7B-Stängel schon ab Mitte verzweigt — *Centaurium spicatum*
4B-Blütenblätter nicht verwachsen
  5A-Strauch
    6A-Pflanze behaart/Blüten 40-60 mm — *__Cistus albidus__*
    6B-Pflanze unbehaart/Blüten klein — *Coriaria myrtifolia*
  5A-KrautigePflanze
    6A-Blätter ohne Nebenblätter
      7A-Blüten mit 10 Staubblättern — *Rhodalsine geniculata*
      7B-Blüten mit 6 Staubblättern
        8A-Blüten endständig — *Frankenia hirsuta*
        8B-Blüten anders — *__Frankenia laevis__*
      7C-Blüten mit 4-5 Staubblättern
        8A-Stängel ohne basale Blattrosette
          9A-Blüten 5-9 mm — *Centaurium pulchellum*
          9B-Blüten größer
            10A-Stängel ab Mitte verzweigt — *Centaurium spicatum*
            10B-Stängel nur oben verzweigt — *Centaurium tenuiflorum*
        8B-Stängel mit basaler Blattrosette
          9A-Blüten lachsfarben — *Centaurium bianoris**
          9B-Blüten violett — *Centaurium erythraea*
    6B-Blätter mit Nebenblättern
      7A-Blütenblätter > Kelchblätter
        8A-Pflanze unten verholzt
          9A-Samen geflügelt — *__Spergularia media__*
          9B-Samen einfach — *Spergularia fimbriata*
        8B-Pflanze unten nicht verholzt — *Spergularia diandra*
      7B-Blütenblätter < Kelchblätter
        8A-Nebenblätter dreieckig — *Spergularia bocconei*
        8B-Nebenblätter herzförmig — *Spergularia heldreichii*
        8C-Nebenblätter Scheide bildend — *Spergularia marina*

Anders

Kornrade
Agrostemma githago
(Caryophyllaceae)

Agrostemma githago Kornrade (Caryophyllaceae) Grau behaartes Kraut/Blätter lineallanzettlich/Blüten 3-5 cm/5 Griffel/Felder-Wegränder/Mai

Anagallis tenella Zarter Gauchheil (Primulaceae) Kahles Kraut/Stängel vierkantig/Blätter rundlich/Blüten 6-10 mm/Feuchtgebiete/Apr-Sep

*Centaurium bianoris** Zweifarbiges Tausendgüldenkraut (Gentiananceae) Kraut/Blätter sitzend/Blüten 11-18 mm/kalkhaltige Felder/Apr-Juni

Centaurium erythraea Echtes Tausendgüldenkraut (Gentianaceae) Kraut/Grundblätter verkehrt-eiförmig, Stängelblätter länglich bis schmal-eiförmig/Blüten 9-15 mm/Felder-Felsküsten-Garigues-Kiefernwald-Macchie-Marschland/Apr-Aug

Centaurium pulchellum Zierliches Tausendgüldenkraut (Gentianaceae) Kraut ohne basale Blattrosette/Stängel reich verzweigt/Blätter eiförmig-lanzettlich/Blüten 5-9 mm/Felder-Felsküsten-Strand/Apr-Mai

Centaurium spicatum Ähriges Tausendgüldenkraut (Gentianaceae) Kraut/Blätter unten eiförmig, oben elliptisch/Blüten 12-14 mm/Juni-Okt

Centaurium tenuiflorum (Gentianaceae) Kraut/Blätter unten breit-eiförmig, oben elliptisch-länglich/Blüte 12-14 mm/Felder-Marschland-Strand/Apr-Mai

Cistus albidus Weißliche Zistrose (Cistaceae) Grauweiß behaarter Strauch/Blätter eiförmig bis elliptisch/Blüten 4-6 cm/Blütenstiel 5-20 mm/viele Staubblätter/Garigues-Kiefernwald/Apr-Juni

Cistus creticus Graubehaarte Zistrose (Cistaceae) Strauch/behaart/Blätter eiförmig-lanzettlich/Blüten 4-6 cm/Garigues-Kiefernwald-Strand/Apr-Juni

Coriaria myrtifolia Europäischer Gerberstrauch (Coriariaceae) Strauch/Stängel 4kantig/Blätter zugespitzt-eilanzettlich/Blüten 2-5 cm/Feuchtgebiete/Apr-Juli

*Dianthus rupicola** (Caryophyllaceae) Strauch/Blätter 3-5 mm breit/Rand der Blütenblätter gezähnt/Blütenblätter 10-15 mm/Felsspalten/Juli-Sep

Frankenia hirsuta Behaarte Frankenie (Frankeniaceae) Pflanze mit endständigen Blüten/Blätter eingerollt/Blütenblätter 4-6 mm/Felsküsten/Apr-Mai

Frankenia laevis Glatte Frankenie (Frankeniaceae) Pflanze mit quirlartigen Blättern/Blütenblätter 4-6 mm/Felsküsten/Apr-Mai

Gypsophila pilosa Behaartes Gipskraut (Caryophyllaceae) Kraut/Blätter länglich bis lanzettlich/Blüten 6-8 mm/Blütenblätter gebuchtet/2 Griffel oder Narben/Kelch mit papierartigen Verbindungen

Lythrum portula Sumpfquendel (Lythraceae) Kraut/Blätter verkehrt-eiförmig/Blüten 1-2 mm/Menorca

Mirabilis jalapa Wunderblume (Nyctaginaceae) Ausdauerndes Kraut/Blätter zugespitzt-eiförmig/Blüten 25-35mm/5 Staubblätter/Felder-Feuchtgebiete-Wegränder-Zierpflanze/Juli-Okt

Nerium oleander Gemeiner Oleander (Apocynaceae) Strauch/Blätter länglich lanzettlich Blüten > 30 mm/Feuchtgebiete-Zierpflanze/Mai-Juni

Petrorhagia dubia Samt-Felsennelke (Caryophyllaceae) Drüsig behaartes Kraut/Blätter verkehrt-lanzettlich/Blüten 2-3 cm/2 Griffel oder Narben/Kelch mit braunen Hochblättern umgeben/März-Apr

Echtes Seifenkraut
Saponaria officinalis
(Caryophyllaceae)

Petrorhagia nanteuilii (Caryophyllaceae) Kraut/Blüte mit 2 Griffeln oder Narben/Stängel teilweise drüsig behaart/Blattscheide <2x so lang wie breit/ Kelch mit Venen/Kelchröhre mit papierartigen Verbindungen/Felder-Wegränder/Mai-Juni

Rhodalsine geniculata Gekniete Rotmiere (Caryophyllaceae) Weich behaarte Pflanze/Blüten axillar/Blüten 5-8 mm/Felder-Felsküsten-Wegränder/Apr-Mai

<u>Saponaria officinalis</u> Echtes Seifenkraut (Caryophyllaceae) Krautige Pflanze/ Blätter eiförmig spitz/Blüte mit 2 Griffeln oder Narben/Kelch ohne Venen/ Kelch glatt und röhrig/verwilderte Kulturpflanze/Juni-Sep

Silene almolae (Caryophyllaceae) Behaartes Kraut/Stängel drüsig behaart/ Blüten zu 1-3/Kelch 12-18 mm/3 Griffel

Silene apetala Kronblattloses Leimkraut (Caryophyllaceae) Behaartes Kraut/ untere Blätter schmal lanzettlich, obere lineal-lanzettlich/3 Griffel/Kelch 7-10 mm/Blütenblätter im Kelch verborgen oder fehlend/Felder-Wegränder/Feb-März

Silene bellidifolia (Caryophyllaceae) Behaartes Kraut/Blüten zu >3/Blütenblätter eingeschnitten/Blüten in dichten Blütenständen/Blüten lang gestielt/ 3 Griffel/Kelch 14-17 mm/Mai-Juni

Silene cambessedesii (Caryophyllaceae) Drüsig behaartes Kraut/Kelch 10-25 mm/Kelch mit Venen/Felsküsten-Strand/März-Juni

Silene cerastoides (Caryophyllaceae) Behaartes Kraut/Blütenblätter gebuchtet/ Kelchöffnung verengt/Kelch 8-11 mm/Kelch mit Venen/Felsküsten-kalkhaltige Felder-Strand/März-Mai

Silene colorata Farbiges Leimkraut (Caryophyllaceae) Behaartes Kraut/Blätter spatelförmig bis lineal/Blütenblätter tief eingeschnitten/Blüten einzeln/ 3 Griffel/Kelch<13 mm/Kelch mit Venen/Felder-Strand-Wegränder/Mai

Silene gallica Französisches Leimkraut (Caryophyllaceae) Behaartes Kraut/ Blätter länglich spatelig/Blüten 7-14 mm/3 Griffel/Kelch < 3 mm/Kelch mit Venen/Felder-Wegränder/Apr-Juni

Silene hifacensis* (Caryophyllaceae) Behaarte Pflanze/Kelch mit Venen/Kelch 10-venig/Felsspalten/Ibiza/Apr-Juni

Silene muscipula Fliegenfallen-Leimkraut (Caryophyllaceae) Kraut/Blätter lanzettlich/Blüten kurz gestielt/Blüten zu mehreren/3 Griffel/Kelch 13-17 mm

Silene nicaeensis Natolisches Leimkraut (Caryophyllaceae) Klebrig behaartes Kraut/Blütenblätter tief eingeschnitten/Blüten zu 2-8/3 Griffel/Kelch < 13 mm/Kelch mit Venen/Mai

Silene pseudatocion* (Caryophyllaceae) Behaartes Kraut/Blüten zu >3/ Blütenblätter ungeteilt/Blüten in Dichasien/3 Griffel/Kelch 13-20 mm/Kelch drüsig behaart/Apr-Juni

Silene rubella (Caryophyllaceae) Behaartes Kraut/Blütenblätter ungeteilt/ Kelchöffnung nicht verengt/Kelch 7-11 mm/Kelch mit Venen/3 Griffel/ Felder-Wegränder/Mai-Juni

Flügel-Schuppenmiere
Spergularia media
(Caryophyllaceae)

Silene secundiflora Einseitswendiges Leimkraut (Caryophyllaceae) Kraut/ Blüten 7-8 mm/Kelch 13-17 mm/Blüten zu > 3/Kelch 5-10nervig + kahl/ 3 Griffel/Felsküsten-kalkhaltige Felder-Strand/Apr-Juni

Silene sericea (Caryophyllaceae) Behaartes Kraut/3 Griffel/Kelch 12-20 mm/ Blüten einzeln oder selten zu 2-3

Silene tridentata Dreizähniges Leimkraut (Caryophyllaceae) Behaartes Kraut/ obere Blätter lanzettlich, untere verkehrt-eiförmig/Blüten sitzend/Kelch 11-14 mm/Blütenblätter ganzrandig oder gebuchtet/3 Griffel/Ibiza

Spergularia bocconei Boccones Schuppenmiere (Caryophyllaceae) Pflanze mit Nebenblättern/Blätter mit endständiger Borste/Blütenblätter < Kelchblätter/ Kelchblätter 2-4 mm/Felder-Felsküsten-Marschland-Wegränder/Dez-Juni

Spergularia diandra (Caryophyllaceae) Kraut/Blätter mit 3eckigen Neben- blättern/Blüten 3-5 mm/2-3 Staubblätter/Felsküsten/Apr-Juni

Spergularia fimbriata (Caryophyllaceae) Am Grund verholzt/Blätter mit 6-100 mm großen Nebenblättern/Blütenblätter 4-6 mm/10 Staubblätter/Ibiza

Spergularia heldreichii (Caryophyllaceae) Kraut mit Nebenblättern/Blüten- stand mit (2)6-8(10) Staubblätter/Samen schwarz/Kapsel 2-3 mm

Spergularia marina Salz-Schuppenmiere (Caryophyllaceae) Pflanze mit Nebenblättern/Blätter linealisch fleischig/Blüten 3-6 mm/Kelchblätter 2-4 mm/Apr-Mai

<u>Spergularia media</u> Flügel-Schuppenmiere (Caryophyllaceae) Pflanze mit Nebenblättern/Blätter zugespitzt fleischig/Blüten 9-12 mm/Kelchblätter 4-6 mm/7-10 Staubblätter/Felsküsten-Marschland-Salzwiesen/Apr-Juni

Spergularia rubra Rote Schuppenmiere (Caryophyllaceae) Klebriges Kraut/ Blätter lineal mit Nebenblättern/Blütenblätter 3-4 mm/Staubblätter 5-10/ Samen braun/Felder-Marschland-Strand-Wegränder/Apr-Mai

<u>Vaccaria hispanica</u> Saat-Kuhnelke (Caryophyllaceae) Kraut/Blätter länglich- lanzettlich bis eiförmig-lanzettlich/Blüten 8-16 mm/2 Griffel oder Narben/ Kelch mit 5 Flügeln/Felder-Wegränder/Feb-Juli

Valerianella eriocarpa Wollfrucht-Rapünzchen (Valerianaceae) Kraut/untere Blätter löffelförmig, obere länglich/Blüten 2-3 mm/3 Staubblätter/Blätter am Grund gezähnt/Ödland/Apr-Mai

Vincetoxicum nigrum Schwarze Schwalbenwurz (Asclepiadaceae) Blätter breit eiförmig-lanzettlich/Blüten 6-8 mm/Staubblätter verwachsen/Felsspalten/Mai- Aug

Anders

Mittagsblume
Lampranthus multiradiatus
(Aizoaceae)

Mehr als 5 Blütenblätter

1A-Blüten orange	***Lampranthus multiradiatus***
1A-Blüten violett	
2A-Blätter gestielt	
3A-Blüten 1-2 mm	***Lythrum borysthenicum***
3B-Blüten > 10 mm	***Aptenia cordifolia***
2B-Blätter sitzend	
3A-Behaart	***Drosanthemum hispidum***
3B-Unbehaart	
4A-Blüte bis 2 mm	***Lythrum portula***
4B-Blüten > 10 mm	
5A-Blüte mit 4-5 Narben	
6A-Blätter fast zylindrisch	***Drosanthemum floribundum***
6B-Blätter dreikantig	***Lampranthus multiradiatus***
5B-Blüte mit 8-20 Narben	
6A-Staubblätter der Blüte weiß	***Disphyma crassifolia***
6B-Staubblätter der Blüte rot	***Carpobrotus chilensis***
6C-Staubblätter der Blüte gelb	
7A-Blüte 8-9 cm	***Carpobrotus edulis***
7B-Blüte > 10 cm	***Carpobrotus acinaciformis***

Aptenia cordifolia Herzblättrige Mittagsblume (Aizoaceae) Pflanze fein behaart Blätter herzeiförmig/Blüten 2 cm/Felder-Wegränder/Zierpflanze/Apr-Nov

Carpobrotus acinaciformis Mittagsblume (Aizoaceae) Kahl/Blätter dreikantig und dickfleischig/Blüte 11-12 cm/Felsküsten-Strand-Zierpflanze/Apr-Aug

Carpobrotus chilensis Mittagsblume (Aizoaceae) Unbehaarte Pflanze/am Grund verholzt/Blüte 25-50 mm/viele rote Staubblätter/Menorca + Ibiza

Carpobrotus edulis Mittagsblume (Aizoaceae) Kahl/Blätter dickfleischig/Blüte 8-9 cm/Felsküsten-Garigues-Kiefernwald-Strand-Zierpflanze/Apr-Aug

Disphyma crassifolia (Aizoaceae) Bodendeckende Pflanze/Blätter dickfleischig Blüten 3-5 cm/Felsküsten-Strand-Zierpflanze/Mai-Aug

Drosanthemum floribundum Reichblütiges Drosanthemum (Aizoaceae)Zwerg-strauch/Blätter fast zylindrisch/Blüten 10-25 mm/Felsküsten/Zierpflanze/ März-Juni

Drosanthemum hispidum Steifhaarige Mittagsblume (Aizoaceae) Behaarter Strauch/Blätter fleischig und sitzend/Blüten 25-30 mm/März-Juni

Lampranthus multiradiatus Mittagsblume (Aizoaceae) Strauch/Blätter dreikantig/Blüten 24-30 mm/viele Staubblätter/Zierpflanze/Apr-Mai

Lythrum borysthenicum Aufrechter Weiderich (Lythraceae) Kahles Kraut/ Blätter eiförmig/Blüten 1-2 mm/6 Staubblätter/Feuchtgebiete-Felder-Strand/ März-Apr

Lythrum portula Sumpfquendel (Lythraceae) Kraut/Blätter verkehrt-eiförmig/ Blüten 1-2 mm/Menorca

Schopf-Lavendel
Lavandula stoechas
(Lamiaceae)

Blüte symmetrisch

1A-Blüten violett
  2A-Blätter sitzend
    3A-Kraut
      4A-Blüten mit 2 Staubblättern   ***Rosmarinus officinalis***
      4B-Blüten mit 8 Staubblättern   ***Polygala nicaeensis***
    3B-Strauch/Blüten mit 4 Staubblättern
      4A-Blütenstand mit violetten Tragblättern ***<u>Lavandula stoechas</u>***
      4B-Blüten nur mit Unterlippe   ***<u>Teucrium marum</u>****
      4C-Blüten mit Ober- und Unterlippe
        5A-Oberlippe eingeschnitten   ***Coridothymus capitatus***
        5B-Ober- + Unterlippe eingebuchtet
          6A-Obere Blätter oval oder dreieckig ***Micromeria nervosa***
          6B-Obere Blätter lanzettlich
            7A-Kelch der Blüte 2-4 mm   ***Micromeria microphylla****
            7B-Kelch der Blüte 4-6 mm   ***Micromeria graeca***
  2B-Blätter gestielt
    3A-Kraut/Blätter einfach/Blüten 4-6 mm ***Mentha pulegium***
    3B-Strauch/Blätter handförmig gefingert ***Vitex agnus-castus***

Coridothymus capitatus Kopfiger Thymian (Lamiaceae) Zwergstrauch/Blätter
schmal, fast dreikantig/Blüten 7-10 mm/Garigues-Kiefernwald/Juni-Okt

<u>Lavandula stoechas</u> Schopf-Lavendel (Lamiaceae) Strauch/behaart/Blätter
länglich/Blüte 6-8 mm/Garigues-Macchien-Kiefernwald/März-Juni

Mentha pulegium Polei-Minze (Lamiaceae) Kraut/Blätter oval/Blüten 4-6 mm/
Blüten über ganzen Stängel verteilt/nasse Stellen/Apr-Aug

Micromeria graeca Griechische Bergminze (Lamiaceae) Behaarter Zwerg-
strauch/Blätter spitz eiförmig-länglich/Blüten gestielt/Blüten 6-8 mm/Felder-
Garigues-Kiefernwald-Wegränder/Apr-Juli

Micromeria microphylla* (Lamiaceae) Zwergstrauch/Blüten 5-8 mm/Blätter +
Tragblätter oval oder 3eckig/Felder-Felsspalten-Mauern-Wegränder/Mai-Juni

Micromeria nervosa Nervige Bergminze (Lamiaceae) Zwergstrauch/Blätter
spitz-eiförmigBlüten 4-6 mm/Garigue-Kiefernwald/Apr-Juni

Polygala nicaeensis Pannonisches Kreuzblümchen (Polygalaceae) Am Grund
verholzt/Blätter unten verkehrt-eiförmig-lanzettlich, oben lineal-lanzettlich/
Blüten 8-11 mm/Garigues-Macchien-lichte Wälder/Formentera/Apr-Juli

Rosmarinus officinalis Rosmarin (Lamiaceae) Aromatischer Strauch/Stängel
vierkantig/Blätter lineal/Blüten 10-12 mm/Garigues-Macchien/Jan-Dez

<u>Teucrium marum</u>* Katzen-Gamander (Lamiaceae) Graufilziger Zwergstrauch/
Blätter lineal-lanzettlich/Blüten 10-12 mm/Felsküsten-Garigues-Kiefern-
wälder/Apr-Okt

Vitex agnus-castus Keuschbaum (Verbenaceae) Strauch/Blätter handförmig
gefingert/Blüten 8-10 mm/Blüten zweilippig/feuchte Stellen/Aug-Okt

Blätter ganzrandig

-

Blätter nicht gegenständig

Blätter ganzrandig - Blätter nicht gegenständig

Blüten klein

1A-Blätter quirlständig   *Asperula laevigata*
1B-Blätter nicht quirlständig
  2A-Pflanze grau behaart   *Clypeola jonthlaspi*
  2A-Pflanze nicht so   *Corrigiola telephiifolia*

2-4 Blütenblätter

1A-Wasserpflanze
  2A-Blüten > 10 mm   *Baldellia ranunculoides*
  2B-Blüten < 10 mm
    3A-Blüten mit gelbem Fleck   *Damasonium alisma*
    3B-Blüten ohne gelben Fleck   *Alisma plantago-aquatica*
1B-Landpflanze ohne grüne Blätter   *Cytinus ruber*
1C-Landpflanze mit grünen Blättern
  2A-Blätter quirlig
    3A-Blattquirle nie mehr als 4-blättrig
      4A-Blätter > 2 mm breit   *Asperula laevigata*
      4B-Blätter 1-2 mm breit
        5A-Blüte trichterförmig   *Asperula cynanchica*
        5B-Blüte radförmig   *Galium cinereum*
    3B-Blattquirle mehr als 4-blättrig
      4A-Pflanze unten verholzt
        5A-Stängel glatt   *Galium lucidum*
        5B-Stängel rau   *Galium elongatum*
      4B-Pflanze unten nicht verholzt
        5A-Krone trichterförmig *Crucianella angustifolia*
        5B-Krone radförmig
          6A-Stacheln vorwärts gerichtet   *Galium verrucosum*
          6B-Stacheln rückwärts gerichtet   *Galium tricornutum*
  2B-Blätter alle grundständig
    3A-Blüten einzeln   *Erophila verna*
    3B-Blüten in 1-4 cm langen Ähren *Plantago bellardii*
  2C-Stängel mit gestielten Blättern
    3A-Grau behaartes Kraut   *Clypeola jonthlaspi*
    3B-Strauch
      4A-Blüten 40-50 mm   *Capparis ovata*
      4B-Blüten 50-70 mm   *Capparis spinosa*
  2D-Stängel mit sitzenden Blättern
    3A-Krautige Pflanze (4+2 Staubblätter)
      4A-Pflanze unbehaart
        5A-Obere Blätter oval   *Thlaspi perfoliatum*
        5B-Obere Blätter länglich *Thlaspi arvense*

4B-Pflanze behaart
  5A-Blütenblätter 20-30 mm   *<u>Matthiola incana</u>*
  5A-Blütenblätter 2-4 mm
    6A-Blätter linear-lanzettlich   *<u>Lobularia maritima/lybica</u>*
    6B-Blätter nicht so   *Hymenolobus procumbens*
3B-Strauch
  4A-Blüten mit 3 Blütenblättern   *Osyris alba*
  4B-Blüten mit 4 Blütenblättern
    5A-Blätter schuppig   *Tamarix parviflora*
    5B-Blätter nadelartig   *<u>Erica arborea</u>*
    5C-Blätter linear   *Daphne gnidium*

Weiß

Baum-Heide
Erica arborea
(Ericaceae)

Alisma plantago-aquatica Gewöhnlicher Froschlöffel (Alismataceae) Wasserpflanze/Blätter grundständig/Blüten 6-10 mm/Mai

Asperula cynanchica Hügel-Meister (Rubiaceae) Pflanze mit vierkantigem Stängel/Blätter in Quirlen zu 4/Blätter schmal-linealisch/Blüte trichterförmig in verzweigten Büscheln/Blüten 2-4 mm/Eichen- und Kiefernwälder-Felder-Garigues-Macchie-Wegränder

Asperula laevigata (Rubiaceae) Unbehaarte Pflanze/Blätter in Quirlen zu 4/Blätter elliptisch bis eiförmig/Blüte trichterförmig/Blüten 1-2 mm/Eichenwälder-Feuchtgebiete/Apr-Juli

Baldellia ranunculoides Gewöhnlicher Igelschlauch (Alismataceae) Wasserpflanze/Blätter grundständig/Blütenblätter 10-16 mm/Mai-Sep

Capparis ovata (Capparidaceae) Strauch/Blätter länglich bis elliptisch/Blüten 40-50 mm/viele Staubblätter/Apr-Sep

Capparis spinosa Dorniger Kapernstrauch (Capparidaceae) Strauch/Blätter eiförmig bis kreisrund/Blüten 50-70 mm/viele Staubblätter/Felder-Felsküsten-Felsspalten-Steinböden-Wegränder-Zierpflanze/Apr-Sep

Clypeola jonthlaspi Echtes Schildkraut (Cruciferae) Grau behaartes Kraut/Blätter lang spatelförmig/Blütenblätter 1-2 mm/kalkhaltige Felder-Steinböden/Apr-Juni

Corrigiola telephiifolia Ufer-Hirschsprung (Caryophyllaceae) Kraut mit Nebenblättern/Blätter spatel- oder löffelförmig/Blüten 1-2 mm/5 Staubblätter/Felder-Steinböden-Strand-Wegränder/März-Sep

Crucianella angustifolia Schmalblättriges Kreuzblatt (Rubiaceae) Kraut/Blätter in Quirlen zu 6-8/Blätter linear-lanzettlich/Krone trichterig/Blüten 3-5 mm/kalkhaltige Felder/Mai-Juli

Cytinus ruber Roter Zistrosenwürger (Rafflesiaceae) Parasit auf Zistrosen ohne grüne Blätter/Blüten 12-15 mm/Garigues-Kiefernwälder/Apr-Juni

Damasonium alisma Froschlöffel-Damasonie (Alismataceae) Wasserpflanze/Blätter länglich oder herzförmig/Blüten 5-9 mm/Blüten am Grund mit kleinem gelbem Fleck/Apr

Daphne gnidium Herbst-Seidelbast (Thymelaeaceae) Strauch/Blätter lineal bis lanzettlich/Blätter 20-50 mm lang/Blüten 4-6 mm/Eichenwälder-Garigues-Kiefernwälder/Juni-Sep

Erica arborea Baum-Heide (Ericaceae) Strauch/Blätter 3-5 mm lang/Blätter nadelartig/Blüten 2-4 mm/Eichenwälder-Garigues-Macchie/Feb-Mai

Erophila verna Frühlings-Hungerblümchen (Cruciferae) Behaartes Kraut/Blätter elliptisch oder lanzettlich in Grundrosette/Blüten 3-8 mm im Durchmesser/kalkhaltige Felder-Steinböden/Feb-Apr

Galium cinereum (Rubiaceae) Am Grund verholzte Pflanze/Blattquirle nie mehr als 4-blättrig/Blätter 1-2 mm breit/Blüten 3-5 mm/Blüte radförmig mit kurzer Röhre/Apr-Juni

Strand-Silberkraut
Lobularia maritima
(Cruciferae)

Galium elongatum Hohes Labkraut (Rubiaceae) Am Grund verholzte Pflanze/ Stängel rau/Blätter in Quirlen zu 4-6/Blätter breit-lanzettlich/Blütenstiel 3-6 mm/Blüten 3-5 mm/Mai-Juni

Galium lucidum Glanz-Labkraut (Rubiaceae) Am Grund verholzte Pflanze/ Stängel glatt/Blätter in Quirlen zu 6-9/Blütenstiel 1-3 mm/Blüten 3-5 mm/ Felder-Garigues-Kiefernwald-Olivenhaine-Wegränder/Apr-Juni

Galium tricornutum Dreihörniges Labkraut (Rubiaceae) Kraut mit rauem Stängel/Blätter in Quirlen zu 6-8/Blätter lineal-lanzettlich/Krone radförmig/ Stacheln am Blattrand rückwärts gerichtet/Blüten 1-2 mm/Felder-Wegränder/ Apr-Mai

Galium verrucosum Anis-Labkraut (Rubiaceae) Kraut mit rauem Stängel/ Blätter in Quirlen zu 5-6(7)/Blätter lineal-lanzettlich/Stacheln am Blattrand vorwärts gerichtet/Blüten 1-3 mm/Krone radförmig/Bergwiesen-Laubwälder-Felder-Wegränder/März-Apr

Hymenolobus procumbens Salztäschel (Cruciferae) Behaarte Pflanze/ Blütenblätter 2-4 mm/Abhänge-Felsküsten-kalkhaltige Felder-Strand/Juli-Sep

Lobularia lybica Lybisches Schildkraut (Cruciferae) Grauweiß behaartes Kraut/Grundblätter spatelig, Stängelblätter länglich-lanzettlich oder spatelig/Blüten 2-4 mm/Früchte in 3-5 mm langen Schötchen/Okt-Mai

<u>Lobularia maritima</u> Strand-Silberkraut (Cruciferae) Behaarte Pflanze/Blätter linealisch oder spatelig/Blütenblätter 2-4 mm/Felder-Felsküsten-Strand-Wegränder/Juli-Sep

<u>Matthiola incana</u> Garten-Levkoje (Cruciferae) Behaarte Pflanze/Blätter schmal-lanzettlich/Blütenblätter 20-30 mm/Felsspalten-Steinböden-Zierpflanze/Apr-Mai

Osyris alba Honigduftender Rutenstrauch (Santalaceae) Ginsterartiger Strauch bis 120 cm mit immergrünen, sitzenden Blättern/Blätter lineal-lanzettlich/ Blüten unscheinbar/Mai-Juni

Plantago bellardii Haariger Wegerich (Ericaceae) Behaartes Kraut mit schmal-lanzettlichen Rosettenblättern/Blütenröhre 3-4 mm/Felder/Mai-Juni

Tamarix parviflora Kleinblütige Tamariske (Tamaricaceae) Strauch/Blätter 3-5 mm lang/Blätter schuppig/Blüten 3-5 mm/Zierpflanze/Apr-Juni

Thlaspi arvense Ackerhellerkraut (Cruciferae) Unbehaartes Kraut/obere Blätter länglich/Blütenblätter 3-5 mm/Felder-Wegränder/Apr-Sep

Thlaspi perfoliatum Durchwachsenblättriges Hellerkraut (Cruciferae) Unbehaartes Kraut/obere Blätter oval/kalkhaltige Felder/Apr-Sep

5 Blütenblätter

1A-Blütenblätter verwachsen
  2A-Blätter alle grundständig   ***<u>Cyclamen balearicum</u>****

  2B-Stängel mit Blättern/Blätter gestielt
   3A-Strauch
    4A-Blüten < 5 mm   ***Cressa cretica***
    4B-Blüten > 5 mm   ***Viburnum tinus***
   3B-Krautige Pflanze
    4A-Pflanze unbehaart
     5A-Blätter pfeilförmig
      6A-Blüten 5-9 cm   ***Calystegia silvatica***
      6B-Blüten 1-4 cm   ***Convolvulus arvensis***
     5B-Blätter nicht pfeilförmig
      6A-Blüten 25-40 mm   ***Convolvulus valentinus***
      6B-Blüten < 10mm
       7A-Blüten einzeln/Kraut < 10 cm ***Anagallis minima***
       7B-Blüten in Wickeln/Kraut > 10 cm ***Heliotropium curassavicum***
    4B-Pflanze behaart
     5A-Blätter pfeilförmig
      6A-Blüten 5-9 cm   ***Calystegia silvatica***
      6B-Blüten 1-4 cm   ***Convolvulus arvensis***
     5B-Blätter nicht pfeilförmig
      6A-Blüten 110-190 mm   ***Datura innoxia***
      6B-Blüten 25-40 mm   ***Convolvulus valentinus***
      6C-Blüten < 10mm
       7A-Blätter oberseits grün   ***Heliotropium supinum***
       7B-Blätter oberseits grau behaart ***Heliotropium europaeum***
  2C-Stängel mit Blättern/Blätter sitzend
   3A-Dorniger Strauch   ***Lycium intricatum***
   3B-Krautige Pflanze
    4A-Blüten > 10 mm   ***<u>Borago officinalis</u>***
    4B-Blüten < 10 mm
     5A-Pflanze unbehaart   ***<u>Samolus valerandi</u>***
     5B-Pflanze behaart
      6A-Blätter länglich/Blüten 6-9 mm ***Buglossoides arvensis***
      6B-Blätter lanzettlich/Blüten kleiner
       7A-Blätter borstig behaart   ***Anchusa arvensis***
       7B-Blätter flaumig behaart   ***Lithospermum officinale***

1B-Blütenblätter nicht verwachsen
  2A-Baum oder Strauch
    3A-Blätter schuppenförmig   ***Tamarix africana***
    3B-Blätter nicht so
      4A-Blüten einzeln
        5A-Blattstiel geflügelt   ***Citrus sinensis***
        5B-Blattstiel nicht geflügelt
          6A-Kelchblätter der Blüte gleichartig ***Cydonia oblonga***
          6B-Kelchblätter der Blüte verschieden ***Cistus salviifolius***
      4B-Blüten in vielblütigen Blütenständen
        5A-Blätter einfach   ***Phytolacca dioica***
        5B-Blätter gefiedert
          6A-Einzelblüten < 5 mm
            7A-Fiederblättchen der Blätter lineal ***Schinus molle***
            7B-Fiederblättchen elliptisch-eiförmig ***Schinus terebinthifolia***
          6B-Einzelblüten > 5 mm
            7A-Blütenlappen 2x Blütenröhre ***Jasminum grandiflorum***
            7B-Blütenlappen nicht so groß ***Jasminum officinale***
  2B-Krautige Pflanze
    3A-Blätter quirlständig   ***Sherardia arvensis***
    3B-Blätter nicht quirlständig
      4A-Blätter fast alle grundständig   ***Limonium ejulabilis****
      4B-Blätter nicht alle grundständig
        5A-Blätter lang gestielt   ***Solanum nigrum***
        5B-Blätter sitzend
          6A-Pflanze behaart
            7A-Blätter stechend
              8A-Blätter zylindrisch stachelig ***Salsola kali***
              8B-Blätter länglich-elliptisch ***Paronychia echinulata***
            7B-Blätter nicht so
              8A-Blüten einzeln   ***Aizoon hispanicum***
              8B-Blüten in Büscheln   ***Sedum album***
          6B-Pflanze unbehaart
            7A-Blätter ohne Nebenblätter ***Sedum caespitosum***
            7B-Blätter mit Nebenblättern
              8A-Blätter 7-15 cm   ***Polygonum salicifolium***
              8B Blätter kleiner
                9A-Blattrand umgerollt   ***Polygonum maritimum***
                9B-Blätter nicht so
                  10B-Blätter elliptisch   ***Polygonum rurivagum***
                  10B-Blätter anders
                    11A-Blätter lineal   ***Polygonum equisetiforme***
                    11B-Blätter spatelförmig ***Corrigiola telephiifolia***

Weiß

Balearen-Alpenveilchen
*Cyclamen balearicum**
(Primulaceae)

Aizoon hispanicum Spanisches Eiskraut (Aizoaceae) Fleischiges Kraut/Blätter länglich-lanzettlich/Blüten 9-10 mm/viele Staubblätter/Felsküsten/Jan-Juni

Anagallis minima Zwerg-Gauchheil (Primulaceae) Kraut/Blätter eiförmig/Blüten winzig in Blattachseln der oberen Blätter/Felder/Mai-Sep

Anchusa arvensis Acker-Krummhals (Boraginaceae) Behaartes Kraut/Stängel vierkantig/Blätter eiförmig/Blüte 4-6 mm/Felder-Wegränder/Apr-Sep

<u>Borago officinalis</u> Boretsch (Boraginaceae) Steif behaartes Kraut/Blätter eiförmig bis lanzettlich/Blüten 20-25 mm/Felder-Wegränder/Mai-Sep

Buglossoides arvensis Acker-Steinsame (Boraginaceae) Flaumiges Kraut/Blätter länglich/Blüten 6-9 mm/Kultur- und Ödland/Feb-Okt

Calystegia silvatica Pracht-Winde (Convolvulaceae) Kletterpflanze/Blätter breit eiförmig-pfeilförmig/Blüten 50-90 mm/Hecken/Apr-Okt

Cistus salviifolius Salbeiblättrige Zistrose (Cistaceae) Aromatischer Strauch mit gestielten, eiförmigen oder elliptischen Blättern/Blüte 3-5 cm/viele Staubblätter/Kelch ungleich/Eichenwald-Garigues-Macchie/Apr-Juni

Citrus sinensis Osbeck-Orange (Rutaceae) Baum/Stängel geflügelt/Blätter breit-elliptisch/Blüten bis 4 cm/viele Staubblätter/März-Okt

Convolvulus arvensis Acker-Winde (Convolvulaceae) Bis 2 m lange, niederliegende oder kletternde Pflanze/Blätter pfeilförmig/Blüte 1-3 cm/Kelch stumpf/Felder-Wegränder/Mai-Sep

Convolvulus valentinus Valencia-Winde (Convolvulaceae) Niederliegende oder kletternde Pflanze/Blätter lanzettlich bis elliptisch/Blüten 25-40 mm/Kelch spitz/Felsküsten/Ibiza/März-Juli

Corrigiola telephiifolia Ufer-Hirschsprung (Caryophyllaceae) Kraut mit Nebenblättern/Blätter spatel- oder löffelförmig/Blüten 1-2 mm/5 Staubblätter/Felder-Steinböden-Strand-Wegränder/März-Sep

Cressa cretica Kretische Kresse (Convolvulaceae) Kleiner behaarter Strauch/Blätter lanzettlich bis eiförmig/Blüten < 5 mm/Salzwiesen/Apr-Mai

<u>Cyclamen balearicum</u>* Balearen-Alpenveilchen (Primulaceae) Knollenpflanze/Blätter breit eiförmig/Blüten 9-16 mm/Eichenwälder-Felsspalten/Apr-Mai

Cydonia oblonga Echte Quitte (Rosaceae) Behaarter Strauch/Blätter eiförmig/Blüte 40-45 mm/viele Staubblätter/Kelchblätter gleich/Zierpflanze/Apr-Mai

Datura innoxia Großblütiger Stechapfel (Solanaceae) Behaartes Kraut/Blätter keileiförmig/Blüten 110-190 mm/Felder-Wegränder-Zierpflanze/Mai-Nov

Heliotropium curassavicum Curacao-Sonnenwende (Boraginaceae) Kraut/Blätter schmal-spatelförmig/Blüten 2 mm/Felsküsten/Mai-Sep

Heliotropium europaeum Europäische Sonnenwende (Boraginaceae) Behaartes Kraut/Blätter eiförmig-elliptisch/Blüten<2-4 mm/Felder-Wegränder/Mai-Okt

Heliotropium supinum Niederliegende Sonnenwende (Boraginaceae) Behaartes Kraut/Blätter eiförmig-elliptisch/Blüten > 10 mm/Kelch nur teilweise geteilt/Menorca/Mai-Nov

Jasminum grandiflorum Spanischer Jasmin (Oleaceae) Strauch/Blütenlappen doppelt so lang wie Blütenröhre/Blüten 20-25 mm/Juni-Okt

Weiß

Salzbunge
Samolus valerandi
(Primulaceae)

Jasminum officinale Echter Jasmin (Oleaceae) Strauch/Blätter gefiedert/ Fiederblätter zugespitzt-eiförmig/Blüten 16-22 mm/Juni-Okt

*Limonium ejulabilis** (Plumbaginaceae) Pflanze 40-60 cm/Blätter elliptisch bis eiförmig/Blüten 5-6 mm/Salzmarschen/Juli-Aug

Lithospermum officinale Echter Steinsame (Boraginaceae) Flaumig behaarte Pflanze/Blätter lanzettlich/Blüten 3-6 mm/Mai-Aug

Lycium intricatum Sparriger Bocksdorn (Solanaceae) Dorniger Strauch/Blätter fleischig/Blüten 13-18 mm/Sandküsten-Felsküsten/Mai-Sep

Paronychia echinulata (Caryophyllaceae) Behaartes Kraut mit Nebenblättern/ Blätter eiförmig-lanzettlich/Blüten 3-8 mm/5 Staubblätter/Felder/Apr-Juni

Phytolacca dioica Zweihäusige Kermesbeere (Phytolaccaceae) Baum/Blätter herzförmig/Blüten mit 10 Staubblättern/Zierpflanze/Ibiza/Juni-Sep

Polygonum equisetiforme Schachtelhalm-Knöterich (Polygonaceae) Pflanze mit linealen Blättern/Blüten 2-4 mm/8 Staubblätter/Wegränder/Apr-Dez

Polygonum maritimum Strand-Knöterich (Polygonaceae) Niederliegende Pflanze/Blattrand eingerollt/Blüten 3-4 mm/8 Staubblätter/Strand/Apr-Mai

Polygonum rurivagum Acker-Vogelknöterich (Polygonaceae) Kraut mit Nebenblättern/Blätter lanzettlich/Blüten 2-4 mm/8 Staubblätter

Polygonum salicifolium Weidenblättriger Knöterich (Polygonaceae) Kraut mit Nebenblättern/Blätter lanzettlich/Blüten 2-4 mm/8 Staubblätter/April

Salsola kali Kali-Salzkraut (Chenopodiaceae) Stechendes Kraut/behaart/Blätter zylindrisch/Blüten 4-6 mm/5 Staubblätter/Strand-Sandböden/Juli-Okt

<u>Samolus valerandi</u> Salzbunge (Primulaceae) Pflanze mit verkehrt-eiförmigen Blättern/Blüten 3-4 mm/Feuchtgebiete/Mai-Juni

Schinus molle Peruanischer Pfefferbaum (Anacardiaceae) Strauch oder Baum/ Blätter gefiedert/Fiederblättchen lineal/Blüten 3-4 mm/Zierpflanze/Apr-Aug

Schinus terebinthifolia Brasilianischer Pfefferbaum (Anacardiaceae) Immergrüner Strauch/Blätter gefiedert/Fiederblättchen elliptisch-eiförmig/Blüten 3-4 mm/Zierpflanze/Apr-Aug

Sedum album Weiße Fetthenne (Crassulaceae) Behaarte Pflanze/Blätter fleischig/Blüten 6-9 mm/5 Staubblätter/Feuchtgebiete-Steinböden/Juni-Aug

Sedum caespitosum Rasige Fetthenne (Crassulaceae) Kraut/Blätter fleischig/ Blüte 6 mm/4-5 Staubblätter/kalkhaltige Felder-Steinböden/Feb-Apr

Sherardia arvensis Ackerröte (Rubiaceae) Kriechendes Kraut/Blattquirle meist aus 6 Blättern/Blüten 3 mm/Felder-Wegränder/März-Juli

Solanum nigrum Schwarzer Nachtschatten (Solanaceae) Kraut mit kantigem Stängel/Blätter eiförmig-dreieckig/Blüten 5-14 mm/5 Staubblätter/Felder-Feuchtgebiete-Wegränder/März-Mai

<u>Tamarix africana</u> Afrikanische Tamariske (Tamaricaceae) Baum/Blätter schuppig anliegend/Blüten 2-3 mm/4-15 Staubblätter/Felsküsten-Feuchtgebiete-Marschland/Apr-Sep

Viburnum tinus Immergrüner Schneeball (Caprifoliaceae) Strauch bis 7 m/ Blätter eiförmig/Blüten > 5 mm/Dez-Juni

Mehr als 5 Blütenblätter

1A-Wasserpflanze	*Nymphaea alba*
1B-Landpflanze	
2A-Blätter fleischig	
3A-Kronblätter < Kelchblätter	*Mesembryanthemum nodiflorum*
3B-Kronblätter > Kelchblätter	*Mesembryanthemum crystallinum*
2B-Blätter mit Ranke	*Smilax aspera*
2C-Blätter grundständig	
3A-Blüten mit 3 Staubblättern	
4A-Blüten < 5 cm	
5A-Blätter zylindrisch	*Romulea columnae*
5B-Blätter nicht zylindrisch	*Crocus cambessedesii**
4B-Blüten > 5 cm	
5A-Untere Blüten sitzend	*Iris albicans*
5B-Untere Blüten auf Zweigen	*<u>Iris germanica</u>*
3B-Blüten mit 6 Staubblättern	
4A-Fruchtknoten unterständig	
5A-Blüte mit Nebenkrone	*Narcissus serotinus*
5B-Blüte ohne Nebenkrone	
6A-Blätter 1-3 mm breit	*Leucojum autumnale*
6B-Blätter 5-25 mm breit	*Leucojum aestivum*
4B-Fruchtknoten oberständig	
5A-Blüten < 16 mm	
6A-Blütenblätter verwachsen	*<u>Brimeura fastigiata</u>*
6B-Blütenblätter frei	*Urginea maritima*
5B-Blüten 16-30 mm	
6A-Blätter halbstielrund und hohl	*Asphodelus fistulosus*
6B-Blätter flach	
7A-Tragblätter weiß	*<u>Asphodelus aestivus</u>*
7B-Tragblätter braun	*Asphodelus cerasiferus*
5C-Blüten 40-60 mm	
6A-Stängel verzweigt	*Yucca gloriosa*
6B-Stängel nicht verzweigt	*Yucca aloifolia*
2D-Blätter gestielt	
3A-Baum	*Eucalyptus globulus*
3B-Krautige Pflanze	*Tamus communis*
2E-Blätter sitzend	
3A-Blüten in Dolden	
4A-Blätter gerollt	
5A-Stiele der Blüten gleich lang	
6A-Blütendolde > 40 mm	*Allium cepa*
6B-Blütendolde < 40 mm	*Allium pallens*

5B-Stiele der Blüten ungleich lang
  6A-Innere Staubfäden der Blüten 3teilig
    7A-Blütenstand dicht — *Allium sphaerocephalon**
    7B-Blütenstand locker — *Allium ebusitanum*
  6B-Innere Staubfäden der Blüten ganz
    7A-Nur auf Ibiza und Formentera — *Allium antonii-bolosii**
    7B-Blütenstiel 3-20 mm — *Allium fistulosum*
    7C-Blütenstiel 40-70 mm — *Allium paniculatum*
4B-Blätter flach
  5A-Pflanze mit mehr als 3 Blättern
    6A-Blütenstand > 30-blütig — *Allium ampeloprasum*
    6B-Blütenstand < 30-blütig
      7A-Pflanze mit 6-12 Blättern — *Allium sativum*
      7B-Pflanze mit 2-5 Blättern
        8A-Stängel kurz — *Allium chamaemoly*
        8B-Stängel lang — *Allium subvillosum*
  5B-Pflanze mit weniger als 4 Blättern
    6A-Blütenstiel fehlend oder nur kurz — *Allium chamaemoly*
    6B-Blütenstiel dreikantig
      7A-Blüten mit grüner Mittelvene — *Allium triquetrum*
      7B-Blüten ohne grüne Mittelvene — *Allium neapolitanum*
    6C-Blütenstiel rund
      7A-Staubblätter der Blüte gelb — *Allium subvillosum*
      7B-Staubblätter der Blüte braun — *Allium subhirsutum*
3B-Blüten in Köpfchen — *Globularia alypum*
3C-Blüten anders
  4A-Blütenblätter > 3 cm
    5A-Fruchtknoten oberständig — *Lilium candidum*
    5B-Fruchtknoten unterständig — *Pancratium maritimum*
  4B-Blütenblätter < 3 cm
    5A-Strauch
      6A-Blätter einzeln — *Asparagus stipularis*
      6B-Blätter in Büscheln zu 10-20 — *Asparagus albus*
    5B-Kraut
      6A-Stiele der Blüten gleich lang — *Ornithogalum narbonense*
      6B-Stiele der Blüten verschieden lang
        7A-Blätter ohne weißen Streifen — *Ornithogalum arabicum*
        7B-Blätter mit weißem Streifen
          8A-Blätter < 3 mm breit — *Ornithogalum orthophyllum*
          8B-Blätter > 2 mm breit
            9A-Am Boden vielblättrig — *Ornithogalum umbellatum*
            9B-Am Boden kaum Blätter — *Ornithogalum collinum*

Glöckchen-Lauch
Allium triquetrum
(Liliaceae)

Allium ampeloprasum Acker-Lauch (Liliaceae) Zwiebelpflanze mit 4-10 flachen Blättern/Blüten in Dolden/Blütenstand > 30blütig/Blütenblätter 4-6 mm/6 Staubblätter/Felder-Felsküsten-WegränderApr-Juni

Allium antonii-bolosii* (Liliaceae) Zwiebelpflanze/Blätter gerollt/Blüten in Dolden/Blütenstiel ungleich lang/6 Staubblätter/innere Staubfäden ungeteilt/Felsspalten/Juli-Okt

Allium cepa Zwiebel (Liliaceae) Zwiebelpflanze/Blätter gerollt/Blüten in Dolden/Dolde 4-9 cm/Blütenstiel 15-30 mm/Stiele der Blüten gleich lang Blütenblätter mit grünem Streifen/Blütenblätter 3-5 mm/6 Staubblätter

Allium chamaemoly Zwerg-Lauch (Liliaceae) Zwiebelpflanze mit 2-3 flachen Blättern/Blütenstand 2-20blütig/Blüten mit grüner oder violetter Mittelvene/Blütenblätter 5-9 mm/6 Staubblätter/kalkhaltige Felder/Nov-März

Allium ebusitanum* Ibiza-Lauch (Liliaceae) Zwiebelpflanze/Blätter gerollt/Blüten in Dolden/Blütenstand locker/Blütenblätter 2-5 mm/6 Staubblätter/innere Staubfäden dreiteilig/Ibiza/Apr-Juni

Allium fistulosum Winter-Zwiebel (Liliaceae) Zwiebelpflanze/Blätter gerollt/Blüten in Dolden/Dolde 15-50 mm/Blütenstiel 3-20 mm/Blütenstiel ungleich lang/Blütenblätter 6-7 mm/6 Staubblätter/innere Staubfäden ungeteilt

Allium neapolitanum Neapolitanischer Lauch (Liliaceae) Zwiebelpflanze mit 2 flachen Blättern/Blütenblätter 7-12 mm/6 Staubblätter/Blütenstiel dreikantig/Felder-Wegränder/März-Mai

Allium pallens Bleicher Lauch (Liliaceae) Zwiebelpflanze/Blätter gerollt/Blüten in Dolden/Dolde 15-35 mm/Blütenstiele gleich lang/Blütenstiel 5-15 mm/Blütenblätter 3-6 mm/6 Staubblätter/Apr-Juni

Allium paniculatum Rispiger Lauch (Liliaceae) Zwiebelpflanze/Blätter gerollt/Blattstiel mit Drüsen/mit Nebenblättern/Dolde 35-70 mm/Blütenblätter 4-7 mm/6 Staubblätter/Blütenstiele ungleich lang/Felder-Wegränder/Apr-Juni

Allium sativum Knoblauch (Liliaceae) Zwiebelpflanze mit 6-12 flachen Blättern Blütenstand < 30blütig/Blüten ohne grüne oder violette Mittelvene/Blütenblätter 3-5 mm/6 Staubblätter

<u>Allium sphaerocephalon</u> Kugel-Lauch (Liliaceae) Zwiebelpflanze/Blätter gerollt/Blüten in dichten Dolden/innere Staubfäden dreiteilig/Blütenblätter 3-6 mm/Blüten mit 6 Staubblättern/Apr-Juni

Allium subhirsutum Wimperblättriger Lauch (Liliaceae) Zwiebelpflanze/Blätter flach/2-3 Blätter/Blüten in Dolden/Staubblätter braun/Blütenstiel rund/Blütenblätter 7-9 mm/6 Staubblätter/Garigues-Kiefernwald/März-Mai

Allium subvillosum Zottiger Lauch (Liliaceae) Zwiebelpflanze/Blätter flach/2-5 Blätter/Blüten in Dolden/Blütenstiel rund/Blütenblätter 5-9 mm/Blüten mit 6 gelben Staubblättern/Garigues-Kiefernwald-Olivenhaine/März-Mai

<u>Allium triquetrum</u> Glöckchen-Lauch (Liliaceae) Zwiebelpflanze mit 2-3 flachen Blättern/Blütenstand 3-15blütig/Blütenstiel 3kantig/Blütenblätter 10-18 mm/Blütenblätter mit grüner Mittelvene/Blüten mit 6 Staubblättern/Eichenwald-Felder-Felsspalten-Feuchtgebiete-Wegränder/März-Apr

Kleinfrüchtiger Affodill
Asphodelus aestivus
(Liliaceae)

Asparagus albus Weißstängeliger Spargel (Liliaceae) Strauch/Blätter in Büscheln/Blütenblätter 2-3 mm/Olivenhaine-Wacholderwald/Aug

Asparagus stipularis Schrecklicher Spargel (Liliaceae) Strauch mit einzelnen Blättern/Blütenblätter 3-4 mm/Griffel dreiteilig/Felder-Felsküsten-Olivenhaine-Wacholderwald-Wegränder/Apr-Sep

<u>Asphodelus aestivus</u> Kleinfrüchtiger Affodill (Liliaceae) Pflanze mit grundständigen, flachen Blättern/Blüten 20-30 mm/6 Staubblätter/Tragblätter der Blüten weißlich/Bergland-Felder-Garigues-Kiefernwald-Olivenhaine-Wacholderwald-Wegränder/März-Mai

Asphodelus cerasiferus Kirschfrüchtiger Affodill (Liliaceae) Pflanze mit flachen Blättern/Blüten 20-30 mm/Tragblätter der Blüten braun/Fruchtknoten oberständig/Garigues-Kiefernwald/Ibiza/Jan-Juni

Asphodelus fistulosus Röhriger Affodill (Liliaceae) Pflanze mit hohlen Blättern/Blüten 16-24 mm/6 Staubblätter/Fruchtknoten oberständig/Felder-Olivenhaine-Wacholderwald-Wegränder/Apr-Mai

<u>Brimeura fastigiata</u> Pouzolz-Hyazinthe (Liliaceae) Pflanze bis 5 cm/Blätter alle grundständig/Blüten 5-7 mm/Blüte glockenförmig bis zur Hälfte eingeschnitten/6 Staubblätter/Fruchtknoten oberständig/Apr-Juni

*Crocus cambessedesii** Balearen-Krokus (Iridaceae) Zwiebelpflanze mit 3-5 parallelnervigen Blättern/Blüte 14-18 mm/3 Staubblätter/Blütenröhre bis 10 mm/Bergland/Nov-März

Eucalyptus globulus Gewöhnlicher Fieberbaum (Myrtaceae) Baum/Blüte mit vielen Staubblättern/Mai-Juli

Globularia alypum Strauchige Kugelblume (Globulariaceae) Kleiner Strauch/Blütenköpfe bis 25 mm/2 Staubblätter/Garigues-Kiefernwald/Okt-Apr

Iris albicans Weiße Fahnen-Iris (Iridaceae) Pflanze mit 20-45 mm breiten Blättern/Stängel nicht verzweigt/untere Blüten sitzend/2 Blüten/Blüten 8-9 cm/3 Staubblätter/Mai-Juni

<u>Iris germanica</u> Weiße Deutsche Schwertlilie (Iridaceae) Pflanze mit 20-45 mm breiten Blättern/Stängel verzweigt/untere Blüten auf Zweigen/4-5 Blüten/Blüten 9-11 cm/3 Staubblätter/Felder-Wegränder-Zierpflanze/März-Juni

Leucojum aestivum Märzenbecher (Amaryllidaceae) Zwiebelpflanze mit unterständigem Fruchtknoten/Blätter 5-25 mm breit/Blüte ohne Nebenkrone/Blüten 13-22 mm/Blütenblätter mit grünem Fleck/6 Staubblätter/Feuchtgebiete/Feb-März

Leucojum autumnale Herbst-Knotenblume (Amaryllidaceae) Zwiebelpflanze mit 1-3 mm breiten Blättern/Blüten 9-14 mm/6 Staubblätter/Fruchtknoten unterständig/Blüte ohne Nebenkrone/Aug-Sep

Lilium candidum Schneeweiße Lilie (Liliaceae) Kraut/Blätter parallelnervig/Blüten 8-12 cm/6 Staubblätter/Felshänge-lichte Wälder-Macchie/Mai-Juni

Mesembryanthemum crystallinum Kristall-Mittagsblume (Aizoaceae) Kraut mit fleischigen Blättern/Blüten 2-3 cm/viele Staubblätter/Mai-Juni

Weiß

Dünen-Trichternarzisse
Pancratium maritimum
(Amaryllidaceae)

Mesembryanthemum nodiflorum Knotenblütige Mittagsblume (Aizoaceae)
Kraut mit fleischigen Blättern/Blüten bis 15 mm/viele Staubblätter/Apr-Juli
Narcissus serotinus Spätblühende Narzisse (Amaryllidaceae) Zwiebelpflanze/
Blüten 20-30 mm/kalkhaltige Felder-Olivenhaine-Wacholderwald/Sep-Dez
Nymphaea alba Weiße Seerose (Nymphaeaceae) Wasserpflanze/am Grund
verholzt/Blüten 10-20 cm
Ornithogalum arabicum Arabischer Milchstern (Liliaceae) Pflanze mit 7-8
Blättern/Blätter parallelnervig/Blütenstiele verschieden lang/Blüten 30-50
mm/Felder-Wegränder/März-Mai
Ornithogalum collinum Hügel-Milchstern (Liliaceae) Pflanze mit 4-15 Blättern
Blätter mit weißem Streifen/Blätter > 2 mm breit/Blütenstiele unterschiedlich
lang/Blüten 20-32 mm/Ibiza/Apr-Mai
Ornithogalum narbonense Narbonne-Milchstern (Liliaceae) Pflanze mit gleich
langen Blütenstielen/Blütenblätter 16-26 mm/Felder-Olivenhaine-Wacholder-
wald-Wegränder/Apr-Juni
Ornithogalum orthophyllum Kochs Milchstern (Liliaceae) Pflanze mit 6-15
Blättern mit weißem Streifen/Blätter < 3 mm breit/Blütenstiele unterschied-
lich lang/Blütenblätter 11-25 mm/Bergwiesen-Flusswälder-kalkhaltige
Felder-schattige Abhänge-Waldrand/Ibiza/Apr-Mai
Ornithogalum umbellatum Doldiger Milchstern (Liliaceae) Pflanze mit 6-9
Blättern/Blätter mit weißem Streifen/Blätter > 2 mm breit/Blütenstiele
unterschiedlich lang/Blüten 28-40 mm/Felder-Garigues-Kiefernwald-
Olivenhaine-Wacholderwald-Wegränder/Apr-Mai
<u>Pancratium maritimum</u> Dünen-Trichternarzisse (Amaryllidaceae)
Zwiebelpflanze mit 5-6 gedrehten Blättern/Blütenblätter 6-8 cm/
6 Staubblätter/Fruchtknoten unterständig/Griffel ungeteilt/Strand/Juli-Sep
Romulea columnae Schein-Krokus (Iridaceae) Pflanze mit zylindrischen
Blättern/Blüten 9-19 mm/3 Staubblätter/Felder-Felsküsten-Garigues-Kiefern-
wald-Olivenhaine-Wacholderwald-Wegränder/März-Apr
Smilax aspera Stechwinde (Liliaceae) Kletterstrauch mit Ranken/Stängel
kantig/Blätter herz- oder spießförmig/Blüten 3-5 mm/verbreitet/Aug-Sep
Tamus communis Gemeine Schmerwurz (Dioscoreaceae) Kletterpflanze/Blätter
tief herzförmig/Blüten 3-6 mm/Eichenwald-Feuchtgebiete-Hecken-
Olivenhaine-Wacholderwald/Apr-Mai
Urginea maritima Meerzwiebel (Liliaceae) Zwiebelpflanze mit oberständigem
Fruchtknoten/Blätter zut Blütezeit vertrocknet/Blüten in mehr als 50blütigen
Trauben/Einzelblüten 10-16 mm/6 Staubblätter/Felsküsten-Olivenhaine-
Wacholderwald/Aug-Okt
Yucca aloifolia Graue Palmlilie (Agavaceae) Pflanze mit stechenden Blättern
Blätter>50 cm/Blüten 4-6 cm/6 Staubblätter/Juni-Sep
Yucca gloriosa Prachtvolle Palmlilie (Agavaceae) Pflanze mit stechenden
Blättern/Blätter > 50 cm/Blüten 40-60 mm/6 Staubblätter/Fruchtknoten
oberständig/Juni-Sep

Weiß

Große Knorpelmöhre
Ammi majus
(Apiaceae)

Blüte in Dolden

1A-Kraut
    2A-Dolde mit 1-3 Hüllblättern   ***Petroselinum crispum***
    2B-Dolde mit mehr als 3 Hüllblättern
      3A-Dolde 15-60strahlig   ***Ammi majus***
      3B-Dolde -150strahlig   ***Ammi visnaga***
1B-Pflanze unten verholzt
    2A-Stängel hohl   ***Oenanthe globulosa***
    2B-Stängel massiv
      3A-Dolde mit 0-2 Hüllblättern   ***Ligusticum lucidum***
      3B-Dolde mit mehr als 2 Hüllblättern
        4A-Dolden mit < 4 Hüllchenblättern   ***Oenanthe lachenalii***
        4B-Dolden mit 4-7 Hüllchenblättern   ***Bunium bulbocastanum***

Ammi majus Große Knorpelmöhre (Apiaceae) Kraut/Blätter gefiedert/Dolde 15-60strahlig/Dolde mit > 1 Hüllblättern/Felder-Wegränder/Mai-Juli

Ammi visnaga Echte Knorpelmöhre (Apiaceae) Kraut/Blätter gefiedert/Dolde 30-50(150!)strahlig/Dolde mit > 1 Hüllblatt/Mai-Juni

Bunium bulbocastanum Knollenkümmel (Apiaceae) Pflanze mit gefiederten Blättern/Stängel massiv/Dolde 10-20strahlig/Dolde mit 4-7 Hüllblättern + 4-7 Hüllchenblätter/Apr-Mai

Ligusticum lucidum Glänzender Liebstock (Apiaceae) Pflanze mit gefiederten Blättern/Stängel massiv/Dolde 20-50strahlig/Dolde mit 0-2 Hüllblättern + 5-8 Hüllchenblättern/Juli

Oenanthe globulosa Kugelfrüchtiger Wasserfenchel (Apiaceae) Pflanze mit gefiederten Blättern/Stängel hohl/Dolde 3-6strahlig/Feuchtgebiete-Marschland/Apr-Aug

Oenanthe lachenalii Wiesen-Wasserfenchel (Apiaceae) Pflanze mit gefiederten Blättern/Stängel massiv/Dolde 5-15strahlig/Dolde mit (0)4-6 Hüllblättern + weniger als 4 Hüllchenblättern/Marschland/Apr-Aug

Petroselinum crispum Petersilie (Apiaceae) Pflanze mit gefiederten Blättern/ Dolde 8-20strahlig/Dolde mit 1-3 Hüllblättern + 5-8 Hüllchenblättern/Felder-Nutzpflanze-Wegränder/Mai-Juni

Blüten symmetrisch

1A-Pflanze ohne Blätter — *Lygos monosperma*
1B-Pflanze mit Blättern
  2A-Blätter ohne Blattgrün
    3A-Blüten mit 2 Tragblättern — ***Orobanche ramosa***
    3B-Blüten ohne Tragblätter
      4A-Lippe zweiteilig — *Neottia nidus-avis*
      4B-Lippe dreiteilig
        5A-Narbe rot
          6A-Blüte 6-10 mm — *Orobanche minor*
          6B-Blüte 14-22 mm — *Orobanche loricata*
        5B-Narbe nicht rot
          6A-Blüte 20-30 mm — *Orobanche crenata*
          6B-Blüte 10-22 mm — *Orobanche hederae*
  2B-Blätter mit grünen Blättern
    3A-Blätter mit Ranke
      4A-Stängel geflügelt
        5A-Blüten 12-24 mm — ***Lathyrus sativus***
        5B-Blüten 20-35 mm — *Lathyrus odoratus*
      4B-Stängel ungeflügelt
        5A-Blätter mit 3-8 Blattpaaren — *Lens culinaris*
        5B-Blätter mit 8-15 Blattpaaren — *Vicia ervilia*
    3B-Blätter dreizählig
      4A-Strauch mit Dornen — *Dorycnium fulgurans*
      4B-Pflanze ohne Dornen — *Dorycnium rectum*
    3C-Blätter quirlständig
      4A-Blüte mit Sporn
        5A-Blüten 2-6 mm/Sporn 1 mm — *Linaria micrantha*
        5B-Blüten 8-15 mm/Sporn 3-5 mm — *Linaria repens*
      4B-Blüte ohne Sporn
        5A-Blüten 3-6 mm — *Dorycnium pentaphyllum**
        5B-Blüten 10-20 mm — *Dorycnium hirsutum*
    3D-Blätter gefiedert
      4A-Blätter mit mehr als 8 Fiederpaaren
        5A-Blüten 7-8 mm — *Astragalus hamosus*
        5B-Blüten 12-14 mm — *Astragalus boeticus*
      4B-Blätter mit weniger als 9 Fiederpaaren
        5A-Blüten 4-6 mm/1-2blütig — *Lens ervoides*
        5B-Blüten 8-11 mm/2-10blütig — *Hedysarum spinosissimum*

3E-Blätter sitzend
  4A-Blätter parallelnervig
    5A-Blüte mit Sporn   *Platanthera bifolia*
    5B-Blüte ohne Sporn
      6A-Blüte mit 3 Staubblättern   *Freesia refracta*
      6B-Blüte mit 6 Staubblättern
        7A-Blüte pelzig   *Ophrys vernixia*
        7B-Blüte nicht pelzig
          8A-Blüte 6-7 mm/Sep   *Spiranthes spiralis*
          8B-Blüte 1-3 cm
            9A-Lippe der Blüte 7-10 mm   *Cephalanthera longifolia*
            9B-Lippe der Blüte 12-17 mm *Cephalanthera damasonium*
  4B-Blätter nicht parallelnervig
    5A-Blüte mit Sporn
      6A-Pflanze behaart   *Kickxia commutata*
      6B-Pflanze unbehaart   *Linaria chalepensis*
    5B-Blüte ohne Sporn
      6A-Blüte < 10 mm
        7A-Kraut   *Polygala monspeliaca*
        7B-Pflanze am Grund verholzt   *Polygala vulgaris*
      6B-Blüte > 10 mm
        7A-Staubblätter < Blütenblätter ***<u>Misopates orontium</u>***
        7B-Staubblätter > Blütenblätter *Echium italicum*

Weiß

Saat-Platterbse
Lathyrus sativus
(Fabaceae)

Astragalus boeticus Kaffeewicke (Fabaceae) Behaartes Kraut/Blätter mit 6-15 Fiederpaaren/Fiederblättchen schmal-eiförmig/Blüten 12-14 mm/Felder-Wegränder/März-Mai

Astragalus hamosus Haken-Tragant (Fabaceae) Behaartes Kraut/Blätter mit 9-11 Fiederpaaren/Fiederblättchen länglich-eiförmig/Blüten 7-8 mm/Felder-Wegränder/März

Cephalanthera damasonium Bleiches Waldvögelein (Orchidaceae) Kraut mit parallelnervigen Blättern/untere Blätter eiförmig/Blüten 4-7 mm/Eichenwald/Apr-Mai

Cephalanthera longifolia Schwertblättriges Waldvögelein (Orchidaceae) Kraut mit parallelnervigen Blättern/Blätter lineal-lanzettlich/Blüten 4-7 mm/Eichenwald/Apr-Juni

Dorycnium fulgurans* Balearen-Backenklee (Fabaceae) Dorniger Strauch/Blüten 3-7 mm/Blüten mit rot-schwarzem Schiffchen/Felsküsten/Apr-Mai

Dorycnium hirsutum Behaarter Backenklee (Fabaceae) Behaarte Pflanze/Blätter fünfzählig/Blüten 10-20 mm/4-10blütiger Blütenstand/Felder-Garigues-Kiefernwald-Strand-Wegränder/Apr-Juni

Dorycnium pentaphyllum* Fünffingerklee (Fabaceae) Behaarte Pflanze/Blätter fünfzählig/Blüten 3-6 mm/Blütenstand 5-25blütig/Felder-Garigues-Kiefernwald-Strand-Wegränder/Apr-Juni

Dorycnium rectum Aufrechter Backenklee (Fabaceae) Kurz behaarte Pflanze/Blätter fünfzählig/Blüten 5-6 mm/Feuchtgebiete-Marschland/Apr-Juni

Echium italicum Italienischer Natternkopf (Boraginaceae) Borstig behaarte Pflanze/Blätter lanzettlich/Blüten 10-12 mm/Felder-Wegränder/Apr-Aug

Freesia refracta Umgebogene Freesie (Iridaceae) Pflanze mit parallelnervigen Blättern/Blätter lineal-lanzettlich/Blüten 3-4 cm/Zierpflanze/Feb-März

Hedysarum spinosissimum Dorniger Süßklee (Fabaceae) Angedrückt behartes Kraut mit gefiederten Blättern/Fiederblätter schmal/Blüten 8-11 mm/Blüten in lang gestielten 2-10blütigen Blütenständen/Felder-Wegränder/Apr-Mai

Kickxia commutata Verändertes Tännelkraut (Scrophulariaceae) Drüsig behaarte Pflanze/untere Blätter breit-eiförmig, obere Blätter spieß- oder pfeilförmig/Blüten 7-17 mm/Felder-Wegränder/Mai-Juli

Lathyrus odoratus Duftende Platterbse (Fabaceae) Behaarte Pflanze mit geflügeltem Stängel/Blätter mit 1 elliptischem oder verkehrt-eiförmigem Fiederpaar und verzweigter Ranke/Blüten 20-35 mm/Mai-Juli

<u>Lathyrus sativus</u> Saat-Platterbse (Fabaceae) Pflanze mit geflügeltem Stängel und Blattstiel/Blätter mit einem Blattpaar und Ranke/Blüten 9-24 mm/Felder-Nutzpflanze-Wegränder/Ibiza/März-Juni

Lens culinaris Linse (Fabaceae) Pflanze gefiedert mit 1-8 Blattpaaren/Fiederblättchen verkehrt-eiförmig/Blüten 4-7 mm/Nutzpflanze/März-Juli

Lens ervoides Wild-Linse (Fabaceae) Behaartes Kraut/Blätter mit 2-4 Fiederpaaren/Fiederblättchen linear bis elliptisch/Blüten 4-6 mm/1-2blütig/Mai-Aug

Ästige Sommerwurz
Orobanche ramosa
(Orobanchaceae)

Linaria chalepensis Aleppisches Leinkraut (Scrophulariaceae) Behaartes Kraut Stängelblätter lineal, Blätter der sterilen Triebe quirlständig und schmal eiförmig/Blüten 6-8 mm/Blüten gespornt/Felder-Wegränder/Apr-Juni

Linaria micrantha Kleinblättriges Leinkraut (Scrophulariaceae) Pflanze mit linearen Blättern/Blüten 4-7 mm/Felder-Wegränder/Feb-Juni

Linaria repens Gestreiftes Leinkraut (Scrophulariaceae) Behaarte Pflanze/ Blätter linear/Blüten 8-15 mm/Rasengesellschaften

Lygos monosperma Einsamige Retama (Fabaceae) Strauch/Blätter linear/ Blüten 10-17 mm/Feb-Mai

Misopates orontium Acker-Löwenmaul (Scrophulariaceae) Kahl bis dicht drüsig behaarte Pflanze/Blätter lineal bis lanzettlich/Blüten 10-15 mm/Felder-Wegränder/März-Sep

Neottia nidus-avis Nestwurz (Orchidaceae) Kraut ohne grüne Blätter/Blätter schuppig/Blüten 4-8 mm/Berg-Eichenwald/Mai-Juli

Ophrys vernixia Spiegel-Ragwurz (Orchidaceae) Kraut/Blüten 4-5 mm/ Garigues-Kiefernwald-Olivenhaine-Wacholderwald/Feb-Mai

Orobanche crenata Pracht-Sommerwurz (Orobanchaceae) Behaarte Pflanze ohne grüne Blätter/Stängelblätter schuppenförmig/Blüten 25-30 mm/Felder-Wegränder/März-Mai

Orobanche hederae Efeu-Sommerwurz (Orobanchaceae) Behaarte Pflanze ohne grüne Blätter/Stängelblätter schuppenförmig/Blüten 10-22 mm/Felder-Felsspalten-Wegränder/Mai-Juli

Orobanche loricata Panzer-Sommerwurz (Orobanchaceae) Pflanze ohne grüne Blätter/Stängelblätter schuppenförmig/Blüten 10-18 mm

Orobanche minor Kleine Sommerwurz (Orobanchaceae) Pflanze ohne grüne Blätter/Stängelblätter schuppenförmig/Blüten 10-18 mm/Felder-Wegränder/ Mai-Aug

Orobanche ramosa Ästige Sommerwurz (Orobanchaceae) Drüsig behaarte Pflanze ohne grüne Blätter/Stängelblätter schuppenförmig/Blüten 10-22 mm/ Felder-Garigues-Kiefernwald-Wegränder/Feb-Sep

Platanthera bifolia Weiße Waldhyazinthe (Orchidaceae) Pflanze mit zwei fast gegenständigen Blättern/Blätter oval/Blüten 4-7 mm/Blüte mit Sporn

Polygala monspeliaca Montpellier-Kreuzblümchen (Polygalaceae) Kleine Pflanze/Blätter elliptisch/Blüten 4-5 mm/Ibiza/März-Juni

Polygala vulgaris Gemeines Kreuzblümchen (Polygalaceae) Pflanze mit elliptisch bis eiförmigen Blättern/Blüten 6-8 mm/Juni

Spiranthes spiralis Herbstschrauben-Ständel (Orchidaceae) Pflanze mit 3-5 Schuppenblättern und Blattrosette der Tochterpflanze/Blütenstand weiß-wollig/Blüten 5-8 mm/Aug-Nov

Vicia ervilia Linsen-Wicke (Fabaceae) Pflanze mit gefiederten Blättern/Blätter mit 8-16 Fiederpaaren/Blüten 6-9 mm/Blütenstand 1-4blütig/Feb-Juli

Lanzettblättriger Froschlöffel
Alisma lanceolatum
(Alismataceae)

Blüten klein

1A-Baum oder Strauch **_Tamarix ramosissima_**
1B-Krautige Pflanze **_Lythrum thymifolia_**

Lythrum thymifolia Thymianblättriger Weiderich (Lythraceae) Kraut/Blätter
   linealisch/Blütenblätter 1-2 mm/2 Staubblätter/März-Juli
Tamarix ramosissima Kaspische Tamariske (Tamaricaceae) Strauch oder
   Baum/Blätter schuppenartig/Blütenstand 15-45 mm lang/Juni-Aug

2-4 Blütenblätter

1A-Blüten mit 3 Blütenblättern
  2A-Blütenblätter mit gelbem Fleck **_Damasonium alisma_**
  2B-Blütenblätter ohne gelben Fleck **_Alisma lanceolatum_**
1B-Blüten mit 4 Blütenblättern
  2A-Blätter quirlständig **_Asperula paui*_**
  2B-Blätter sitzend
    3A-Baum
      4A-Kelch > 3 mm/Blütenblätter 2-5 mm **_Tamarix dalmatica_**
      4B-Kelch < 3 mm/Blütenblätter 3-4 mm **_Tamarix boveana_**
    3B-Krautige Pflanze
      4A-Blüte mit 2 Staubblättern **_Lythrum thymifolia_**
      4B-Blüte mit 6 Staubblättern **_Matthiola incana_**
      4C-Blüte mit 8 Staubblättern **_Oenothera rosea_**

Alisma lanceolatum Lanzettblättriger Froschlöffel (Alismataceae)
   Wasserpflanze/Blätter grundständig/Blüten 6-10 mm/Feuchtgebiete/Mai
Asperula paui* (Rubiaceae) Pflanze mit 4-8blättrigen Blattquirlen/Blätter
   schmal/Blüten 3-8 mm/Ibiza/Apr-Juni
Damasonium alisma Froschlöffel-Damasonie (Alismataceae) Wasserpflanze
   Blätter grundständig/Blüten 5-9 mm/Feuchtgebiete/April
Lythrum thymifolia Thymianblättriger Weiderich (Lythraceae) Kraut/Blätter
   linealisch/Blütenblätter 1-2 mm/2 Staubblätter
Matthiola incana Garten-Levkoje (Cruciferae) Behaartes Kraut/Blätter
   elliptisch bis lanzettlich/Blütenblätter 20-30 mm/Schote 45-160 mm/
   Felsspalten-Steinböden-Zierpflanze/Apr-Mai
Oenothera rosea Rosa Nachtkerze (Onagraceae) Behaarte Pflanze mit verkehrt-
   lanzettlichen oder schmal-eiförmigen Blättern/Blütenblätter 4-10 mm/
   8 Staubblätter/Felder-Feuchtgebiete-Wegränder/Juni-Juli
Tamarix boveana Bovés Tamariske (Tamaricaceae) Unbehaarter Baum/Blätter
   schuppenförmig/Blütenblätter 3-4 mm/Blütenstand 7-12 mm breit/Kelch < 3
   mm/März-Juni
Tamarix dalmatica Damaltinische Tamariske (Tamaricaceae) Baum/Blätter
   schuppenförmig/Blütenblätter 2-5 mm/Blütenstand 7-12 mm breit/Kelch > 3
   mm/März-Juni

5 Blütenblätter

1A-Blätter mit Ranke	*Cuscuta epithymum*
1B-Blätter grundständig	
2A-Blütenblätter verwachsen	
3A-Blüten 9-15 mm	***Centaurium erythraea***
3B-Blüten 20-30 mm	*Centaurium linariifolium*
2B-Blütenblätter nicht verwachsen	
3A-Blätter 4-9 mm breit/30-55 mm lang	*Limonium virgatum*
3B-Blätter 10-14 mm breit/2-4 cm lang	*Limonium echioides*
1C-Blätter dreizählig	
2A-Blätter mit stechenden Nebenblättern	*Fagonia cretica*
2B-Blätter ohne Nebenblätter	*Oxalis latifolia*
1D-Blätter sitzend	
2A-Blütenblätter verwachsen	
3A-Strauch/mit Dornen	
4A-Pflanze ohne Dornen	*Cressa cretica*
4B-Pflanze mit Dornen	
5A-Blätter 3-15 mm/Blüten 13-18 mm	*Lycium intricatum*
5B-Blätter 20-50 mm/Blüten 11-13-mm	*Lycium europaeum*
3B-Kraut	
4A-Blütenblätter eingeschnitten	*Coris monspeliensis*
4B-Blütenblätter nicht eingeschnitten	*Lysimachia minoricensis**
2B-Blütenblätter nicht verwachsen	
3A-Strauch oder Baum	
4A-Pflanze behaart	*Tamarix canariensis*
4B-Pflanze (fast) unbehaart	
5A-Blütenblätter 2-3 mm	***Tamarix africana***
5B-Blütenblätter < 2 mm (früh abfallend)	
6A-Blütenstiel kürzer als der Kelch	*Tamarix ramosissima*
6B-Blütenstiel so lang wie der Kelch	*Tamarix gallica*
3B-Krautige Pflanze	
4A-Pflanze drüsig behaart	*Sedum dasyphyllum*
4B-Pflanze nicht drüsig behaart	
5A-Blüte mit 2 Staubblättern	*Lythrum thymifolia*
5B-Blüte mit 8 Staubblättern	*Polygonum rurivagum*
1E-Blätter gestielt	
2A-Blütenblätter verwachsen	
3A-Pflanze behaart	
4A-Narbe der Blüte ungeteilt/Blüten > 4 cm	*Ipomoea sagittata*
4B-Narbe der Blüte 2-geteilt/Blüten < 4 cm	
5A-Blätter abrupt gestielt/Kelch spitz	*Convolvulus valentinus*
5B-Blätter in Stiel übergehend	

6A-Blätter fast unbehaart   *Convolvulus arvensis*
6B-Blätter angedrückt behaart   *Convolvulus lineatus*
6C-Blätter abstehend behaart   *Convolvulus cantabrica*
3B-Pflanze unbehaart
4A-Blüten 1-2 mm   *Anagallis minima*
4B-Blüten 10-25 mm   *Convolvulus arvensis*
4C-Blüten 30-50 mm   *Calystegia soldanella*
2B-Blütenblätter nicht verwachsen
3A-Blütenstiel mit gelben Drüsen   *Polygonum lapathifolium*
3B-Blütenstiel ohne Drüsen   *Polygonum persicaria*

Rosa

Echtes Tausendgüldenkraut
Centaurium erythraea
(Gentianaceae)

Anagallis minima Zwerg-Gauchheil (Primulaceae) Kraut < 10 cm/Blätter eiförmig/Blüten 1-2 mm/Blütenblätter < Kelchblätter/kalkhaltige Felder/ Menorca/Mai-Sep

Calystegia soldanella Strand-Winde (Convolvulaceae) Unbehaarte Pflanze/ Blätter nierenförmig/Blüten 30-50 mm/Narbe 2-teilig/Tragblätter > Kelchblätter/Strand/Mai

<u>Centaurium erythraea</u> Echtes Tausendgüldenkraut (Gentiananceae) Kraut/Rosettenblätter elliptisch, Stängelblätter schmaler/Blüten 9-15 mm/ Baumheide-Felder-Felsküsten–Garigues-Kiefernwald-Macchie-Marschland/ Menorca/Apr-Aug

Convolvulus arvensis Acker-Winde (Convolvulaceae) Bis 2 m lange, nieder- liegende oder kletternde Pflanze/Blätter pfeilförmig/Blüte 1-3 cm/Kelch stumpf/Felder-Wegränder/Mai-Sep

Convolvulus cantabrica Kantabrische Winde (Convolvulaceae) Abstehend behaarte Pflanze/Blätter länglich-spatelig bis lineal/Blüten 18-40 mm/Narbe 2-geteilt/Felder-Steinböden-Wegränder/Mai-Okt

Convolvulus lineatus Gestrichelte Winde (Convolvulaceae) Anlgedrückt behaarte Pflanze/Blätter lanzettlich bis lineal-lanzettlich/Blüten 12-25 mm/ Narbe 2-teilig/März-Juni

Convolvulus valentinus Valencia-Winde (Convolvulaceae) Niederliegende oder kletternde Pflanze/Blätter lanzettlich bis elliptisch/Blüten 25-40 mm/ Kelch spitz/Felsküsten/Ibiza/März-Juli

Coris monspeliensis Stachelträubchen (Primulaceae) Grünes Kraut/Blätter linealisch und am Rand umgerollt/Blüten 10-13 mm/Blütenblätter einge- schnitten/Garigues-Kiefernwald-Strand/März-Juli

Cressa cretica Kretische Kresse (Convolvulaceae) Kleiner behaarter Strauch/ Blätter lanzettlich bis eiförmig/Blüten < 5 mm/Salzwiesen/Apr-Mai

Cuscuta epithymum Quendel-Seide (Convolvulaceae) Parasitische Pflanze/ Blätter schuppenartig/Blüte 3-4 mm/Bergland-Felder-Felsküsten-Garigues- Kiefernwald-Wegränder/Apr-Mai

Fagonia cretica Kretische Fagonie (Zygophyllaceae) Pflanze mit stechenden Nebenblättern/Blätter dreiteilig/Blüten 9-10 mm/Felsküsten/Apr-Mai

Ipomoea sagittata Pfeil-Trichterwinde (Convolvulaceae) Behaarte Kletter- pflanze/Blätter pfeilförmig/Blüten 4-7 cm/Narbe 1-teilig/Juli-Sep

Limonium echioides Natternkopf-Strandflieder (Plumbaginaceae) Pflanze mit Grundrosette und oben geflügeltem Stängel/Blätter eiförmig/Kelch 5 mm/ Blütenstand 2-10 (20) cm/Felsküsten-Marschland/Apr-Mai

Limonium virgatum Ruten-Strandflieder (Plumbaginaceae) Pflanze mit Grundrosette und oben geflügeltem Stängel/Blätter schmal spatelig bis keilförmig/Blüten 7-8 mm/Felsküsten/Aug-Sep

Lycium europaeum Europäischer Bocksdorn (Solanaceae) Strauch mit Dornen/ Blätter schmal-spatelförmig/Blüte 11-13-mm/Gebüsche-Wegränder/Dez-Juni

Afrikanische Tamariske
Tamarix africana
(Tamaricaceae)

120

Lycium intricatum Sparriger Bocksdorn (Solanaceae) Strauch mit Dornen/ Blätter 3-15 mm/Kelch 1-2 mm/Blüten 13-18 mm/Felsküsten/Mai-Sep

Lysimachia minoricensis* Menorca-Felberich (Primulaceae) Kraut/Blätter elliptisch bis eiförmig/Blüten 4-6 mm/Feuchtgebiete/Menorca/Apr-Mai

Lythrum thymifolia Thymianblättriger Weiderich (Lythraceae) Fast kahles Kraut/Blätter lineal/Blütenblätter 1-2 mm/2 Staubblätter/Mai-Juli

Oxalis latifolia Breitblättriger Sauerklee (Oxalidaceae) Pflanze mit grundständigen Blättern/Blätter dreizählig/Blütenblätter 15-20 mm/Mai-Nov

Polygonum lapathifolium Ampfer-Knöterich (Polygonaceae) Kraut/Blätter eiförmig bis lanzettlich/Blüten 3 mm/Blütenstiel mit gelben Drüsen/Apr-Juni

Polygonum persicaria Floh-Knöterich (Polygonaceae) Kraut mit unbehaartem Stängel/Blätter lanzettlich/Blüten 3 mm/Blütenstiel ohne Drüsen/Apr-Juni

Polygonum rurivagum Unbeständiger Acker-Vogelknöterich (Polygonaceae) Kraut/Blätter lanzettlich/Blüten 2-4 mm/8 Staubblätter

Sedum dasyphyllum Buckel-Fetthenne (Crassulaceae) Drüsig behaarte Pflanze mit dickfleischigen Blättern/Blätter eiförmig/Blüten 5-6 mm/10 oder 12 Staubblätter/Felsspalten-Steinböden/Mai-Aug

<u>Tamarix africana</u> Afrikanische Tamariske (Tamaricaceae) Strauch oder Baum/ Blätter schuppenartig/Blütenblätter 2-3 mm/Blütenstand 3-6 cm lang und 5-8 mm breit/Felsküsten-Feuchtgebiete-Marschland/Apr-Juni

Tamarix canariensis Kanarische Tamariske (Tamaricaceae) Behaarter Strauch oder Baum/Blätter schuppenartig/Blütenstand 3-5 mm breit/Blütenblätter 1-2 mm/Blütenstand 15-45 mm lang/Apr-Sep

Tamarix gallica Französische Tamariske (Tamaricaceae) Strauch oder Baum/Blätter schuppenartig/Blütenstiel so lang wie der Kelch/Blütenstand 15-45 mm lang und 3-5 mm breit/Blütenblätter 1-2 mm/Feuchtgebiete-Marschland- Zierpflanze/Apr-Mai

Tamarix ramosissima Kaspische Tamariske (Tamaricaceae) Strauch oder Baum/Blätter schuppenartig/Blütenstiel kürzer als der Kelch/Blütenstand 3-4 mm breit und 15-45 mm lang/Blütenblätter 1-2 mm

Rosen-Lauch
Allium roseum
(Liliaceae)

Mehr als 5 Blütenblätter

1A-Pflanze zur Blütezeit ohne Blätter
  2A-Staubblätter der Blüte violett   *Merendera filifolia*
  2B-Staubblätter der Blüte gelb   ***Colchicum autumnale***
1B-Blätter dickfleischig   *Mesembryanthemum crystallinum*
1C-Blätter grundständig   *Urginea fugax*
1D-Blätter sitzend
  2A-Blätter netznervig   *Lythrum thymifolia*
  2B-Blätter parallelnervig
   3A-Blüte mit 3 Staubblättern   *Freesia refracta*
   3B-Blüte mit 6 Staubblättern
    4A-Blüten < 6 mm
     5A-Staubblätter der Blüte rot   *Allium nigrum*
     5B-Staubblätter der Blüte gelb   ***Allium roseum***
    4B-Blüten > 6 mm
     5A-Dolde mit Brutzwiebeln
      6A-Blätter < 5 mm breit   *Allium vineale*
      6B-Blätter 12-30 mm breit   *Allium sativum*
     5B-Dolde ohne Brutzwiebeln
      6A-Blätter 3-20 mm breit   *Allium polyanthum*
      6B-Blätter 5 cm breit   *Allium commutatum*
      6C-Blätter verwelkt   *Allium grosii**

Herbstzeitlose
Colchicum autumnale
(Liliaceae)

Blätter ganzrandig - Blätter nicht gegenständig

Allium commutatum Sommer-Lauch (Liliaceae) Zwiebelpflanze mit 5-11 parallelnervigen Blättern/Blätter 5 cm breit/Blütenstand doldenartig/Dolde ohne Brutzwiebeln/Einzelblüten 3-5 mm/6 Staubblätter/Felsküsten/Apr-Juni

*Allium grosii** (Liliaceae) Zwiebelpflanze zur Blütenzeit mit verwelkten Blättern/Blüten in doldenartigem Blütenstand/Dolde ohne Brutzwiebeln/Einzelblüte < 6 mm/6 Staubblätter/Staubblätter rot/Ibiza/Juni-Juli

Allium nigrum Dunkler Lauch (Liliaceae) Zwiebelpflanze mit parallelnervigen Blättern/Stängel 60-90 cm/Blüte doldenartig/Blüten-stand 5-10 cm/Blütenstiel 25-45 mm/Einzelblüten 12-18 mm/Blütenblätter 6-9 mm/6 Staubblätter/Staubblätter rot/Felder-Wegränder/März-Mai

Allium polyanthum (Liliaceae) Zwiebelpflanze mit 3-6 parallelnervigen Blättern/Blüten in doldenartigem Blütenstand/Einzelblüten 1-2 mm/ 6 Staubblätter/Felder-Wegränder/Apr-Juni

Allium roseum Rosen-Lauch (Liliaceae) Zwiebelpflanze mit 4-12 mm breiten Blättern/Blätter parallelnervig/Stängel 10-65 cm/Blüte doldenartig/Blütenstand bis 7 cm/Blütenstiel 7-45 mm/Einzelblüten 7-12 mm/6 Staubblätter/ Staubblätter gelb/Felder-Olivenhaine-Wacholderhaine-Wegränder/März-Juni

Allium sativum Knoblauch (Liliaceae) Zwiebelpflanze mit 6-12 Blättern/ Blätter parallelnervig/Blätter 12-30 mm breit/Blüten in doldenartigem Blütenstand/Blütenstand mit Brutzwiebeln/Blütenstand < 30blütig/Blütenstiele unterschiedlich lang/Blütenblätter 3-5 mm/Blüten ohne grüne oder violette Mittelvene/6 Staubblätter/Nutzpflanze

Allium vineale Weinberg-Lauch (Liliaceae) Zwiebelpflanze mit runden, hohlen, den halben stängelumfassenden Blättern/Blätter parallelnervig/Blätter < 5 mm breit/Blüten in doldenartigem Blütenstand/Blütenstand mit Brutzwiebeln/ Einzelblüten 2-5 mm/6 gelbe Staubblätter/Staubblätter länger als Blütenblätter/Felder-Wegränder/Mai-Aug

Colchicum autumnale Herbstzeitlose (Liliaceae) Zwiebelpflanze/Blütenblätter 4-6 cm/Blütenblätter am Grund verwachsen/Staubblätter gelb/Sep-Okt

Freesia refracta Umgebogene Freesie (Iridaceae) Pflanze mit parallelnervigen Blättern/Blätter lineal-lanzettlich/Blüten 3-4 cm/Zierpflanze/Feb-März

Lythrum thymifolia Thymianblättriger Weiderich (Lythraceae) Fast kahles Kraut/Blätter lineal/Blütenblätter 1-2 mm/2 Staubblätter/Mai-Juli

Merendera filifolia Schmalblättrige Merendera (Liliaceae) Zwiebelpflanze/ Blätter parallelnervig/Blütenblätter 15-25 mm/Staubblätter violett/Blütenblätter am Grund nicht verwachsen/Felder-sandige Standorte in Küstennähe-Steinböden/Sep-Nov

Mesembryanthemum crystallinum Kristall-Mittagsblume (Aizoaceae) Dicht behaartes Pflanze mit dickfleischigen Blättern/Blätter spatelförmig bis breit eiförmig/Blüte 20-30 mm/viele Staubblätter/Felder-Felsküsten-Wegränder/ Mai-Juni

Urginea fugax (Liliaceae) Zwiebelpflanze mit fädigen Blättern/Blüten 20-26 mm/Blüten mit roter Mittelvene/Blütenstand bis zu 30 Blüten/Ibiza/Sep-Okt

Balearen-Tragant
*Astragalus balearicus**
(Fabaceae)

Blüten symmetrisch

1A-Blätter netznervig
  2A-Blätter mit gefiederten Blättern
    3A-Blätter mit 3-5 Fiederpaaren   ***<u>Astragalus balearicus</u>****
    3B-Blätter mit 5-8 Fiederpaaren   ***Hedysarum spinosissimum***
  2B-Blätter nicht gefiedert
    3A-Blüte mit 8 Staubblättern   ***Polygala vulgaris***
    3B-Blüte mit 4 Staubblättern   ***<u>Misopates orontium</u>***
    3C-Blüte mit 5 Staubblättern
      4A-Blüten 10-12 mm   ***Echium italicum***
      4B-Blüten 13-18 mm   ***Echium asperrimum***
1B-Blätter parallelnervig
  2A-Blüte mit Sporn
    3A-Pflanze am Grund verholzt   ***Chaenorrhinum origanifolium****
    3B-Pflanze nicht am Grund verholzt   ***Chaenorrhinum formenterae****
  2B-Blüte ohne Sporn
    3A-Blätter gefleckt
      4A-Blüte mit 3-11 mmlangem Sporn   ***<u>Dactylorhiza maculata</u>***
      4B-Blüte mit 1-2 mmkurzem Sporn
        5A-Blüten < 5 mm   ***Neotinea maculata***
        5B-Blüten meist größer   ***Orchis mascula***
    3B-Blätter ohne Flecken
      4A-Blüte ohne Sporn   ***Serapias vomeracea***
      4B-Blüte mit Sporn
        5A-Blüte mit 1-2 mmkurzem Sporn ***Orchis mascula***
        5B-Blüte mit 3-5 mm langem Sporn ***Orchis conica***
        5C-Blüte mit 1-2 cm langem Sporn ***Gymnadenia conopsea***

Geflecktes Knabenkraut
Dactylorhiza maculata
(Orchidaceae)

Astragalus balearicus * Balearen-Tragant (Fabaceae) Behaarter kleiner Strauch mit gefiederten Blättern/Blätter mit 3-5 Fiederpaaren/Blüten 11-12 mm/ Blütenstand 1-5blütig/Bergregion-Felsküsten/März-Mai

Chaenorhinum formenterae * (Scrophulariaceae) Kraut/Blüten 13-15 mm/ Blüte mit Sporn/4 Staubblätter/kalkhaltige Felder-Strand/Apr-Aug

Chaenorhinum origanifolium * Majoranblättriges Zwerglöwenmaul (Scrophulariaceae) Kraut/Blätter lanzettlich bis fast herzförmig/Blüten 9-20 mm/Blüte mit Sporn (2-6 mm)/4 Staubblätter/Felsspalten-Steinböden/Apr-Juli

Dactylorhiza maculata Geflecktes Knabenkraut (Orchidaceae) Pflanze mit parallelnervigen Blättern/Blätter gefleckt/Blüte mit Sporn (3-11 mm)/Lippe 7-11 mm/Unterlippe 3lappig/Waldrand-Bergland/Mai-Juli

Echium asperrimum Rauer Natternkopf (Boraginaceae) Rau behaartes Kraut/Blätter lanzettlich bis schmal elliptisch/Blüten 13-18 mm/Staubblätter mit rötlichen Staubfäden/5 Staubblätter/Felder-Wegränder/Mai-Sep

Echium italicum Italienischer Natternkopf (Boraginaceae) Rau behaartes Kraut/Blätter lanzettlich bis schmal elliptisch/Blüten 10-12 mm/Staubblätter aus der Blüte herausragend/5 Staubblätter/Felder-Wegränder/Mai-Sep

Gymnadenia conopsea Mückenhändelwurz (Orchidaceae) Pflanze mit 3-9 parallelnervigen Blättern/Blätter linealisch bis lanzettlich/Blüte mit Sporn/ Sporn 10-20 mm/Unterlippe dreilappig

Hedysarum spinosissimum Dorniger Süßklee (Fabaceae) Angedrückt behartes Kraut mit gefiederten Blättern/Fiederblätter schmal/Blüten 8-11 mm/Blüten in lang gestielten 2-10blütigen Blütenständen/Felder-Wegränder/Apr-Mai

Misopates orontium Acker-Löwenmaul (Scrophulariaceae) Behaartes Kraut/ Blätter länglich/Stängel oben drüsig behaart/unten fast kahl/Blüten 10-15 mm/4 Staubblätter/Felder-Wegränder/Apr-Mai

Neotinea maculata Keuschorchis (Orchidaceae) Unbehaarte Pflanze mit 4-6 parallelnervigen Blättern/Blätter gefleckt/Blüte mit 1-2 mm langem Sporn/ Unterlippe der Blüte 4-5 mm/Bergwiesen-Gebüsche-Wälder/März-Mai

Orchis conica Kegel-Knabenkraut (Orchidaceae) Unbehaarte Pflanze mit 5-8 parallelnervigen Blättern/Blätter ohne Flecken/Blüte mit Sporn/Sporn 3-5 mm/Lippe tief dreigeteilt/Feb-Juni

Orchis mascula Stattliches Knabenkraut (Orchidaceae) Kahle Pflanze/Blätter parallelnervig/2-5 Blätter/Blätter gefleckt/Blüte mit 1-2 mm langem Sporn/ 8-20blütig/Lippe 3geteilt/Lippe 8-14 mm/Bergwiesen-Eichenwald/Apr-Mai

Polygala vulgaris Gemeines Kreuzblümchen (Polygalaceae) (Un)behaarte Pflanze/untere Stängelblätter länglich-elliptisch, obere schmal-länglich/ Blüten 4-8 mm/8 Staubblätter/Abhänge-Bergwiesen-Felsspalten-Waldrand/ Juni

Serapias vomeracea Orientalischer Zungenständel (Orchidaceae) Bis 60 cm große Pflanze/Blätter parallelnervig/Blütenstand 3-12blütig/Unterlippe der Blüte 20-45 mm/Menorca/Mär-Apr

Bastard-Bocksbart
Tragopogon hybridus
(Compositae)

Blüten löwenzahnartig

1A-Behaartes Kraut   *Cichorium intybus*
1B-Unbehaartes Kraut   ***Tragopogon hybridus***

Cichorium intybus Wegwarte (Compositae) Behaartes Kraut/Stängel zur Blüte
 weitgehend ohne Blätter/Tragblätter der Blüten kürzer als die Blütenblätter/
 Blüten 25-40 mm/Felder-Wegränder/Apr-Sep
Tragopogon hybridus Bastard-Bocksbart (Compositae) Unbehaartes Kraut mit
 stängelumfassenden Blättern/Blätter länglich-lineal/Tragblätter der Blüten
 länger als die Blütenblätter/Blüten 30-50 mm/Felder-Wegränder/Mai-Juni

Rosa

Mastix-Strauch
Pistacia lentiscus
(Anacardiaceae)

Blüten klein

1A-Baum oder Strauch   *Pistacia lentiscus*
1B-Kraut   *Amaranthus hypochondriacus*

2-4 Blütenblätter

1A-Blätter quirlständig
  2A-Kraut/Blüten < 1 mm   *Galium setaceum*
  2B-Pflanze unten verholzt/Blüten 1-2 mm   *Galium balearicum**
1B-Blätter nicht quirlständig
  2A-Wasserpflanze   *Potamogeton pectinatus*
  2B-Zwergstrauch
    3A-Blüten sitzend   *Daphne rodriguezii**
    3B-Blüten gestielt
      4A-Blüten 2-3 mm   *Erica scoparia*
      4B-Blüten 5-7 mm   *Erica multiflora*
  2C-Krautige Pflanze
    3A-Pflanze ohne Milchsaft   *Lythrum hyssopifolia*
    3B-Pflanze mit Milchsaft
      4A-Pflanze unten verholzt   *Euphorbia maresii**
      4B-Pflanze unten nicht verholzt
        5A-Blätter lineal   *Euphorbia exigua*
        5B-Blätter oval bis eiförmig   *Euphorbia fontqueriana**

Vielblütige Heide
Erica multiflora
(Ericaceae)

Amaranthus hypochondriacus Grünähriger Fuchsschwanz (Amaranthaceae)
Behaartes Kraut/Blätter rhombisch-eiförmig bis breit-lanzettlich/Blütenstand
endständig/4-5 rötliche Blütenblätter/Sproß nicht flaumig behaart

Daphne rodriguezii* (Thymelaeaceae) Behaarter Strauch/Blätter schmal/Blüten
8-11 mm in Köpfen zu 2-5/8 Staubblätter/Felsküsten-Olivenhaine-
Wacholderwald/Menorca/März-Apr

Erica multiflora Vielblütige Heide (Ericaceae) Zwergstrauch/Blätter nadelartig/
Blüten gestielt/Blüten 5-7 mm/8-10 Staubblätter/Staubblätter aus der Blüte
herausragend/Garigues-Kiefernwald/Aug-Sep

Erica scoparia Besen-Heide (Ericaceae) Zwergstrauch/Blätter nadelartig/
Blüten gestielt/Blüten 2-3 mm/8-10 Staubblätter/Staubblätter nicht aus der
Blüte herausragend/Griffel aus der Blüte herausragend/Baumheiden-
Macchie-Eichenwald-Garigues/Menorca/Mai-Juli

Euphorbia exigua Kleine Wolfsmilch (Euphorbiaceae) Kraut bis 20 cm/Kron-
blätter 2-3 mm lang/4-6 Staubblätter/Kelchblätter verwachsen/kalkhaltige
Felder/Apr-Juni

Euphorbia fontqueriana* (Euphorbiaceae) Pflanze mit Milchsaft/Stängel dicht
beblättert/Steinböden/Mai-Juli

Euphorbia maresii* (Euphorbiaceae) Pflanze mit Milchsaft/Stängel entfernt
beblättert/Bergwiesen/Mai-Juli

Galium balearicum* (Rubiaceae) Pflanze bis 10 cm groß/Quirle mit 5-6
Blättern/Blüten 1-2 mm/Blütenstiel 1 mm/Bergwiesen-Felsspalten/Juni-Juli

Galium setaceum (Rubiaceae) Kraut mit 6-8blättrigen Quirlen/Blüten < 1 mm/
Blütenstiel 1-3 mm/Felder-Feuchtgebiete/Apr-Mai

Lythrum hyssopifolia Ysop-Blutweiderich (Lythraceae) Kraut/Blätter linear-
lanzettlich/Kronblätter 2-3 mm lang/Kelchblätter verwachsen/4-6 Staub-
blätter/Apr-Juni

Pistacia lentiscus Mastix-Strauch (Anacardiaceae) Baum oder Strauch bis
8m/Blätter paarig gefiedert/Blüten 2-häusig ohne Kronblätter in kurzen
dichten Blütenständen/Baumheiden-Macchie-Garigues-Kiefernwald-
Olivenhaine-Wacholderwald-Zierpflanze/März

Potamogeton pectinatus Kamm-Laichkraut (Potamogetonaceae) Wasserpflanze
Blätter fädig/Marschland/Apr-Juli

Ysop-Blutweiderich
Lythrum hyssopifolia
(Lythraceae)

5 Blütenblätter

1A-Blütenblätter verwachsen
  2A-Blätter gestielt   ***Anagallis minima***
  2B-Blätter sitzend
    3A-Graues Kraut/Blüten 5-6 mm   ***Cynoglossum cheirifolium***
    3B-Grünes Kraut/Blüten 8-13 mm   ***Anchusa undulata***
1B-Blütenblätter nicht verwachsen
  2A-Blätter dreizählig   ***Oxalis debilis***
  2B-Blätter nicht dreizählig
    3A-Blätter gestielt   ***<u>Solanum melongena</u>***
    3B-Blätter sitzend
      4A-Blüten mit 4-6 Staubblättern   ***<u>Lythrum hyssopifolia</u>***
      4B-Blüten mit 8-10 Staubblättern   ***Sedum stellatum***

Anagallis minima Zwerg-Gauchheil (Primulaceae) Kraut/Blätter eiförmig/ Blüten < Kelch/Kelch 1-3 mm/5 Staubblätter/Felder/Menorca/Apr-Aug

Anchusa undulata Welligblättrige Ochsenzunge (Boraginaceae) Steif behaartes Kraut/Blätter elliptisch/Blüten 8-13 mm/Blütenmund quer/Blütenlappen alle gleich/März-Juni

Cynoglossum cheirifolium Goldlackblättrige Hundszunge (Boraginaceae) Behaartes Kraut/Blätter länglich-lanzettlich bis schmal-spatelförmig/Blüten 5-6 mm/Blütenblätter verwachsen/Felder-Wegränder/Apr-Juni

<u>Lythrum hyssopifolia</u> Ysop-Blutweiderich (Lythraceae) Kraut/Blätter elliptisch Blütenblätter 2-3 mm/4-6 Staubblätter/Felder-Feuchtgebiete Apr-Juli

Oxalis debilis Brasilianischer Sauerklee (Oxalidaceae) Behaarte Pflanze/Blätter dreizählig/Blüten 15-20 mm/Blütenstiel 5-15(30) cm/Felder-Wegränder/ Mai-Okt

Sedum stellatum Sternförmiger Mauerpfeffer (Crassulaceae) Kraut mit fleischigen Blättern/Blüten 8-10 mm/Blütenblätter spitz/8-10 Staubblätter/ kalkhaltige Felder Steinböden/Mai-Juni

<u>Solanum melongena</u> Aubergine (Solanaceae) Behaarte Pflanze/Haare sternförmig/Blätter eiförmig bis geschweift-gelappt/Blüte 25-50 mm/5-8 Staubblätter/Nutzpflanze/Juni-Aug

Kugel-Lauch
*Allium sphaerocephalon**
(Liliaceae)

Mehr als 5 Blütenblätter

1A-Strauch/oft dornig/Blüten 3-4 cm	***Punica granatum***
1B-Krautige Pflanze	
2A-Blätter parallelnervig	
3A-Blüte mit 3 Staubblättern	*Freesia refracta*
3B-Blüte mit 6 Staubblättern	
4A-Blätter < 5 mm breit	
5A-Stängel kantig/Blätter flach	***Allium senescens***
5B-Stängel rund/Blätter gerollt	***Allium sphaerocephalon*** *
4B-Blätter > 5 mm breit	
5A-Dolde 1-5 cm	*Allium scorodoprasum*
5B-Dolde 5-9 cm	*Allium ampeloprasum*
2B-Blätter nicht parallelnervig	
3A-Blätter grundständig	
4A-Tragblätter 8-10 mm/Blätter < 25 cm	*Aloe mitriformis*
4B-Tragblätter 15-30 mm/Blätter > 25 cm	*Aloe arborescens*
3B-Blätter 3zählig gefiedert/Blüten 6-10 cm	***Paeonia cambessedesii*** *
3C-Blätter sitzend	
4A-Blüte mit 12 Staubblättern	*Lythrum junceum*
4B-Blüte mit 4-6 Staubblättern	
5A-Kronblätter < 2 mm lang	*Lythrum borysthenicum*
5B-Kronblätter 2-3 mm lang	***Lythrum hyssopifolia***

Berg-Lauch
Allium senescens
(Liliaceae)

Allium ampeloprasum Acker-Lauch (Liliaceae) Zwiebelpflanze mit rundem Stängel/4-10 parallelnervige Blätter/Blätter flach/Blätter 5-40 mm breit/Dolde 5-9 cm/Blütenstand > 30blütig/Blütenblätter 4-6 mm/6 Staubblätter/Felder-Felsküsten-Wegränder/Apr-Juli

Allium scorodoprasum Schlangen-Lauch (Liliaceae) Zwiebelpflanze/Stängel rund/Blätter parallelnervigund 2 cm breit/Dolde 1-5 cm/Blütenblätter 4-7 mm 6 Staubblätter/Felder-Wegränder

Allium senescens Berg-Lauch (Liliaceae) Zwiebelpflanze mit kantigem Stängel Blätter parallelnervig/Blätter flach/Blätter 1-2(-6) mm breit/Dolde 2-5 cm/ Blütenblätter 3-8 mm/Blütenstiel 8-20 mm/6 Staubblätter/Steinböden

Allium sphaerocephalon * Kugel-Lauch (Liliaceae) Zwiebelpflanze mit rundem Stängel/Blätter gerollt/Blätter 1-4 mm breit/Dolde 1-6 cm/Blütenblätter 3-6 mm/innere Staubfäden 3teilig/Felder-Felsküsten-Wegränder/Apr-Juni

Aloe arborescens Baumartige Aloe (Agavaceae) Strauch bis 3m mit dick-fleischigen Blättern/Blätter 50-60 cm lang/Blüten 35-40 mm in 10-30 cm langen Trauben/Staubblätter aus der Blüte herausragend/Tragblätter 15-30 mm/Felder-Felsküsten-Wegränder-Zierpflanze/Jan-Juni

Aloe mitriformis Bitterschopf (Agavaceae) Niederliegende Pflanze mit bis zu 2m langen Stämmen/Blätter dickfleischig/Blütenstand 40-60 cm/Blüten 4-5 cm/Staubblätter in der Blüte eingeschlossen/Tragblätter 8-10 mm

Freesia refracta Umgebogene Freesie (Iridaceae) Pflanze mit parallelnervigen Blättern/Blätter lineal-lanzettlich/Blüten 3-4 cm/Zierpflanze/Feb-März

Lythrum borysthenicum Aufrechter Weiderich (Lythraceae) Kraut/Blätter eiförmig/Blüten 1-2 mm/6 Staubblätter/Feuchtgebiete-kalkhaltige Felder-Strand/März-Apr

Lythrum hyssopifolia Ysop-Blutweiderich (Lythraceae) Kahles Kraut/Blätter elliptisch/Blütenblätter 2-3 mm/4-6 Staubblätter/Felder-Feuchtgebiete/ Apr-Juli

Lythrum junceum Binsenartiger Weiderich (Lythraceae) Kraut mit kantigem Stängel/Blätter eiförmig-länglich/Blüte 5-6 mm lang/12 Staubblätter/ Feuchtgebiete/Apr-Sep

Paeonia cambessedesii * Balearen-Pfingstrose (Paeoniaceae) Pflanze mit eiförmigen Blättern/Blüten 6-10 cm/viele Staubblätter/Bergwiesen-Eichen-wälder-Felsküsten-Felsspalten/März

Punica granatum Granatapfelbaum (Punicaceae) Dorniger Strauch mit vierkantigen jungen Trieben/Blätter eiförmig oder lanzettlich/Blüten 3-4 cm/viele Staubblätter/Felder-Garigues-Kiefernwälder-Nutzpflanze-Weg-ränder-Zierpflanze/Mai-Juni

<u>Blüten symmetrisch</u>

1A-Blätter ohne Blattgrün
  2A-Blüte 6-10 mm/Blüte gekrümmt   ***Orobanche minor***
  2B-Blüte 10-17 mm/Blüte unbehaart   ***Orobanche sanguinea***
  2C-Blüte 12-23 mm/Blüte behaart   ***Orobanche foetida***
  2D-Blüte 22-35 mm/Ibiza   ***Orobanche latisquama***
1B-Blätter mit Ranke
  2A-Stängel geflügelt
    3A-Pflanze unten verholzt/mehrblütig   ***Lathyrus latifolius***
    3B-Kraut
      4A-Blüten einzeln/Blüten 8-16 mm   ***Lathyrus cicera***
      4B-Blüten 20-35 mm   ***Lathyrus odoratus***
  2B-Stängel nicht geflügelt
    3A-Blüten < 10 mm
      4A-Blätter mit 1 Fiederpaar   ***Vicia bifoliata****
      4B-Blätter > 1 Fiederpaar
        5A-Blütenstand < Blätter/1-6blütig ***Vicia disperma***
        5B-Blütenstand > Blätter
          6A-Blütenstand 1-2blütig   ***Vicia tetrasperma***
          6B-Blütenstand 2-5blütig   ***Vicia laxiflora***
    3B-Blüten 6-13 mm   ***Lathyrus sphaericus***
    3C-Blüten > 10 mm
      4A-Nebenblätter mit dunklem Fleck <u>***Vicia sativa***</u>
      4B-Nebenblätter zweigeteilt   ***Vicia monantha***
      4C-Nebenblätter anders
        5A-Behaartes Kraut   ***Vicia benghalensis***
        5B-Kaum behaartes Kraut   ***Vicia peregrina***
1C-Blätter dreizählig
  2A-Flügel der Schote < 2 mm breit   ***Tetragonolobus conjugatus***
  2B-Flügel der Schote 2-4 mm breit   ***Tetragonolobus purpureus***
1D-Blätter quirlständig   ***Linaria pelisseriana***
1E-Blätter parallelnervig
  2A-Blüten mit 3 Staubblättern
    3A-Blüte 25-40 mm   <u>***Gladiolus illyricus***</u>
    3B-Blüte 40-50 mm
      4A-Staubbeutel länger Staubfäden ***Gladiolus italicus***
      4B-Staubbeutel <= Staubfäden   ***Gladiolus communis***

2B-Blüten mit 6 Staubblättern
  3A-Blüte mit Sporn
    4A-Lippe ungeteilt
      5A-Blüte > 35 mm   *Limodorum abortivum*
      5B-Blüte < 35 mm
        6A-Sporn der Blüte abwärts gerichtet   *Orchis papilionacea*
        6B-Sporn der Blüte nicht so   *Orchis morio*
    4B-Lippe der Blüte dreilappig
      5A-Lippe gefleckt/Sporn aufwärts   *Orchis olbiensis*
      5B-Lippe ungefleckt
        6A-Sporn aufwärts gerichtet   *Dactylorhiza sulphurea*
        6B-Sporn abwärts gerichtet
          7A-Lippe < 6 mm   *Gymnadenia conopsea*
          7B-Lippe > 6 mm   <u>*Anacamptis pyramidalis*</u>
    4C-Lippe der Blüte vierlappig   *Orchis palustris*
    4D-Lippe der Blüte fünflappig
      5A-Lippe 7-10 mm   <u>*Orchis militaris*</u>
      5B-Lippe 14-20 mm   *Orchis simia*
  3B-Blüte ohne Sporn
    4A-Blüten unbehaart   *Cephalanthera rubra*
    4B-Blüten behaart
      5A-Unterlippe der Blüte oval   *Serapias cordigera*
      5B-Unterlippe der Blüte spitz   *Serapias nurrica**
1F-Blätter gestielt
  2A-Baum   <u>*Cercis siliquastrum*</u>
  2B-Krautige Pflanze   *Aristolochia bianorii**
1G-Blätter sitzend
  2A-Blüte mit 4 Staubblättern
    3A-Pflanze behaart/Blüte 10-15 mm   <u>*Misopates orontium*</u>
    3B-Pflanze unbehaartBlüte 15-20 mm *Linaria pelisseriana*
  2B-Blüte mit 5 Staubblättern
    3A-Blüte nur auf Rand und Nerven behaart *Echium plantagineum*
    3B-Blüte außen gleichmäßig behaart   *Echium creticum*
1H-Blätter gefiedert
  2A-Blütenstand 2-10blütig   *Hedysarum spinosissimum*
  2B-Blütenstand > 10blütig   *Anthyllis vulneraria*

Rot

Pyramiden-Hundswurz
Anacamptis pyramidalis
(Orchidaceae)

__Anacamptis pyramidalis__ Pyramiden-Hundswurz (Orchidaceae) Pflanze mit parallelnervigen Blättern/Blüte gespornt/Unterlippe dreilappig/Unterlippe > 6 mm/Blütenstand pyramidenförmig/6 Staubblätter/Felder-Wegränder/Apr-Juni

__Anthyllis vulneraria__ Roter Wundklee (Fabaceae) Behaarte Pflanze/untere Blätter ungeteilt/Blüten 12-15 mm/Bergwiesen-Felder-Felsspalten-Garigues-KiefernwaldApr-Juni

*__Aristolochia bianorii__** Balearen-Osterluzei (Aristolochiaceae) Pflanze mit herförmigen Blättern/Blüten 1-3 cm/Bergwiesen-Felsküsten/Mai-Juli

__Cephalanthera rubra__ Rotes Waldvögelein (Orchidaceae) Pflanze mit parallel-nervigen Blättern/Lippe der Blüte 18-23 mm/oben klebrig behaart/6 Staubblätter/Bergwiesen-Eichenwald-Kiefernwald-Waldränder/Apr-Juli

__Cercis siliquastrum__ Judasbaum (Fabaceae) Baum/Blätter rundlich mit herzförmigem Grund/Blüten 15-20 mm/Zierpflanze

__Dactylorhiza sulphurea__ Römisches Knabenkraut (Orchidaceae) Pflanze mit parallelnervigen Blättern/Blüte gelb oder rötlich mit gelbem Zentrum/Blüte gespornt/Sporn 13-20 mm/aufwärts gerichtet/Lippe dreilappig + ungefleckt

__Echium creticum__ Kretischer Natternkopf (Boraginaceae) Rau behaartes Kraut/Blätter lanzettlich/Blüte gleichmäßig behaart/Blüten 15-40 mm/ 5 Staubblätter/Felder-Wegränder/Apr-Juli

__Echium plantagineum__ Wegerichblättriger Natternkopf (Boraginaceae) Weich behaartes Kraut/Grundblätter eiförmig, Stängelblätter herzförmig/Blüten 18-30 mm/5 Staubblätter/Felder-Wegränder/Apr-Juli

__Gladiolus communis__ Gemeine Siegwurz (Iridaceae) Pflanze mit parallel-nervigen Blättern/Blüte 4-5 cm/10-30blütig/3 Staubblätter/Staubbeutel $\leq$ Staubfäden/März-Apr

__Gladiolus illyricus__ Illyrische Siegwurz (Iridaceae) Pflanze mit parallelnervigen Blättern/Blüte 25-40 mm/3-10blütig/3 Staubblätter/Staubbeutel $\leq$ Staubfäden Garigues-Kiefernwälder-Olivenhaine-Wacholderwald/März-Apr

__Gladiolus italicus__ Saat-Siegwurz (Iridaceae) Pflanze mit parallelnervigen Blättern/Blüte 40-50 mm/3 Staubblätter/Staubbeutel länger als die Staub-fäden/Felder-Wegränder/März-Apr

__Gymnadenia conopsea__ Mücken-Händelwurz (Orchidaceae) Pflanze mit parallelnervigen Blättern/Blütenstand verlängert und schlank/Blüte gespornt/ Unterlippe 3lappig/Unterlippe < 7 mm/6 Staubblätter

__Hedysarum spinosissimum__ Dorniger Süßklee (Fabaceae) Angedrückt behartes Kraut mit gefiederten Blättern/Fiederblätter schmal/Blüten 8-11 mm/Blüten in lang gestielten 2-10blütigen Blütenständen/Felder-Wegränder/Apr-Mai

__Lathyrus cicera__ Rote Platterbse (Fabaceae) Kraut mit geflügeltem Stängel/ Blätter mit 1-2 Fiederpaaren und verzweigten Ranken/Blüten 8-16 mm/ Blüten einzeln und lang gestielt/Felder-Wegränder/März-Juli

__Lathyrus latifolius__ Breitblättrige Platterbse (Fabaceae) Pflanze mit geflügeltem Stängel/Blätter mit 1 Fiederpaar und verzweigten Ranken/Blüten 20-30 mm/ Blütenstand 5-10blütig/Felder-Hecken-Wegränder/Apr-Mai

Acker-Löwenmaul
Misopates orontium
(Scrophulariaceae)

Lathyrus odoratus Duftende Platterbse (Fabaceae) Kraut mit geflügeltem
Stängel/Blätter mit 1 Fiederpaar und verzweigten Ranken/Blüten 20-35 mm/
Blütenstand 1-3blütig/Zierpflanze/Mai-Juli

Lathyrus sphaericus Kugelsamige Platterbse (Fabaceae) (Un)Behaartes
Kraut/Stängel ungeflügelt/Blätter mit 1 Fiederpaar und verzweigten Ranken/
Blätter 20-60 x 1-7 mm/Blüten 6-13 mm/Kelchzähne gleich/Blüten einzeln/
Blütenstiel 5-20 mm/Felder-Garigues-Kiefernwald-Wegränder/Mai-Juli

Limodorum abortivum Violetter Dingel (Orchidaceae) Pflanze mit Blättern
ohne Blattgrün/Blüte gespornt/Blüte 38-46 mm breit/Lippe ungeteilt/
6 Staubblätter/Eichenwälder/März-Mai

Linaria pelisseriana Pellicier-Leinkraut (Scrophulariaceae) Kraut/Blätter lineal/
Blüte 15-20 mm/Blüte gespornt/Felder/Menorca/Apr-Mai

<u>Misopates orontium</u> Acker-Löwenmaul (Scrophulariaceae) Behaartes Kraut/
Blätter lineal/Blüten 10-15 mm/4 Staubblätter/Felder-Wegränder/Apr-Mai

<u>Orchis militaris</u> Helm-Knabenkraut (Orchidaceae) Pflanze mit parallelnervigen
Blättern/Blüte gespornt/Unterlippe 5teilig/Unterlippe 7-10 mm/Sporn 5-7 mm

Orchis morio Salep-Knabenkraut (Orchidaceae) Pflanze mit parallelnervigen
Blättern/Blüte weiß bis rosa/rot gefleckt/Unterlippe ungeteilt/Blüte gespornt/
Sporn horizontal oder aufwärts gerichtet/Sporn 9-14 mm/Garigues-Kiefern-
wälder/März-Mai

Orchis olbiensis Südfranzösisches Knabenkraut (Orchidaceae) Pflanze mit
parallelnervigen Blättern/Blüte gespornt/Sporn aufwärts/Unterlippe dreilappig, > 6 mmund gefleckt/6 Staubblätter/Garigues-Wälder/März-Juni

Orchis palustris Sumpf-Knabenkraut (Orchidaceae) Pflanze mit parallelnervigen Blättern/Blüte gespornt/Unterlippe vierlappig/Sporn 7-20 mm/
6 Staubblätter/Feuchtgebiete/Apr-Juni

Orchis papilionacea Schmetterlings-Knabenkraut (Orchidaceae) Pflanze mit
parallelnervigen Blättern/Blüte weiß bis rot/Lippe rot gefleckt oder gestreift/
Blüte gespornt/Lippe ungeteilt/Sporn abwärts gerichtet/Sporn 8-14 mm/
Hecken-Magerrasen-Wälder/Feb-Mai

Orchis simia Affen-Knabenkraut (Orchidaceae) Pflanze mit parallelnervigen
Blättern/Blüte gespornt/Unterlippe fünfteilig/alle Blütenteile schmal/Unter-
lippe 14-20 mm/Sporn 4-8 mm/6 Staubblätter/Gebüsche-Wälder/März-Juni

Orobanche foetida (Orobanchaceae) Behaarte Pflanze ohne Blattgrün/Blüte
12-23 mm/Blüte behaart/4 Staubblätter

Orobanche latisquama (Orobanchaceae) Pflanze ohne Blattgrün/Blüte 22-35
mm/4 Staubblätter/Garigues-Kiefernwald-Olivenhaine-Wacholderwald/
Ibiza/Mai-Juni

Orobanche minor Kleine Sommerwurz (Orobanchaceae) Behaarte Pflanze
ohne Blattgrün/Blüte 6-10 mm/Blüte gekrümmt/4 Staubblätter/Felder-
Wegränder/Juni-Sep

Saat-Wicke
Vicia sativa
(Fabaceae)

Orobanche sanguinea (Orobanchaceae) Behaarte Pflanze ohne Blattgrün/Blüte 10-17 mm/Blüte unbehaart/4 Staubblätter/Menorca

Serapias cordigera Herzförmiger Zungenständel (Orchidaceae) Pflanze mit parallelnervigen Blättern/Blüte ungespornt/Blüte innen behaart/Unterlippe 20-29 mm lang/Unterlippe oval/6 Staubblätter/Baumheiden-Macchie-Felder/ Apr-Juni

Serapias nurrica* Nurra-Zungenständel (Orchidaceae) Pflanze mit parallelnervigen Blättern/Blüte innen behaart/Unterlippe 25-30 mm lang und spitz/ 6 Staubblätter/Mai-Juni

Tetragonolobus conjugatus (Fabaceae) Behaartes Kraut/Blättchen 25x15 mm/ Blüten zu 1-2/Kelchzähne gleich/Blüten 14-20 mm/Schote mit vier 1-2 mm breiten Flügeln/Apr-Mai

Tetragonolobus purpureus Rote Spargelbohne (Fabaceae) Behaartes Kraut/ Blättchen 40x25 mm/Blüten zu 1-2/Kelchzähne gleich/Blüten 15-22 mm/ Schote mit 4 Flügeln/Flügel 2-4 mm breit

Vicia benghalensis Bengalen-Wicke (Fabaceae) Behaartes Kraut/Blätter mit 5-9 Fiederpaaren/Ranke verzweigt/Nebenblätter (un)gezähnt/Blüten 10-18 mm/Blütenstand 2-12blütig/Felder-Olivenhaine-Wacholderwald-Wegränder/ März-Juli

Vicia bifoliata* (Fabaceae) Unbehaartes Kraut/Blätter mit 1 Fiederpaar/Blätter 10-14 x 1-2 mm/Nebenblätter ungezähnt/Blüten zu 1-2/Blüten 4-8 mm/ Kelchzähne ungleich/Menorca/Apr-Mai

Vicia disperma Zweisamige Wicke (Fabaceae) Kaum behaartes Kraut/Blätter mit 5-10 Fiederpaaren/Nebenblätter ungezähnt/Blütenstand 1-6blütig/Blüten 4-5 mm/Olivenhaine-Wacholderwald/Menorca/Apr-Juni

Vicia laxiflora (Fabaceae) Fast unbehaartes Kraut/Blätter mit 2-5 Fiederpaaren/ Nebenblätter ungezähnt/Blüten 6-9 mm/Blütenstand 2-5blütig/Blütenstand > Blätter/Garigues-kalkhaltige Felder-Kiefernwald-Olivenhaine-Wacholderwald/Mai-Juli

Vicia monantha Einblütige Wicke (Fabaceae) Kaum behaartes Kraut/Blätter mit 4-7 Fiederpaaren/Nebenblätter 2geteilt/Blütenstand 1-6blütig/Blüten 10-20 mm/Eichenwälder-Felder-Garigues-Kiefernwald/März-Juni

Vicia peregrina Fremde Wicke (Fabaceae) Kaum behaartes Kraut/Blätter mit 3-7 Fiederpaaren/Nebenblätter ungezähnt/Blüten zu 1-2/Blüten 10-16 mm/ Garigues-Kiefernwälder/Apr-Juni

Vicia sativa Saat-Wicke (Fabaceae) Behaartes Kraut/Blätter mit 3-8 Fiederpaaren/Ranke verzweigt/Nebenblätter gezähnt/Nebenblätter mit dunklem Fleck/Blüten zu 1-2/Blüten 10-30 mm/Felder-Nutzpflanze-Olivenhaine-Wacholderwald/Apr-Mai

Vicia tetrasperma Viersamige Wicke (Fabaceae) Kaum behaartes Kraut/Blätter mit 3-8 Fiederpaaren/Nebenblätter ungezähnt/Blüten 4-8 mm/Blütenstand 1-2blütig/Blütenstand > Blätter/Garigues-kalkhaltige Felder-Kiefernwald-Olivenhaine-Wacholderwald/Mai-Juli

Granatapfelbaum
Punica granatum
(Punicaceae)

Blüten margeritenartig

1A-Blätter sitzend   *Xeranthemum inapertum*

Xeranthemum inapertum Felsenheide-Strohblume (Compositae) Aufrechtes
   Kraut/Blätter schmal-lanzettlich und unterseits weißfilzig/Blütenköpfe 10-20
   mm/Juni-Juli

Blüten anders

1A-Baum/Blüten als Kätzchen
   2A-Blätter beiderseits kahl   *Populus nigra*
   2B-Blätter unterseits weißfilzig   *Populus alba*
1B-Strauch oder Baum/Blüten nicht als Kätzchen **Punica granatum**

Populus alba Silber-Pappel (Salicaceae) Baum/Blätter eiförmig bis 5lappig/
   Blätter unterseits weißfilzig, oberseits kahl/Blüten als Kätzchen/männliche
   Kätzchen ca 5 cm lang/6-8 Staubblätter
Populus nigra Schwarz-Pappel (Salicaceae) Baum/Blätter dreieckig und
   beidseits unbehaart/Blüten als Kätzchen/Kätzchen 4-6 cm lang/20-30
   Staubblätter/Felder-Feuchtgebiete-Flusswälder-Hecken-Wegränder-
   Zierpflanze/Feb-März
Punica granatum Granatapfelbaum (Punicaceae) Dorniger Strauch mit vier-
   kantigen jungen Trieben/Blätter eiförmig oder lanzettlich/Blüten 3-4 cm/
   viele Staubblätter/Felder-Garigues-Kiefernwälder-Nutzpflanze-Wegränder-
   Zierpflanze/Mai-Juni

Rot

Acker-Moricandie
Moricandia arvensis
(Cruciferae)

Blüten klein

1A-Pflanze mit grundständigen Blätttern   *Plantago albicans*

Plantago albicans Silbrigweißer Wegerich (Plantaginaceae) Pflanze mit silbrig
behaarten Blättern/Blätter lineal-lanzettlich/Blüten klein in Ähren/Felder-
Wegränder/Apr-Juni

2-4 Blütenblätter

1A-Blätter grundständig   *Plantago albicans*
1B-Blätter quirlständig   *Asperula arvensis*
1C-Blätter anders
   2A-Blüte mit 6 (4+2) Staubblättern
    3A-Blüten 18-22 mm   *Moricandia arvensis*
    3B-Blüten 40-60 mm   *Matthiola incana*
   2B-Blüte mit 8 Staubblättern   *Daphne rodriguezii**

Asperula arvensis Acker-Meier (Rubiaceae) Kraut mit 6-8blättrigen Blatt-
quirlen/Blätter lineal/Blüten 4 mm/Apr-Mai
*Daphne rodriguezii** Rodriguez Seidelbast (Thymelaeaceae) Behaarter Strauch
mit schmalen Blättern/Blätter sitzend/Blattrand umgerollt/Blüten 8-11 mm/
8 Staubblätter/Felsküsten-Olivenhaine-Wacholderwald/Menorca/Juni-Sep
Matthiola incana Garten-Levkoje (Cruciferae) Behaarte Pflanze/Blätter
schmal-lanzettlich/Blütenblätter 20-30 mm/Felsspalten-Steinböden-Zier-
pflanze/Apr-Mai
Moricandia arvensis Acker-Moricandie (Cruciferae) Pflanze/Blätter verkehrt-
eiförmig/Blüten 18-22 mm/Felder-Wegränder/März-Juni
Plantago albicans Silbrigweißer Wegerich (Plantaginaceae) Pflanze mit silbrig
behaarten Blättern/Blätter lineal-lanzettlich/Blüten klein in Ähren/Felder-
Wegränder/Apr-Juni

Saat-Lein
Linum usitatissimum
(Linaceae)

5 Blütenblätter

1A-Blütenblätter verwachsen
  2A-Blätter grundständig — *Mandragora autumnalis*
  2B-Blätter gestielt
    3A-Blätter schmal/Blüten 25-40 mm — *Convolvulus valentinus*
    3B-Blätter pfeilförmig/Blüten 4-7 cm — *Ipomoea sagittata*
    3C-Blätter herzförmig/Blüten 4-6 cm — *Ipomoea purpurea*
    3D-Blätter oval/Blüten 7-12 mm — *Convolvulus siculus*
  2C-Blätter sitzend
    3A-Dorniger Strauch/Blüten 13-18 mm — *Lycium intricatum*
    3B-Graues Kraut
      4A-Blüten < 4 mm — *Lappula squarrosa*
      4B-Blüten 5-6 mm — *Cynoglossum cheirifolium*
    3C-Grünes Kraut
      4A-Blätter fleischig — *Alkanna tinctoria*
      4B-Blätter nicht fleischig
        5A-Blütenblätter ausgebreitet — *Borago officinalis*
        5B-Blüte trichterförmig
          6A-Blütenblätter eingeschnitten — *Coris monspeliensis*
          6B-Blütenblätter nicht eingeschnitten — *Buglossoides arvensis*
        5C-Blütenschlund verschlossen
          6A-Blütenblätter fein geadert — *Cynoglossum creticum*
          6B-Blüten mit weißem Zentrum — *Anchusa officinalis*
          6C-Blüte unsymmetrisch — *Anchusa arvensis*
          6D-Kelchblätter schmal und spitz — *Anchusa azurea*
          6E-Kelch anders — *Anchusa undulata*
          6F-Blüten ohne Schlundschuppen — *Nonea vesicaria*
1B-Blütenblätter nicht verwachsen
  2A-Blätter grundständig
    3A-Blüten < 10 mm/Pflanze 15-30 cm — *Limonium camposanum*
    3B-Blüten > 10 mm/Pflanze 3-14 cm — *Limonium minutum*
  2B-Blätter gestielt
    3A-Blüten 10-20 mm — *Solanum dulcamara*
    3B-Blüten 25-35 mm — *Solanum bonariense*
  2C-Blätter sitzend
    3A-Blüten < 10 mm — *Legousia falcata*
    3B-Blüten > 10 mm
      4A-Blätter mit Nebenblättern — *Plumbago auriculata*
      4B-Blätter ohne Nebenblätter
        5A-Kelchblätter der Blüte > 10 mm — *Linum narbonense*
        5B-Kelchblätter der Blüte < 10 mm
          6A-Pflanze einstämmig — *Linum usitatissimum*
          6B-Pflanze verzweigt — *Linum bienne*

Blau

Boretsch
Borago officinalis
(Boraginaceae)

Alkanna tinctoria Färber-Alkanne (Boraginaceae) Borstig behaartes Kraut/ untere Blätter lineal-lanzettlich, Stängelblätter mit herzförmigem Grund/ Blüten 5-8 mm/Strand/Feb-Apr

Anchusa arvensis Acker-Krummhals (Boraginaceae) Borstig behaartes Kraut/ Blätter lineal-lanzettlich/Blüten 4-7 mm/Blütenschlund von 5 haarigen Schuppen verschlossen/Felder-Wegränder/Apr-Sep

Anchusa azurea Italienische Ochsenzunge (Boraginaceae) Steif behaartes Kraut Blätter lanzettlich/Blüten 6-20 mm/Kelch fast bis zum Grund geteilt/Blüten mit Schlundschuppen/Felder-Wegränder/Mai-Aug

Anchusa officinalis Gebräuchliche Ochsenzunge (Boraginaceae) Filzig behaarte Pflanze/Blätter lanzettlich/Blüten 7-15 mm/Blütenschlund von 5 haarigen Schuppen verschlossen/Blüten mit weißem Zentrum/Apr-Sep

Anchusa undulata Welligblättrige Ochsenzunge (Boraginaceae) Steif behaartes Kraut/Blätter lanzettlich/Blüten 8-13 mm/Felder-Wegränder/März-Juni

<u>Borago officinalis</u> Boretsch (Boraginaceae) Borstig behaartes Kraut/Blätter eiförmig bis lanzettlich/Blüten 20-25 mm/Felder-Wegränder/Mai-Sep

Buglossoides arvensis Acker-Steinsame (Boraginaceae) Flaumig behaartes Kraut/Blätter länglich bis riemenförmig/Blüten 3-9 mm/Felder-Waldränder-Wälder-Wegränder/Feb-Okt

Convolvulus siculus Sizilianische Winde (Convolvulaceae) Kraut/Blätter oval bis spitz-herzförmig/Blüten 9-12 mm mit gelbem Zentrum/kalkhaltige Felder-Felsküsten/März-Juni

Convolvulus valentinus Valencia-Winde (Convolvulaceae) Behaarte Pflanze/ Blätter eilänglich/Blüten 20-40 mm/Ibiza/Apr-Juni

Coris monspeliensis Stachelträubchen (Primulaceae) Pflanze mit linealischen Blättern/Blattrand umgerollt/Blüten 10-13 mm/Blütenblätter eingeschnitten/ Garigues-Kiefernwälder-Strand/März-Juli

Cynoglossum cheirifolium Goldlackblättrige Hundszunge (Boraginaceae) Weißfilzig behaartes Kraut/Blätter länglich-lanzettlich bis schmal-spatelförmig/Blüten 5-6 mm/Felder-Wegränder/Apr-Mai

Cynoglossum creticum Kretische Hundszunge (Boraginaceae) Weich behaarte Pflanze/Blätter lanzettlich/Blüten 7-9 mm/Blütenblätter fein geadert/Felder-Wegränder/Feb-Juli

<u>Ipomoea purpurea</u> Bunte Gartenwinde (Convolvulaceae) Pflanze mit herzförmigen Blättern/Blüten 40-60 mm/Zierpflanze/Juli-Sep

Ipomoea sagittata (Convolvulaceae) Pflanze mit pfeilförmigen Blättern/Blüten 4-7 cm/Juli-Sep

Lappula squarrosa Kletten-Igelsame (Boraginaceae) Rau behaartes Kraut/ Blätter linear-lanzettlich/Blüten < 4 mm/Apr-Juli

Legousia falcata Sichel-Frauenspiegel, Sichel- (Campanulaceae) Pflanze mit eiförmigen Blättern/Blüten 5-8 mm/Kelchblätter länger als Kronblätter/ Felder-Steinböden-Wegränder/Apr-Mai

Blau

Buenos Aires-Nachtschatten
Solanum bonariense
(Solanaceae)

Limonium camposanum (Plumbaginaceae) Pflanze 15-30 cm/Blüten < 10 mm/
Aug-Sep

Limonium minutum Kleiner Strandflieder (Plumbaginaceae) Kleine Pflanze bis
14 cm/Blätter eiförmig/Blüten > 10 mm/Juli-Sep

Linum bienne Zweijähriger Lein (Linaceae) Pflanze mit linearen Blättern/
Blütenblätter 16-25 mm/März-Mai

Linum narbonense Narbonne-Lein (Linaceae) Pflanze mit linearen oder
lanzettlichen Blättern/Blütenblätter 25-40 mm/Blüten lang gestielt/Eichen-
wälder-Felder/März

Linum usitasissimum Saat-Lein (Linaceae) Kraut mit linearen Blättern/
Blütenblätter 16-25 mm/Felder-Wegränder-Zierpflanze/März-Juni

Lycium intricatum Sparriger Bocksdorn (Solanaceae) Strauch mit Dornen/
Blätter elliptisch/Blüten 13-18 mm/Felsküsten/Mai-Sep

Mandragora autumnalis Herbst-Alraune (Solanaceae) Pflanze mit großer am
Boden liegenden Blattrosette/Blätter oval bis eiförmig/Blüten 3-4 cm/Felder-
Olivenhaine-Wegränder/Sep-Dez

Nonea vesicaria Aufgeblasenes Mönchskraut (Boraginaceae) Behaartes Kraut/
Blätter lanzettlich/Blüten 8-12 mm/Blütenschlund von Haaren verschlossen/
sandige und steinige Orte/Apr-Mai

Plumbago auriculata Kap-Bleiwurz (Plumbaginaceae) Kletternder oder
überhängender Strauch mit Nebenblättern/Blätter elliptisch bis eiförmig/
Blüten 14-16 mm/Blüten verwachsen mit langer Blütenröhre/Zierpflanze/
Juni-Sep

Solanum bonariense Buenos Aires-Nachtschatten (Solanaceae) Behaarter
Strauch/Blätter lanzellich/Blüten 25-35 mm/Staubblätter zapfenförmig den
Griffel der Blüte umgebend/Felder-Wegränder-Zierpflanze/Mai-Aug

Solanum dulcamara Bittersüßer Nachtschatten (Solanaceae) Flaumig behaarter
Strauch/Blätter eiförmig/Blüten 10-20 mm/Staubblätter zapfenförmig Griffel
umgebend/Apr-Juni

Wildhyazinthe
Brimeura fastigiata
(Liliaceae)

Mehr als 5 Blütenblätter

1A-Blätter gestielt	*Scabiosa cretica*
1B-Blätter sitzend	
2A-Blüten 6-7 mm	*Allium oleraceum*
2B-Blüten 35-50 mm	*Scabiosa cretica*
1C-Blätter grundständig	
2A-Blüten mit 3 Staubblättern	
3A-Blätter fädig/Blütenblätter <20 mm	*Romulea ramiflora*
3B-Blätter nicht fädig	
4A-Blätter 20-45 mm breit	
5A-Blätter mit Rippen	*Iris pallida*
5B-Blätter ohne Rippen	*Iris germanica*
4B-Blätter < 20 mm breit	
5A-Blätter 3-5 mm breit	*Iris xiphium*
5B-Blätter 5-8 mm breit	*Gynandiris sisyrinchium*
2B-Blüten mit 6 Staubblättern	
3A-Blütezeit im Frühjahr	
4A-Blüte nicht glockig verwachsen	*Scilla numidica*
4B-Blüte glockig verwachsen	
5A-Blüte mit Tragblättern	
6A-Blüte 2-7 mm	*Brimeura amethystina*
6B-Blüte 10-13 mm	*Brimeura fastigiata*
5B-Blüte ohne Tragblätter	
6A-Blüten braungelb + blau	*Muscari comosum*
6B-Blüten nicht braungelb	*Muscari neglectum*
3B-Blütezeit im Herbst	
4A-Pflanze zur Blütezeit mit Blättern	*Muscari parviflorum*
4B-Pflanze zur Blütezeit ohne Blätter	
5A-Blütezeit Aug-Sep	*Scilla obtusifolia*
5B-Blütezeit Sep-Nov	*Scilla autumnalis*

Blau

Bleiche Schwertlilie
Iris pallida
(Liliaceae)

Allium oleraceum Gemüse-Lauch (Liliaceae) Zwiebelpflanze/Blätter linealisch/
Blüten 6-7 mm/6 Staubblätter/Blütenstand kugelig/Juni-Juli

Brimeura amethystina Hellblaue Wildhyazinthe (Liliaceae) Zwiebelpflanze/
Blüte 2-7 mm/Blüten mit Tragblättern und glockenförmig verwachsen/
6 Staubblätter/März-Mai

Brimeura fastigiata Wildhyazinthe (Liliaceae) Zwiebelpflanze/Blätter linear/
Blüte 10-13 mm/Blüte mit Tragblättern und glockenförmig verwachsen/
6 Staubblätter/Apr-Juni

Gynandiris sisyrinchium Mittags-Schwertlilie (Iridaceae) Zwiebelpflanze/
Blätter rinnig/Blüten 22-40 mm/3 Staubblätter/Felder-Kiefernwälder-
Wegränder/März-Mai

Iris germanica Weiße Deutsche Schwertlilie (Iridaceae) Pflanze mit 20-45 mm
breiten Blättern/Blätter ohne Rippe/Blüten 9-11 cm/3 Staubblätter/Felder-
Wegränder-Zierpflanze/März-Juni

Iris pallida Bleiche Schwertlilie (Iridaceae) Pflanze mit 20-45 mm breiten
Blättern/Blätter gerippt/Blüten 9-11 cm/3 Staubblätter/Apr-Mai

Iris xiphium Spanische Iris (Iridaceae) Pflanze mit 3-5 mm breiten Blättern/
Blüten 45-65 mm/3 Staubblätter/Apr-Juni

Muscari comosum Schopfige Traubenhyazinthe (Liliaceae) Zwiebelpflanze/
Blätter rinnig/Blüten 5-10 mm/braungelbe und blaue Blüten/Blüte glocken-
förmig verwachsen/6 Staubblätter/Felder-Olivenhaine-Wacholderwald-
Wegränder/Apr-Mai

Muscari neglectum Übersehene Traubenhyazinthe (Liliaceae) Zwiebelpflanze/
Blätter rinnig/Blüte 3-8 mm/Blüte ohne Tragblätter/schwarzblaue und
hellblaue Blüten/Blüte glockenförmig verwachsen/6 Staubblätter/Felder-
Wegränder/März-Apr

Muscari parviflorum (Liliaceae) Zwiebelpflanze/Blätter schmal-linealisch/
Blüte 3-5 mm/mit Blättern zur Blütezeit/Blüte glockenförmig verwachsen/
6 Staubblätter/Okt-Dez

Romulea ramiflora (Iridaceae) Zwiebelpflanze/Blätter fädig/Blütenblätter 7-12
mm/3 Staubblätter/Feb-März

Scabiosa cretica Balearen-Skabiose (Dipsacaceae) Am Grund verholzte
Pflanze/Blätter lanzettlich bis oval/Blütenköpfe 35-50 mm/Bergland-
Felsspalten/Mai-Juli

Scilla autumnalis Herbst-Blaustern (Liliaceae) Zwiebelpflanze zur Blütezeit
ohne Blätter/Blüte 5-7 mm/Blütenstand 6-20blütig/6 Staubblätter/kalkhaltige
Felder/Sep-Nov

Scilla numidica (Liliaceae) Zwiebelpflanze/Blüte nicht glockenförmig
verwachsen/6 Staubblätter/Frühjahr

Scilla obtusifolia (Liliaceae) Zwiebelpflanze ohne Blätter zur Blütezeit/Blätter
mit behaartem Rand/Blüte 5-7 mm/6 Staubblätter/kalkhaltige Felder-
Olivenhaine-Wacholderwald/Aug-Sep

Schwärzliche Linse
Lens nigricans
(Fabaceae)

__Blüten symmetrisch__

1A-Blätter nicht grün	
2A-Stängel und Blätter violett	*Limodorum trabutianum*
2B-Stängel braun und verzweigt	___Orobanche ramosa___
1B-Blätter dreizählig	___Psoralea bituminosa___
1C-Blätter gefingert	___Lupinus micranthus___
1D-Blätter mit Ranke	
2A-Blüten < 10 mm	
3A-Blüten sitzend	*Vicia lathyroides*
3B-Blüten gestielt	
4A-Kelchzähne der Blüte ungleich	*Vicia pubescens*
4B-Kelchzähne der Blüte gleich	
5A-Nebenblätter der Blätter gezähnt	___Lens nigricans___
5B-Nebenblätter der Blätter ungezähnt	
6A-Blüten 2-4 mm	*Vicia hirsuta*
6B-Blüten 6-10 mm	*Vicia leucantha*
2B-Blüten > 10 mm	
3A-Stängel geflügelt	*Lathyrus odoratus*
3B-Stängel ungeflügelt	
4A-Blüten < 20 mm	*Vicia bithynica*
4B-Blüten > 20 mm	*Vicia narbonensis*
1E-Blätter gefiedert	
2A-Blüten 4-6 mm	*Biserrula pelecinus*
2B-Blüten 6-9 mm/Blüten einzeln	*Lathyrus saxatilis*
1F-Blätter gestielt	*Kickxia cirrhosa*
1G-Blätter sitzend	
2A-Blüte mit 8 Staubblättern	*Polygala vulgaris*
2B-Blüte mit 5 Staubblättern	
3A-Alle Staubblätter in der Blüte	*Echium parviflorum*
3B-2 Staubblätter aus der Blüte ragend	
4A-Blüten < 10 mm	*Echium arenarium*
4B-Blüte > 10 mm	
5A-Pflanze weich behaart	*Echium plantagineum*
5B-Pflanze rauh behaart	*Echium sabulicola*
3C-Alle Staubblätter aus Blüte ragend	
4A-Blüte < 10 mm	*Echium arenarium*
4B-Blüte > 10 mm	*Echium italicum*
2C-Blüte mit 4 Staubblättern	
3A-Blüten 4-7 mm	*Linaria arvensis*
3B-Blüte 9-20 mm	*Chaenorhinum origanifolium*

Blau

Kleinblättrige Lupine
Lupinus micranthus
(Fabaceae)

Blätter ganzrandig - Blätter nicht gegenständig

Biserrula pelecinus Sägehülse (Fabaceae) Locker behaarte Pflanze/Blätter mit 7-15 Fiederpaaren/Blüten 4-6 mm/Felder-Wegränder/Menorca/März-Juni

Chaenorhinum origanifolium* Majoranblättriges Zwerglöwenmaul (Scrophulariaceae) Pflanze mit gespornter Blüte/Blätter lanzettlich bis fast herzförmig/Blüte 9-20 mm/4 Staubblätter/Felsspalten-Steinböden/Mai-Juli

Echium arenarium Sand-Natternkopf (Boraginaceae) Behaarte Pflanze/Blätter eiförmig-länglich/Blüten ca. 8 mm/5 Staubblätter/Staubblätter aus Blüte herausragend/Felsküsten-Strand/März-Juni

Echium italicum Italienischer Natternkopf (Boraginaceae) Rau behaarte Pflanze/Blätter lanzettlich/Blüten 10-12 mm/5 Staubblätter/alle Staubblätter aus der Blüte herausragend/Felder-Wegränder/Mai-Sep

Echium parviflorum Kleinblütiger Natternkopf (Boraginaceae) Rau behaarte Pflanze/Blätter eiförmig-länglich/Blüte 10-13 mm/5 Staubblätter/Staubblätter nicht aus Blüte herausragend/Felder-Wegränder/März-Juni

Echium plantagineum Wegerichblättriger Natternkopf (Boraginaceae) Pflanze weich behaart/Blätter breit eiförmig/Blüte 20-30 mm/5 Staubblätter davon 2 aus der Blüte herausragend/Felder-Wegränder/Apr-Juli

Echium sabulicola Sand-Natternkopf (Boraginaceae) Pflanze rau behaart/ Blätter lanzettlich/Blüte 10-30 mm/5 Staubblätter/2 Staubblätter aus der Blüte herausragend/Felder-Wegränder/Apr-Juli

Kickxia cirrhosa Schraubiges Tännelkraut (Scrophulariaceae) Pflanze mit pfeilspitzenförmigen Blättern/Blüten 4-6 mm/4 Staubblätter/Felder-Sand- böden/Mai-Juni

Lathyrus odoratus Duftende Platterbse (Fabaceae) Pflanze mit geflügeltem Stängel/Blätter mit 1 Fiederpaar/Blüten 20-35 mm/Zierpflanze/Mai-Juli

Lathyrus saxatilis Felsen-Platterbse (Fabaceae) Kleines Kraut/Blätter mit 1-3 Fiederpaare(n)/Blüten 6-9 mm/Blüten einzeln/Wegränder/März-Mai

<u>Lens nigricans</u> Schwärzliche Linse (Fabaceae) Pflanze abstehend flaumig behaart/Blätter mit 4-10 Fiederblätter/Nebenblätter gezähnt/Blüten 4-7 mm/Blüten gestielt/Kelchzähne gleich/März-Aug

Limodorum trabutianum Trabuts Dingel (Orchidaceae) Pflanze mit violett gefärbtem Stängel/Blätter mit violetten Schuppenblättern/bis 20-blütig/ Eichen- und Kiefernwälder oder Gebüsche/Apr-Juni

Linaria arvensis Acker-Leinkraut (Scrophulariaceae) Oben drüsig behaartes Kraut/Blätter linealisch bis lanzettlich/Blüten 4-7 mm/Büte gespornt/ 4 Staubblätter/Felder-Felsspalten-Wegränder/März-Juli

<u>Lupinus micranthus</u> Kleinblättrige Lupine (Fabaceae) Weich behaarte Pflanze/ Blätter zu 5-9 gefingert/Blüten 10-14 mm/Blüten zu mehreren/Blüten braun behaart/Felder-Wegränder/Menorca/März-Mai

<u>Orobanche ramosa</u> Ästige Sommerwurz (Orobanchaceae) Pflanze ohne Blattgrün/Stängel verzweigt/Blätter schuppenförmig/Blüten 10-20 mm/ 4 Staubblätter/Staubblätter unbehaart/Felder-Garigues-Kiefernwälder- Wegränder/Apr-Okt

Harz-Klee
Psoralea bituminosa
(Fabaceae)

Polygala vulgaris Gemeines Kreuzblümchen (Polygalaceae) Am Grund verholzte Pflanze/Blätter eiförmig/Blüten 5-8 mm/Blüten mit „Flügeln"/8 Staubblätter/Abhänge-Bergland-Felsspalten-Waldrand/Juni

<u>Psoralea bituminosa</u> Harzklee (Fabaceae) Behaarte Pflanze/Blätter dreizählig/ Blüten 15-20 mm/Schote gekrümmt/Felder-Felsküsten-Garigues-Kiefernwälder-Olivenhaine-Wacholderwald-Wegränder/Apr-Juni

Vicia bithynica Bithynische Wicke (Fabaceae) Pflanze mit gefiederten Blättern/Blätter mit 2-3 Fiederpaaren/Blüten 16-20 mm/Felder-Felsküsten-Wegränder/Apr-Mai

Vicia hirsuta Rauhaar-Wicke (Fabaceae) Pflanze mit ungezähnten Nebenblättern/Blätter mit 4-10 Fiederpaaren/Blüten 2-4 mm/Blüten gestielt/ Kelchzähne der Blüte gleichartig/März-Juli

Vicia lathyroides Platterbsen-Wicke (Fabaceae) Pflanze mit 2-8 Fiederblättern/ Blüten 5-8 mm/Blüten sitzend/Blüten einzeln/Felder/März-Apr

Vicia leucantha (Fabaceae) Pflanze mit ungezähnten Nebenblättern/Blätter mit 8-15 Fiederpaaren/Blüten 6-10 mm/Blüten gestielt/Kelchzähne der Blüte gleichartig/Menorca/März-Apr

Vicia narbonensis Maus-Wicke (Fabaceae) Behaarte Pflanze mit gefiederten Blättern/Blätter mit 1-3 Fiederpaaren/Blüten 20-30 mm/Feb-Juni

Vicia pubescens (Fabaceae) Angedrückt behaarte Pflanze/Blätter gefiedert und mit 2-5 Fiederpaaren/Blüten 4-8 mm/Blüten gestielt/Kelchzähne der Blüte unterschiedlich/Apr-Mai

<u>Außerdem</u>

Orobanche lavandulacea Lavendel-Würger (Orobanchaceae) Pflanze ohne Blattgrün/Stängel unverzweigt/Blüten 16-22 mm/4 Staubblätter/Staubblätter behaart/Narbe weiß oder gelb/Ibiza

Orobanche purpurea Purpursommerwurz (Orobanchaceae) Pflanze ohne Blattgrün/Stängel unverzweigt/Blüten 20-30 mm/Blüten mit dunkelvioletten Venen/4 Staubblätter/Staubblätter unbehaart

Orobanche rosmarina (Orobanchaceae) Pflanze ohne Blattgrün/Stängel unverzweigt/Stängel dunkelfarbig/Blüten 16-22 mm/4 Staubblätter/ Staubblätter (un)behaart

Strand-Aster
Aster tripolium
(Compositae)

Blüten margeritenartig

1A-Blätter sitzend
  2A-Blüten 6-7 mm   ***Aster squamatus***
  2B-Blüten 15-25 mm   ***<u>Aster tripolium</u>***

Aster squamatus Schuppen-Aster (Compositae) Pflanze mit linear-lanzettlichen und sitzenden Blättern/Blüten 6-7 mm/Hüllblätter der Blüten zugespitzt/ Felder-Wegränder/Aug-Sep

<u>Aster tripolium</u> Strand-Aster (Compositae) Pflanze mit fleischigen Blättern/ Blätter linear bis lanzettlich und sitzend/Blüten 8-20 mm/Hüllblätter fast stumpf/Marschland/Sep-Nov

Blüten löwenzahnartig

1A-Blätter sitzend
  2A-Tragblätter lder Blüten änger als die Blüten ***Tragopogon porrifolius***
  2B-Tragblätter der Blüten kürzer als die Blüten
    3A-Pflanze am Grund verholzt   ***Cichorium pumilum***
    3B-Pflanze am Grund nicht verholzt   ***Cichorium intybus***

Cichorium intybus Wegwarte (Compositae) Meist behaarte Pflanze/Blätter fiederschnittig und sitzend/Tragblätter kürzer als die Blütenblätter/Blüten 25-40 mm/Felder-Wegränder/Apr-Sep

Cichorium pumilum Endivie (Compositae) Meist behaarte Pflanze/am Grund verholzt/Blätter fiederschnittig und sitzend/Tragblätter der Blüten kürzer als die Blütenblätter/Blüten 25-40 mm/Felder-Wegränder

Tragopogon porrifolius Roter Bocksbart (Compositae) Unbehaarte Pflanze/ Blätter lineal und sitzend/Tragblätter der Blüten länger als die Blüten/Blüten 25-48 mm/Felder-Wegränder/Apr-Juni

Übersehene Traubenhyazinthe
Muscari neglectum
(Liliaceae)

Blüten anders

1A-Blätter lanzettlich bis oval   *Scabiosa cretica*
1B-Blätter rinnig
   2A-Blütezeit im Herbst   *Muscari parviflorum*
   2B-Blütezeit im Frühjahr
     3A-Blüten braungelb + blau   *Muscari comosum*
     3B-Blüten nicht braungelb   <u>*Muscari neglectum*</u>

Muscari comosum Schopfige Traubenhyazinthe (Liliaceae) Zwiebelpflanze/
    Blätter rinnig/Blüten 5-10 mm/braungelbe und blaue Blüten/Blüte glocken-
    förmig verwachsen/6 Staubblätter/Felder-Olivenhaine-Wacholderwald-
    Wegränder/Apr-Mai
<u>*Muscari neglectum*</u> Übersehene Traubenhyazinthe (Liliaceae) Zwiebelpflanze/
    Blätter rinnig/Blüte 3-8 mm/Blüte ohne Tragblätter/schwarzblaue und
    hellblaue Blüten/Blüte glockenförmig verwachsen/6 Staubblätter/Felder-
    Wegränder/März-Apr
Muscari parviflorum (Liliaceae) Zwiebelpflanze/Blätter schmal-linealisch/
    Blüte 3-5 mm/Blüte glockenförmig verwachsen/6 Staubblätter/Okt-Dez
Scabiosa cretica Balearen-Skabiose (Dipsacaceae) Am Grund verholzte
    Pflanze/Blätter lanzettlich bis oval/Blütenköpfe 35-50 mm/Bergland-
    Felsspalten/Mai-Juli

Blüten klein

1A-Baum oder Strauch
  2A-Blätter lineal-lanzettlich   *Osyris quadripartita*
  2B-Blätter paarig gefiedert   *__Pistacia lentiscus__*
1B-Krautige Pflanze
  2A-Pflanze am Grund nicht behaart   *Valantia muralis*
  2B-Pflanze überall borstig rauh behaart   *Valantia hispida*

2-4 Blütenblätter

1A-Blüten mit zwei Blütenblättern   *Euphorbia biumbellata*
1B-Blüten mit drei Blütenblättern
  2A-Blüten 7-10 cm   *Iris pseudacorus*
  2B-Blüten kleiner
    3A-Blüte ohne Kelchblätter   *Osyris quadripartita*
    3B-Blüte mit Kelch- und Blütenblättern   *__Cneorum tricoccon__*
1C-Blüten mit vier Blütenblättern
  2A-Blüte mit 6 Staubblättern (4 große und 2 kleine)*Cheiranthus cheirii*
  2B-Blüte mit mehr oder weniger Staubblättern
    3A-Blätter ohne Blattgrün
      4A-Pflanze gelb bis rot   *Cytinus hypocistis*
      4B-Pflanze cremefarben bis gelb   *Monotropa hypopitys*
    3B-Blätter mit Blattgrün
      4A-Blätter grundständig
        5A-Blüten einzeln/Blüten 3-7 mm   *Cicendia filiformis*
        5B-Blüten in langen Ähren/Blüten 3 mm   *Plantago major*
      4B-Blätter quirlständig
        5A-Blüten 1-2 mm
          6A-Pflanze am Grund nicht behaart   *Valantia muralis*
          6B-Pflanze überall borstig rauh behaart   *Valantia hispida*
        5B-Blüten > 2 mm
          6A-Blüten gestielt   *Galium crespianum**
          6B-Blüten sitzend in endständigen Ähren   *Crucianella latifolia*
      4C-Blätter sitzend
        5A-Baum   *Acacia spec.*
        5B-Strauch
          6A-Blüten behaart
            7A-Alte Blätter unbehaart   *Thymelaea tartonraira*
            7B-Alte Blätter einseitig behaart   *Thymelaea hirsuta*
            7C- Alte Blätter beidseitig behaart   *Thymelaea myrtifolia*
          6B-Blüten unbehaart
            7A-Pflanze mit Mit Milchsaft   *Euphorbia dendroides*
            7B-Pflanze ohne Milchsaft   *__Cneorum tricoccon__*

5C-Krautige Pflanze
  6A-Pflanze unbehaart   ***Euphorbia segetalis***
  6B-Pflanze behaart   ***Euphorbia characias***
4D-Blätter gestielt
  5A-Dorniger Strauch   ***Rhamnus lycioides***
  5B-Baum
    6A-Blüten < 25 mm   ***Laurus nobilis***
    6B-Blüten > 25 mm   ***Diospyros kaki***
4E-Blätter gefiedert
  5A-Blütenblätter behaart
    6A-Pflanze unbehaart   ***Ruta chalepensis***
    6B-Pflanze oben drüsig behaart   ***Ruta angustifolia***
  5B-Blütenblätter kahl
    6A-Blütenblätter gezähnt   ***<u>Ruta graveolens</u>***
    6B-Blütenblätter ungezähnt   ***Ruta montana***

Dreibeeriger Zeiland
Cneorum tricoccon
(Cneoraceae)

Acacia spec. Akazie (Mimosaceae) Baum/Blätter gefiedert/Fiederblättchen lanzettlich/Blüten in vielblütigen Köpfchenen/viele Staubblätter/Zierpflanze/ Jan-Okt

Cheiranthus cheirii Goldlack (Cruciferae) Kraut/Schote geschnäbelt/Blüten 20-25 mm/6 Staubblätter/Zierpflanze/Feb-Apr

Cicendia filiformis Heide-Zindelkraut (Gentianaceae) 1-3stämmiges Kraut/ Blätter schmal/Blüten einzeln/Blüten lang gestielt/Blüten 3-7 mm/kalkhaltige Felder/Menorca/Apr-Mai

<u>Cneorum tricoccon</u> Dreibeeriger Zeiland (Cneoraceae) Strauch/Blätter schmal und sitzend/Blüten > 4 mm/Garigues-Kiefernwälder-Olivenhaine-Wacholder- wald/März-Juni

Crucianella latifolia Breitblättriges Kreuzblatt (Rubiaceae) Am Grund ver- holzte Pflanze/Blüten 5-8 mm/Blüten sitzend/Felder-Garigues-Kiefernwald- Steinböden/Mai-Juni

Cytinus hypocistis Gelber Zistrosenwürger (Rafflesiaceae) Parasit unter Zistrosen/Pflanze gelb bis rot/Blüten 10-12 mm/Garigues-Kiefernwald/ Mai-Juni

Diospyros kaki Kaki-Pflaume (Ebenaceae) Baum/Blätter länglich-eiförmig und unterseits behaart/Blüten 28-32 mm/Nutzpflanze/Mai-Juni

Euphorbia biumbellata Doppeldolden-Wolfsmilch (Euphorbiaceae) Kraut mit Milchsaft/Blätter lineal-lanzettlich und sitzend/Blüten in 8-21strahligen Dolden/2-3 Dolden/Felder-Wegränder/März-Juni

Euphorbia characias Palisaden-Wolfsmilch (Euphorbiaceae) Behaarte Pflanze mit Milchsaft/Blätter lineal bis lanzettlich/Eichenwald-Felder-Felsküsten- Wegränder/März-Juli

Euphorbia dendroides Baumartige Wolfsmilch (Euphorbiaceae) Strauch mit Milchsaft/Blätter länglich-lanzettlich/Felsküsten-Olivenhaine-Wacholderwald Feb-Juni

Euphorbia segetalis Acker-Wolfsmilch (Euphorbiaceae) Pflanze mit Milchsaft bis 50 cm/Blätter schmal-lanzettlich/Blütenstand 5-strahlig/Felder-Felsküsten Strand-Wegränder/Jan-Dez

Galium crespianum * (Rubiaceae) Unbehaarte Pflanze/Blätter in Quirlen/Blüten 3-4 mm/Blüten gestielt/Felsspalten/Mai-Sep

Iris pseudacorus Sumpfschwertlilie (Iridaceae) Pflanze mit parallelnervigen Blättern/Blüten 7-10 cm/3 Staublätter/Feuchtgebiete/Apr-Mai

Laurus nobilis Lorbeerbaum (Lauraceae) Immergrüner Baum/Blätter ledrig und dunkelgrün/Blüten < 25 mm/Abhänge-Felsspalten-Zierpflanze/März-Apr

Monotropa hypopitys Echter Fichtenspargel (Pyrolaceae) Parasitisch unter Eichen/Pflanze cremefarben bis gelb/Blüten 6-13 mm/Eichenwald/Mai-Sep

Osyris quadripartita Lanzettblättriger Rutenstrauch (Santalaceae) Verzweigter Strauch bis 240 cm/Blätter lineal-lanzettlich + sitzend/Blüten unscheinbar/ Felsspalten-Garigues-Kiefernwald/Mai-Juni

Gelb

177

Wein-Raute
Ruta graveolens
(Rutaceae)

Pistacia lentiscus Mastix-Strauch (Anacardiaceae) Baum oder Strauch/Blätter paarig gefiedert/Blüten 2-häusig/Baumheiden-Macchie-Garigues-Kiefernwald-Olivenhaine-Wacholderwald-Zierpflanze/März

Plantago major Breit-Wegerich (Plantaginaceae) Rosettenpflanze mit breiten Blättern/Blüten in langen Ähren/Blüten 3 mm/Felder-Wegränder/Apr-Nov

Rhamnus lycioides Bocksdornartiger Kreuzdorn (Rhamnaceae) Dorniger Strauch bis 1 m/Blätter schmal/Blüten klein/Eichenwald-Garigues-Kiefernwald-Olivenhaine-Wacholderwald/Apr-Mai

Ruta angustifolia Schmalblättrige Raute (Rutaceae) Oben drüsig behaarte Pflanze/am Grund verholzt/unangenehm riechend/Blätter gefiedert/Blütenblätter am Rand gefranst/Felder-Garigues-Kiefernwald-Olivenhaine-Wacholderwald-Wegränder/Mai-Juni

Ruta chalepensis Gefranste Raute (Rutaceae) Unangenehm riechende Pflanze/Blätter 2-fach gefiedert/Blütenblätter bis 6 mm lang/Blütenblätter am Rand gefranst/Felder-Garigues-Kiefernwald-Olivenhaine-Wacholderwald-Wegränder/März-Juni

<u>Ruta graveolens</u> Wein-Raute (Rutaceae) Pflanze mit gefiederten Blättern/Blüten 14-18 mm/Blütenblätter gezähnt/Mai-Juni

Ruta montana Berg-Raute (Rutaceae) Pflanze mit 2-3fach gefiederten Blättern/Blüten 9-15 mm/Olivenhaine-Wacholderwald/Juni-Juli

Thymelaea hirsuta Behaarte Spatzenzunge (Thymelaeaceae) Strauch bis 100 cm/Blätter schuppenförmig dachziegelartig angeordnet und unterseits weißfilzig/Blätter 2-4(6) mm/Blüten behaart/Blüten 3-5 mm/Felder-Felsküsten-Olivenhaine-Wacholderwald-Wegränder/Jan-Dez

Thymelaea myrtifolia Myrtenblättrige Spatzenzunge (Thymelaeaceae) Strauch/Blätter > 5 mm/Blätter wollig-filzig behaart/Blätter grau/alte Blätter beidseitig behaart/Blüten behaart/Blätter ≤ Blüten/Blüten 1-4 mm/März-Apr

Thymelaea tartonraira Silberweiße Spatzenzunge (Thymelaeaceae) Strauch bis 40 cm/Blätter kahl oder seidig behaart/Blätter verkehrt-eiförmig bis schmal-länglich (> 5 mm)/alteBlüten behaart/Blüten 3-6 mm/März-Mai

Valantia hispida Behaarte Vaillantie (Rubiaceae) Borstig rau behaarte Pflanze/Blätter in Quirlen zu 4/Blätter schmal-verkehrt-eiförmig bis lanzettlich/Blüten 1-2 mm/Felder-Steinböden-Wegränder/März-Juni

Valantia muralis Mauer-Vaillantie (Rubiaceae) Behaarte Pflanze/am Grund kahl/sonst weich bis rau behaart/Blätter in Quirlen zu 4/Blätter schmal-verkehrt-eiförmig bis lanzettlich/Blüten 1-2 mm/Felder-Steinböden-Wegränder/Apr-Mai

5 Blütenblätter

1A-Pflanze ohne grüne Blätter — *Monotropa hypopitys*
1B-Blätter dreizählig
  2A-Strauch — *Jasminum fruticans*
  2B-Kraut
    3A-Blätter grundständig — *__Oxalis pes-caprae__*
    3B-Blätter nicht grundständig — *Oxalis corniculata*
1C-Blätter mit Ranke
  2A-Narbe der Blüte kopfig — *Cuscuta campestris*
  2B-Narbe der Blüte verlängert — *Cuscuta approximata*
1D-Blätter quirlständig
  2A-Blüte trichterig/Blüten > 8 mm — *Crucianella maritima*
  2B-Blüte radförmig/Blüten < 8 mm
    3A-Blüten 4-5 mm/Blätter zu 4-8 — *Rubia peregrina*
    3B-Blüten 5-6 mm/Blätter zu 4-6 — *Rubia tinctorum*
1E-Blätter gefiedert — *Tribulus terrestris*
1F-Blätter gestielt
  2A-Kraut
    3A-Blüten 12-17 mm — *__Nicotiana rustica__*
    3B-Blüten 25-40 mm — *Convolvulus valentinus*
  2B-Strauch
    3A-Blüten mit farbigen Hüllblättern — *__Bougainvillea spectabilis__*
    3B-Blüten ohne andersfarbige Hüllblätter
      4A-Blüten ca 5 mm/zu 4-6 — *Withania somnifera*
      4B-Blüten 8-15 mm/zu 1-3 — *__Withania frutescens__*
      4C-Blüten 20-30 mm — *Halimium halimifolium*
      4D-Blüten 30-40 mm — *Nicotiana glauca*
1G-Blätter sitzend
  2A-Kraut
    3A-Blütenblätter verwachsen
      4A-Blätter unbehaart — *Linum trigynum*
      4B-Blätter behaart
        5A-Blüte außen unbehaart — *Alkanna lutea*
        5B-Blüte innen und außen behaart — *Neatostema apulum*
    3B-Blütenblätter nicht verwachsen
      4A-Blätter mit Nebenblättern — *Portulaca oleracea*
      4B-Blätter ohne Nebenblätter
        5A-Pflanze behaart — *Xolantha praecox*
        5B-Pflanze unbehaart
          6A-Untere Blätter gegenständig — *__Linum maritimum__*
          6B-Untere Blätter nicht gegenständig — *Linum strictum*

2B-Pflanze zumindest am Grund verholzt
  3A-Blüten mit 5 Staubblättern
    4A-Pflanze rauh behaart   ***Lithospermum officinale***
    4B-Pflanze weich behaart   ***Cressa cretica***
  3B-Blüten mit 10 Staubblättern   ***Sedum praealtum***
  3C-Blüten mit vielen Staubblättern
    4A-Blätter mit Nebenblättern   ***Fumana laevipes***
    4B-Blätter ohne Nebenblätter
      5A-Blüten lang (10-14 mm) gestielt   ***Fumana ericoides***
      5B-Blüten kurz und dick gestielt   ***Fumana procumbens***

Strand-Lein
Linum maritimum
(Linaceae)

Alkanna lutea Gelbe Alkanna (Boraginaceae) Behaartes Kraut/Blätter lanzettlich bis länglich/Blüte 5-6 mm/Mai-Juni

<u>Bougainvillea spectabilis</u> Bougainvillea (Nytaginaceae) Dorniger Strauch/ Blätter elliptisch/Blüten von farbigen Hochblättern umgeben/Zierpflanze/ Feb-Nov

Convolvulus valentinus Valencia-Winde (Convolvulaceae) Niederliegende oder kletternde Pflanze/Blätter lanzettlich bis elliptisch/Blüten 25-40 mm/ Kelch spitz/Felsküsten/Ibiza/März-Juli

Cressa cretica Kretische Kresse (Convolvulaceae) Kleiner behaarter Strauch/ Blätter lanzettlich bis eiförmig/Blüten < 5 mm/Salzwiesen/Apr-Mai

Crucianella maritima Strand-Kreuzblatt (Rubiaceae) Pflanze mit Blättern in Vierergruppen/Blätter eiförmig-lanzettlich und stachelspitzig/Krone trichterig mit längerer Röhre/Blüten 10-13 mm/Strand/Mai-Okt

Fumana ericoides Aufrechtes Heideröschen (Cistaceae) Aufrechter Zwergstrauch mit gleichmäßig verteilten Blättern/Blätter lineal/Blüten 8-16 mm/ viele Staubblätter/Garigues-Kiefernwald/Mai

Fumana laevipes (Cistaceae) Zwergstrauch ohne Nebenblätter/Blätter linear bis schmal-elliptisch und ungleichmäßig verteilt/Blüten 9-14 mm/viele Staubblätter/Felsspalten-Garigues-Kiefernwald/Apr-Mai

Fumana procumbens Gewöhnliches Nadelröschen (Cistaceae) Niederliegender Zwergstrauch/Blätter linear und gleichmäßig verteilt/Blüten 8-16 mm/viele Staubblätter/Kiefernwald-Waldrand/Apr-Aug

Halimium halimifolium Gelbe Zistrose (Cistaceae) Behaarter Zwergstrauch/ Blätter länglich-elliptisch/Blüten 20-30 mm/Garigues-Kiefernwald-Strand/ Apr-Mai

Jasminum fruticans Strauch-Jasmin (Oleaceae) Strauch mit vierkantigen Stängeln/Blüten 12-15 mm/2 Staubblätter/Felsspalten/Apr-Juni

<u>Linum maritimum</u> Strand-Lein (Linaceae) Kraut/untere Blätter gegenständig/ Blätter lineal-lanzettlich/Blütenblätter 8-15 mm/5 Staubblätter mit Staubbeutel + 5 ohne Staubbeutel/Marschland-Strand/Juni-Sep

Linum strictum Steifer Lein (Linaceae) Kraut/Blätter lineal-lanzettlich/Blattrand rau/Blütenblätter 6-12 mm/5 Staubblätter mit Staubbeutel + 5 ohne Staubbeutel/Garigues-kalkhaltige Felder-Kiefernwald/Mai-Juni

Linum trigynum Dreigriffeliger Lein (Linaceae) Kraut bis 30 cm/Blätter lineallanzettlich/Blütenblätter 4-6 mm/Garigues-Felder-Kiefernwald/Mai-Juni

Lithospermum officinale Echter Steinsame (Boraginaceae) Am Grund verholzte Pflanze/Blüte 2-6 mm/Blüten mit 5 länglichen Falten/Mai-Aug

Monotropa hypopitys Echter Fichtenspargel (Pyrolaceae) Parasit unter *Quercus ilex*/Pflanze cremefarben bis gelb/Blüten 6-13 mm/Eichenwald/Mai-Sep

Neatostema apulum Gelber Steinsame (Boraginaceae) Rau behaartes Kraut/ Blätter schmal-spatelförmig bis linear/Blüte innen und außen drüsig behaart/Blüte 3-4 mm/trockene Standorte/März-Juni

Gelb

Bauern-Tabak
Nicotiana rustica
(Oxalidaceae)

Nicotiana glauca Blaugrüner Tabak (Solanaceae) Strauch bis 6 m/Blätter eiförmig bis lanzettlich/Blüten 30-40 mm/Felder-Wegränder/Mai-Sep

Nicotiana rustica Bauern-Tabak (Solanaceae) Klebrig behaartes Kraut/Blätter eiförmig bis lanzettlich/Blüten 12-17 mm/Blüte röhrig verwachsen/Ibiza

Oxalis corniculata Gehörnter Sauerklee (Oxalidaceae) Behaarte Pflanze/Blätter dreizählig/Blütenblätter 4-7 mm/Blüten zu 1-7/Blütenstiel 2-8 cm/Felder-Wegränder/Jan-Dez

Oxalis pes-caprae Nickender Sauerklee (Oxalidaceae) Kraut/Blüten 2-5 cm/ 10 Staubblätter/Felder-Garigues-Kiefernwald-Olivenhaine-Wacholderwald-Wegränder/Dez-Juni

Portulaca oleracea Wilder Portulak (Portulacaceae) Kraut mit Nebenblättern/ Blätter dickfleischig/Blütenblätter eingeschnitten/Blütenblätter 6-8 mm/7-12 Staubblätter/Felder-Wegränder/Mai-Okt

Rubia peregrina Kletten-Krapp (Rubiaceae) Pflanze mit vierkantigem Stängel/ Blätter in Quirlen zu 4-8 Blättern/Blätter lanzettlich bis eiförmig/Krone radförmig mit kurzer Röhre/Blüten 4-5 mm/Baumheiden-Macchie-Eichenwald-Garigues-Hecken-Kiefernwald-Olivenhaine-Steinböden-Wacholderwald/Apr-Sep

Rubia tinctorum Echte Färberröte (Rubiaceae) Pflanze mit vierkantigem Stängel/Blätter in Quirlen zu 4-6 Blättern/Krone radförmig mit kurzer Röhre/Blüten 5-6 mm/Blüten in endständigen Trugdolden/Hecken-Zierpflanze/Juni-Aug

Sedum praealtum (Crassulaceae) Strauch bis 75 cm/Blätter dickfleischig und spatelförmig/10 Staubblätter

Tribulus terrestris Erd-Burzeldorn (Zygophyllaceae) Behaartes Kraut/Blätter mit 5-8 Fiederpaaren/Fiederblättchen schief eiförmig-länglich/Blüten 8-10 mm/Felder-Wegränder/Juli-Sep

Withania frutescens Strauch-Withanie (Solanaceae) Strauch bis 180 cm/Blätter am Grund herzförmig und fast rundlich/Blüten 8-15 mm/Blüten zu 1-3/ Felsküsten-Olivenhaine-Wacholderwald/Apr-Aug

Withania somnifera Schlafbringende Withanie (Solanaceae) Strauch bis 120 cm Blätter länglich-eiförmig/Blüten ca 5 mm/zu 4-6/Apr-Aug

Xolantha praecox (Cistaceae) Behaartes Kraut/Blätter länglich-elliptisch/ Kronblätter 4-6 mm/viele Staubblätter

Amerikanische Agave
Agave americana
(Agavaceae)

Mehr als 5 Blütenblätter

1A-Blätter mit Stacheln
  2A-Stacheln 1-2/Stacheln < 1 cm — *__Opuntia ficus-indica__*
  2B-Stacheln 1-4/Stacheln > 1 cm — *Opuntia maxima*
1B-Blätter dickfleischig
  2A-Blätter stechend — *__Agave americana__*
  2B-Blätter nicht so
    3A-Blüten einzeln — *Mesembryanthemum nodiflorum*
    3B-Blüten zu mehreren — *Aeonium arboreum*
1C-Blätter grundständig
  2A-Blüte mit 3 Staubblättern — *Iris pseudacorus*
  2B-Blüte mit 6 Staubblättern
    3A-Blütezeit Feb-März — *Gagea mauritanica*
    3B-Blütezeit im Herbst — *Sternbergia lutea*
1D-Blätter durchwachsen — *Blackstonia perfoliata*
1E-Blätter gefiedert — *__Pistacia lentiscus__*
1F-Blätter gestielt — *Eucalyptus camaldulensis*
1G-Blätter sitzend
  2A-Blüte mit 3 Staubblättern — *Freesia refracta*
  2B-Blüte mit 6 Staubblättern
    3A-Blütenstand kugelig
      4A-Blütenstand lang gestielt — *Allium bimetrale*
      4B-Blütenstand nicht lang gestielt — *__Allium victorialis__*
    3B-Blütenstand nicht kugelig
      4A-Pflanze < 15 cm — *Gagea iberica*
      4B-Pflanze > 15 cm
        5A-Stängel stachelig — *Asparagus acutifolius*
        5B-Stängel nicht stachelig — *Asparagus officinalis*

Echter Feigenkaktus
Opuntia ficus-indica
(Cactaceae)

Aeonium arboreum Baum-Aeonium (Crassulaceae) Verzweigter Halbstrauch/
Äste 1-3 cm dick/Blätter fleischig und verkehrt-eiförmig-lanzettlich/Blüten-
stand 7-30 cm/Blüten 12-14 mm/Felder-Wegränder-Zierpflanze/Dez-Apr

Agave americana Amerikanische Agave (Agavaceae) Pflanze mit stechenden
dickfleischige Blättern/Blüten 7-9 cm/Zierpflanze/Juni-Aug

Allium bimetrale Wilder Lauch (Liliaceae) Zwiebelpflanze mit parallelnervigen
Blättern/Blütenstand kugelig und lang gestielt/6 Staubblätter

Allium victorialis Allermannsharnisch (Liliaceae) Zwiebelpflanze/Blätter
gestielt/Blütenstand kugelig/Staubblätter>Blütenblätter/Cabrera

Asparagus acutifolius Stechender Spargel (Liliaceae) Pflanze mit stacheligem
Stängel/Blüten < 10 mm/6 Staubblätter/Eichenwald-Garigues-Hecken-
Kiefernwald-Olivenhaine-Wacholderwald/Juli-Okt

Asparagus officinalis Spargel (Liliaceae) Pflanze mit büscheligen Blättern/
Blüten 4-7 mm/6 Staubblätter/Felder-Nutzpflanze-Wegränder/Apr-Juni

Blackstonia perfoliata Verwachsenblättriger Bitterling (Gentiananceae)
Aufrechtes Kraut mit durchwachsenen Blättern/Blüte 8-15 mm/Felder-
Felsküsten-Marschland-Wegränder-Zierpflanze/Jan-Sep

Eucalyptus camaldulensis Camaldoli-Fieberbaum (Myrtaceae) Baum/Blätter
schmal/Blüten ca 15 mm/Blüten in Gruppen von 5-10/Zierpflanze/Mai-Juli

Freesia refracta Umgebogene Freesie (Iridaceae) Pflanze mit parallelnervigen
Blättern/Blätter lineal-lanzettlich/Blüten 3-4 cm/Zierpflanze/Feb-März

Gagea iberica (Liliaceae) Zwiebelpflanze < 15 cm/Blütenblätter < 10 mm/
6 Staubblätter/kalkhaltige Felder-Olivenhaine-Wacholderwald/Feb-März

Gagea mauritanica (Liliaceae) Zwiebelpflanze mit parallelnervigen Blättern/
Blütenblätter > 13 mm/6 Staubblätter/kalkhaltige Felder/Feb-März

Iris pseudacorus Sumpfschwertlilie (Iridaceae) Pflanze mit parallelnervigen
Blättern/Blüten 7-10 cm/3 Staublätter/Feuchtgebiete/Apr-Mai

Mesembryanthemum nodiflorum Knotenblütige Mittagsblume (Aizoaceae)
Pflanze mit fleischigen Blättern/Blüten einzeln/Blüten 20-30 mm/Felder-
Felsküsten-Wegränder/Apr-Juli

Opuntia ficus-indica Echter Feigenkaktus (Cactaceae) Kaktee/Stacheln zu 1-2/
Stacheln < 1 cm/Blüten 7-10 cm/viele Staubblätter/Zierpflanze/Mai-Juli

Opuntia maxima Großer Feigenkaktus (Cactaceae) Kaktee/Stacheln zu 1-4/
Stacheln > 1 cm/Baumheiden Macchie-Felder-Felsküsten-Garigues-
Kiefernwald-Olivenhaine-Wacholderwald-Wegränder/Mai-Juli

Pistacia lentiscus Mastix-Strauch (Anacardiaceae) Baum oder Strauch bis 8m/
Blätter paarig gefiedert/Blüten 2-häusig ohne Kronblätter in kurzen dichten
Blütenständen/Baumheiden-Macchie-Garigues-Kiefernwald-Olivenhaine-
Wacholderwald-Zierpflanze/März

Sternbergia lutea Herbst-Goldbecher (Amaryllidaceae) Pflanze mit parallelnervigen Blättern/Blüte 4-5 cm/6 Staubblätter/Fruchtknoten unterständig/
Felder-Steinböden-Wegränder-Zierpflanze/Sep-Okt

Barcelos Hasenohr
*Bupleurum barceloi**
(Apiaceae)

Blüte in Dolden

1A-Blätter fehlend oder quirlständig ***Bupleurum barceloi*****
1B-Blätter gestielt ***Bupleurum rigidum***
1C-Blätter gefiedert
 2A-Blattunterseite unbehaart
  3A-Blätter am Rand umgerollt ***Thapsia garganica***
  3B-Blätter nicht so ***Bupleurum tenuissimum***
 2B-Blattunterseite behaart
  3A-Fiederblättchen linear ***Thapsia gymnesica*****
  3B-Fiederblättchen nicht linear ***Thapsia villosa***

Bupleurum barceloi * Barcelos Hasenohr (Apiaceae) Strauch bis 40 cm/Stängel fast blattlos/Felsspalten/Mai-Aug

Bupleurum rigidum (Apiaceae) Pflanze bis 150 cm/Blätter ledrig/Blütenstand mit 2-5strahligen Dolden/Früchte 4 mm lang/Baumheiden-Macchie-Eichenwald-Garigues-Kiefernwald-Waldrand/Ibiza/Juni-Aug

Bupleurum tenuissimum Salz-Hasenohr (Apiaceae) Aufrechte Pflanze/Blätter linear-lanzettlich/Blütenstand in 2-3strahligen Dolden/Dolden mit kleinen Hüllblättern/Apr-Mai

Thapsia garganica Gargano-Purgierdolde (Apiaceae) Borstig behaarte Pflanze Stängel massiv + gefurcht/Endlappen der Blätter fast ganzrandig/Felder-Garigues-Kiefernwald-Wegränder/Ibiza/Apr-Juli

Thapsia gymnesica * (Apiaceae) Borstig behaarte Pflanze/Stängel massiv/ Blüten in endständigen Dolden/ohne Hüllblätter/Felsküsten/Mai-Juli

Thapsia villosa Behaarte Purgierdolde (Apiaceae) Borstig behaarte Pflanze/ Stängel massiv + kahl/Stängel fein gerillt/Endlappen der Blätter regelmäßig gezähnt/Eichenwald-Felder-Strand-Wegränder/Mai-Juni

<u>Blüten symmetrisch</u>

1A-Blätter zur Blütezeit fehlend
  2A-Strauch mit Dornen   ***<u>Ulex parviflorus</u>***
  2B-Strauch ohne Dornen
    3A-Blüten 5-8 mm   ***Retama sphaerocarpa***
    3B-Blüten 20-25 mm   ***Spartium junceum***
1B-Blätter ohne Blattgrün
  2A-Kelch der Blüte bis zur Hälfte verwachsen ***Orobanche minor***
  2B-Kelch der Blüte nur am Grund verwachsen ***Orobanche clausonis***
1C-Blätter parallelnervig
  2A-Blüte pelzig behaart   ***<u>Ophrys lutea</u>***
  2B-Blüte nicht pelzig behaart   ***Orchis italica***
1D-Blätter mit Ranke
  2A-Stängel kantig   ***Lathyrus aphaca***
  2B-Stängel geflügelt
    3A-Blätter alle nur mit 2 Fiederblättern   ***Lathyrus annuus***
    3B-Obere Blätter mit 2-8 Fiederblättern   ***Lathyrus ochrus***
  2C-Stängel nicht geflügelt oder kantig
    3A-Fahne der Blüten am Rücken behaart   ***Vicia hybrida***
    3B-Fahne der Blüte am Rücken unbehaart ***Vicia lutea***
1E-Blätter drei- bis fünfzählig
  2A-Strauch
    3A-Mit Dornen
      4A-Blüten > 11 mm   ***Calicotome villosa***
      4B-Blüten < 11 mm
        5A-Blüten einzeln   ***Genista acanthoclada*****
        5B-Blüten zu mehreren   ***Anthyllis hystrix*****
    3B-Ohne Dornen
      4A-Strauch < 25 cm   ***Argyrolobium zanonii***
      4B-Strauch > 25 cm
        5A-Kelchzähne der Blüte gleichartig ***Anthyllis cytisoides***
        5B-Kelch der Blüte nicht gleichartig ***Anagyris foetida***
        5C-Kelch der Blüte zweilippig
          6A-Zweige 5-10kantig   ***Chronanthus biflorus***
          6B-Zweige nicht so
            7A-Kelch der Blüte seidig behaart ***Teline linifolia***
            7B-Kelch der Blüte nicht so   ***<u>Genista dorycnifolia</u>*****
  2B-Krautige Pflanze
    3A-Pflanze unbehaart   ***Coronilla scorpioides***
    3B-Pflanze behaart

4A-Kelch der Blüte zweilippig
  5A-Pflanze unten verholzt
    6A-2 Kelchzähne stumpf — *Lotus cytisoides*
    6B-Alle Kelchzähne spitz — *Lotus tetraphyllus**
  5B-Pflanze unten nicht verholzt
    6A-Blüten zu 2-3 — *Lotus halophilus*
    6B-Blüten zu 3–5 — *Lotus ornithopodioides*
4B-Kelch der Blüte nicht zweilippig
  5A-Pflanze unten verholzt
    6A-Fiederblättchen länglich — *Lotus glaber*
    6B-Fiederblättchen elliptisch — *Lotus corniculatus*
    6C-Fiederblättchen eifömig — *Lotus preslii*
  5B-Pflanze unten nicht verholzt
    6A-Kelchzähne 3-4x länger als Röhre — *Lotus parviflorus*
    6B-Kelchzähne nicht so
      7A-Blüten 5-10 mm/Blüten zu 3-4 — *Lotus subbiflorus*
      7B-Blüten 10-16 mm/Blüten zu 1-3 — *Lotus edulis*
1F-Blätter gefiedert
  2A-Baum — *Ceratonia siliqua*
  2B-Kleiner Strauch — *Hippocrepis balearica**
  2C-Krautige Pflanze
    3A-Pflanze unbehaart
      4A-Glieder der Frucht länglich
        5A-Fiederblättchen gebuchtet — *Coronilla valentina*
        5B-Fiederblättchen länglich — *Coronilla juncea*
      4B-Glieder der Frucht hufeisenförmig
        5A-Blüten zu 1-2 und fast sitzend — *Hippocrepis biflora*
        5B-Blütenstand lang gestielt
          6A-Blüten 3-5 mm — *Hippocrepis ciliata*
          6B-Blüten 7-8 mm — *Hippocrepis multisiliquosa*
    3B-Pflanze behaart
      4A-Blütenstand länglich — *Hedysarum coronarium*
      4B-Blütenstand nicht länglich
        5A-Kelch zweilippig
          6A-Blüten 12-15 mm — *Anthyllis vulneraria*
          6B-Blüten <10 mm — *Coronilla repanda*
        5B-Kelchzähne gleich
          6A-Blüten 3-4 mm — *Astragalus epiglottis*
          6B-Blüten größer

Fortsetzung –>

Stacheliger Skorpionsschwanz
Scorpiurus muricatus
(Fabaceae)

7A-Blütenstand bis zu fünfblütig
  8A-Weniger als 3 Fiederpaare — ***Lotus subbiflorus***
  8B-3-7 Fiederpaare — ***Ornithopus pinnatus***
  8C-7-18 Fiederpaare — ***Ornithopus compressus***
7B-Blütenstand mehr als fünfblütig
  8A-Blütenstand sitzend — ***Astragulus sesameus***
  8B-Blütenstand lang gestielt — ***Astragalus stella***

1G-Blätter gestielt
  2A-Blüten gespornt — ***Kickxia elatine***
  2B-Blüten nicht gespornt
   3A-Blüten 10-20 mm — ***Scorpiurus vermiculatus***
   3B-Blüten kleiner (5-10 mm)
    4A-Kelchzähne < Blütenröhre — ***Scorpiurus sulcatus***
    4B-Kelchzähne > Blütenröhre — ***Scorpiurus muricatus***

1H-Blätter sitzend
  2A-Strauch
   3A-Zweige mit Dornen — ***Genista majorica***
   3B-Zweige ohneDornen
    4A-Kelch tief zweilippig — ***Ulex parviflorus***
    4B-Kelch seicht zweilippig
     5A-Blätter ohne axillare Dornen — ***Genista balearica***
     5B-Blätter mit axillaren Dornen
      6A-Mit dornigen Nebenblättern — ***Genista lucida****
      6B-Ohne dornige Nebenblätter — ***Genista hirsuta***
  2B-Krautige Pflanze
   3A-Blüte 5-9 mm — ***Linaria simplex***
   3B-Blüte > 10 mm
    4A-Blätter > 2 mm breit — ***Linaria pedunculata***
    4B-Blätter < 2 mm breit — ***Linaria aeruginea***

Gelb

Valencia-Kronwicke
Coronilla valentina
(Fabaceae)

Anagyris foetida Stinkstrauch (Fabaceae) Unangenehm riechender Strauch/ Blätter dreizählig/Blüten 18-25 mm/Blüten zu mehreren/Kelch fast zweilippig/Baumheiden-Macchie-Felder-Garigues-Wegränder/Feb-März

Anthyllis cytisoides Ruten-Wundklee (Fabaceae) Strauch mit filzig behaarten Zweigen/Blätter dreizählig/Blüten 9-11 mm/Blüten zu mehreren/Kelch mit 5 gleichartigen Kelchzähnen/Garigues-Kiefernwald/Apr-Juni

Anthyllis hystrix* Balearen-Wundklee (Fabaceae) Dorniger Strauch/Blätter 3zählig/Blüten 9-11 mm/Blüten zu mehreren/Felsküsten/Menorca/Mai-Juni

Anthyllis vulneraria Roter Wundklee (Fabaceae) Behaarte Pflanze/untere Blätter nicht gefiedert/Blüten 12-15 mm/Bergwiesen-Felsspalten-Garigues-kalkhaltige Felder-Kiefernwald/Apr-Juni

Argyrolobium zanonii Silberklee (Fabaceae) Strauch < 25 cm/Blätter dreizählig Blüten 9-12 mm/Blüten zu 1-3/endständig/Garigues-Kiefernwald/Apr-Mai

Astragalus epiglottis (Fabaceae) Behaartes Kraut/Blätter mit 5-10 Fiederpaaren/ Blüten 3-4 mm/7-12blütig/Kelchzähne gleich/kalkhaltige Felder/März-Apr

Astragalus sesameus Sesamfrüchtiger Tragant (Fabaceae) Behaartes Kraut/ Blätter mit 9-11 Fiederpaaren/Blüten 9-11 mm/5-10blütig/Kelchzähne gleich/Felder-Wegränder/Formentera/März-Mai

Astragalus stella Stern-Tragant (Fabaceae) Behaartes Kraut/Blätter mit 5-11 Fiederpaaren/Blüten 5-7 mm/4-15blütig/Kelch glockig/März-Mai

Calicotome villosa Behaarter Dornginster (Fabaceae) Dorniger Strauch/Blätter dreizählig + unterseits silbrig behaart/Blüten 12-18 mm/Blüten zu 2-15/ Macchien/Jan-Juli

Ceratonia siliqua Johannisbrotbaum (Fabaceae) Baum/Blätter mit 2-5 Fieder-paaren/Blüten unscheinbar an Stamm und Ästen/5 Staubblätter/Felder-Nutzpflanze-Wegränder/Aug-Jan

Chronanthus biflorus (Fabaceae) Strauch/Zweige 5-10kantig/Blätter dreizählig Blüten 8-12 mm/Blüten zu mehreren/Kelch zweilippig/Garigues-Kiefern-wald/Ibiza/Apr-Mai

Coronilla juncea Binsen-Kronwicke (Fabaceae) Pflanze mit gefurchten Zweigen/Blätter mit 3-7 Fiederpaaren/Fiederblättchen länglich/Blüten 6-12 mm zu 5-12/Garigues-Kiefernwald/Mai-Juni

Coronilla repanda (Fabaceae) Unbehaartes Kraut/Blätter mit 2-4 Fiederpaaren/ Kelch zweilippig/Blüten 4-8 mm/Blütenstand 2-5blütig/Strand/Menorca/ März-Juni

Coronilla scorpioides Skorpions-Kronwicke (Fabaceae) Kraut/Blätter drei-zählig/Blüten 4-8 mm/kalkhaltige Felder/Feb-Juni

Coronilla valentina Valencia-Kronwicke (Fabaceae) Pflanze mit gefiederten Blättern/Blätter mit 5-15 gebuchteten Fiederblättchen/Blüten 7-13 mm/ Apr-Juni

Genista acanthoclada* Dorniger Ginster (Fabaceae) Strauch/Dornen axillar/ Blätter dreizählig und angedrückt behaart/Blüten 6-10 mm/Blüten zu mehreren/Garigues-Kiefernwald-Macchie/März-Juni

Gelb

Backenkleeblättriger Ginster
*Genista dorycnifolia**
(Fabaceae)

Genista balearica Balearen-Ginster (Fabaceae) Strauch/Zweige in Dornen endend/Kelch seicht zweilippig/Mai

<u>Genista dorycnifolia</u> Backenkleeblättriger Ginster (Fabaceae) Strauch/Blätter dreizählig/Blüten ca 8 mm/zu mehreren/Kelch zweilippig/Felder-Garigues-Kiefernwald-Olivenhaine-Wacholderwald-Wegränder/Ibiza/Apr-Juni

Genista hirsuta Besen-Ginster (Fabaceae) Strauch mit Dornen/Blätter lanzettlich bis elliptisch/Blüten - 8 mm/Kelch seicht zweilippig/Garigues-Kiefernwald/März-Mai

Genista lucida Glänzender Ginster (Fabaceae) Strauch mit Dornen/Blätter mit dornigen Nebenblättern/Kelch seicht zweilippig/Garigues-Kiefernwald/März-Juni

Genista majorica (Fabaceae) Strauch ohne Dornen/Blätter einfach/Blüten 10-12 mm/Blüten meist in Paaren/Felsspalten/März-Apr

Hedysarum coronarium Kronen-Süßklee (Fabaceae) Behaarte Pflanze/Blätter mit 3-5 Fiederpaaren/Blüten 12-15 mm/Felder-Nutzpflanze-Wegränder/Apr-Juni

Hippocrepis balearica* Balearen-Hufeisenklee (Fabaceae) Kleiner Strauch/Blätter mit 6-10 Fiederpaaren/Fiederblättchen länglich/Blüten 10-15 mm zu 3-12 in lang gestielten Köpfchen/Felder-Wegränder/Dez-März

Hippocrepis biflora Zweiblütiger Hufeisenklee (Fabaceae) Niederliegendes Kraut/Blätter mit 7-15 Fiederblättchen/Blüten 4-7 mm zu 1-3/Felder-Wegränder/März-Juni

Hippocrepis ciliata Gewimperter Hufeisenklee (Fabaceae) Kraut/Blätter mit 3 oder mehr Fiederpaaren/Blütenstand 2-6blütig und lang gestielt/Blüten 3-5 mm/Felder-Wegränder/Apr-Mai

Hippocrepis multisiliquosa Vielfrüchtiger Hufeisenklee (Fabaceae) Kraut/Blütenstand 2-6blütig und lang gestielt/Blüten 7-8 mm/Felder-Wegränder/Apr-Mai

Kickxia elatine Echtes Tännelkraut (Scrophulariaceae) Pflanze mit drüsig behaarten Blättern/Blätter dreieckig, pfeilförmig/Blüte 7-15 mm/Blüte gespornt + mit bläulicher Oberlippe/Mai-Nov

Lathyrus annuus Einjährige Platterbse (Fabaceae) Kraut mit Ranke/Stängel geflügelt/Blätter alle mit 2 Fiederblättern/Blüten 12-18 mm/1-3blütig/Felder-Wegränder/Apr-Juni

Lathyrus aphaca Ranken-Platterbse (Fabaceae) Kraut mit Ranke/Stängel vierkantig/Blätter mit spießförmigen Nebenblättern/Blüten 6-18 mm/Blüten meist einzeln/Felder-Wegränder/März-Mai

Lathyrus ochrus Flügel-Platterbse (Fabaceae) Kraut mit Ranke/Stängel geflügelt/obere Blätter mit 2-8 Fiedern/Blüten 16-20 mm/1-5blütig/Felder-Wegränder/März-Juni

Linaria aeruginea Kupfer-Leinkraut (Scrophulariaceae) Pflanze mit linearen Blättern/Blüte 15-27 mm + mit Sporn/Eichenwälder-Felder-Steinböden-Wegränder/Apr-Juli

Gelb

Gelbe Ragwurz
Ophrys lutea
(Orchidaceae)

Linaria pedunculata Gestielter Frauenflachs (Scrophulariaceae) Pflanze mit elliptischen Blättern/Blüte 11-16 mm/Blüte gespornt/Strand/März-Juni

Linaria simplex Einfaches Leinkraut (Scrophulariaceae) Pflanze mit gespornter Blüte/Blüte 5-9 mm/Felder-Steinböden-Wegränder/März-Juni

Lotus corniculatus Gemeiner Hornklee (Fabaceae) Am Grund verholzte Pflanze/Blätter fünfzählig/Blüten 10-16 mm/Blüten zu mehreren/Kelch zweilippig/Felder-Felsküsten-Marschland-Steinböden-Wegränder/Mai-Juni

Lotus cytisoides Geißkleeartiger Hornklee (Fabaceae) Am Grund verholzte Pflanze/Blätter fünfzählig/Blüten 8-14 mm/Blüten zu mehreren/Kelch zweilippig/Felder-Felsküsten-Strand-Wegränder/März-Mai

Lotus edulis Essbarer Hornklee (Fabaceae) Behaartes Kraut/Blätter fünfzählig/ Blüten 10-16 mm/Blüten zu 1-3/Felder-Wegränder/März-Apr

Lotus glaber Schmalblättriger Hornklee (Fabaceae) Am Grund verholzte Pflanze/Blätter fünfzählig/Fiederblättchen länglich/Blüten 6-12 mm/Blüten zu mehreren/Kelch nicht zweilippig/Feuchtgebiete/Mai-Sep

Lotus halophilus (Fabaceae) Behaartes Kraut/Blätter fünfzählig/Blüten 5-10 mm/Blütenstiel > Blätter/Ibiza/Feb-Mai

<u>Lotus ornithopodioides</u> Vogelfußartiger Hornklee (Fabaceae) Behaartes Kraut/ Blätter fünfzählig/Blüten 7-10 mm/Blüten zu mehreren/seitliche Kelchzähne sehr kurz/Felder-Wegränder/Apr-Juni

Lotus parviflorus Kleinblütiger Hornklee (Fabaceae) Behaartes Kraut/Blätter fünfzählig/Blüten zu mehreren/Kelchzähne 3-4x so lang wie die Röhre/ kalkhaltige Felder/Menorca und Ibiza/Apr-Mai

Lotus preslii (Fabaceae) Unten verholzt/Blätter fünfzählig/Fiederblättchen eiförmig/Blüten 10-15 mm/Blüten zu mehreren/Kelch nicht zweilippig/Apr-Juli

Lotus subbiflorus (Fabaceae) Kraut/Blätter fünfzählig/Blütenstiel > Blätter/ Blüten 5-10 mm/Blüten zu 1-4/Menorca

Lotus tetraphyllus* Vierblättriger Hornklee (Fabaceae) Behaarte Pflanze/am Grund verholzt/Blätter vierzählig/Blüten 6-10 mm/Blüten einzeln/Bergland-Felsküsten-Garigues-Kiefernwald/Apr-Juni

<u>Ophrys lutea</u> Gelbe Ragwurz (Orchidaceae) Pflanze mit parallelnervigen Blättern/Blüte pelzig/Lippe der Blüte dreilappig mit eingebuchtetem Mittellappen/Garigues-Kiefernwald-Olivenhaine-Wacholderwald/Feb-März

Orchis italica Italienisches Knabenkraut (Orchidaceae) Pflanze mit 8-14 parallelnervigen Blättern/Blätter länglich-lanzettlich/Blüte 12-19 mm/Blüte gespornt/Unterlippe der Blüte fünflappig/Garigues-Kiefernwald-Olivenhaine-Wacholderwald/März-Apr

Ornithopus compressus Flachhülsige Serradella (Fabaceae) Behaartes Kraut/ Blätter mit 7-18 Fiederpaaren/Blüten 5-8 mm/3-5blütig/Felder/März-Mai

Ornithopus pinnatus Hochblattlose Serradella (Fabaceae) Behaartes Kraut/ Blätter mit 3-7 Fiederpaaren/Blüten 5-8 mm/1-5blütig/Felder/Feb-Juni

Orobanche clausonis (Orobanchaceae) Behaarte Pflanze ohne Blattgrün/Blüte 6-10 mm/Kelch kaum verwachsen/4 Staubblätter/im Bergland/Mai-Juni

Gelb

Vogefußartiger Hornklee
Lotus ornithopodioides
(Fabaceae)

Orobanche minor Kleine Sommerwurz (Orobanchaceae) Behaarte Pflanze ohne Blattgrün/Blüte 6-10 mm/Kelch bis zur Hälfte verwachsen/Blüte mit 4 Staubblättern/Felder-Wegränder/Juni-Sep

Retama sphaerocarpa Gewöhnliche Retama (Fabaceae) Strauch mit grünen Stängeln/seidig behaarte Blätter zur Blütezeit meist abgefallen/Blüten 5-8 mm/Felder-Gebüsche/Apr-Juli

Scorpiurus muricatus Stacheliger Skorpionsschwanz (Fabaceae) Behaartes, niederliegendes Kraut/Blüten 5-10 mm/Blüten zu 2-5/Felder-Wegränder/ März-Juni

Scorpiurus sulcatus Stacheliger Skorpionsschwanz (Fabaceae) Behaartes, niederliegendes Kraut/Blüten 5-10 mm/Blüten zu 2-5/Felder-Wegränder/ März-Juni

Scorpiurus vermiculatus Wurmförmiger Skorpionsschwanz (Fabaceae) Abstehend behaartes, niederliegendes Kraut/Blüten 10-20 mm/Blüten einzeln/ Feb-Juli

Spartium junceum Spanischer Ginster (Fabaceae) Strauch ohne Dornen/fast blattlos/Blüten 20-25 mm/Felder-Wegränder-Zierpflanze/März-Juli

Teline linifolia Leinblättriger Geißklee (Fabaceae) Strauch mit schmalen, am Rand umgerollten Blättern/Blätter dreizählig/Blüten 10-12 mm/Blüten zu mehreren/Kelch zweilippig/Kelch seidig behaart/Baumheiden-Macchie-Garigues/März-Juni

Ulex parviflorus Kleinblütiger Stechginster (Fabaceae) Strauch mit Dornen/ Blüten 6-9 mm/Kelch tief zweilippig/Garigues-Kiefernwald/Ibiza/Dez-Juni

Vicia hybrida Bastard-Wicke (Fabaceae) Weich behaartes Kraut mit Ranken/ Blätter mit 3-8 Fiederpaaren/Blüten 18-30 mm/Fahne der Blüte am Rücken behaart/Blüten einzeln/Felder-Wegränder/Apr-Juni

Vicia lutea Gelbe Wicke (Fabaceae) Locker abstehend behaartes Kraut mit Ranken/Blüten 20-35 mm/Fahne der Blüte am Rücken unbehaart/1-3blütig/ Olivenhaine-Wacholderwald/Apr-Mai

Einjähriger Strandstern
Asteriscus maritimus
(Compositae)

Blüte margeritenartig

1A-Blätter grundständig
  2A-Blüten 13-18(30) mm   *Asteriscus aquaticus*
  2B-Blüten 30-40 mm   ***Asteriscus maritimus***
1B-Blätter sitzend
  2A-Blätter unbehaart und fleischig   *Inula crithmoides*
  2B-Blätter drüsig klebrig behaart
    3A-Zungenblüten >> Blütenhüllkelch   *Inula viscosa*
    3B-Zungenblüten kaum > als der Blütenhüllkelch *Inula graveolens*
  2C-Blätter behaart, aber nicht klebrig
    3A-Äußere Hüllblätter der Blüte stechend   *Pallenis spinosa*
    3B-Äußere Hüllblätter der Blüte nicht stechend
      4A-Untere Blätter zur Blütezeit grün   *Pulicaria odora*
      4B-Untere Blätter zur Blüte verwelkt   *Pulicaria dysenterica*

Asteriscus aquaticus Einjähriger Strandstern (Compositae) Kraut 10-40 cm groß/Blätter länglich-spatelförmig/Blüten 13-18(30) mm/sandige feuchte Stellen/Felder-Felsküsten-Olivenhaine-Wacholderwald/Apr-Aug

__Asteriscus maritimus__ Ausdauernder Strandstern (Compositae) Polsterpflanze bis 25 cm/Blätter spatelförmig/felsiges Gelände/Blüten 30-40 mm/ Felsküsten-Steinböden-Zierpflanze/März-Aug

Inula crithmoides Salz-Alant (Compositae) Strauch bis 100 cm/Blätter fleischig/Blüten 20-28 mm/Felsküsten-Marschland/Mai-Juli

Inula graveolens Aromatischer Alant (Compositae) Drüsig behaarte Pflanze/ Blätter lineal/Blüten 5-12 mm/Zungenblüten 4-7 mm/Zungenblüten kaum größer als Hüllkelch/Felder-Wegränder/Aug-Okt

Inula viscosa Klebriger Alant (Compositae) Drüsig behaarte Pflanze/Blätter länglich-lanzetttlich/Blüten 10-20 mm/Zungenblüten 10-12 mm/Zungen- blüten viel größer als der Blütenhüllkelch/Felder-Felsküsten-Wegränder/ Aug-Okt

Pallenis spinosa Stechendes Sternauge (Compositae) Behaarte Pflanze/Blätter länglich/Blüten 18-20 mm/äußere Blütenhüllblätter mit stechender Spitze/ Felder-Wegränder/März-Nov

Pulicaria dysenterica Großes Flohkraut (Compositae) Behaarte, aromatische Pflanze/Blätter länglich-lanzettlich/untere Blätter zur Blütezeit verwelkt/ vielblütig/Blüten 15-30 mm/Feuchtgebiete/Juni-Okt

Pulicaria odora (Compositae) Behaarte Pflanze/Blätter länglich-lanzettlich/ untere Blätter zur Blütezeit grün/wenigblütig/Blüten 15-30 mm/Eichenwald- Garigues-Kiefernwald-Olivenhaine-Wacholderwald/Juli-Okt

Ungeteiltblättrige Andryala
Andryala integrifolia
(Compositae)

Blüte löwenzahnartig

1A-Pflanze mit sternförmigen Haaren
  2A-Blütenhüllblätter drüsig behaart   ***Andryala integrifolia***
  2B-Blütenhüllblätter nicht drüsig   ***Andryala ragusina***
1B-Pflanze ohne sternförmige Haare
  2A-Pflanze weich behaart/mehrblütig   ***Urospermum dalechampii***
  2B-Pflanze rau behaart/mehrblütig   ***Picris echioides***

Andryala integrifolia Ungeteiltblättrige Andryala (Compositae) Behaarte Pflanze/Blätter eiförmig bis lanzettlich/Blüten bis 10-20 mm/Blütenhüllblätter drüsig behaart/Felder-Wegränder/März-Dez

Andryala ragusina Westliche Andryala (Compositae) Behaarte Pflanze/Blätter eiförmig bis lanzettlich/Blüten 10-20 mm/Blütenhüllblätter nicht drüsig behaart/Felder-Feuchtgebiete-Steinböden-Wegränder/Ibiza/Apr-Juli

Picris echioides Natterkopf-Bitterkraut (Compositae) Behaarte Pflanze/Blätter elliptisch/mehrblütig/Blüten bis 20-25 mm/Blütenhüllblätter behaart + mehrreihig/Felder-Feuchtgebiete-Wegränder/Mai-Sep

Urospermum dalechampii Weichhaariges Schwefelkörbchen (Compositae) Weich behaarte Pflanze/Blätter eiförmig bis lanzettlich/Blüten einzeln/Blüten 35-50 mm/Felder-Wegränder/Apr-Juni

Gelb

<u>Blüten anders</u>

1A-Pflanze mit Milchsaft
  2A-Strauch   *Euphorbia dendroides*
  2B-Krautige Pflanze
    3A-Pflanze behaart   *Euphorbia characias*
    3B-Pflanze unbehaart
      4A-Blütenstand 5-strahlig   *Euphorbia segetalis*
      4B-Blütenstand 8-21strahlig   *Euphorbia biumbellata*
1B-Pflanze ohne Milchsaft
  2A-Grünes Kraut
    3A-Pflanze unbehaart   *Cotula coronopifolia*
    3B-Pflanze behaart
      4A-Blütenhüllblätter trockenhäutig
        5A-Blütenhüllblätter gezähnt   *Centaurea melitensis*
        5B-Blütenhüllblätter nicht gezähnt
          6A-Blätter weißwollig behaart   ***<u>Gnaphalium luteo-album</u>***
          6B-Blätter gelbwollig behaart   *Filago fuscescens*
      4B-Blütenhüllblätter nicht trockenhäutig
        5A-Blütenhüllblätter unbehaart   *Conyza canadensis*
        5B-Blütenhüllblätter behaart
          6A-Blätter gewellt   *Pulicaria vulgaris*
          6B-Blätter nicht gewellt   *Pulicaria sicula*
  2B-Graues Kraut
    3A-Blätter schmal
      4A-Blütenköpfchen fünfkantig
        5A-Blätter 8-16 mm lang   *Filago congesta*
        5B-Blätter 15-25 mm lang   *Filago gallica*
      4B-Blütenköpfchen nicht so
        5A-Blütenköpfchen in Gruppen zu 8-10   *Filago micropodioides*
        5B-Blütenköpfchen in Gruppen zu 15-40 *Filago vulgaris*
    3B-Blätter eiförmig
      4A-Pflanze > 5 cm   *Filago pyramidata*
      4B-Pflanze < 5 cm   *Filago pygmaea*
  2C-Am Grund verholzte Pflanze   *Inula conyza*
  2D-Behaarter Zwergstrauch
    3A-Blüten einzeln
      4A-Mittlere Blütenhüllblätter spitz   *Phagnalon saxatile*
      4B-Mittlere Blütenhüllblätter stumpf   *Phagnalon rupestre*
    3B-Blüten in vielblütigen Blütenständen
      4A-Blütenhüllkelch zylindrisch
        5A-Blütenhüllblätter mit Drüsen   *Helichrysum microphyllum*
        5B-Blütenhüllblätter ohne Drüsen   *Helichrysum italicum*

4B-Blütenhüllkelch kugelig
  5A-Blätter<25 mm   *<u>Helichrysum stoechas</u>*
  5B-Blätter>30mm/2-3 mm breit
    6A-Blätter 2-3 mm breit   *Helichrysum rupestre*
    6B-Blätter 7 mm breit   *Helichrysum ambiguum**
2E-Baum oder Strauch
 3A-Blätter dicht behaart   *Salix alba*
 3B-Blätter nicht dicht behaart
  4A-Junge Zweige behaart   *Salix atrocinerea*
  4B-Junge Zweige nicht behaart *Salix fragilis*

Gelbweißes Ruhrkraut
Gnaphalium luteo-album
(Compositae)

Centaurea melitensis Malteser-Flockenblume (Compositae) Behaartes, grünliches Kraut/Blätter leierförmig-fiederspaltig/Blüten zu 1-3/Blütenköpfchen 10-12 mm/Hüllblätter trockenhäutig/Hüllblätter gezähnt/Felder-Wegränder/Mai-Sep

Conyza canadensis Kanadisches Berufskraut (Compositae) Behaartes grünliches Kraut/Blätter schmal-länglich/Blüten 2-5 mm/Blütenhüllblätter kahl/Blütenhüllblätter 2-3reihig/Felder-Wegränder/Juni-Juli

Cotula coronopifolia Krähenfußblättrige Laugenblume (Compositae) Kraut/Blätter fleischig/Blüten 5-10 mm/Blütenhüllblätter zweireihig/Marschland/Apr-Aug

Euphorbia biumbellata Doppeldolden-Wolfsmilch (Euphorbiaceae) Kraut mit Milchsaft/Blätter lineal-lanzettlich und sitzend/Blüten in 8-21strahligen Dolden/2-3 Dolden/Felder-Wegränder/März-Juni

Euphorbia characias Palisaden-Wolfsmilch (Euphorbiaceae) Behaarte Pflanze mit Milchsaft/Blätter lineal bis lanzettlich/Eichenwald-Felder-Felsküsten-Wegränder/März-Juli

Euphorbia dendroides Baumartige Wolfsmilch (Euphorbiaceae) Strauch mit Milchsaft/Blätter länglich-lanzettlich/Felsküsten-Olivenhaine-Wacholderwald Feb-Juni

Euphorbia segetalis Acker-Wolfsmilch (Euphorbiaceae) Pflanze mit Milchsaft bis 50 cm/Blätter schmal-lanzettlich/Blütenstand 5-strahlig/Felder-Felsküsten Strand-Wegränder/Jan-Dez

Filago congesta (Compositae) Graues Kraut/Blätter lanzettlich/Blüten 5-6 mm Köpfchen 5kantig/Blütenhüllblätter trockenhäutig/Felder-Wegränder/Apr-Juli

Filago fuscescens (Compositae) Gelbwollig behaartes Kraut/Blätter eiförmig/Blüten 5mm zu 3-10/Blütenhüllblätter trockenhäutig/Ibiza/Apr-Juli

Filago gallica Französisches Filzkraut (Compositae) Graues Kraut/Blätter schmal + 15-25 mm lang/Blüten überragend/Blüten 2-4 mm/Blütenhüllblätter trockenhäutig/kalkhaltige Felder/Apr-Juli

Filago micropodioides (Compositae) Graues Kraut/Blätter schmal/Blüten in Gruppen zu 8-10/Blütenhüllblätter trockenhäutig

Filago pygmaea Zwerg-Edelweiß (Compositae) Graues Kraut < 5 cm/Blätter eiförmig/Blüten 35 mm/Blütenhüllblätter trockenhäutig/Garigues-Grasfluren/Apr-Juni

Filago pyramidata Spatelblättriges Filzkraut (Compositae) Graues Kraut/Blätter eiförmig/Blüten 5 mmzu 5-20/Blütenhüllblätter trockenhäutig/Felder-Wegränder/Apr-Juni

Filago vulgaris Deutsches Filzkraut (Compositae) Graues Kraut/Blätter schmal Blüten 3-4 mm/Blüten in Gruppen zu 15-40/Blütenhüllblätter trockenhäutig Felder/Apr-Juni

<u>Gnaphalium luteo-album</u> Gelbweißes Ruhrkraut (Compositae) Grünliches Kraut/Blätter schmal und weißwollig behaart/Blüten 3 mm/Blütenhüllblätter trockenhäutig/Felder-Feuchtgebiete-Strand-Wegränder/Apr

Mittelmeer-Strohblume
Helichrysum stoechas
(Compositae)

Helichrysum ambiguum (Compositae) Behaarter Zwergstrauch/vielblütig/ Hüllkelch kugelig/Blätter meist > 30mm lang/untere Blätter 7 mm breit/ Blüten 3-7 cm/Felsspalten/Apr-Mai

Helichrysum italicum Italienische Strohblume (Compositae) Behaarter Zwergstrauch/vielblütig/Blüten 15-80 mm/Blütenhüllkelch zylindrisch/ Blütenhüllblätter ohne Drüsen/Bergland-Felsküsten-Steinböden/Mai-Aug

Helichrysum microphyllum Italienische Strohblume (Compositae) Behaarter Zwergstrauch/vielblütig/Blüten 15-80 mm/Blütenhüllkelch zylindrisch/ Blütenhüllblätter mit Drüsen

Helichrysum rupestre (Compositae) Behaarter Zwergstrauch/Blätter meist über 3 cm lang/untere Blätter 2-3 mm breit/Blüte 3-7 cm/vielblütig/Hüllkelch kugelig/Felsspalten-Garigues-Kiefernwald/Feb-Mai

<u>Helichrysum stoechas</u> Mittelmeer-Strohblume (Compositae) Stark riechnder Zwergstrauch/behaart/Blätter lineal/Blattrand umgerollt/vielblütig/Blüte 4-7 mm/Felder-Felsküsten-Garigues-Kiefernwald-Strand-Wegränder/Apr-Mai

Inula conyza Dürrwurz (Compositae) Behaarte Pflanze/untere Blätter oval bis länglich/Blüte 10 mm/Mai-Aug

Phagnalon rupestre Gewöhnliche Steinimmortelle (Compositae) Behaarter Zwergstrauch/Blätter schmal eiförmig-lanzettlich/Blüte 8-15 mm/Blüten einzeln/Felder-Garigues-Kiefernwald-Steinböden-Wegränder/Apr-Mai

Phagnalon saxatile Felsen-Stein-Immortelle (Compositae) Behaarter Zwergstrauch/Blätter lineal bis lineal-lanzettlich/Blüte 8-15 mm/Blüten einzeln/ mittlere Hüllblätter abstehend und spitz/Felder-Felsspalten-Garigues-Kiefernwald-Steinböden-Wegränder/Feb-Juli

Pulicaria sicula (Compositae) Behaartes Kraut/mittlere und obere Blätter nicht gewellt/Blüte 15-30 mm/Hüllblätter der Blüte behaart und mehrreihig/ Feuchtgebiete/Juli-Okt

Pulicaria vulgaris Kleines Flohkraut (Compositae) Behaartes Kraut/mittlere und obere Blätter gewellt/Blüten 15-30 mm/Hüllblätter behaart/mehrreihig/ Juli-Okt

Salix alba Silber-Weide (Salicaceae) Baum/Blüten in Kätzchen/Blätter lang und dicht behaart/Blüten in Kätzchen vor der Blüte/Flußufer/Apr-Mai

Salix atrocinerea Rostrote Weide (Salicaceae) Baum/junge Zweige behaart/ Blätter eilanzettlich/Blätter < 5x so lang wie breit/Blüten in Kätzchen/ angepflanzt

Salix fragilis Bruch-Weide (Salicaceae) Baum/Zweige unbehaart/Blätter nicht dicht behaart/Blätter > 5x so lang wie breit/Blüten in Kätzchen vor der Blüte/angepflanzt

Blüten klein

1A-Baum
  2A-(Fieder)Blätter spitz   ***Juglans regia***
  2B-(Fieder)Blätter gebuchtet   ***Ceratonia siliqua***
  2C-Blätter nicht spitz und nicht gebuchtet   ***<u>Quercus ilex</u>***
1B-Strauch
  2A-Blätter gestielt   ***Muehlenbeckia complexa***
  2B-Blätter sitzend
    3A-Blätter silbrig-weiß   ***Atriplex halimus***
    3B-Blätter grün und dickfleischig   ***Suaeda vera***
1C-Krautige Pflanze
  2A-Blätter sitzend
    3A-Pflanze behaart   ***Bassia scoparia***
    3B-Pflanze nicht behaart
      4A-Samenschale glatt   ***Suaeda splendens***
      4B-Samenschale fein gemustert   ***Suaeda spicata***
  2B-Blätter gestielt
    3A-Pflanze unbehaart
      4A-Stängel kantig
        5A-Blütenstand ohne Tragblätter
          6A-Blätter 3-8 cm lang   ***Beta maritima***
          6B-Blätter>10 cm lang   ***Beta vulgaris***
        5B-Blütenstand mit Tragblättern
          6A-Tragblätter klein   ***Beta macrocarpa***
          6B-Tragblätter blattartig   ***Beta patellaris***
      4B-Stängel nicht kantig
        5A-Blütenstand nur axillar
          6A-(Junge) Blätter mit weißem Rand   ***Amaranthus blitoides***
          6B-Blätter ohne weißen Rand
            7A-Aufrechte Pflanze   ***Amaranthus graecizans***
            7B-Niederliegende Pflanze   ***Amaranthus albus***
        5B-Blütenstand auch endständig
          6A-Blätter linealisch   ***Amaranthus muricatus***
          6B-Blätter eilanzettlich
            7A-Blätter mit weißer Zeichnung   ***Amaranthus viridis***
            7B-Blätter ohne weiße Zeichnung ***Amaranthus blitum***
    3B-Pflanze behaart
      4A-Blütenstand nur axillar
        5A-Blätter 3-20 mm lang   ***Parietaria lusitanica***
        5B-Blätter 20-80 mm lang
          6A-Stängel oft rot und dicht behaart   ***Parietaria judaica***
          6B-Stängel grün und kaum behaart   ***Parietaria mauritanica***

4B-Blütenstand auch endständig
  5A-Blätter mit weißer Zeichnung   ***Amaranthus viridis***
  5B-Blätter ohne weiße Zeichnung
    6A-Stängel im oberen Teil unbehaart ***Amaranthus viridis***
    6B-Stängel oben behaart
      7A-Pflanze niederliegend   ***Amaranthus deflexus***
      7B-Pflanze aufrecht
        8A-Blütenstand bis 4 cm   <u>***Amaranthus hybridus***</u>
        8B-Blütenstand 10-18 cm   ***Amaranthus retroflexus***

Grün

Grünähriger Fuchsschwanz
Amaranthus hybridus
(Amaranthaceae)

Amaranthus albus Weißer Amarant (Amaranthaceae) Unbehaartes Kraut/ Stängel rund/Blütenstand axillar/Blätter bis 3 cm lang/Vorblätter 2x so lang wie Blütenhüllblätter/Felder-Wegränder/Mai-Nov

Amaranthus blitoides Westamerikanischer Amarant (Amaranthaceae) (Un)Behaartes Kraut/Blütenstand achselständig/Blätter stumpf/4-5 Blütenblätter/Felder-Wegränder/Juni-Okt

Amaranthus blitum Aufsteigender Amarant (Amaranthaceae) Unbehaartes Kraut/Stängel rundlich/Blütenstand endständig/Blätter 15-65 mm/Felder-Wegränder/Juli-Okt

Amaranthus deflexus Herabgebogener Amarant (Amaranthaceae) Am Grund verholzt/behaart/Blüten in endständigen Ähren/Felder-Wegränder/Juni-Okt

Amaranthus graecizans Griechischer Amarant (Amaranthaceae) Unbehaartes Kraut/Stängel rund/Blütenstand axillar/3 Perianthsegmente/Blätter 2-4 cm/ Vorblätter 3/4 so lang wie Blütenhüllblätter/Felder-Wegränder/Juni-Dez

<u>Amaranthus hybridus</u> Grünähriger Fuchsschwanz (Amaranthaceae) Behaartes Kraut/Sproß nicht dicht flaumig behaart/Blütenstand endständig/4-5 Blütenblätter/Felder-Feuchtgebiete-Wegränder/Juli-Okt

Amaranthus hypochondriacus Grünähriger Fuchsschwanz (Amaranthaceae) Behaartes Kraut/Sproß nicht flaumig behaart/Blütenstand endständig/4-5 rötliche Blütenblätter/Juli-Okt

Amaranthus muricatus Raufrüchtiger Fuchsschwanz (Amaranthaceae) Am Grund verholzt/unbehaart/Blätter 2-5 cm lang und schmal/Felder-Wegränder/März-Okt

Amaranthus retroflexus Zurückgebogener Amarant (Amaranthaceae) Kraut/ behaart/Sproß dicht flaumig behaart/Blütenstand endständig/4-5 Blütenblätter Juli-Nov

Amaranthus viridis Grüner Fuchsschwanz (Amaranthaceae) (Un)behaartes Kraut/Blütenstand endständig/2-3 Blütenblätter/Juni-Okt

Atriplex halimus Strauch-Melde (Chenopodiaceae) Unbehaarter Strauch/ Blätter silbrig-weiß/Blätter bis 4 cm lang/Blätter oval bis rautenförmig/ Blüten in Ähren/Aug-Sep

Bassia scoparia Besen-Radmelde (Chenopodiaceae) Behaartes Kraut/Blätter flach/Blätter bis 50 mm/Felder-Wegränder/Aug-Okt

Beta macrocarpa (Chenopodiaceae) Unbehaartes Kraut/Stängel kantig/ Blütenstand bis zur Spitze mit Tragblättern/Felder-Strand-Wegränder/ Jan-Mai

Beta maritima Wilde Runkelrübe (Chenopodiaceae) Unbehaartes Kraut/Stängel kantig/Blätter 3-8 cm lang/Blätter rhombisch/Blüten in den Blattachseln/ Felsküsten-Strand/Apr-Sep

Beta patellaris Napffrüchtige Rübe (Chenopodiaceae) Unbehaartes Kraut/ Pflanze niederliegend/Stängel kantig/Blütenstand mit blattartigen Tragblättern/Blütenstand 2-3blütig/2 Narben/Felsküsten-Strand/Jan-Dez

Steineiche
Quercus ilex
(Fagaceae)

Beta vulgaris Mangold (Chenopodiaceae) Unbehaartes Kraut/Stängel kantig/
Blätter 10-20(-40) cm/Felder-Wegränder/Juli-Sep

Ceratonia siliqua Johannisbrotbaum (Caesalpiniaceae) Baum oder Strauch
Blätter paarig gefiedert (2-5 Paare)/Blüten in Kätzchen/5 Staubblätter/Felder-
Garigues-Kiefernwald-Olivenhaine-Wacholderwald-Wegränder-Zierpflanze
Aug-Jan

Halimione portulacoides Portulak-Salzmelde (Chenopodiaceae) Kleiner
silbriger Strauch/untere Blätter gegenständig/Blätter dick und fleischig/
Felsküsten-Marschland/Juli-Okt

Juglans regia Echte Walnuss (Juglandaceae) Baum/Zweige mit gekammertem
Mark/Triebe kahl/Blätter unterseits mit Achselbärten/Blüten zu sechsteiliger
Hülle verwachsen/Zierpflanze/Apr-Juni

Muehlenbeckia complexa Mühlenbeckie (Polygonaceae) Unbehaarter Strauch/
Stängel windend/Blätter 5-25 mm

Parietaria judaica Ausgebreitetes Glaskraut (Urticaceae) Am Grund verholzt/
behaart/Blüten in den Blattachseln/Felder-Steinböden-Wegränder/Mai-Sep

Parietaria lusitanica Portugiesisches Glaskraut (Urticaceae) Behaartes Kraut/
Blätter spitz/Tragblätter > Perianth/Blütenstand achselständig/Felsspalten-
Olivenhaine-Steinböden-Wacholderwald/Mai

Parietaria mauritanica Mauretanisches Glaskraut (Urticaceae) Behaartes
Kraut/Blätter spitz/Tragblätter < Perianth/Blütenstand achselständig/
Felsspalten-Felsküsten/Formentera/März-Mai

Quercus ilex Steineiche (Fagaceae) Baum/Zweige weich behaart/Blätter
ledrig/unterseits graufilzig/Baumheiden-Eichenwald-Felsspalten-Garigues-
Macchie-Zierpflanze/Apr-Mai

Suaeda spicata (Chenopodiaceae) Unbehaartes Kraut/Blätter 10-50 mm
lang/Samenschale fein gemustert/Felder-Marschland-Wegränder/Juni-Okt

Suaeda splendens (Chenopodiaceae) Unbehaartes Kraut/Blätter 8-20 mm
lang/Samenschale glatt/Juli-Sep

Suaeda vera Horn-Salzmelde (Chenopodiaceae) Strauch/Samenschale
glatt/Blätter grün/Blätter dickfleischig/Blätter 5-18 mm lang/Felsküsten-
Marschland/März-Nov

Garten-Wolfsmilch
Euphorbia peplus
(Euphorbiaceae)

2-4 Blütenblätter

1A-Wasserpflanze
  2A-Blätter gestielt   *Potamogeton coloratus*
  2B-Blätter sitzend
    3A-Stängel vierkantig   *Potamogeton crispus*
    3B-Stängel rund
      4A-Blätter alle unter Wasser   *Potamogeton lucens*
      4B-Blätter auch über Wasser
        5A-Schwimmblätter elliptisch   *Potamogeton nodosus*
        5B-Schwimmblätter rundlich   *Potamogeton natans*
1B-Landpflanze
  2A-Blätter quirlständig
    3A-Blattrandhaken vorwärts gerichtet   *Galium murale*
    3B-Blattrandhaken rückwärts gerichtet
      4A-Blüten mit 2-3 Tragblättern   *Galium spurium*
      4B-Blüten mit 4-8 Tragblättern   *Galium aparine*
  2B-Blätter grundständig   *Plantago albicans*
  2C-Blätter sitzend
    3A-Strauch
      4A-Pflanze mit Dornen   *Rhamnus oleoides*
      4B-Pflanze ohne Dornen   *Erica scoparia*
    3B-Kraut
      4A-Pflanze mit Milchsaft   *Euphorbia falcata*
      4B-Pflanze ohne Milchsaft   *Thymelaea passerina*
  2D-Blätter gestielt
    3A-Pflanze ohne Milchsaft   *Theligonum cynocrambe*
    3B-Pflanze mit Milchsaft
      4A-Blätter teilweise gezähnt   *Euphorbia pterococca*
      4B-Blätter ganzrandig   *Euphorbia peplus*

Grün

Besenheide
Erica scoparia
(Ericaceae)

__Erica scoparia__ Besenheide (Ericaceae) Zwergstrauch/Blätter nadelartig/Blüten gestielt/Blüten 2-3 mm/8-10 Staubblätter/Staubblätter nicht aus der Blüte herausragend/Griffel aus der Blüte herausragend/Eichenwald-Garigues-Macchie/Apr-Juli

Euphorbia falcata Sichelblättrige Wolfsmilch (Euphorbiaceae) Kraut mit Milchsaft/Blätter lineal oder lanzettlich/Kapsel ungeflügelt/Mai-Sep

__Euphorbia peplus__ Garten-Wolfsmilch (Euphorbiaceae) Kraut mit Milchsaft/Blätter verkehrt-eiförmig/Kapsel an den Kielen schmal 2fach geflügelt/Felder-Wegränder/Dez-Aug

Euphorbia pterococca (Euphorbiaceae) Kraut mit Milchsaft/Blätter teilweise gezähnt/Felder-Wegränder/Apr-Mai

Galium aparine Kletten-Labkraut (Rubiaceae) Behaartes Kraut/Blattquirle 6-9blättrig/Blätter 3-8 mm breit/Blattrand mit rückwärts gerichteten Stacheln/Blüten klein/Blütenstand 2-5blütig/4-8 Tragblätter/Felder-Wegränder/März-Apr

Galium murale Mauer-Labkraut (Rubiaceae) Behaartes Kraut/Blattquirle 4-6blättrig/Blüten klein/Blattrand mit vorwärts gerichteten Stacheln/Steinböden/März-Apr

Galium spurium Kleinfrüchtiges Kletten-Labkraut (Rubiaceae) Behaartes Kraut mit 6-10blättrigen Blattquirlen/Blätter 2-4 mm breit/Blattrand mit rückwärts gerichteten Stacheln/Blüten klein/Blütenstand 3-9blütig/2(-3) Tragblätter

Plantago albicans Silbrigweißer Wegerich (Plantaginaceae) Pflanze am Grund verholzt/Blätter silbrig behaart/Blüten klein in Ähren/Felder-Wegränder/Apr-Juni

Potamogeton coloratus Gefärbtes Laichkraut (Potamogetonaceae) Wasserpflanze/Apr-Mai

Potamogeton crispus Krauses Laichkraut (Potamogetonaceae) Wasserpflanze/Stängel vierkantig/Blätter alle unter Wasser

Potamogeton lucens Glänzendes Laichkraut (Potamogetonaceae) Wasserpflanze ohne Blätter an der Wasseroberfläche/Stängel rund/mit Nebenblättern

Potamogeton natans Schwimmendes Laichkraut (Potamogetonaceae) Wasserpflanze/Stängel rund/Schwimmblätter rundlich bis 12 cm groß

Potamogeton nodosus Knoten-Laichkraut (Potamogetonaceae) Wasserpflanze/Stängel rund/Schwimmblätter elliptisch bis 15 cm groß

Rhamnus oleoides Olivenblättriger Kreuzdorn (Rhamnaceae) Dorniger Strauch/Blätter oval/Blüten klein/Macchie-Olivenhaine-Wacholderwald/März-Apr

Theligonum cynocrambe Hundskohl (Theligonaceae) Unbehaartes Kraut mit unangenehmem Geruch/Blüten 2-3 mm/Blüten in den Blattachseln/Felsspalten-kalkhaltige Felder-Steinböden/März-Mai

Thymelaea passerina Acker-Spatzenzunge (Thymelaeaceae) Fast unbehaartes Kraut/Blätter linear-lanzettlich/Blüten 2-3 mm/Blüten zu 1-3 in den Blattachseln/Apr-Juli

Strauch-Withanie
Withania frutescens
(Solanaceae)

5 Blütenblätter

1A-Blätter mit Ranken · *Cuscuta campestris*
1B-Blätter quirlständig
  2A-Blätter 10-20x1-4 mm · *Rubia angustifolium**
  2B-Blätter 15-60x3-20 mm · *Rubia peregrina*
1C-Blätter gestielt
  2A-Blütenblätter verwachsen
    3A-Blätter ohne herzförmige Basis · *Withania somnifera*
    3B-Blätter mit herzförmiger Basis · ***<u>Withania frutescens</u>***
  2B-Blütenblätter nicht verwachsen
    3A-Blätter 25-45 mm lang · *Polygonum bellardii*
    3B-Blätter > 5 cm lang · *Phytolacca americana*
1D-Blätter sitzend
  2A-Kelch der Blüte verwachsen · *Scleranthus verticillatus*
  2B-Kelch der Blüte nicht verwachsen
    3A-Pflanze behaart
      4A-Strauch/Blätter stumpf · *Salsola vermiculata*
      4B-Kraut
        5A-Blätter stechend · *Salsola kali*
        5B-Blätter nicht stechend · *Bassia hyssopifolia*
    3B-Pflanze nicht behaart
      4A-Strauch mit 12-20 mm großer Blüte · *Salsola oppositifolia*
      4B-Krautige Pflanze
        5A-Blätter fleischig · ***<u>Sedum sediforme</u>***
        5B-Blätter nicht fleischig
          6A-Pflanze am Grund verholzt · *Thesium divaricatum*
          6B-Pflanze am Grund nicht verholzt
            7A-Blätter mit Zähnchen · *Thesium humile*
            7B-Blätter ohne Zähnchen · *Salsola soda*

Nizza-Mauerpfeffer
Sedum sediforme
(Crassulaceae)

Bassia hyssopifolia Ysopblättrige Dornmelde (Chenopodiaceae) Behaartes Kraut/Blätter linear bis lanzettlich/Blüten am Stängel/Blüten mit 5 Staubblättern und 2-3 Narben/Salzmarschen

Cuscuta campestris Nordamerikanische Seide (Convolvulaceae) Schmarotzerpflanze auf Kräutern/Stängel orangefarben/Blüten 2-3 mm/Narbe kopfig/ Felder-Feuchtgebiete-Wegränder/Juli-Sep

Phytolacca americana Kermesbeere (Phytolaccaceae) Unbehaarte Pflanze/ Stängel oft rot/Blätter ganzrandig oder mehrlappig/Blüten 5-6 mm/Juni-Aug

Polygonum bellardii Ungarischer Vogel-Knöterich (Polygonaceae) Kraut/ Blätter 25-45 mm lang/Blüten 3-5 mm/8 Staubblätter/2-3 Narben/Apr-Aug

Rubia angustifolium* Schmalblättrige Krapp (Rubiaceae) Pflanze mit vierkantigem Stängel/Blätter zu 4-8/Blätter 10-20x1-4 mm/Blüten 4-5 mm/ Bergland-Eichenwald-Felsküsten-Garigues-Kiefernwald-Steinböden/Apr-Sep

Rubia peregrina Kletten-Krapp (Rubiaceae) Unbehaarte Pflanze/Stängel vierkantig/Blätter zu 4-8/Blätter 15-60x3-20 mm/Blüten 4-5 mm/Baumheiden-Macchie-Eichenwald-Garigues-Gebüsche Kiefernwald-Olivenhaine-Steinböden-Wacholderwald/Apr-Sep

Salsola kali Kali-Salzkraut (Chenopodiaceae) Behaartes Kraut/Blätter zylindrisch/Blätter stechend/Blüten klein/5 Staubblätter/Strand/Mai-Okt

Salsola oppositifolia Gegenblättriges Salzkraut (Chenopodiaceae) Strauch/ Blätter linear/Blüte 12-20 mm/Felsküsten/Mai-Okt

Salsola soda Soda-Salzkraut (Chenopodiaceae) Kraut/Blätter linear mit stechender Spitze/Blüten in den Blattachseln/Blätter ohne Zähnchen/ Marschland-Strand/Juni-Sep

Salsola vermiculata Wurmförmiges Salzkraut (Chenopodiaceae) Behaarter Strauch/Blätter stumpf/Blüten 6-12 mm/Küsten/Mai-Sep

Scleranthus verticillatus Hügel-Knäuelkraut (Caryophyllaceae) Behaartes Kraut/Blätter schmal-pfriemlich bis linear/Blütenblätter fehlend oder im Kelch eingeschlossen/2 Griffel/Kelchblätter ungleich/Apr-Juli

<u>Sedum sediforme</u> Nizza-Mauerpfeffer (Crassulaceae) Pflanze mit fleischigen Blättern/Blüten 8-14 mm/5-8 Blütenblätter/10-16 Staubblätter/Felsspalten-Steinböden/Juni-Aug

Thesium divaricatum Sparriges Leinblatt (Santalaceae) Pflanze mit vielverzweigten Stängeln/Blätter schmal

Thesium humile Niedriger Bergflachs (Santalaceae) Fleischiges Kraut/Stängel schlanke + nur am Grund verzweigt/Blätter mit Zähnchen/Blüten in den Blattachseln/sandige Stellen/März-Juni

<u>Withania frutescens</u> Strauch-Withanie (Solanaceae) Strauch/Blätter mit herzförmigem Grund/Blüten 8-15 mm/Blüten zu 1-3/Feksküsten-Olivenhaine-Wacholderwald/Apr-Aug

Withania somnifera Schlafbringende Withanie (Solanaceae) Behaarter Strauch/ Blätter eiförmig/Blüten ca 5 mm/Blüten zu 4-6/Wegränder-Gebüsche/Apr-Aug

Stechender Mäusedorn
Ruscus aculeatus
(Liliaceae)

Mehr als 5 Blütenblätter

1A-Blätter quirlständig
  2A-Blätter 10-20x1-4 mm   ***Rubia angustifolium****
  2B-Blätter 15-60x3-20 mm   ***Rubia peregrina***
1B-Blätter grundständig
  2A-Blüte mit 3 Staubblättern
    3A-Blütezeit März-Mai   ***Triglochin barrelieri***
    3B-Blütezeit im Herbst   ***Triglochin laxiflorum***
  2B-Blüte mit 6 Staubblättern   ***Triglochin maritimum***
1C-Blätter sitzend
  2A-Blütenstand kugelig
    3A-Cabrera   ***Allium victorialis***
    3B-Ibiza   ***Allium ebusitanum***
  2B-Blütenstand nicht kugelig
    3A-Blätter stechend/Blüten 3 mm   ***Ruscus aculeatus***
    3B-Blätter nicht stechend/Blüten > 3 mm   ***Asparagus officinalis***
1D-Blätter gestielt
  2A-Blätter eingeschnürt   ***Rumex pulcher***
  2B-Blätter pfeilartig   ***Rumex intermedius***

Allermannsharnisch
Allium victorialis
(Liliaceae)

Allium ebusitanum Ibiza-Lauch (Liliaceae) Am Grund verholzte
Pflanze/Blätter gerollt/Blüten in Dolden/Blütenstand 15-50 mm/Blütenblätter
2-5 mm/6 Staubblätter/innere Staubfäden dreiteilig/Ibiza/Juni-Juli

Allium victorialis Allermannsharnisch (Liliaceae) Am Grund verholzt/Blätter
parallelnervig/Blütenstand kugelig/6 Staubblätter/Staubblätter > Blüten-
blätter/Cabrera/Juni-Aug

Asparagus officinalis Spargel (Liliaceae) Krautige Pflanze/Blätter büschelig/
Blüten 4-7 mm/6 Staubblätter/Felder-Wegränder-Zierpflanze/Apr-Juni

Rubia angustifolium* Schmalblättrige Krapp (Rubiaceae) Pflanze mit vier-
kantigem Stängel/Blätter 10-20x1-4 mm/Krone radförmig mit kurzer Röhre/
Blüten 4-5 mm/Blätter zu 4-8/Bergland-Eichenwald-Felsküsten-Garigues-
Kiefernwald-Steinböden/Apr-Sep

Rubia peregrina Kletten-Krapp (Rubiaceae) Pflanze mit vierkantigem Stängel/
Blätter 15-60x3-20 mm/Krone radförmig mit kurzer Röhre/Blüten 4-5 mm/
Blätter zu 4-8/Baumheiden-Macchie-Eichenwald-Garigues-Gebüsche-
Kiefernwald-Olivenhaine-Steinböden-Wacholderwald/Apr-Sep

Rumex intermedius (Polygonaceae) Am Grund verholzte Pflanze/Blätter
pfeilartig/Blüten in vielblütigen Razemen/Steinböden/Mai

Rumex pulcher Schöner Ampfer (Polygonaceae) Am Grund verholzte Pflanze/
Blätter eingeschnürt/Blüten in vielblütigen Razemen/Felder-Wegränder/Mai

Ruscus aculeatus Stechender Mäusedorn (Liliaceae) Zwergstrauch/Blätter rund
und stechend/Blüten 3 mm/Blüten zu 1-2/Eichenwald-Garigues-Kiefernwald-
Olivenhaine-Strand-Wacholderwald-Zierpflanze/Okt-Apr

Triglochin barrelieri Barrelier's Dreizack (Juncaginaceae) Am Grund verholzte
Pflanze/Blätter 4 mm breit/Blüten 1-3 mm/Blüten in Ähren/3 Staubblätter/
März-Mai

Triglochin laxiflorum (Juncaginaceae) Am Grund verholzte Pflanze/Blätter 4
mm breit/Blüten 1-3 mm/Blüten in Ähren/3 Staubblätter/Herbst/Menorca

Triglochin maritimum Strand-Dreizack (Juncaginaceae) Am Grund verholzte
Pflanze/Blätter bis 4 mm breit/Blüten 3-4 mm/Blüten in Ähren/Blüte mit 6
Staubblättern/Apr-Sep

Grün

Meer-Fenchel
Crithmum maritimum
(Apiaceae)

Blüten in Dolden

1A-Blätter durchwachsen   ***Bupleurum lancifolium***
1B-Blätter sitzend
   2A-Hüllblätter der Blüte eiförmig   ***Bupleurum baldense***
   2B-Hüllblätter der Blüte schmal   ***Bupleurum semicompositum***
1C-Blätter gefiedert   ***Crithmum maritimum***

Bupleurum baldense Monte-Baldo-Hasenohr (Apiaceae) Unbehaartes Kraut/ untere Blätter gestielt/Blätter lanzettlich (Dolden 3-8strahlig/Hüllblätter der Dolde eiförmig, oft überlappend und 3-venig + erhaben/kalkhaltige Felder/ März-Juni

Bupleurum lancifolium Lanzettblättriges Hasenohr (Apiaceae) Unbehaartes Kraut/Blätter eilanzettlich und durchwachsen/Dolden 2-3strahlig/ Hüllchenblätter das Döldchen weit überragend/Felder-Wegränder/März-Aug

Bupleurum semicompositum (Apiaceae) Unbehaartes Kraut/Blätter sitzend/ Dolden 3-6strahlig/Hüllblätter der Dolde schmal und 3-5venig und sehr erhaben/kalkhaltige Felder/Mai-Sep

Crithmum maritimum Meer-Fenchel (Apiaceae) Unbehaarte Pflanze/Blätter fleischig/Dolden 30-60 mm/Dolden 8-36strahlig/Felsküsten-Strand/Juli-Jan

Grün

Italienischer Aronstab
Arum italicum
(Araceae)

<u>Blüten symmetrisch</u>

1A-Blätter grundständig   *<u>Arum italicum</u>*
1B-Blätter sitzend
   2A-Blüte pelzig behaart
      3A-Unterlippe der Blüte zentral unbehaart   *Ophrys speculum*
      3B-Unterlippe gleichmäßig pelzig behaart
         4A-Unterlippe der Blüte oben grünlich   *Ophrys fusca*
         4B-Unterlippe der Blüte oben bräunlich   *Ophrys sphegodes*
   2B-Blüte nicht pelzig behaart
      3A-Unterlippe der Blüte ungeteilt   *Epipactis microphylla*
      3B-Unterlippe der Blüte dreiteilig
         4A-Unterlippe der Blüte 4-6 mm   *<u>Gennaria diphylla</u>*
         4B-Unterlippe der Blüte 30-50 mm   *Himantoglossum hircinum*
      3C-Unterlippe der Blüte vierteilig   *Aceras anthropophorum*
1C-Blätter gestielt
   2A-Blüten < 10 mm   *Fallopia convolvulus*
   2B-Blüten > 10 mm
      3A-Blüten einzeln
         4A-Blüte braun gestreift/1-3 cm   *Aristolochia bianorii**
         4B-Blüte nicht braun gestreift/3-6 cm   *Aristolochia paucinervis*
      3B-Blüten quirlständig   *Aristolochia clematitis*

Zweiblättriger Grünständel
Gennaria diphylla
(Orchidaceae)

Aceras anthropophorum Ohnsporn (Orchidaceae) Behaarter Strauch/Blätter stumpf/Blüten 6-12 mm/Blütensegmente stumpf/Eichenwald-Garigues-Kiefernwald/Apr-Mai

*Aristolochia bianorii** Balearen-Osterluzei (Aristolochiaceae) Kraut/Blätter herzförmig/Blüten fast sitzend/Blüten 1-3 cm/meist 15 Staubblätter/Bergland-Felsküsten/Mai-Juli

Aristolochia clematitis Aufrechte Osterluzei (Aristolochiaceae) Pflanze mit oft rotem Stängel/Blätter herzförmig/Blüten zu 2-8/Blüten 2-3 cm/Felder-Gebüsche-Mauern-Wegränder/Juni-Aug

Aristolochia paucinervis Wenignervige Osterluzei (Aristolochiaceae) Behaartes Kraut/Blätter herzförmig/Blüte 3-6 cm/Kelch dicht behaart/2-5 Staubblätter/Felder-Wegränder/Apr-Juni

<u>*Arum italicum*</u> Italienischer Aronstab (Araceae) Kraut/Stängel behaart/Blätter pfeil- oder herzförmig/Blüten 4-8 mm/nur mit Kelchblättern/ohne Blüten-blätter/5 Staubblätter/Felder-Eichenwald-Olivenhaine-Wacholderwald-Wegränder/Apr-Mai

Epipactis microphylla Kleinblättrige Sumpfwurz (Orchidaceae) Behaartes Kraut/Blätter parallelnervig/Blüten am Stängel/5 Staubblätter/2-3 Narben/Eichenwald/Mai-Juli

Fallopia convolvulus Gemeiner Windenknöterich (Polygonaceae) Drüsig behaartes Kraut/Blüten 3-4 mm/Kelch unbehaart/3 Staubblätter/Ibiza/Mai-Juli

<u>*Gennaria diphylla*</u> Zweiblättriger Grünständel (Orchidaceae) Behaartes Kraut/Blätter parallelnervig und dickfleischig/5 Staubblätter/Blüten klein/Blätter zylindrisch und stechend/Felder-Garigues-Kiefernwald-Wegränder Ibiza/Jan-Mai

Himantoglossum hircinum Bocks-Riemenzunge (Orchidaceae) Pflanze mit parallelnervigen Blättern/Blüte 12-20 mm/Mai-Juli

Ophrys fusca Braune Ragwurz (Orchidaceae) Kraut/Blätter zylindrisch/Blüten in den Blattachseln/Garigues-Kiefernwald-Olivenhaine-Wacholderwald/März-Juni

Ophrys speculum Spiegel-Ragwurz (Orchidaceae) Kraut/Blätter parallelnervig Blätter 25-45 mm lang/Blüten 3-5 mm/8 Staubblätter/2-3 Narben/Garigues-Kiefernwald-Olivenhaine-Wacholderwald/März-Juni

Ophrys sphegodes Spinnen-Ragwurz (Orchidaceae) Pflanze mit dickfleischigen und parallelnervigen Blättern/Blüten klein/Felder-Garigues-Kiefernwald-Wegränder/März-Mai

Kleine Wasserlinse
Lemna minor
(Lemnaceae)

Blüten anders

1A-Wasserpflanze
  2A-Pflanze mit Schwimmblättern   ***Lemna minor***
  2B-Blätter quirlständig
    3A-Blüten achselständig
      4A-Staubfäden der Blüte 1-5 mm   ***Zannichellia pedunculata***
      4B-Staubfäden der Blüte 7-10 mm   ***Zannichellia palustris***
    3B-Blüten nicht achselständig
      4A-Blätter gezähnt   ***Ceratophyllum demersum***
      4B-Blätter weich   ***Ceratophyllum submersum***
  2C-Blätter grundständig
    3A-Blätter > 2 mm breit   ***Zostera marina***
    3B-Blätter < 2 mm breit
      4A-Blüten einzeln stehend   ***Althenia filiformis***
      4B-Blüten in Ähren   ***Zostera noltii***
  2D-Blätter sitzend
    3A-Blätter > 1 mm breit
      4A-Blätter 7-9venig   ***Cymodocea nodosa***
      4B-Blätter 13-17venig   ***Posidonia oceanica***
    3B-Blätter > bis 1 mm breit
      4A-Ährenstiel bis 5 cm lang   ***Ruppia maritima***
      4B-Ährenstiel bis über 8 cm lang   ***Ruppia cirrhosa***
1B-Landpflanze
  2A-Blätter grundständig   ***Filago petro-ianii****
  2B-Blätter gestielt
    3A-Blätter eiförmig   ***Ceratonia siliqua***
    3B-Blätter lang und nicht eiförmig
      4A-Blätter dicht behaart   ***Salix alba***
      4B-Blätter nicht dicht behaart   ***Salix fragilis***
  2C-Blätter sitzend
    3A-Baum oder Strauch
      4A-Pflanze ohne Milchsaft   ***Ceratonia siliqua***
      4B-Pflanze mit Milchsaft
        5A-Blätter dickfleischig   ***Euphorbia margalidiana****
        5B-Blätter nicht dickfleischig   ***Euphorbia squamigera***
    3B-Krautige Pflanze
      3A-Pflanze am Grund verholzt   ***Euphorbia pinea***
      3B-Pflanze am Grund nicht verholzt
        4A-Mit Nebenblättern   ***Euphorbia serpens***
        4B-Ohne Nebenblätter   ***Euphorbia sulcata***
  2D-Blätter gefiedert   ***Ceratonia siliqua***

Grün

Euphorbia squamigera
(Euphorbiaceae)

Althenia filiformis (Zanichelliaceae) Brackwasserpflanze/Blätter < 2 mm breit/Blüten einzeln + eingeschlechtlich

Ceratonia siliqua Johannisbrotbaum (Caesalpiniaceae) Baum oder Strauch mit paarig gefiederten Blättern/Blüten in Kätzchen/Felder-Garigues-Kiefernwald-Olivenhaine-Wacholderwald-Wegränder-Zierpflanze/Aug-Jan

Ceratophyllum demersum Raues Hornblatt (Ceratophyllaceae) Süßwasserpflanze/Stängel oft rötlich/Blätter quirlständig & 1-2x gabelig geteilt/Mai-Sep

Ceratophyllum submersum Zartes Hornblatt (Ceratophyllaceae) Süßwasserpflanze/Blätter quirlständig, weich und 2-4x gabelig geteilt/Juni-Sep

Cymodocea nodosa Tanggras (Cymodoceaceae) Meerespflanze/Blätter bis 4 mm breit/Blätter 7-9venig/2 StaubblätterApr-Okt

*Euphorbia margalidiana** Les Margalides-Wolfsmilch (Euphorbiaceae) Strauch mit Milchsaft/Blätter dickfleischig/Ibiza/März-Mai

Euphorbia pinea Saat-Wolfsmilch (Euphorbiaceae) Am Grund verholzte Pflanze mit Milchsaft/Blätter linear bis linear-lanzettlich (27-40 mm)/Blüten mit 4-8 Strahlen/Strand/März-Mai

Euphorbia serpens Schlängel-Wolfsmilch (Euphorbiaceae) Niederliegendes Kraut mit Milchsaft + Nebenblättern/Blätter elliptisch (2-10 mm)/Juni-Sep

Euphorbia squamigera (Euphorbiaceae) Unbehaarter Strauch mit Milchsaft/ Blätter eiförmig-lanzettlich/Blätter 25-50 mm/Apr-Mai

Euphorbia sulcata (Euphorbiaceae) Kraut mit Milchsaft/Blätter 4-7 mm/ März-Juni

*Filago petro-ianii** (Compositae) Kleines Kraut/Blüten 4 mm/kalkhaltige Felder/März-Apr

Lemna minor Kleine Wasserlinse (Lemnaceae) Süßwasserpflanze/Blätter zu 1-15 zusammenhängend/Blätter bis 7 mm groß/Apr-Juni

Posidonia oceanica Neptungras (Posidoniaceae) Meerespflanze/Blätter 13-17venig und bis 9 mm breit/Okt-Mai

Ruppia cirrhosa Schraubige Salde (Ruppiaceae) Untergetauchte Brackwasserpflanze/Blüten in Ähren/Ährenstiel > 5 cm lang/Apr-Sep

Ruppia maritima Strand-Salde (Ruppiaceae) Untergetauchte Brackwasserpflanze/Blüten in Ähren/Ährenstiel < 5 cm lang/Mai-Sep

Salix alba Silber-Weide (Salicaceae) Baum/Blätter lang, dicht behaart und ohne Nebenblätter/Blüten in Kätzchen/Apr-Mai

Salix fragilis Bruch-Weide (Salicaceae) Baum oder Strauch/Blätter lang und mit Nebenblättern/Blüten in Kätzchen/Apr-Mai

Zannichellia pedunculata (Zannichelliaceae) Untergetauchte Wasserpflanze/ Blüten achselständig/1-2 Staubblätter

Zannichellia palustris Teichfaden (Zannichelliaceae) Untergetauchte Wasserpflanze/Blüten achselständig/1-2 Staubblätter/Mai-Okt

Zostera marina Gewöhnliches Seegras (Zosteraceae) Meerespflanze/Blätter > 2 mm breit/Blätter 3-11venig/Narbe 2x so lang wie der Griffel/Juni-Sep

Grün

Besenheide
Erica scoparia
(Ericaceae)

2-4 Blütenblätter

1A-Blätter quirlständig   *Galium parisiense*
1B-Blätter sitzend
 2A-Pflanze ohne Milchsaft   *Erica scoparia*
 2B-Pflanze mit Milchsaft
  3A-Blätter mit Nebenblättern   *Euphorbia chamaesyce*
  3B-Blätter ohne Nebenblätter   *Euphorbia pubescens*

Erica scoparia Besen-Heide (Ericaceae) Zwergstrauch/Blätter nadelartig/ Blüten 1-3 mm/grünlich und rot überlaufen/8-10 Staubblätter/Baumheiden Macchie-Eichenwald-Garigues/Menorca/Apr-Juli

Euphorbia chamaesyce Zauberschnee (Euphorbiaceae) Kraut mit Milchsaft/ Blätter mit Nebenblättern/Felder-Wegränder/Juni-Okt

Euphorbia pubescens Behaarte Wolfsmilch (Euphorbiaceae) Am Grund verholzte Pflanze mit Milchsaft/behaart/Blätter lanzettlich oder länglich-lanzettlich/Feuchtgebiete/Jan-Okt

Galium parisiense Pariser Labkraut (Rubiaceae) Kraut/Stängel rau/Blüten ca 1 mm/Blüten innen grünlich-außen rötlich/Felder/Mai

Dreifarbige Winde
Convolvulus tricolor
(Convolvulaceae)

5 Blütenblätter

1A-Blütenblätter verwachsen
  2A-Blätter gestielt — *Calystegia silvatica*
  2B-Blätter sitzend
    3A-Unbehaartes Kraut — *Lysimachia minoricensis**
    3B-Behaartes Kraut
      4A-Blüten < 5 mm
        5A-Blütenstiel länger als der Kelch — *Myosotis arvensis*
        5B-Blütenstiel so lang wie der Kelch — *Myosotis ramosissima*
      4B-Blüten > 10 mm
        5A-Blüten 10-15 mm — *Convolvulus pentapetaloides*
        5B-Blüten 15-50 mm — ***Convolvulus tricolor***
1B-Blütenblätter nicht verwachsen
  2A-Blätter grundständig — *Xolantha tuberaria*
  2B-Blätter gestielt
    3A-Niederliegendes Kraut — *Polygonum arenastrum*
    3B-Strauch/Blätter weich behaart — ***Bougainvillea spectabilis***
  2C-Blätter sitzend
    3A-Strauch
      4A-Blüten mit 4 Staubblättern — *Myoporum tenuifolium*
      4B-Blüten mit 5 Staubblättern — *Myoporum serratum*
    3B-Krautige Pflanze
      4A-Blätter fleischig
        5A-Pflanze unbehaart — *Sedum caespitosum*
        5B-Pflanze behaart — *Sedum rubens*
      4B-Blätter nicht fleischig
        5A-Blüten weiß mit 8 Staubblättern — *Polygonum equisetiforme*
        5B-Blüten gelb mit vielen Staubblättern
          6A-Äußere Kelchblätter < 1mm — *Xolantha guttata*
          6B-Äußere Kelchblätter 1-5 mm — *Xolantha plantaginea*

Bougainvillea
Bougainvillea spectabilis
(Nytaginaceae)

Bougainvillea spectabilis Bougainvillea (Nytaginaceae) Kletterstrauch/Blätter zugespitzt-eiförmig + unterseits weich behaart/eigentliche Blüte von farbigen Hochblättern umgeben/Zierpflanze/Jan-Dez

Calystegia silvatica Wald-Winde (Convolvulaceae) Kletterpflanze/Blätter breit eiförmig + lang gestielt/Blüten weiß + rosa gestreift/Blüten 5-9 cm/Apr-Okt

Convolvulus pentapetaloides Zweifarbige Winde (Convolvulaceae) Behaartes Kraut/Blätter elliptisch bis eiförmig/Blüten blau mit gelbem Zentrum/Blüten 10-15 mm/März-Juni

Convolvulus tricolor Dreifarbige Winde (Convolvulaceae) Behaarte Pflanze/Blätter verkehrt-eiförmig/Blüten blau + weiß mit gelbem Zentrum/Blüten 15-50 mm/Felder-Wegränder/März-Juni

Lysimachia minoricensis* Menorca-Felberich (Primulaceae) Kraut/Blätter elliptisch + weiß gezeichnet/Blüten rosa + grüngelb/Blüten 4-5 mm/Feuchtgebiete/Felder-Wegränder/Menorca/Apr-Mai

Myosotis arvensis Acker-Vergißmeinnicht (Boraginaceae) Behaartes Kraut/Blätter lanzettlich bis elliptisch/Blüten blau mit gelbem Zentrum/Blüten 3-4 mm/Blütenstiel > Kelch/März-Juni

Myosotis ramosissima Hügel-Vergißmeinnicht (Boraginaceae) Behaartes Kraut Blätter lanzettlich bis elliptisch/Blüten blau mit gelbem Zentrum/Blüten 2-3 mm/Blütenstiel ≤ Kelch/März-Juni

Myoporum serratum (Scrophulariaceae) Baum oder Strauch/Blätter elliptisch/Blüten weiß/5 Staubblätter/Zierpflanze

Myoporum tenuifolium (Scrophulariaceae) Strauch/Blätter elliptisch/Blüten weiß/4 Staubblätter/Zierpflanze/März-Apr

Polygonum arenastrum Gewöhnlicher Vogelknöterich (Polygonaceae) Niederliegendes Kraut/Blätter lanzettlich/Blüten rosa + grün

Polygonum equisetiforme Schachtelhalm-Knöterich (Polygonaceae) Pflanze mit weißen Blüten/Blätter lineal bis schmal-elliptisch (schnell abfallend)/Blüten 2-4 mm/8 Staubblätter/Apr-Dez

Sedum caespitosum Rasige Fetthenne (Crassulaceae) Kraut/Blätter fleischig/Blüten 6 mm/4-5 Staubblätter/kalkhaltige Felder-Steinböden/März-Mai

Sedum rubens Rötliche Fetthenne (Crassulaceae) Drüsig behaartes Kraut mit weißen Blüten/Blätter dickfleischig/Blüten 8-11 mm/5 Staubblätter/Mai-Juni

Xolantha guttata Geflecktes Sandröschen (Cistaceae) Behaartes Kraut/Blätter länglich-elliptisch/Blüten gelb mit dunklem Fleck/viele Staubblätter/Kronblätter 3-9 mm/Blüten lang gestielt/äußere Kelchblätter <1 mm/auf Sand/Mai-Juni

Xolantha plantaginea Geflecktes Sandröschen (Cistaceae) Behaartes Kraut/Blüten gelb mit dunklem Fleck/viele Staubblätter/Kronblätter 3-9 mm/Blüten lang gestielt/auf Sand/äußere Kelchblätter 1-5 mm/Mai-Juni

Xolantha tuberaria (Cistaceae) Am Grund verholzt/Blätter grundständig/ohne Nebenblätter/Apr-Juni

Deutsche Schwertlilie
Iris germanica
(Iridaceae)

Mehr als 5 Blütenblätter

1A-Blätter sitzend *Nothoscordum fragans*
1B-Blätter grundständig
    2A-Blüten mit 3 Staubblättern
      3A-Blätter 3-5 mm breit/Blüten < 7 cm *Iris xiphium*
      3B-Blätter 20-45 mm breit/Blüten > 7cm *Iris germanica*
    2B-Blüten mit 6 Staubblättern
      3A-Blüten gelb und orange *Narcissus elegans*
      3B-Blüten weiß und gelb *Narcissus tazetta*

Iris germanica Deutsche Schwertlilie (Iridaceae) Ausdauernde Pflanze mit dickem Wurzelstock/Blätter parallelnervig/Blätter 20-45 mm breit/Blüten 9-11 cm/3 Staubblätter/Blüten violettblau und gelber Bart/Felder-Wegränder-Zierpflanze/Apr-Juni

Iris xiphium Spanische Schwertlilie (Iridaceae) Ausdauernde Knollenpflanze/Blätter parallelnervig und 3-5 mm breit/Blüten 45-65 mm/3 Staubblätter/Blüten violettblau mit orangem oder gelbem Rand/Apr-Juni

Narcissus elegans Zierliche Narzisse (Amaryllidaceae) Zwiebelpflanze/Blätter parallelnervig/Blüten 22-38 mm/Blüten in Gruppen von 3-7/6 Staubblätter/Blüten gelb und orange/kalkhaltige Felder-Olivenhaine-Wacholderwald/Okt-Nov

Narcissus tazetta Bukett-Narzisse (Amaryllidaceae) Zwiebelpflanze/Blätter parallelnervig/Blüten 15-40 mm/Blüten in Gruppen von 2-7/6 Staubblätter/Blüten weiß + gelb/Felder-Feuchtgebiete-Wegränder-Zierpflanze/März

Nothoscordum fragans Maiglöckchen-Lauch (Liliaceae) Zwiebelpflanze/Blätter parallelnervig/Blüten in 4 cm großen Dolden/Blütenblätter mit rosa Mittelvene

Blüten symmetrisch

1A-Blätter dreizählig   *Calicotome spinosa*

1B-Blätter mit Ranke

  2A-Stängel geflügelt

    3A-Blättchen 1-5 mm breit   *Lathyrus articulatus*

    3B-Blättchen 6-11 mm breit   *Lathyrus clymenum*

  2B-Stängel nicht geflügelt

    3A-Pflanze mehr als 10-blütig   *Vicia villosa*

    3B-Pflanze bis 10-blütig

      4A-2-5 Fiederpaare/Blüte 6-9 mm   *Vicia parviflora*

      4B-8-11 Fiederpaare/Blüte 18-25 mm   *Vicia serinica*

1C-Blätter quirlständig

  2A-Blüten 8-15 mm/Sporn 3-5 mm   *Linaria repens*

  2B-Blüten 20-30 mm/Sporn 8-11 mm   *Linaria triphylla*

1D-Blätter grundständig

  2A-Pflanze behaart   *Viola arborescens*

  2B-Pflanze unbehaart   *Orchis tridentata*

1E-Blätter gefiedert

  2A-Pflanze unbehaart   *Pisum sativum*

  2B-Pflanze behaart

    3A-Blätter mit 9-11 Fiederpaaren   *Astragulus sesameus*

    3B-Blätter mit 1-3 Fiederpaaren

      4A-Pflanze am Grund verholzt   <u>*Lotus creticus*</u>

      4B-Pflanze am Grund nicht verholzt

        5A-Blüten weiß mit schwarzen Flecken *Vicia faba*

        5B-Blüten gelb + rot

          6A-Blüten gestielt/1-3blütig   *Lotus angustissimus*

          6B-Blüten sitzend/1-7blütig   *Anthyllis tetraphylla*

1F-Blätter gestielt

  2A-Blüte gespornt/Sporn 2-3 mm   *Cymbalaria aequitriloba**

  2B-Blüte gespornt/Sporn > 3 mm   *Kickxia elatine*

1G-Blätter sitzend

  2A-Blüte pelzig

    3A-Blüte gelb oder grün

      4A-Unterlippe der Blüte fast ungeteilt   *Ophrys sphegodes*

      4B-Lippe der Blüte mehrlappig

        5A-Seitliche Blütenblätter lineal   *Ophrys insectifera*

        5B-Seitliche Blütenblätter dreieckig   *Ophrys bombyliflora*

    3B-Blüte gelb oder grün + rot   *Ophrys dyris*

    3C-Blüte weiß oder rosa

      4A-Lippe der Blüte ganz

        5A-Lippe mit gelbgrünem Rand   <u>*Ophrys tenthredinifera*</u>

5B-Lippe ohne gelbgrünen Rand
  6A-Lippe der Blüte grün gefleckt *Ophrys holoserica*
  6B-Lippe nicht grün gefleckt *Ophrys bertolonii*
4B-Lippe der Blüte dreilappig
  5A-Lippe < äußere Blütenblätter *Ophrys apifera*
  5B-Lippe nicht < äußere Blütenblätter *Ophrys scolopax*
2B-Blüte nicht pelzig
  3A-Blätter schuppig ohne Blattgrün
    4A-Blüten 15-25 mm/innen dunkelrot *Orobanche gracilis*
    4B-Blüten 22-35 mm/nicht dunkelrot *Orobanche latisquama*
  3B-Blätter parallelnervig und mit Blattgrün
    4A-Blüte ungespornt
      5A-Stängel der Pflanze behaart
        6A-Blütenstand mit 7-14 Blüten *Epipactis palustris*
        6B-Blütenstand mit > 15 Blüten *Epipactis helleborine*
      5B-Stängel der Pflanze unbehaart
        6A-Lippe der Blüte 3-5 mm breit *Serapias parviflora*
        6B-Lippe der Blüte 5-10 mm breit *<u>Serapias lingua</u>*
        6C-Lippe der Blüte bis 35 mm breit *Serapias cordigera*
    4B-Blüte gespornt
      5A-Lippe der Blüte ungelappt
        6A-Lippe gefleckt oder gestreift
          7A-Sporn abwärts gerichtet *Orchis papilionacea*
          7B-Sporn aufwärts gerichtet *Orchis longicornu*
        6B-Lippe der Blüte ungefleckt *Orchis collina*
      5B-Lippe der Blüte dreilappig
        6A-Sporn der Blüte < 6 mm
          7A-Seitenlappen gezähnt *Orchis coriophora*
          7B-Seitenlappen nicht gezähnt *Orchis conica*
        6B-Sporn der Blüte 6-10 mm
          7A-Sporn abwärts gerichtet
            8A-Blätter ungefleckt *Orchis spitzelii*
            8B-Blätter dunkel gefleckt *Orchis patens*
          7B-Sporn aufwärts gerichtet *Orchis morio*
        6C-Sporn der Blüte > 10 mm *Dactylorhiza sulphurea*
      5C-Lippe der Blüte vierlappig *<u>Barlia robertiana</u>*
  3C-Blätter grün, aber nicht parallelnervig
    5A-Blüte ungespornt/8 Staubblätter *Polygala rupestris*
    5B-Blüte gespornt
      6A-Kelch der Blüte > 3 mm
        7A-Blätter bis 2-4 cm lang *Chaenorhinum rubrifolium*
        7B-Blätter bis 75 mm *Kickxia spuria*
      6B-Kelch der Blüte < 4 mm *Kickxia lanigera*

Riesen-Knabenkraut
Barlia robertiana
(Orchidaceae)

Anthyllis tetraphylla Blasen-Wundklee (Fabaceae) Behaartes Kraut/Blätter meist mit 2 Fiederpaaren/Blüten 8-12 mm/Blüten gelb und rot/Blüten sitzend/Blüten 1-7blütig/kalkhaltige Felder/Mai-Aug

Astragulus sesameus Sesam-Tragant (Fabaceae) Behaartes Kraut/Blätter mit 9-11 Fiederpaaren/Blüten gelb oder manchmal bläulich/Blüten > 4 mm/ 5-10blütig/Kelchzähne gleich/Formentera/Apr-Juni

<u>Barlia robertiana</u> Riesen-Knabenkraut (Orchidaceae) Knollenpflanze/Blätter parallelnervig/Blüte rötlich und grün gefleckt/Blüte gespornt/Sporn 4-6 mm/ Unterlippe gefleckt/Unterlippe vierlappig/Felder-Olivenhaine-Wacholder- wald-Wegränder/Jan-Mai

Calicotome spinosa Stacheliger Dornginster (Fabaceae) Stechender Strauch/ Blätter dreizählig/Blüte 12 -18 mm/Blüten meist einzeln/Baumheiden Macchie-Garigues-Kiefernwald/März-Mai

Chaenorhinum rubrifolium (Scrophulariaceae) Drüsig behaartes Kraut/Blätter elliptisch bis eiförmig/Blüten bläulich und gelb/Blüten 10-20 mm/Blüte gespornt/Mund der Kronröhre nicht durch Ausstülpung der Kronröhre geschlossen/4 Staubblätter/Kelch > 3 mm/kalkhaltige Felder-Strand/Apr-Mai

Cymbalaria aequitriloba Dreilappiges Zymbelkraut (Scrophulariaceae) Drüsig behaarte Pflanze/Blätter handförmig/Blüte blau oder violett/Blüten 8-13 mm/ Blüte gespornt/Sporn 2-3 mm/Felsspalten-schattige Abhänge/Felsspalten- schattige Abhänge/Apr-Aug

Dactylorhiza sulphurea Römisches Knabenkraut (Orchidaceae) Knollenpflanze Stängel grün oder rötlich/Blätter parallelnervig/Blüte gelb oder rötlich mit gelbem Zentrum/Blüte gespornt (13-20 mm)/Lippe 3lappig/Lippe ungefleckt

Epipactis helleborine Breitblättrige Sumpfwurz (Orchidaceae) Rhizompflanze/ Stängel behaart/4-10 parallelnervige Blätter/Blüte rosa bis rotviolett mit grüner Mittelvene/bis zu 50 Blüten/Lippe 9-11 mm lang/Mai-Juli

Epipactis palustris Echte Sumpfwurz (Orchidaceae) Rhizompflanze/Stängel oben behaart/4-8 grüne Blätter/7-14 Blüten/Blüte weiß-rosa/Lippe mit gelbem Fleck/Lippe 9-11 mm lang/Mai-Juli

Kickxia elatine Echtes Tännelkraut (Scrophulariaceae) Drüsig behaartes Kraut/ Blätter eiförmig/Blüte gelb oder blau mit violetter Oberlippe/Blüten 7-15 mm Blüte gespornt/Mai-Nov

Kickxia lanigera (Scrophulariaceae) Dicht behaartes Kraut/Stängel gefurcht/ Blätter herzförmig/Blüte weiß-blau mit violetter Oberlippe/Blüte 8-11 mm/ Kronröhre durch Ausstülpung verschlossen/Kelch bis 3 mm/Mai-Sep

Kickxia spuria Eiblättriges Tännelkraut (Scrophulariaceae) Behaartes Kraut/ Blätter bis 75 mm/Blüte gelb mit anderen Farbtönen/Blüte 10-15 mm/ Kronröhre durch Ausstülpung verschlossen/Blüte gespornt/4 Staubblätter/ Kelch > 3 mm/Mai-Sep

Lathyrus articulatus Purpur-Platterbse (Fabaceae) Kahles Kraut/Stängel ge- flügelt/Blätter mit 2-4 Fiederpaaren/Blüten 16-20 mm rot und weiß oder rosa/1-5blütig/Felder-Garigues-Kiefernwald-Wegränder/März-Juni

Kretischer Hornklee
Lotus creticus
(Fabaceae)

Lathyrus clymenum Purpur-Platterbse (Fabaceae) Kraut/Stängel geflügelt/
Blätter mit 2-4 Fiederpaaren/Blättchen 6-11 mm breit/Blüten 16-20 mm/rot
und violett/1-5blütig/Felder-Garigues-Kiefernwald-Wegränder/März-Juni

Linaria repens Gestreiftes Leinkraut (Scrophulariaceae) Kraut/Blüte weiß und
violett/Blüten 8-15 mm/Blüte gespornt/Sporn 3-5 mm/Mai-Sep

Linaria triphylla Dreiblättriges Leinkraut (Scrophulariaceae) Kraut/Blätter
elliptisch bis länglichBlüte weiß und orange mit violettem Sporn/Blüten 2-3
cm/Blüte gespornt/Sporn 8-11 mm/Felder-Wegränder/Apr-Mai

Lotus angustissimus Schmaler Hornklee (Fabaceae) Behaartes Kraut/Blätter
fünfzählig gefiedert/Blüten gelb mit roten Venen/Blüten 5-12 mm/Blüten
gestielt/1-3blütig/Felder/Mai-Juni

Lotus creticus Kretischer Hornklee (Fabaceae) Am Grund verholzte Pflanze/
behaart/Blätter fünfzählig gefiedert/Blüten 12-18 mm/Blüten gelb und rot/
2-6blütig/Strand/Jan-Dez

Ophrys apifera Bienen-Ragwurz (Orchidaceae) Knollenpflanze/Blätter parallel-
nervig/3-10(17)/Blüten/Blüte pelzig+weiß oder rosa/Lippe < äußere Blüten-
blätter/Lippe 3lappig/Feuchtgebiete-Olivenhaine-Wacholderwald/Mai-Juni

Ophrys bertolonii Bertolonis Ragwurz (Orchidaceae) Knollenpflanze/Blätter
parallelnervig/Blüte pelzig/Unterlippe schwarz-purpurn und fast ungeteilt/
äußere Blütenblätter hell bis rosa(violett)/Felder-Garigues-Kiefernwald-
Olivenhaine-Wacholderwald-Wegränder/Apr-Mai

Ophrys bombyliflora Drohnen-Ragwurz (Orchidaceae) Knollenpflanze/Blätter
parallelnervig/äüßere Blütenblätter gelbgrün/Unterlippe pelzig und
mehrlappig/seitliche Blütenblätter dreieckig/1-5blütig/Garigues-kalkhaltige
Felder-Kiefernwald-Olivenhaine-Wacholderwald/März-Mai

Ophrys dyris Marokkanische Ragwurz (Orchidaceae) Knollenpflanze/Blätter
parallelnervig/Unterlippe pelzig/äußere Blütenblätter gelbgrün/obere Blütenblätter rot/1-5blütig/Garigues-Kiefernwald-Olivenhaine-Wacholderwald/
Dez-Mai

Ophrys holoserica Hummel-Ragwurz (Orchidaceae) Knollenpflanze/Blätter
parallelnervig/äußere Blütenblätter weiß oder rosa/Unterlippe pelzig und fast
ungeteilt/Unterlippe braun mit grünen und blauen Flecken/März-Juli

Ophrys insectifera Fliegen-Ragwurz (Orchidaceae) Knollenpflanze/Blätter
parallelnervig/Unterlippe pelzig und mehrlappig/seitliche Blütenblätter
grünlich und lineal/2-10(20)blütig/Kiefernwald-Magerrasen/Mai-Juli

Ophrys scolopax Schnepfen-Ragwurz (Orchidaceae) Knollenpflanze/Blätter
parallelnervig/äußere Blütenblätter weiß oder rosa/Unterlippe pelzig und drei-
lappig/Lippe nicht < äußere Blütenblätter/2-12(20)blütig/Garigues-Kiefern-
wald/März-Mai

Ophrys sphegodes Spinnen-Ragwurz (Orchidaceae) Knollenpflanze/Blätter
parallelnervig/äußere Blütenblätter gelb oder grün/Unterlippe pelzig und fast
ungeteilt/2-vielblütig/Felder-Garigues-Kiefernwald-Wegränder/März-Mai

Wespen-Ragwurz
Ophrys tenthredinifera
(Orchidaceae)

Ophrys tenthredinifera Wespen-Ragwurz (Orchidaceae) Knollenpflanze/
Blätter parallelnervig/äußere Blütenblätter weiß oder rosa/Unterlippe der
Blüte pelzig und fast ungeteilt/Unterlippe braun mit gelbgrünem Rand/
Garigues-Kiefernwald-Olivenhaine-Wacholderwald/Feb-Mai

Orchis collina Hügel-Knabenkraut (Orchidaceae) Knollenpflanze/Blätter
parallelnervig/Blüte gespornt/Blüte olivgrün bis rötlich/Lippe der Blüte
ungelappt und Unterlippe ungefleckt/Sporn der Blüte 5-10 mm/Garigues-
Kiefernwald-Olivenhaine-Wacholderwald/Feb-Apr

Orchis conica Milchweißes Knabenkraut (Orchidaceae) Knollenpflanze/Blätter
parallelnervig/Blüte gespornt/Sporn 3-5 mm/Blüte weiß bis rosa mit roten
Punkten/Unterlippe der Blüte dreilappig und gefleckt/Seitenlappen der Blüte
nicht gezähnt/Garigues-Kiefernwald-Olivenhaine-Wacholderwald/Feb-Mai

Orchis coriophora Wanzen-Knabenkraut (Orchidaceae) Knollenpflanze/Blätter
parallelnervig/Blüte gespornt/Sporn 3-4 mm/Blüte violett-braun+rot-grün/
Blüte schlecht riechend/Unterlippe der Blüte dreilappig und gefleckt/
Seitenlappen der Blüte gezähnt/Feuchtgebiete-Magerwiesen/Apr-Juni

Orchis longicornu Langsporniges Knabenkraut (Orchidaceae) Knollenpflanze/
Blätter parallelnervig/Blüte gespornt/Sporn (11-16 mm) aufwärts gerichtet/
Blüte weiß bis rotviolett mit roten Flecken/Unterlippe ungelappt/Garigues-
kalkhaltige Felder-Kiefernwald-Olivenhaine-Wacholderwald/Feb-Mai

Orchis morio Salep-Knabenkraut (Orchidaceae) Knollenpflanze/Blätter
parallelnervig/Blüte gespornt/Sporn horizontal oder aufwärts gerichtet/Sporn
8-10 mm/Blüte weiß bis rosa mit roten Punkten gepunktet/Lippe der Blüte
dreilappig/Garigues-Kiefernwald-Macchie/März-Mai

Orchis papilionacea Schmetterlings-Knabenkraut (Orchidaceae) Knollen-
pflanze/Blätter parallelnervig/Blüte gespornt/Sporn abwärts gerichtet/Sporn
8-12 mm/Blüte weiß bis rosa/Lippe rot gefleckt oder gestreift/Lippe der Blüte
ungelappt/Garigues-Kiefernwald/Feb-Mai

Orchis patens Atlas-Knabenkraut (Orchidaceae) Knollenpflanze/Blätter
parallelnervig und dunkel gefleckt/Blüte gespornt/Sporn abwärts gerichtet/
Sporn 6-8 mm/Blüte weiß bis rosa mit roten Punkten/Unterlippe der Blüte
dreilappig und (un)gefleckt/März-Juni

Orchis spitzelii Spitzels Knabenkraut (Orchidaceae) Knollenpflanze/Blätter
parallelnervig/Blüte gespornt/Sporn abwärts gerichtet/Sporn 6-10 mm/Blüte
grün und rötlich mit roten Punkten/Lippe der Blüte dreilappig/Bergwiesen-
Bergwälder/Apr-Juli

Orchis tridentata Dreizahniges Knabenkraut (Orchidaceae) Knollenpflanze/
Blätter parallelnervig/Blüten gespornt/Blüten weiß bis rosa mit roten
Punkten/Garigues-Kiefernwald-Olivenhaine-Wacholderwald/März-Apr

Orobanche gracilis Blutrote Sommerwurz (Orobanchaceae) Parasit ohne
Blattgrün/drüsig behaart/Blätter schuppig/Blüten innen dunkelrot und außen
gelb/Blüten 15-25 mm/Unterlippe mit ungleich großen Lappen/Narbe gelb/
4 Staubblätter/Mai-Juli

Echter Zungenständel
Serapias lingua
(Orchidaceae)

Orobanche latisquama Breitschuppige Sommerwurz (Orobanchaceae) Parasit ohne Blattgrün/drüsig behaart/Blätter schuppig/Blüten gelblich/Blüten 22-35 mm/Narbe gelb/4 Staubblätter/Garigues-Kiefernwald-Olivenhaine-Wacholderwald/März-Juni

Pisum sativum Wilde Erbse (Fabaceae) Kraut/Blätter mit 1-3 Fiederpaaren/ Blüten 15-35 mm/Blüten weiß bis rötlich/1-3blütig/Felder-Hecken-Nutzpflanze-Wegränder/März-Mai

Polygala rupestris Felsen-Kreuzblume (Polygalaceae) Am Grund verholzte Pflanze/Stängel winzig behaart/Blätter linealisch mit eingerolltem Rand/ Blüten 4-8 mm/Blüte weiß mit roter Spitze/8 Staubblätter/Felsspalten-Garigues-Kiefernwald-Olivenhaine-Steinböden-Wacholderwald/Juni

Serapias cordigera Herzförmiger Zungenständel (Orchidaceae) Pflanze mit parallelnervigen Blättern/untere Blätter + Stängel purpurn gefleckt/Blüte ungespornt/Blüte innen behaart/Unterlippe der Blüte 20-29 mm lang und bis 35 mm breit/Baumheiden-Macchie-kalkhaltige Felder/Menorca/März-Mai

<u>*Serapias lingua*</u> Echter Zungenständel (Orchidaceae) Pflanze mit parallel-nervigen Blättern/Blüten ungespornt/Lippe 24-32 mm lang und 5-10 mm breit/Blüten rot bis violett+schwarzem Fleck/selten gelblich oder weiß-lich/Felder-Garigues-Kiefernwald-Olivenhaine-Wacholderwald/März-Mai

Serapias parviflora Kleinblütiger Zungenständel (Orchidaceae) Pflanze mit parallelnervigen Blättern/Blüten ungespornt/Lippe 13-18 mm lang + 3-5 mm breit/Blüten rotbraun bis violett/selten grünlich oder weißlich/grasige Plätze-Kiefernwald/Apr-Mai

Vicia faba Puffbohne (Fabaceae) Behaartes Kraut/Blätter mit 1-3 Fiederpaaren/ Blüten 10-30 mm/Blüten weiß mit schwarzen Flecken/1-6blütig/Felder-Nutzpflanze-Wegränder/Feb-Juni

Vicia parviflora Zierliche Wicke (Fabaceae) Fast unbehaartes Kraut/Stängel ungeflügelt/Blätter mit 2-5 Fiederpaaren/Blüten 6-9 mm/rosa und violett/ 2-5blütig/Garigues-Kiefernwald-Olivenhaine-Wacholderwald/Apr-Mai

Vicia serinica (Fabaceae) Behaarte Pflanze/Blätter mit 8-11 Fiederpaaren/ Blüten 18-25 mm/weiß mit violetten Venen/4-10blütig

Vicia villosa Zottel-Wicke (Fabaceae) Behaartes Kraut/Blätter mit 4-12 Fieder-paaren und verzweigter Ranke/Stängel ungeflügelt/Blüten 10-20 mm/rot- oder blauviolett und weiß oder gelb/10-30blütig/März-Aug

Viola arborescens (Violaceae) Am Grund verholzte Pflanze/grau behaart/ Blätter netznervig und mit kleinen Nebenblättern/Blüten weiß + blau/ Blüten 10-15 mm/Blüte gespornt/Felsspalten-Garigues-Kiefernwald-/ Sep-Okt

Einjähriges Gänseblümchen
Bellis annua
(Compositae)

Blüte margeritenartig

1A-Blätter grundständig
   2A-Pflanze mit Blattrosette   ***Bellium bellidioides*** *
   2B-Pflanze ohne Blattrosette
      3A-Blüten 5-15(20) mm   ***Bellis annua***
      3B-Blüten 20-40 mm   ***Bellis sylvestris***
1B-Blätter gestielt   ***Helianthus annuus***
1C-Blätter sitzend
   2A-Blütenköpfe 7-10 mm   ***Conyza bonariensis***
   2B-Blütenköpfe 12-15 mm   ***Erigeron karvinskianus***

Blüten löwenzahnartig

1A-Blätter sitzend   ***Tolpis barbata***

Blüten anders

1A-Blätter sitzend   ***Conyza bonariensis***

Mehrfarbig

Echter Bartpippau
Tolpis barbata
(Compositae)

Bellis annua Einjähriges Gänseblümchen (Compositae) Kraut mit eiförmig-spateligen Blättern/Blüten 5-15(20) mm/Blüten weiß + gelb/Blütenköpfe mit 2 Reihen Tragblättern/Felder-Wegränder/Okt-Mai

Bellis sylvestris Großes Gänseblümchen (Compositae) Am Grund verholzte Pflanze mit grundständiger Blattrosette/Blätter länglich-spatelig/Blüten 2-4 cm/Blüten weiß + gelb/Blütenköpfe mit 2 Reihen Tragblättern/Felder-Garigues-Kiefernwald-Olivenhaine-Wacholderwald-Wegränder/Okt-März

Bellium bellidioides* Echtes Zwerggänseblümchen (Compositae) Am Grund verholzte Pflanze/Blätter spatelförmig/Blüten 9-15 mm/Blüten weiß + gelb/Blütenköpfe mit 1 Reihe Tragblättern/Felder-schattige Abhänge/Apr-Sep

Conyza bonariensis Südamerikanisches Berufskraut (Compositae) Am Grund verholzte Pflanze/behaart/bis 250 cm groß/Blätter lanzettförmig/Blüten weiß + gelb/Blütenköpfe 7-10 mm/Felder-Wegränder/Jan-Dez

Erigeron karvinskianus Karvinskis Feinstrahl (Compositae) Am Grund verholzte Pflanze/behaart/Blätter elliptisch-lanzettlich/Blüten weiß bis rötlich + gelb/Blütenköpfe 12-15 mm/Blütenstiele 3-8 cm/Blütenköpfe mit 2 Reihen Tragblättern/Feuchtgebiete-Zierpflanze/Mai-Okt

Helianthus annuus Sonnenblume (Compositae) Bis 2 m große Pflanze/Stängel rauhaarig/Blätter breit-herzförmig + bis 40 cm groß/Blüte 10-40 cm/Blüten innen dunkelbraun + außen gelb/Nutzpflanze-Zierpflanze/Juli-Okt

Tolpis barbata Echter Bartpippau (Compositae) Zerstreut behaarte Pflanze/Blätter länglich-spatelig/Blüte gelb mit dunklem Zentrum/Blüten 18-24 mm/Felder-Wegränder/März-Mai

Spitzwegerich
Plantago lanceolata
(Plantaginaceae)

Blüten klein

1A-Blüte braun
   2A-Kelch der Blüten zottig behaart   *Plantago lagopus*
   2B-Kelch der Blüten nicht zottig behaart   <u>*Plantago lanceolata*</u>
1B-Blüte violett
   2A-Baum oder Strauch   *Tamarix ramosissima*
   2B-Krautige Pflanze
     3A-Blätter grundständig   *Plantago albicans*
     3B-Blätter quirlständig
       4A-Kraut/Blüten < 1 mm   *Galium setaceum*
       4B-Am Grund verholzt/Blüten 1-2 mm   *Galium balearicum**
     3C-Blätter anders
       4A-Blätter linealisch   *Lythrum thymifolia*
       4B-Blätter eiförmig   *Anagallis minima*

Anagallis minima Zwerg-Gauchheil (Primulaceae) Kraut/Blätter eiförmig/ Blüten < Kelch/Kelch 1-3 mm/5 Staubblätter/Felder/Menorca/Apr-Aug

*Galium balearicum** (Rubiaceae) Pflanze bis 10 cm groß/Quirle mit 5-6 Blättern/Blüten 1-2 mm/Blütenstiel 1 mm/Bergwiesen-Felsspalten/Juni-Juli

Galium setaceum (Rubiaceae) Kraut mit 6-8blättrigen Quirlen/Blüten < 1 mm/ Blütenstiel 1-3 mm/Felder-Feuchtgebiete/Apr-Mai

Lythrum thymifolia Thymianblättriger Weiderich (Lythraceae) Kraut/Blätter linealisch/Blütenblätter 1-2 mm/2 Staubblätter/März-Juli

Plantago albicans Silbrigweißer Wegerich (Plantaginaceae) Pflanze mit silbrig behaarten Blättern/Blätter lineal-lanzettlich/Blüten in Ähren/Felder-Wegränder/Apr-Juni

Plantago lagopus Zottiger Wegerich (Plantaginaceae) Pflanze mit grundständigen Blättern/Blätter lanzettlich/4 Blütenblätter/Blüten braun/Tragblätter + Kelch zottig behaart/Ähre behaart erscheinend/5-40 cm/Felder-Wegränder/ Apr-Nov

<u>*Plantago lanceolata*</u> Spitz-Wegerich (Plantaginaceae) Pflanze mit grundständigen Blättern/Blätter lanzettlich/4 Blütenblätter/Blüten braun/Felder-Wegränder/Apr-Nov

Tamarix ramosissima Kaspische Tamariske (Tamaricaceae) Strauch oder Baum/Blätter schuppenartig/Blütenstand 15-45 mm lang/Juni-Aug

Anders

Garten-Levkoje
Matthiola incana
(Cruciferae)

2-4 Blütenblätter

1A-Blüte braun
  2A-Kelch der Blüten zottig behaart   *Plantago lagopus*
  2B-Kelch der Blüten nicht zottig behaart   *Plantago lanceolata*
1B-Blüte violett
  2A-Blüten mit 3 Blütenblättern
    3A-Blütenblätter mit gelbem Fleck   *Damasonium alisma*
    3B-Blütenblätter ohne gelben Fleck   *Alisma lanceolatum*
  2B-Blüten mit 4 Blütenblättern
    3A-Baum oder Strauch
      4A-Kelch > 3 mm/Blütenblätter 2-5 mm   *Tamarix dalmatica*
      4B-Kelch < 3 mm/Blütenblätter 3-4 mm   *Tamarix boveana*
    3B-Zwergstrauch
      4A-Blüten sitzend   *Daphne rodriguezii**
      4B-Blüten gestielt
        5A-Blüten 2-3 mm   *Erica scoparia*
        5B-Blüten 5-7 mm   *Erica multiflora*
    3C-Krautige Pflanze
      4A-Blätter grundständig   *Plantago albicans*
      4B-Blätter quirlständig
        5B-Blüte trichterförmig mit langer Röhre
          6A-Blüte blauviolett   *Asperula arvensis*
          6B-Blüte rotviolett   *Asperula paui**
        5B-Blüte radförmig mit kurzer Röhre
          6A-Kraut/Blüten < 1 mm   *Galium setaceum*
          6B-Am Grund verholzt/Blüten 1-2 mm *Galium balearicum**
    4C-Blätter anders
      5A-Blüte mit 2 Staubblättern   *Lythrum thymifolia*
      5B-Blüte mit 6 (4+2) Staubblättern
        6A-Blüte < 1cm   *Lythrum hyssopifolia*
        6B-Blüte > 1cm
          7A-Blätter eiförmig/Blüten 18-22 mm *Moricandia arvensis*
          7A-Blätter lanzettlich/Blüten 2-3 cm *Matthiola incana*
      5C-Blüte mit 8 Staubblättern   *Oenothera rosea*

Acker-Moricandie
Moricandia arvensis
(Cruciferae)

Alisma lanceolatum Lanzettblättriger Froschlöffel (Alismataceae)
Wasserpflanze/Blätter grundständig/Blüten 6-10 mm/Feuchtgebiete/Mai

Asperula arvensis Acker-Meier (Rubiaceae) Kraut mit 6-8blättrigen Blatt-
quirlen/Blätter lineal/Blüten 4 mm/Apr-Mai

Asperula paui* (Rubiaceae) Pflanze mit 4-8blättrigen Blattquirlen/Blätter
schmal/Blüten 3-8 mm/Ibiza/Apr-Juni

Damasonium alisma Froschlöffel-Damasonie (Alismataceae) Wasserpflanze
Blätter grundständig/Blüten 5-9 mm/Feuchtgebiete/April

Daphne rodriguezii* (Thymelaeaceae) Behaarter Strauch/Blätter schmal/Blüten
8-11 mm in Köpfen zu 2-5/8 Staubblätter/Felsküsten-Olivenhaine-
Wacholderwald/Menorca/März-Apr

Erica multiflora Vielblütige Heide (Ericaceae) Zwergstrauch/Blätter nadelartig/
Blüten 5-7 mm/Garigues-Kiefernwald/Aug-Sep

Erica scoparia Besen-Heide (Ericaceae) Zwergstrauch/Blätter nadelartig/
Blüten 2-3 mm/Baumheiden-Macchie-Eichenwald-Garigues/Mai-Juli

Galium balearicum* (Rubiaceae) Pflanze bis 10 cm groß/Quirle mit 5-6
Blättern/Blüten 1-2 mm/Blütenstiel 1 mm/Bergwiesen-Felsspalten/Juni-Juli

Galium setaceum (Rubiaceae) Kraut mit 6-8blättrigen Quirlen/Blüten < 1 mm/
Blütenstiel 1-3 mm/Felder-Feuchtgebiete/Apr-Mai

Lythrum hyssopifolia Ysop-Blutweiderich (Lythraceae) Kraut/Blätter linear-
lanzettlich/Kronblätter 2-3 mm lang/4-6 Staubblätter/Apr-Juni

Lythrum thymifolia Thymianblättriger Weiderich (Lythraceae) Kraut/Blätter
linealisch/Blütenblätter 1-2 mm/2 Staubblätter

Matthiola incana Garten-Levkoje (Cruciferae) Behaartes Kraut/Blätter
elliptisch bis lanzettlich/Blütenblätter 20-30 mm/Schote 45-160 mm/
Felsspalten-Steinböden-Zierpflanze/Apr-Mai

Moricandia arvensis Acker-Moricandie (Cruciferae) Pflanze/Blätter verkehrt-
eiförmig/Blüten 18-22 mm/Felder-Wegränder/März-Juni

Oenothera rosea Rosa Nachtkerze (Onagraceae) Behaarte Pflanze mit verkehrt-
lanzettlichen oder schmal-eiförmigen Blättern/Blütenblätter 4-10 mm/
8 Staubblätter/Felder-Feuchtgebiete-Wegränder/Juni-Juli

Plantago albicans Silbrigweißer Wegerich (Plantaginaceae) Rosettenpflanze/
behaart/Blätter lineal-lanzettlich/Blüten in Ähren/Felder-Wegränder/Apr-Juni

Plantago lagopus Zottiger Wegerich (Plantaginaceae) Rosettenplanze/5-40
cm/behaart/Blätter lanzettlich/Blüten in Ähren/Felder-Wegränder/Apr-Nov

Plantago lanceolata Spitz-Wegerich (Plantaginaceae) Pflanze mit grundständigen Blättern/10-60 cm/Blätter lanzettlich/4 Blütenblätter/Felder-
Wegränder/Apr-Nov

Tamarix boveana Bovés Tamariske (Tamaricaceae) Baum/Blätter schuppenför-
mig/Blütenblätter 3-4 mm/Blütenstand 7-12 mm breit/März-Juni

Tamarix dalmatica Damaltinische Tamariske (Tamaricaceae) Baum/Blätter
schuppenförmig/Blütenblätter 2-5 mm/Blütenstand 7-12 mm breit/März-Juni

Aubergine
Solanum melongena
(Solanaceae)

5 Blütenblätter

1A-Blütenblätter verwachsen
  2A-Blätter grundständig   *Mandragora autumnalis*
  2B-Blätter gestielt
    3A-Blätter schmal/Blüten 25-40 mm   *Convolvulus valentinus*
    3B-Blätter pfeilförmig/Blüten 4-7 cm   *Ipomoea sagittata*
    3C-Blätter herzförmig/Blüten 4-6 cm   ***Ipomoea purpurea***
    3D-Blätter oval/Blüten 7-12 mm   *Convolvulus siculus*
  2C-Blätter sitzend
    3A-Dorniger Strauch/Blüten 13-18 mm   *Lycium intricatum*
    3B-Graues Kraut
      4A-Blüten < 4 mm   *Lappula squarrosa*
      4B-Blüten 5-6 mm   *Cynoglossum cheirifolium*
    3C-Grünes Kraut
      4A-Blätter fleischig
        5A-Pflanze borstig behaart   *Alkanna tinctoria*
        5B-Pflanze nicht borstig behaart   *Sedum stellatum*
      4B-Blätter nicht fleischig
        5A-Blüte radförmig/Stängel vierkantig   ***Lythrum hyssopifolia***
        5A-Blüte trichterförmig
          6A-Blütenblätter eingeschnitten   *Coris monspeliensis*
          6B-Blütenblätter nicht eingeschnitten   *Buglossoides arvensis*
        5B-Blütenschlund verschlossen
          6A-Blütenblätter fein geadert   *Cynoglossum creticum*
          6B-Blüten mit weißem Zentrum   *Anchusa officinalis*
          6C-Blüte unsymmetrisch   *Anchusa arvensis*
          6D-Kelchblätter schmal und spitz   *Anchusa azurea*
          6E-Kelch anders   *Anchusa undulata*
          6F-Blüten ohne Schlundschuppen   *Nonea vesicaria*
1B-Blütenblätter nicht verwachsen
  2A-Blätter dreizählig   *Oxalis debilis*
  2B-Blätter grundständig
    3A-Blüten < 10 mm/Pflanze 15-30 cm   *Limonium camposanum*
    3B-Blüten > 10 mm/Pflanze 3-14 cm   ***Limonium minutum***
  2C-Blätter gestielt
    3A-Blüten 10-20 mm   *Solanum dulcamara*
    3B-Blüten größer
      4A-Frucht gelb oder orange   ***Solanum bonariense***
      4B-Frucht braunviolett   ***Solanum melongena***
  2D-Blätter sitzend
    3A-Blüten < 10 mm   *Legousia falcata*
    3B-Blüten > 10 mm   *Plumbago auriculata*

Anders

Bunte Gartenwinde
Ipomoea purpurea
(Convolvulaceae)

Alkanna tinctoria Färber-Alkanne (Boraginaceae) Borstig behaartes Kraut/ untere Blätter lineal-lanzettlich, Stängelblätter mit herzförmigem Grund/ Blüten 5-8 mm/Strand/Feb-Apr

Anchusa arvensis Acker-Krummhals (Boraginaceae) Borstig behaartes Kraut/ Blätter lineal-lanzettlich/Blüten 4-7 mm/Blütenschlund von 5 haarigen Schuppen verschlossen/Felder-Wegränder/Apr-Sep

Anchusa azurea Italienische Ochsenzunge (Boraginaceae) Steif behaartes Kraut Blätter lanzettlich/Blüten 6-20 mm/Kelch fast bis zum Grund geteilt/Blüten mit Schlundschuppen/Felder-Wegränder/Mai-Aug

Anchusa officinalis Gebräuchliche Ochsenzunge (Boraginaceae) Filzig behaarte Pflanze/Blätter lanzettlich/Blüten 7-15 mm/Blütenschlund von 5 haarigen Schuppen verschlossen/Blüten mit weißem Zentrum/Apr-Sep

Anchusa undulata Welligblättrige Ochsenzunge (Boraginaceae) Steif behaartes Kraut/Blätter lanzettlich/Blüten 8-13 mm/Felder-Wegränder/März-Juni

Buglossoides arvensis Acker-Steinsame (Boraginaceae) Flaumig behaartes Kraut/Blätter länglich bis riemenförmig/Blüten 3-9 mm/Felder-Waldränder-Wälder-Wegränder/Feb-Okt

Convolvulus siculus Sizilianische Winde (Convolvulaceae) Kraut/Blätter oval bis spitz-herzförmig/Blüten 9-12 mm mit gelbem Zentrum/kalkhaltige Felder-Felsküsten/März-Juni

Convolvulus valentinus Valencia-Winde (Convolvulaceae) Behaarte Pflanze/ Blätter eilänglich/Blüten 20-40 mm/Ibiza/Apr-Juni

Coris monspeliensis Stachelträubchen (Primulaceae) Pflanze mit linealischen Blättern/Blattrand umgerollt/Blüten 10-13 mm/Blütenblätter eingeschnitten/ Garigues-Kiefernwälder-Strand/März-Juli

Cynoglossum cheirifolium Goldlackblättrige Hundszunge (Boraginaceae) Behaartes Kraut/Blätter länglich-lanzettlich bis schmal-spatelförmig/Blüten 5-6 mm/Blütenblätter verwachsen/Felder-Wegränder/Apr-Juni

Cynoglossum creticum Kretische Hundszunge (Boraginaceae) Weich behaarte Pflanze/Blätter lanzettlich/Blüten 7-9 mm/Blütenblätter fein geadert/Felder-Wegränder/Feb-Juli

Ipomoea purpurea Bunte Gartenwinde (Convolvulaceae) Pflanze mit herzförmigen Blättern/Blüten 40-60 mm/Zierpflanze/Juli-Sep

Ipomoea sagittata (Convolvulaceae) Pflanze mit pfeilförmigen Blättern/Blüten 4-7 cm/Juli-Sep

Lappula squarrosa Kletten-Igelsame (Boraginaceae) Rau behaartes Kraut/ Blätter linear-lanzettlich/Blüten < 4 mm/Apr-Juli

Legousia falcata Sichel-Frauenspiegel, Sichel- (Campanulaceae) Pflanze mit eiförmigen Blättern/Blüten 5-8 mm/Kelchblätter länger als Kronblätter/ Felder-Steinböden-Wegränder/Apr-Mai

Limonium camposanum (Plumbaginaceae) Pflanze 15-30 cm/Blüten < 10 mm Aug-Sep

Kleiner Strandflieder
Limonium minutum
(Plumbaginaceae)

Limonium minutum Kleiner Strandflieder (Plumbaginaceae) Kleine Pflanze bis 14 cm/Blätter eiförmig/Blüten > 10 mm/Juli-Sep

Lycium intricatum Sparriger Bocksdorn (Solanaceae) Strauch mit Dornen/Blätter elliptisch/Blüten 13-18 mm/Felsküsten/Mai-Sep

Lythrum hyssopifolia Ysop-Blutweiderich (Lythraceae) Kraut/Blätter elliptisch Blütenblätter 2-3 mm/4-6 Staubblätter/Felder-Feuchtgebiete Apr-Juli

Mandragora autumnalis Herbst-Alraune (Solanaceae) Pflanze mit großer am Boden liegenden Blattrosette/Blätter oval bis eiförmig/Blüten 3-4 cm/Felder-Olivenhaine-Wegränder/Sep-Dez

Nonea vesicaria Aufgeblasenes Mönchskraut (Boraginaceae) Behaartes Kraut/Blätter lanzettlich/Blüten 8-12 mm/Blütenschlund von Haaren verschlossen/sandige und steinige Orte/Apr-Mai

Oxalis debilis Brasilianischer Sauerklee (Oxalidaceae) Behaarte Pflanze/Blätter dreizählig/Blüten 15-20 mm/Blütenstiel 5-15(30) cm/Felder-Wegränder/Mai-Okt

Plumbago auriculata Kap-Bleiwurz (Plumbaginaceae) Kletternder oder überhängender Strauch mit Nebenblättern/Blätter elliptisch bis eiförmig/Blüten 14-16 mm/Blüten verwachsen mit langer Blütenröhre/Zierpflanze/Juni-Sep

Sedum stellatum Sternförmiger Mauerpfeffer (Crassulaceae) Kraut mit fleischigen Blättern/Blüten 8-10 mm/Blütenblätter spitz/8-10 Staubblätter/kalkhaltige Felder-Steinböden/Mai-Juni

Solanum bonariense Buenos Aires-Nachtschatten (Solanaceae) Behaarter Strauch/Blätter lanzettlich/Blüten 25-35 mm/Staubblätter zapfenförmig den Griffel der Blüte umgebend/Felder-Wegränder-Zierpflanze/Mai-Aug

Solanum dulcamara Bittersüßer Nachtschatten (Solanaceae) Flaumig behaarter Strauch/Blätter eiförmig/Blüten 10-20 mm/Staubblätter zapfenförmig den Griffel der Blüte umgebend/Apr-Juni

Solanum melongena Aubergine (Solanaceae) Behaarte Pflanze/Haare sternförmig/Blätter eiförmig bis geschweift-gelappt/Blüte 25-50 mm/5-8 Staubblätter/Nutzpflanze/Juni-Aug

Mehr als 5 Blütenblätter

1A-Blüte braun   ***Dipcadi serotinum***
1B-Blüten schwarz   ***Sparganium erectum***
1C-Blüte orange
  2A-Blätter dickfleischig
    3A-Tragblätter 8-10 mm/Blätter < 25 cm   *Aloe mitriformis*
    3B-Tragblätter 15-30 mm/Blätter >25 cm   *Aloe arborescens*
  2B-Blätter nicht dickfleischig   *Freesia refracta*
1D-Blüte violett
  2A-Blätter dickfleischig   *Aloe mitriformis*
  2B-Blätter dreizählig gefiedert/Blüten 6-10 cm   ***Paeonia cambessedesii*****
  2C-Blätter parallelnervig
    3A-Blüten mit 3 Staubblättern
      4A-Blüte zweilippig   *Freesia refracta*
      4B-Blüte radiär
        5A-Blätter fädig/Blütenblätter <20 mm   *Romulea ramiflora*
        5B-Blätter nicht fädig
          6A-Blätter 20-45 mm breit
            7A-Blätter mit Rippen   ***Iris pallida***
            7B-Blätter ohne Rippen   *Iris germanica*
          6B-Blätter < 20 mm breit
            7A-Blätter 3-5 mm breit   *Iris xiphium*
            7B-Blätter 5-8 mm breit   *Gynandiris sisyrinchium*
    3B-Blüte mit 6 Staubblättern
      4A-Pflanze zur Blütezeit ohne Blätter
        5A-Blütezeit Aug-Sep   *Scilla obtusifolia*
        5B-Blütezeit Sep-Nov   *Scilla autumnalis*
      4B-Pflanze zur Blütezeit mit Blättern
        5A-Blüten in doldigen Blütenständen
          6A-Blütendolde mit Brutzwiebeln   *Allium oleraceum*
          6B-Blütendolde ohne Brutzwiebeln
            7A-Blätter < 5 mm breit
              8A-Stängel kantig/Blätter flach   ***Allium senescens***
              8B-Stängel rund/Blätter gerollt   ***Allium sphaerocephalon*****
            7B-Blätter > 5 mm breit
              8A-Dolde 1-5 cm   *Allium scorodoprasum*
              8B-Dolde 5-9 cm   *Allium ampeloprasum*
        5B-Blüten nicht in doldigen Blütenständen
          6A-Blüte glockig verwachsen
            7A-Blüte 2-7 mm   *Brimeura amethystina*
            7B-Blüte 10-13 mm   ***Brimeura fastigiata***
          6B-Blüte nicht glockig verwachsen   *Scilla numidica*

2D-Blätter anders
   3A-Blüte mit 12 Staubblättern   *Lythrum junceum*
   3B-Blüte mit 4-6 Staubblättern
      4A-Kronblätter < 2 mm lang   *Lythrum borysthenicum*
      4B-Kronblätter 2-3 mm lang   ***<u>Lythrum hyssopifolia</u>***

Schweifblatt
Dipcadi serotinum
(Liliaceae)

Allium ampeloprasum Acker-Lauch (Liliaceae) Zwiebelpflanze mit rundem
Stängel/4-10 parallelnervige Blätter/Blätter flach/Blätter 5-40 mm breit/Dolde
5-9 cm/Blütenstand > 30blütig/Blütenblätter 4-6 mm/6 Staubblätter/Felder-
Felsküsten-Wegränder/Apr-Juli

Allium oleraceum Gemüse-Lauch (Liliaceae) Zwiebelpflanze/Blätter linealisch/
Blüten 6-7 mm/6 Staubblätter/Blütenstand kugelig/Juni-Juli

Allium scorodoprasum Schlangen-Lauch (Liliaceae) Zwiebelpflanze/Stängel
rund/Blätter parallelnervigund 2 cm breit/Dolde 1-5 cm/Blütenblätter 4-7 mm
6 Staubblätter/Felder-Wegränder

Allium senescens Berg-Lauch (Liliaceae) Zwiebelpflanze mit kantigem Stängel
Blätter parallelnervig/Blätter flach/Blätter 1-2(-6) mm breit/Dolde 2-5 cm/
Blütenblätter 3-8 mm/Blütenstiel 8-20 mm/6 Staubblätter/Steinböden

Allium sphaerocephalon * Kugel-Lauch (Liliaceae) Zwiebelpflanze mit rundem
Stängel/Blätter gerollt/Blätter 1-4 mm breit/Dolde 1-6 cm/Blütenblätter 3-6
mm/innere Staubfäden dreiteilig/Felder-Felsküsten-Wegränder/Apr-Juni

Aloe arborescens Baumartige Aloe (Agavaceae) Strauch bis 3m mit dickfleischigen Blättern/Blätter 50-60 cm lang/Blüten 35-40 mm in 10-30 cm
langen Trauben/Staubblätter aus der Blüte herausragend/Tragblätter 15-30
mm/Felder-Felsküsten-Wegränder-Zierpflanze/Jan-Juni

Aloe mitriformis Bitterschopf (Agavaceae) Niederliegende Pflanze mit zu 2 m
langen Stämmen/Blätter dickfleischig/Blütenstand 40-60 cm/Blüten 4-5 cm/
Staubblätter in der Blüte eingeschlossen/Tragblätter 8-10 mm

Brimeura amethystina Hellblaue Wildhyazinthe (Liliaceae) Zwiebelpflanze/
Blüte 2-7 mm/Blüten mit Tragblättern und glockenförmig verwachsen/
6 Staubblätter/März-Mai

Brimeura fastigiata Wildhyazinthe (Liliaceae) Zwiebelpflanze/Blätter linear/
Blüte 10-13 mm/Blüte mit Tragblättern und glockenförmig verwachsen/
6 Staubblätter/Apr-Juni

Dipcadi serotinum Schweifblatt (Liliaceae) Unbehaarte Pflanze/Blätter parallel-
nervig/6 Blütenblätter/Blüten braun/Blüten 12-15 mm/Felder-Felsküsten-
Felsspalten-Wegränder/Feb-Juli

Freesia refracta Umgebogene Freesie (Iridaceae) Pflanze mit parallelnervigen
Blättern/Blätter lineal-lanzettlich/Blüten 3-4 cm/Zierpflanze/Feb-März

Gynandiris sisyrinchium Mittags-Schwertlilie (Iridaceae) Zwiebelpflanze/
Blätter rinnig/Blüten 22-40 mm/3 Staubblätter/Felder-Kiefernwälder-
Wegränder/März-Mai

Iris germanica Weiße Deutsche Schwertlilie (Iridaceae) Pflanze mit 20-45 mm
breiten Blättern/Blätter ohne Rippe/Blüten 9-11 cm/3 Staubblätter/Felder-
Wegränder-Zierpflanze/März-Juni

Iris pallida Bleiche Schwertlilie (Iridaceae) Pflanze mit 20-45 mm breiten
Blättern/Blätter gerippt/Blüten 9-11 cm/3 Staubblätter/Apr-Mai

Iris xiphium Spanische Iris (Iridaceae) Pflanze mit 3-5 mm breiten Blättern/
Blüten 45-65 mm/3 Staubblätter/Apr-Juni

Balearen-Pfingstrose
*Paeonia cambessedesii**
(Paeoniaceae)

Lythrum borysthenicum Aufrechter Weiderich (Lythraceae) Kraut/Blätter eiförmig/Blüten 1-2 mm/6 Staubblätter/Feuchtgebiete-kalkhaltige Felder-Strand/März-Apr

Lythrum hyssopifolia Ysop-Blutweiderich (Lythraceae) Kahles Kraut/Blätter elliptisch/Blütenblätter 2-3 mm/4-6 Staubblätter/Felder-Feuchtgebiete/ Apr-Juli

Lythrum junceum Binsenartiger Weiderich (Lythraceae) Kraut mit kantigem Stängel/Blätter eiförmig-länglich/Blüte 5-6 mm lang/12 Staubblätter/ Feuchtgebiete/Apr-Sep

Paeonia cambessedesii Balearen-Pfingstrose (Paeoniaceae) Pflanze mit eiförmigen Blättern/Blüten 6-10 cm/viele Staubblätter/Bergwiesen-Eichen-wälder-Felsküsten-Felsspalten/März

Romulea ramiflora (Iridaceae) Zwiebelpflanze/Blätter fädig/Blütenblätter 7-12 mm/3 Staubblätter/Feb-März

Scilla autumnalis Herbst-Blaustern (Liliaceae) Zwiebelpflanze zur Blütezeit ohne Blätter/Blüte 5-7 mm/Blütenstand 6-20blütig/6 Staubblätter/kalkhaltige Felder/Sep-Nov

Scilla numidica (Liliaceae) Zwiebelpflanze/Blüte nicht glockenförmig verwachsen/6 Staubblätter/Frühjahr

Scilla obtusifolia (Liliaceae) Zwiebelpflanze ohne Blätter zur Blütezeit/Blätter mit behaartem Rand/Blüte 5-7 mm/6 Staubblätter/kalkhaltige Felder-Olivenhaine-Wacholderwald/Aug-Sep

Sparganium erectum Ästiger Igelkolben (Sparganiaceaea) Wasserpflanze/ Blätter linealisch + gekielt/Blüten schwarz/Feuchtgebiete/Apr-Mai

Blüten symmetrisch

1A-Blüte braun
  2A-Blätter gestielt   ***Aristolochia bianorii****
  2B-Blätter grundständig
    3A-Blätter tief 10-15teilig   ***Dracunculus muscivorus****
    3B-Blätter nicht geteilt
      4A-Blüte < 10 cm   ***<u>Arisarum vulgare</u>***
      4B-Blüte > 10 cm   ***Arum pictum****
1B-Blüte orange
  2A-Blätter mit Ranke   ***Lathyrus setifolius***
  2B-Blätter ohne Ranke   ***<u>Tropaeolum majus</u>***
1C-Blüte violett
  2A-Blätter ohne Blattgrün
    3A-Stängel und Blätter violett
      4A-Sporn 10-20 mm lang   ***Limodorum abortivum***
      4B-Sporn bis 3 mm lang   ***Limodorum trabutianum***
    3B-Stängel braun und verzweigt
      4A-Blüten > 2 cm (Ibiza)
        5A-Narbe der Blüte weiß oder gelb   ***Orobanche latisquama***
        5B-Narbe der Blüte gelb oder rot   ***Orobanche foetida***
      4B-Blüten < 2 cm
        5A-Pflanze drüsig behaart   ***<u>Orobanche ramosa</u>***
        5B-Pflanze nicht drüsig behaart
          6A-Narbe der Blüte rosa   ***Orobanche minor***
          6B-Narbe der Blüte orange oder rot   ***Orobanche sanguinea***
          6C-Narbe der Blüte gelb   ***Orobanche foetida***
  2B-Blätter mit Ranke
    3A-Blüten einzeln   ***Lathyrus sphaericus***
    3B-Blüten meist zu mehreren
      4A-Stängel geflügelt
        5A-Pflanze unten verholzt/mehrblütig   ***Lathyrus latifolius***
        5B-Kraut
          6A-Blüten einzeln/Blüten 8-16 mm   ***Lathyrus cicera***
          6B-Blüten zu 1-3(4)/Blüten 20-35 mm   ***Lathyrus odoratus***
      4B-Stängel nicht geflügelt
        5A-Blüten > 10 mm
          6A-Blätter mit 1-4 Fiederpaaren
            7A-Stängel vierkantig   ***Vicia narbonensis***
            7B-Stängel rund   ***Vicia bithynica***
          6B-Blätter mit 4-8 Fiederpaaren
            7A-Nebenblätter mit dunklem Fleck   ***<u>Vicia sativa</u>***
            7B-Nebenblätter zweigeteilt   ***Vicia monantha***

8A-Pflanze behaart — *Vicia benghalensis*
8B-Pflanze kaum behaart — *Vicia peregrina*
5B-Blüten < 10 mm
  6A-Blätter mit 1 Fiederpaar — *Vicia bifoliata**
  6B-Blätter mit mehr Fiederpaaren
   7A-Blütenstand sitzend — *Vicia lathyroides*
   7B-Blütenstand gestielt
    8A-Kelchzähne der Blüte gleich
     9A-Nebenblätter gezähnt — ***Lens nigricans***
     9B-Nebenblätter ungezähnt — *Vicia hirsuta*
    8B-Kelchzähne der Blüte ungleich
     9A-Blütenstand ≥ Blätter
      10A-Fiederblättchen linealisch — *Vicia laxiflora*
      10B-Fiederblättchen elliptisch — *Vicia pubescens*
     9B-Blütenstand < Blätter
      10A-Blüten zu 1-2 — *Vicia tetrasperma*
      10B-Blüten zu mehreren — *Vicia disperma*
2C-Blätter dreizählig
 3A-Blüten in mehrblütigen Köpfchen — ***Psoralea bituminosa***
 3B-Blüten zu 1-2
  4A-Flügel der Schote < 2 mm breit — *Tetragonolobus conjugatus*
  4B-Flügel der Schote 2-4 mm breit — *Tetragonolobus purpureus*
2D-Blätter gefingert — ***Lupinus micranthus***
2E-Blätter quirlständig — *Linaria pelisseriana*
2F-Blätter parallelnervig
 3A-Blüten mit 3 Staubblättern
  4A-Blüte 25-40 mm — ***Gladiolus illyricus***
  4B-Blüte 40-50 mm
   5A-Staubbeutel länger Staubfäden — *Gladiolus italicus*
   5B-Staubbeutel ≤ Staubfäden — *Gladiolus communis*
 3B-Blüten mit 6 Staubblättern
  4A-Blüte mit Sporn
   5A-Lippe ungeteilt
    6A-Sporn der Blüte abwärts gerichtet — *Orchis papilionacea*
    6B-Sporn der Blüte nicht so — *Orchis morio*
   5B-Lippe der Blüte dreilappig
    6A-Lippe gefleckt/Sporn aufwärts — *Orchis olbiensis*
    6B-Lippe ungefleckt
     7A-Sporn aufwärts gerichtet — *Dactylorhiza sulphurea*
     7B-Sporn abwärtsgerichtet
      8A-Lippe < 6 mm — *Gymnadenia conopsea*
      8B-Lippe > 6 mm — ***Anacamptis pyramidalis***

Anders

Judasbaum
Cercis siliquastrum
(Fabaceae)

5C-Lippe der Blüte vierlappig — *Orchis palustris*
5D-Lippe der Blüte fünflappig
  6A-Lippe 7-10 mm — *Orchis militaris*
  6B-Lippe 14-20 mm — *Orchis simia*
4B-Blüte ohne Sporn
  5A-Blüten unbehaart — *Cephalanthera rubra*
  5B-Blüten behaart
    6A-Unterlippe der Blüte oval — *Serapias cordigera*
    6B-Unterlippe der Blüte spitz — *Serapias nurrica**
2G-Blätter gefiedert
  3A-Blüten 6-9 mm/Blüten einzeln — *Lathyrus saxatilis*
  3B-Blütenstand 2-10blütig
    4A-Blätter mit 7-15 Fiederpaaren — *Biserrula pelecinus*
    4B-Blätter mit 2-8 Fiederpaaren — *Hedysarum spinosissimum*
  3C-Blütenstand > 10blütig — *Anthyllis vulneraria*
2H-Blätter anders
  3A-Baum — *Cercis siliquastrum*
  3B-Krautige Pflanze
    4A-Blätter gestielt
      5A-Blüte 4-6 mm — *Kickxia cirrhosa*
      5B-Blüte 1-3 cm — *Aristolochia bianorii**
    4B-Blätter sitzend
      5A-Staubblätter in der Blüte verborgen
        6A-Blüten 4-7 mm — *Linaria arvensis*
        6B-Blüte größer
          7A-Pflanze behaart/Blüte 10-15 mm — *Misopates orontium*
          7B-Pflanze kahl/Blüte 15-20 mm — *Linaria pelisseriana*
          7C-Blüte 9-20 mm — *Chaenorhinum origanifolium*
      5B-Staubblätter sichtbar
        7A-Blüte mit 8 Staubblättern — *Polygala vulgaris*
        7B-Blüte mit 5 Staubblättern
          8A-Alle Staubblätter in der Blüte — *Echium parviflorum*
          8B-2 Staubblätter herausragend
            9A-Blüten < 10 mm — *Echium arenarium*
            9B-Blüte > 10 mm
              10A-Pflanze weich behaart — *Echium plantagineum*
              10B-Pflanze rau behaart
                11A-Blüte blau-violett — *Echium sabulicola*
                11B-Blüte rot-violett — *Echium creticum*
        8C-Alle Staubblätter herausragend
          9A-Blüte < 10 mm — *Echium arenarium*
          9B-Blüte > 10 mm — *Echium italicum*

Anders

Krummstab
Arisarum vulgare
(Araceae)

Anacamptis pyramidalis Pyramiden-Hundswurz (Orchidaceae) Pflanze mit parallelnervigen Blättern/Blüte gespornt/Unterlippe 3lappig/Unterlippe > 6 mm/Blütenstand pyramidenförmig/6 Staubblätter/Felder-Wegränder/Apr-Juni

Anthyllis vulneraria Roter Wundklee (Fabaceae) Behaarte Pflanze/untere Blätter ungeteilt/Blüten 12-15 mm/Bergwiesen-Felder-Felsspalten-Garigues-KiefernwaldApr-Juni

Arisarum vulgare Krummstab (Araceae) Pflanze mit grundständigen Blättern/ Blüte 4-5 cm/Baumheiden-Macchie-Eichenwald-Felder-Felsspalten-Garigues-Kiefernwald-Olivenhaine-Wacholderwald-Wegränder/Okt-Mai

Aristolochia bianorii* Balearen-Osterluzei (Aristolochiaceae) Unbehaartes Kraut mit grundständigen Blättern/Blüte symmetrisch/Blüten braun/Blüten einzeln 1-3 cm/Blüte braun gestreift/Bergland-Felsküsten/Mai-Juli

Arum pictum* Gezeichneter Aronstab (Araceae) Pflanze mit grundständigen Blättern/Blätter parallelnervig/Blüte symmetrisch/Blüten braun/Blüte 15-25 cm/Olivenhaine-Wacholderwald/Sep-Nov

Biserrula pelecinus Sägehülse (Fabaceae) Locker behaarte Pflanze/Blätter mit 7-15 Fiederpaaren/Blüten 4-6 mm/Felder-Wegränder/Menorca/März-Juni

Cephalanthera rubra Rotes Waldvögelein (Orchidaceae) Pflanze mit parallelnervigen Blättern/Lippe der Blüte 18-23 mm/oben klebrig behaart/6 Staubblätter/Bergwiesen-Eichenwald-Kiefernwald-Waldränder/Apr-Juli

Cercis siliquastrum Judasbaum (Fabaceae) Baum/Blätter rundlich mit herzförmigem Grund/Blüten 15-20 mm/Zierpflanze

Chaenorhinum origanifolium* Majoranblättriges Zwerglöwenmaul (Scrophulariaceae) Pflanze mit gespornter Blüte/Blätter lanzettlich bis fast herzförmig/Blüte 9-20 mm/4 Staubblätter/Felsspalten-Steinböden/Mai-Juli

Dactylorhiza sulphurea Römisches Knabenkraut (Orchidaceae) Pflanze mit parallelnervigen Blättern/Blüte gelb oder rötlich mit gelbem Zentrum/Blüte gespornt/Sporn 13-20 mm/aufwärts gerichtet/Lippe dreilappig und ungefleckt

Dracunculus muscivorus* Gewöhnliche Schlangenwurz (Araceae) Pflanze mit tief 10-15teiligen Blättern/Blüte symmetrisch/Blüte 25-40 cm/Blüten braun/ Felsküsten/Apr-Mai

Echium arenarium Sand-Natternkopf (Boraginaceae) Behaarte Pflanze/Blätter eiförmig-länglich/Blüten ca. 8 mm/5 Staubblätter/Staubblätter aus Blüte herausragend/Felsküsten-Strand/März-Juni

Echium creticum Kretischer Natternkopf (Boraginaceae) Rau behaartes Kraut/Blätter lanzettlich/Blüte gleichmäßig behaart/Blüten 15-40 mm/ 5 Staubblätter/Felder-Wegränder/Apr-Juli

Echium italicum Italienischer Natternkopf (Boraginaceae) Rau behaarte Pflanze/Blätter lanzettlich/Blüten 10-12 mm/5 Staubblätter/alle Staubblätter aus der Blüte herausragend/Felder-Wegränder/Mai-Sep

Echium parviflorum Kleinblütiger Natternkopf (Boraginaceae) Rau behaarte Pflanze/Blätter eiförmig-länglich/Blüte 10-13 mm/5 Staubblätter/Staubblätter nicht aus Blüte herausragend/Felder-Wegränder/März-Juni

Saat-Siegwurz
Gladiolus illyricus
(Iridaceae)

Echium plantagineum Wegerichblättriger Natternkopf (Boraginaceae) Pflanze weich behaart/Blätter breit-eiförmig/Blüte 20-30 mm/5 Staubblätter davon 2 aus der Blüte herausragend/Felder-Wegränder/Apr-Juli

Echium plantagineum Wegerichblättriger Natternkopf (Boraginaceae) Weich behaartes Kraut/Grundblätter eiförmig, Stängelblätter herzförmig/Blüten 18-30 mm/5 Staubblätter/Felder-Wegränder/Apr-Juli

Echium sabulicola Sand-Natternkopf (Boraginaceae) Pflanze rau behaart/ Blätter lanzettlich/Blüte 10-30 mm/5 Staubblätter/2 Staubblätter aus der Blüte herausragend/Felder-Wegränder/Apr-Juli

Gladiolus communis Gemeine Siegwurz (Iridaceae) Pflanze mit parallel-nervigen Blättern/Blüte 4-5 cm/10-30blütig/3 Staubblätter/Staubbeutel $\leq$ Staubfäden/März-Apr

Gladiolus illyricus Illyrische Siegwurz (Iridaceae) Pflanze mit parallelnervigen Blättern/Blüte 25-40 mm/3-10blütig/3 Staubblätter/Staubbeutel $\leq$ Staubfäden Garigues-Kiefernwälder-Olivenhaine-Wacholderwald/März-Apr

Gladiolus italicus Saat-Siegwurz (Iridaceae) Pflanze mit parallelnervigen Blättern/Blüte 40-50 mm/3 Staubblätter/Staubbeutel länger Staubfäden/ Felder-Wegränder/März-Apr

Gymnadenia conopsea Mücken-Händelwurz (Orchidaceae) Pflanze mit parallelnervigen Blättern/Blütenstand verlängert und schlank/Blüte gespornt/ Unterlippe dreilappig/Unterlippe < 7 mm/6 Staubblätter

Hedysarum spinosissimum Dorniger Süßklee (Fabaceae) Angedrückt behartes Kraut mit gefiederten Blättern/Fiederblätter schmal/Blüten 8-11 mm/Blüten in lang gestielten 2-10blütigen Blütenständen/Felder-Wegränder/Apr-Mai

Kickxia cirrhosa Schraubiges Tännelkraut (Scrophulariaceae) Pflanze mit pfeil-spitzenförmigen Blättern/Blüten 4-6 mm/4 Staubblätter/Felder-Sandböden/ Mai-Juni

Lathyrus cicera Rote Platterbse (Fabaceae) Kraut mit geflügeltem Stängel/ Blätter mit 1-2 Fiederpaaren und verzweigten Ranken/Blüten 8-16 mm/ Blüten einzeln und lang gestielt/Felder-Wegränder/März-Juli

Lathyrus latifolius Breitblättrige Platterbse (Fabaceae) Pflanze mit geflügeltem Stängel/Blätter mit 1 Fiederpaar und verzweigten Ranken/Blüten 20-30 mm/ Blütenstand 5-10blütig/Felder-Hecken-Wegränder/Apr-Mai

Lathyrus odoratus Duftende Platterbse (Fabaceae) Kraut mit geflügeltem Stängel/Blätter mit 1 Fiederpaar und verzweigten Ranken/Blüten 20-35 mm/ Blütenstand 1-3blütig/Zierpflanze/Mai-Juli

Lathyrus saxatilis Felsen-Platterbse (Fabaceae) Kleines Kraut/Blätter mit 1-3 Fiederpaare(n)/Blüten 6-9 mm/Blüten einzeln/Wegränder/März-Mai

Lathyrus setifolius (Fabaceae) (Un)Behaartes Kraut/Stängel schmal geflügelt/Blätter mit 1 Fiederpaar und verzweigten Ranken/Blätter 20-60 x 1-7 mm/Blüten 6-13 mm/Kelchzähne gleich/Blüten einzeln und orangerot/ Blütenstiel bis 40 mm/Felder-Garigues-Kiefernwald-Wegränder/Mai-Juli

Helm-Knabenkraut
Orchis militaris
(Orchidaceae)

Lathyrus sphaericus Kugelsamige Platterbse (Fabaceae) (Un)Behaartes Kraut/
Stängel ungeflügelt/Blätter mit 1 Fiederpaar und verzweigten Ranken/Blätter
20-60   x 1-7 mm/Blüten 6-13 mm/Kelchzähne gleich/Blüten einzeln/
Blütenstiel 5-20 mm/Felder-Garigues-Kiefernwald-Wegränder/Mai-Juli

Lens nigricans Schwärzliche Linse (Fabaceae) Pflanze abstehend flaumig
behaart/Blätter mit 4-10 Fiederblätter/Nebenblätter gezähnt/Blüten 4-7 mm/
Blüten gestielt/Kelchzähne gleich/März-Aug

Limodorum abortivum Violetter Dingel (Orchidaceae) Pflanze mit Blättern
ohne Blattgrün/Blüte gespornt/Blüte 38-46 mm breit/Lippe ungeteilt/
6 Staubblätter/Eichenwälder/März-Mai

Limodorum trabutianum Trabuts Dingel (Orchidaceae) Pflanze mit violett
gefärbtem Stängel/Blätter mit violetten Schuppenblättern/bis 20-blütig/
Eichen- und Kiefernwälder oder Gebüsche/Apr-Juni

Linaria arvensis Acker-Leinkraut (Scrophulariaceae) Oben drüsig behaartes
Kraut/Blätter linealisch bis lanzettlich/Blüten 4-7 mm/Büte gespornt/
4 Staubblätter/Felder-Felsspalten-Wegränder/März-Juli

Linaria pelisseriana Pellicier-Leinkraut (Scrophulariaceae) Kraut/Blätter lineal/
Blüte 15-20 mm/Blüte gespornt/Felder/Menorca/Apr-Mai

Lupinus micranthus Kleinblättrige Lupine (Fabaceae) Weich behaarte Pflanze/
Blätter zu 5-9 gefingert/Blüten 10-14 mm/Blüten zu mehreren/Blüten braun
behaart/Felder-Wegränder/Menorca/März-Mai

Misopates orontium Acker-Löwenmaul (Scrophulariaceae) Behaartes Kraut/
Blätter lineal/Blüten 10-15 mm/4 Staubblätter/Felder-Wegränder/Apr-Mai

Orchis militaris Helm-Knabenkraut (Orchidaceae) Pflanze mit parallelnervigen
Blättern/Blüte gespornt/Unterlippe 5teilig/Unterlippe 7-10 mm/Sporn 5-7 mm

Orchis morio Salep-Knabenkraut (Orchidaceae) Pflanze mit parallelnervigen
Blättern/Blüte weiß bis rosa/rot gefleckt/Unterlippe ungeteilt/Blüte gespornt/
Sporn horizontal oder aufwärts gerichtet/Sporn 9-14 mm/Garigues-Kiefern-
wälder/März-Mai

Orchis olbiensis Südfranzösisches Knabenkraut (Orchidaceae) Pflanze mit
parallelnervigen Blättern/Blüte gespornt/Sporn aufwärts/Unterlippe > 6 mm,
gefleckt und dreilappig/6 Staubblätter/Garigues-Wälder/März-Juni

Orchis palustris Sumpf-Knabenkraut (Orchidaceae) Pflanze mit parallelnervigen Blättern/Blüte gespornt/Unterlippe 4lappig/Sporn 7-20 mm/
6 Staubblätter/Feuchtgebiete/Apr-Juni

Orchis papilionacea Schmetterlings-Knabenkraut (Orchidaceae) Pflanze mit
parallelnervigen Blättern/Blüte weiß bis rot/Lippe rot gefleckt oder gestreift/
Blüte gespornt/Lippe ungeteilt/Sporn abwärts gerichtet/Sporn 8-14 mm/
Hecken-Magerrasen-Wälder/Feb-Mai

Orchis simia Affen-Knabenkraut (Orchidaceae) Pflanze mit parallelnervigen
Blättern/Blüte gespornt/Unterlippe fünfteilig/alle Blütenteile schmal/Unter-
lippe 14-20 mm/Sporn 4-8 mm/6 Staubblätter/Gebüsche-Wälder/März-Juni

Große Kapuzinerkresse
Tropaeolum majus
(Tropaeolaceae)

Orobanche foetida (Orobanchaceae) Behaarte Pflanze ohne Blattgrün/Blüte 12-23 mm/Blüte behaart/4 Staubblätter

Orobanche latisquama (Orobanchaceae) Pflanze ohne Blattgrün/Blüte 22-35 mm/4 Staubblätter/Garigues-Kiefernwald-OlivenhaineWacholderwald/ Ibiza/Mai-Juni

Orobanche minor Kleine Sommerwurz (Orobanchaceae) Behaarte Pflanze ohne Blattgrün/Blüte 6-10 mm/Blüte gekrümmt/4 Staubblätter/Felder-Wegränder/Juni-Sep

Orobanche ramosa Ästige Sommerwurz (Orobanchaceae) Drüsig behaarte Pflanze ohne grüne Blätter/Stängelblätter schuppenförmig/Blüten 10-22 mm/ Felder-Garigues-Kiefernwald-Wegränder/Feb-Sep

Orobanche sanguinea (Orobanchaceae) Behaarte Pflanze ohne Blattgrün/Blüte 10-17 mm/Blüte unbehaart/4 Staubblätter/Menorca

Polygala vulgaris Gemeines Kreuzblümchen (Polygalaceae) Am Grund verholzte Pflanze/Blätter eiförmig/Blüten 5-8 mm/Blüten mit „Flügeln"/8 Staubblätter/Abhänge-Bergland-Felsspalten-Waldrand/Juni

Psoralea bituminosa Harzklee (Fabaceae) Behaarte Pflanze/Blätter dreizählig/ Blüten 15-20 mm/Schote gekrümmt/Felder-Felsküsten-Garigues-Kiefern-wälder-Olivenhaine-Wacholderwald-Wegränder/Apr-Juni

Serapias cordigera Herzförmiger Zungenständel (Orchidaceae) Pflanze mit parallelnervigen Blättern/Blüte ungespornt/Blüte innen behaart/Unterlippe 20-29 mm lang/Unterlippe oval/6 Staubblätter/Baumheiden-Macchie-Felder/ Apr-Juni

Serapias nurrica* Nurra-Zungenständel (Orchidaceae) Pflanze mit parallel-nervigen Blättern/Blüte innen behaart/Unterlippe 25-30 mm lang und spitz/ 6 Staubblätter/Mai-Juni

Tetragonolobus conjugatus (Fabaceae) Behaartes Kraut/Blättchen 25x15 mm/ Blüten zu 1-2/Kelchzähne gleich/Blüten 14-20 mm/Schote mit vier 1-2 mm breiten Flügeln/Apr-Mai

Tetragonolobus purpureus Rote Spargelbohne (Fabaceae) Behaartes Kraut/ Blättchen 40x25 mm/Blüten zu 1-2/Kelchzähne gleich/Blüten 15-22 mm/ Schote mit 4 Flügeln/Flügel 2-4 mm breit

Tropaeolum majus Große Kapuzinerkresse (Tropaeolaceae) Pflanze mit schild-förmigen Blättern/Blüte mit 5 Blütenblättern/Blüten orange/Blüten 3-6 cm/ Felder-Feuchtgebiete-Wegränder-Zierpflanze/Jan-Dez

Vicia benghalensis Bengalen-Wicke (Fabaceae) Behaartes Kraut/Blätter mit 5-9 Fiederpaaren/Ranke verzweigt/Nebenblätter (un)gezähnt/Blüten 10-18 mm/Blütenstand 2-12blütig/Felder-Olivenhaine-Wacholderwald-Wegränder/ März-Juli

Vicia bifoliata* (Fabaceae) Unbehaartes Kraut/Blätter mit 1 Fiederpaar/Blätter 10-14 x 1-2 mm/Nebenblätter ungezähnt/Blüten zu 1-2/Blüten 4-8 mm/ Kelchzähne ungleich/Menorca/Apr-Mai

Saat-Wicke
Vicia sativa
(Fabaceae)

*Vicia **bithynica*** Bithynische Wicke (Fabaceae) Pflanze mit gefiederten Blättern/Blätter mit 2-3 Fiederpaaren/Blüten 16-20 mm/Felder-Felsküsten-Wegränder/Apr-Mai

*Vicia **disperma*** Zweisamige Wicke (Fabaceae) Kaum behaartes Kraut/Blätter mit 5-10 Fiederpaaren/Nebenblätter ungezähnt/Blütenstand 1-6blütig/Blüten 4-5 mm/Olivenhaine-Wacholderwald/Menorca/Apr-Juni

*Vicia **hirsuta*** Rauhaar-Wicke (Fabaceae) Pflanze mit ungezähnten Nebenblättern/Blätter mit 4-10 Fiederpaaren/Blüten 2-4 mm/Blüten gestielt/Kelchzähne der Blüte gleichartig/März-Juli

*Vicia **lathyroides*** Platterbsen-Wicke (Fabaceae) Pflanze mit 2-8 Fiederblättern/Blüten 5-8 mm/Blüten sitzend/Blüten einzeln/Felder/März-Apr

*Vicia **laxiflora*** (Fabaceae) Fast unbehaartes Kraut/Blätter mit 2-5 Fiederpaaren/Nebenblätter ungezähnt/Blüten 6-9 mm/Blütenstand 2-5blütig/Blütenstand > Blätter/Garigues-kalkhaltige Felder-Kiefernwald-Olivenhaine-Wacholderwald/Mai-Juli

*Vicia **monantha*** Einblütige Wicke (Fabaceae) Kaum behaartes Kraut/Blätter mit 4-7 Fiederpaaren/Nebenblätter zweigeteilt/Blütenstand 1-6blütig/Blüten 10-20 mm/Eichenwälder-Felder-Garigues-Kiefernwald/März-Juni

*Vicia **narbonensis*** Maus-Wicke (Fabaceae) Behaarte Pflanze mit gefiederten Blättern/Blätter mit 1-3 Fiederpaaren/Blüten 20-30 mm/Feb-Juni

*Vicia **peregrina*** Fremde Wicke (Fabaceae) Kaum behaartes Kraut/Blätter mit 3-7 Fiederpaaren/Nebenblätter ungezähnt/Blüten zu 1-2/Blüten 10-16 mm/Garigues-Kiefernwälder/Apr-Juni

*Vicia **pubescens*** (Fabaceae) Angedrückt behaarte Pflanze/Blätter gefiedert und mit 2-5 Fiederpaaren/Blüten 4-8 mm/Blüten gestielt/Kelchzähne der Blüte unterschiedlich/Apr-Mai

*Vicia **sativa*** Saat-Wicke (Fabaceae) Behaartes Kraut/Blätter mit 3-8 Fiederpaaren/Ranke verzweigt/Nebenblätter gezähnt/Nebenblätter mit dunklem Fleck/Blüten zu 1-2/Blüten 10-30 mm/Felder-Nutzpflanze-Olivenhaine-Wacholderwald/Apr-Mai

*Vicia **tetrasperma*** Viersamige Wicke (Fabaceae) Kaum behaartes Kraut/Blätter mit 3-8 Fiederpaaren/Nebenblätter ungezähnt/Blüten 4-8 mm/Blütenstand 1-2blütig/Razem > Blätter/Garigues-kalkhaltige Felder-Kiefernwald-Olivenhaine-Wacholderwald/Mai-Juli

Acker-Ringelblume
Calendula arvensis
(Compositae)

Blüten margeritenartig

1A-Blüten orange   *Calendula arvensis*
1B-Blüten violett
   2A-Blüten 6-7 mm   *Aster squamatus*
   2B-Blüten 15-25 mm   *Aster tripolium*
   2C-Blüten 3-5 xm   *Xeranthemum inapertum*

Aster squamatus Schuppen-Aster (Compositae) Pflanze mit linear-lanzettlichen und sitzenden Blättern/Blüten 6-7 mm/Hüllblätter der Blüten zugespitzt/Felder-Wegränder/Aug-Sep

Aster tripolium Strand-Aster (Compositae) Pflanze mit fleischigen Blättern/Blätter linear bis lanzettlich und sitzend/Blüten 8-20 mm/Hüllblätter fast stumpf/Marschland/Sep-Nov

Calendula arvensis Acker-Ringelblume (Compositae) Weiß-wollig behaartes Kraut/Blätter länglich-lanzettlich/Blüten orange/Blütenköpfe 10-27 mm/Felder-Wegränder/Feb-Okt

Xeranthemum inapertum Felsenheide-Strohblume (Compositae) Aufrechtes Kraut/Blätter schmal-lanzettlich und unterseits weißfilzig/Blütenköpfe 10-50 mm/Juni-Juli

Blüten löwenzahnartig

1A-Blüten violett
   2A-Tragblätter der Blüten länger als die Blüten
      3A-Stiele der Blütenköpfchen oben verdickt *Tragopogon porrifolius*
      3B-Blütenstiele nicht so   *Tragopogon hybridus*
   2B-Tragblätter der Blüten kürzer als die Blüten
      3A-Pflanze am Grund verholzt   *Cichorium pumilum*
      3B-Pflanze am Grund nicht verholzt   *Cichorium intybus*

Cichorium intybus Wegwarte (Compositae) Meist behaarte Pflanze/Blätter fiederschnittig und sitzend/Tragblätter kürzer als die Blütenblätter/Blüten 25-40 mm/Felder-Wegränder/Apr-Sep

Cichorium pumilum Endivie (Compositae) Meist behaarte Pflanze/am Grund verholzt/Blätter fiederschnittig und sitzend/Tragblätter der Blüten kürzer als die Blütenblätter/Blüten 25-40 mm/Felder-Wegränder

Tragopogon hybridus Bastard-Bocksbart (Compositae) Unbehaartes Kraut mit stängelumfassenden Blättern/Blätter länglich-lineal/Tragblätter der Blüten länger als die Blütenblätter/Blüten 30-50 mm/Felder-Wegränder/Mai-Juni

Tragopogon porrifolius Roter Bocksbart (Compositae) Unbehaarte Pflanze/Blätter lineal und sitzend/Tragblätter der Blüten länger als die Blüten/Blüten 25-48 mm/Felder-Wegränder/Apr-Juni

Breitblättriger Rohrkolben
Typha latifolia
(Typhaceae)

Blüten anders

1A-Blüten braun
  2A-Blüte in Kolben
    3A-Kolben 5-10 mm dick   ***Typha domingensis***
    3B-Kolben 10-20 mm dick
      4A-Blätter 3-10 mm breit   ***Typha angustifolia***
      4B-Blätter 10-20 mm breit   ***<u>Typha latifolia</u>***
  2B-Blüte nicht in Kolben
    3A-Zwergstrauch   ***Phagnalon sordidum***
    3B-Kraut
      4A-Pflanze silbrig-weiß behaart   ***Bombycilaena erecta***
      4B-Pflanze nicht so
        5A-Blätter lanzettlich bis oval   ***Scabiosa cretica***
        5B-Blätter rinnig
          6A-Blütezeit im Herbst   ***Muscari parviflorum***
          6B-Blütezeit im Frühjahr
            7A-Blüten braungelb + blau   ***Muscari comosum***
            7B-Blüten nicht braungelb   ***<u>Muscari neglectum</u>***

Bombycilaena erecta Falzblume (Compositae) Silbrig weiß behaartes Kraut/Pflanze 3-20 cm groß/Blüten braun/Blütenköpfe 7-10 mm

Muscari comosum Schopfige Traubenhyazinthe (Liliaceae) Zwiebelpflanze/ Blätter rinnig/Blüten 5-10 mm/Blüte glockenförmig verwachsen/6 Staubblätter/Felder-Olivenhaine-Wacholderwald-Wegränder/Apr-Mai

<u>Muscari neglectum</u> Übersehene Traubenhyazinthe (Liliaceae) Zwiebelpflanze/ Blätter rinnig/Blüte 3-8 mm/Blüte ohne Tragblätter/Blüten schwarzblau und hellblau/Blüte glockenförmig verwachsen/6 Staubblätter/Felder-Wegränder/ März-Apr

Muscari parviflorum (Liliaceae) Zwiebelpflanze/Blätter schmal-linealisch/ Blüte 3-5 mm/mit Blättern zur Blütezeit/Blüte glockenförmig verwachsen/ 6 Staubblätter/Okt-Dez

Phagnalon sordidum Mehrköpfige Steinimmortelle (Compositae) Kleiner Strauch bis 40 cm/weißwollig behaart/Blätter umgerollt/Blüten braun/ Blütenköpfe 8-15 mm/Felsspalten/Mai-Juli

Scabiosa cretica Balearen-Skabiose (Dipsacaceae) Pflanze unten verholzt/ Blätter lanzettlich bis oval/Blütenköpfe 35-50 mm/Bergland-Felsspalten/Mai-Juli

Typha angustifolia Schmalblättriger Rohrkolben (Typhaceae) Uferpflanze/ Blätter 3-10 mm breit/Kolben 10-20 mm dick/Feuchtgebiete/Mai-Juni

Typha domingensis Südlicher Rohrkolben (Typhaceae) Uferpflanze/Blätter 5-12 mm breit/Kolben 5-10 mm dick/Feuchtgebiete/Mai-Juni

<u>Typha latifolia</u> Breitblättriger Rohrkolben (Typhaceae) Uferpflanze/Blätter 10-20 mm breit/Kolben 10-20 mm dick/Feuchtgebiete/Mai-Juni

Blätter nicht ganzrandig

-

Blätter gegenständig

Blätter nicht ganzrandig - Blätter gegenständig

*Cephalaria squamiflora**
(Dipsacaceae)

Blüten klein

1A-Kraut mit Brennhaaren   ***Urtica membranacea***
1B-Kraut ohne Brennhaare   ***Valerianella rimosa***

Urtica membranacea Geschwänzte Brennnessel (Urticaceae) Kraut mit
    Brennhaaren und Nebenblättern/Blätter ei- bis herzförmig/Felder-Wegränder/
    Mai-Juni
Valerianella rimosa Gefurchtes Rapünzchen (Valerianaceae) Kraut/Blätter am
    Grund gelappt, sonst ganzrandig/Blüten mit 3 Staubblätter/Mai-Juli

2-4 Blütenblätter

1A-Blüten 2-3 mm   ***Phillyrea media***
1B-Blüten 9-10 mm   ***<u>Cephalaria squamiflora</u>*****

<u>Cephalaria squamiflora</u>*   (Dipsacaceae) Strauch/Blätter eilanzettlich bis
    elliptisch/Blüten 9-10 mm/4 Staubblätter/im Bergland-Felsspalten/Aug
Phillyrea media Breitblättrige Steinlinde (Oleaceae) Behaarter Strauch/Blätter
    herzeiförmig bis eilanzettlich/alte Blätter oft ganzrandig/Blüten 2-3 mm/
    Baumheiden-Macchie-Eichenwald-Felsspalten/März-Juni

5 Blütenblätter

1A-Blätter gestielt   ***<u>Sambucus ebulus</u>***
1B-Blätter sitzend
   2A-Pflanze behaart   ***Lippia nodiflora***
   2B-Pflanze unbehaart   ***Valerianella rimosa***

Lippia nodiflora Knotenblütige Lippie (Verbenaceae) Behaartes Kraut/Blätter
    keilförmig-spatelig/Blüten in Ähren/Einzelblüte bis 3 mm breit/4 Staubblätter
    Strand/Mai-Sep
<u>Sambucus ebulus</u> Zwergholunder (Caprifoliaceae) Unbehaarte Pflanze/Blätter
    gefiedert/Blütenstand 5-16 cm/Felder-Wegränder/Juli-Sep
Valerianella rimosa Gefurchtes Rapünzchen (Valerianaceae) Kraut/Blätter am
    Grund gelappt, sonst ganzrandig/Blüten mit 3 Staubblättern/Mai-Juli

Blüten in Dolden

1A-Pflanze aufrecht   ***Tordylium apulum***
1B-Pflanze niederliegend (nur auf Menorca)   ***Apium bermejoi****

Apium bermejoi* (Apiaceae) Niederliegende Pflanze/Blätter unpaarig
    gefiedert/Feuchtgebiete-Felsküsten/Felsspalten/Menorca/Apr-Mai
Tordylium apulum Apulischer Zirmet (Apiaceae) Aufrechte Pflanze/behaart/
    Blätter gefiedert/Dolden 3-8zählig/Randblüten vergrößert/Blüten mit Hüll-
    und Hüllchenblättern/Felder-Wegränder/Apr-Aug

Rundblättrige Minze
Mentha suaveolens
(Lamiaceae)

<u>Blüten symmetrisch</u>

1A-Blätter sitzend
  2A-Blüte ohne Oberlippe
    3A-Blüte 4-5 mm
      4A-Fast unbehaart/Blätter dreispaltig   *Teucrium campanulatum*
      4B-Stängel dicht behaart   *Teucrium capitatum*
    3B-Blüten 9-16 mm   *Teucrium flavum*
  2B-Blüte mit Oberlippe und Unterlippe
    3A-Blüte < 10 mm
      4A-Kelch der Blüte 5-10nervig
        5A-Staubblätter aus Blüte ragend   *<u>Stachys arvensis</u>*
        5B-Staubblätter innerhalb Blüte   *Sideritis romana*
      4B-Kelch der Blüte 10-13nervig
        5A-Kelchzähne alle gleichartig   *<u>Mentha suaveolens</u>*
        5B-Kelch der Blüte einlippig   *Origanum majorana*
        5C-Kelch der Blüte zweilippig
          6A-Blüten locker   *Micromeria filiformis**
          6B-Blüten dicht   *Micromeria rodriguezii*
    3B-Blüte > 10 mm
      4A-Stängel ohne sternförmige Haare   *Stachys ocymastrum*
      4B-Stängel mit sternförmigen Haaren   *Ballota hirsuta*
1B-Blätter gestielt
  2A-Strauch
    3A-Blüten >10 mm   *Prasium majus*
    3B-Blüten < 10 mm
      4A-Blattrand gerollt   *<u>Thymus vulgaris</u>*
      4B-Blattrand nicht gerollt/Kelch < 15venig   *Thymus herba-barona**
      4C-Blattrand nicht gerollt/Kelch > 15venig   *Thymbra capitata*
  2B-Krautige Pflanze oder nur unten verholzt
    3A-Pflanze unbehaart/Blüten > 20 mm   *Molucella spinosa*
    3B-Pflanze behaart
      4A-Kelch unbehaart   *Origanum virens*
      4B-Kelch behaart
        5A-Blätter oval
          6A-Mit Zitronengeruch   *Melissa officinalis*
          6B-Ohne Zitronengeruch
            7A-Blüten in endständigen Ähren   *Prunella laciniata*
            7B-Blüten nicht in endständigen Ähren   *Satureja rouyana*
        5B-Blätter herzförmig
          6A-Pflanze mit Minzgeruch   *Marrubium vulgare*
          6B-Pflanze mit Thymiangeruch   *<u>Nepeta cataria</u>*
          6C-Pflanze unangenehm riechend   *Nepeta nepetella*

Echte Katzenminze
Nepeta cataria
(Lamiaceae)

Ballota hirsuta Behaarte Schwarznessel (Lamiaceae) Pflanze mit sternförmigen Stängelhaaren/Blätter breit-herzeiförmig/Blüte 14-16 mm/Felder-
Felsküsten-Wegränder/Mai-Aug

Marrubium vulgare Gemeiner Andorn (Lamiaceae) Behaarte Pflanze mit
Thymiangeruch/Blätter herzförmig/Blüten 12-15 mm/Kelch behaart/Felder-
Garigues-Kiefernwald-WegränderApr-Sep

Melissa officinalis Zitronen-Melisse (Lamiaceae) Behaarte Pflanze mit Zitro-
nengeruch/Blätter oval Blüten 8-15 mm/Kelch behaart/Zierpflanze/Mai-Sep

Mentha suaveolens Rundblättrige Minze (Lamiaceae) Pflanze mit vierkantigem
Stängel/Blätter oval bis beinahe rund/Blüte < 5 mm/Kelch 10-13nervig mit 5
gleichartigen Kelchzähnen/Feuchtgebiete-Zierpflanze/Mai-Okt

Micromeria filiformis* (Lamiaceae) Zwergstrauch/Blätter eiförmig/Blüten 4-6
mm/Kelch zweilippig/13 Kelchvenen/Felsspalten-Steinböden/Mai-Juni

Micromeria rodriguezii (Lamiaceae) Zwergstrauch mit dichtem Blütenstand/
Blüte 5-8 mm/Kelch 10-13nervig/Kelch 2lippig/Mai-Juni

Molucella spinosa (Lamiaceae) Unbehaarte Pflanze/Blätter oval mit herzförmigem Grund/Blüten 25-40 mm/Mai-Juni

Nepeta cataria Echte Katzenminze (Lamiaceae) Grauwollig behaarte Pflanze
mit Minzgeruch/Blätter oval/Blüten 7-10 mm und mit roten Flecken/Mai-Sep

Nepeta nepetella Weiße Katzenminze (Lamiaceae) Kraut mit vierkantigem
Stängel/Blätter eiörmig-lanzettlich/Blüten 10-12 mm/Blütenstand verzweigt/
Blütenstand locker/Eichenwald-Felder-Olivenhaine-Wacholderwald-
Wegränder/Menorca/Apr-Juni

Origanum majorana Majoran (Lamiaceae) Pflanze bis 60 cm/Blätter oval/Blüte
4-5 mm/Kelch einlippig/Zierpflanze/Mai-Okt

Origanum virens (Lamiaceae) Behaarte Pflanze/Blätter eiförmig/Blüten 4-7
mm/Kelch unbehaart/Juni-Sep

Prasium majus Großer Klippenziest (Lamiaceae) Strauch mit breiten
glänzenden Blättern/Blätter eiförmig bis lanzettlich/Blüten 17-20 mm/
Olivenhaine-Steinböden-Wacholderwald/Mai

Prunella laciniata Weiße Braunelle (Lamiaceae) Behaartes Kraut mit Neben-
blättern/Blätter fiederlappig/Blüten 14-20 mm/vielblütig/5 Staubblätter/
Felder-Wegränder/Menorca/Mai-Sep

Satureja rouyana (Lamiaceae) Am Grund verholzt/behaart/Blätter oval/Blüten
10-15 mm/Kelch behaart/Felsspalten/Juni-Sep

Sideritis romana Römisches Gliedkraut (Lamiaceae) Pflanze mit oval
gezähnten Blättern/Blüte 7-10 mm/Kelch 5-10nervig/Staubblätter innerhalb
der Blüte/oberer Kelchzahn viel größer als die anderen/Felder-Garigues-
Kiefernwald/Apr-Aug

Stachys arvensis Acker-Ziest (Lamiaceae) Behaarte Pflanze/untere Blätter
eiförmig bis länglich/Blüte 5-8 mm/Kelch 5-10nervig/Staubblätter aus der
Blüte herausragend/Bergland-Felder/März-Mai

Echter Thymian
Thymus vulgaris
(Lamiaceae)

Stachys ocymastrum Basilikum-Ziest (Lamiaceae) Behaartes Kraut/Haare nicht sternförmig/Blätter eirundlich/Blüte 12-20 mm mit Ober- und Unterlippe/ Kelch 7-10 mm/Kelch < 13 Venen/Felder-Wegränder/März-Juni

Teucrium campanulatum Glockenblütiger Gamander (Lamiaceae) Niederliegende Pflanze/fast unbehaart/Blätter dreispaltig/Blüte 4-5 mm/Oberlippe der Blüte fehlend/Feuchtgebiete/Mai-Juli

Teucrium capitatum Kopfiger Gamander (Lamiaceae) Graufilziger Halbstrauch mit dicht behaartem Stängel/Blätter mehrfach eingeschnitten/Blüte 4-5 mm/ Blüten in zusammengesetzten Köpfchen/Oberlippe fehlend/sandige Standorte Felder-Garigues-Kiefernwald-Wegränder/Mai-Juni

Teucrium flavum Gelber Gamander (Lamiaceae) Halbstrauch/Stängel und Blätter samtig behaart/Blätter eiförmig + oberseits glänzend/Blüten 9-16 mm/ Oberlippe der Blüte fehlend/Garigues-Kiefernwald-Steinböden/Mai-Aug

Thymbra capitata Kopfiger Thymian (Lamiaceae) Strauch/Blätter linealisch/ Blüte 7-10 mm/Kelch 20-22venig/Garigues-Kiefernwald/Juni-Okt

Thymus herba-barona Kümmel-Thymian (Lamiaceae) Strauch/Blüten < 10 mm/Blattrand nicht gerollt/Kelch 10-13venig/Juni-Aug

<u>Thymus vulgaris</u> Echter Thymian (Lamiaceae) Zwergstrauch/Blattrand gerollt/ Blüten 5-6 mm/Eichenwald-Felder-Garigues-Kiefernwald-Olivenhaine-Wacholderwald-Wegränder/Mai-Okt

Weiß

Echtes Eisenkraut
Verbena officinalis
(Verbenaceae)

Blüten klein/4 Blütenblätter

1A-Blätter sitzend   *Valerianella microcarpa*

Valerianella microcarpa (Valerianaceae) Behaartes Kraut/3 Staubblätter/Narbe
 3teilig/Kelch fehlend/kalkhaltige Felder/Apr-Juni

5 Blütenblätter

1A-Blätter sitzend   *Verbena officinalis*
1B-Blätter gestielt
 2A-Blütenblätter gekerbt   *Geranium columbinum*
 2B-Blütenblätter abgerundet
  3A-Kelch < Blüte   *Geranium purpureum*
  3B-Kelch ~ Blüte   *Geranium rotundifolium*

Geranium columbinum Tauben-Storchschnabel (Geraniaceae) Behaartes
 Kraut/Blätter filigran eingeschnitten/Blütenstand 1-2blütig/10 Staubblätter/
 Blütenblätter 7-10 mm/Blütenblätter gekerbt/Felder-Wegränder/Apr-Juni
Geranium purpureum Purpur-Storchschnabel (Geraniaceae) Behaartes Kraut/
 Blätter fünfteilig/Blütenstand 1-2blütig/10 Staubblätter/Blütenblätter
 abgerundet/Blütenblätter 5-9 mm/Eichenwald-Felder-Felsspalten-Garigues-
 Kiefernwald-Olivenhaine-Steinböden-Wacholderwald-Wegränder/März-Juli
Geranium rotundifolium Rundblättriger Storchschnabel (Geraniaceae) Kraut/
 behaart/Blätter fünfteilig/Blütenstand 1-2blütig/10 Staubblätter/Blütenblätter
 5-7 mm/Blütenblätter abgerundet/Felder-Wegränder/Apr-Juni
Verbena officinalis Echtes Eisenkraut (Verbenaceae) (Un)behaarte Pflanze/
 Blüten 3-5 mm/2+2 Staubblätter/Felder-Wegränder/Mai-Juli

Trauben-Gamander
Teucrium botrys
(Lamiaceae)

Blüten symmetrisch

1A-Blätter gestielt
  2A-Strauch   *Lavandula dentata*
  2B-Krautige Pflanze
    3A-Pflanze unbehaart   *Moluccellla spinosa*
    3B-Pflanze behaart
      4A-Blüten bis 6 mm   *Scutellaria balearica**
      4B-Blüten > 10 mm
        5A-Blätter deutlich gestielt   *Satureja calamintha*
        5B-Blätter am Grund herzförmig   *Nepeta nepetella*
1B-Blätter sitzend
  2A-Blüte ohne Oberlippe
    3A-Mit Dornen   *Teucrium balearicum*
    3B-Ohne Dornen
      4A-Blätter fiederschnittig   *Teucrium botrys*
      4B-Blätter nicht fiederschnittig
        5A-Kelch zweilippig/Blüten 10-13 mm   *Teucrium asiaticum**
        5B-Kelch nicht zweilippig
          6A-Haare verzweigt/drüsig behaart   *Teucrium cossonii**
          6B-Haare einfach
            7A-Blüten 7-10 mm   *Teucrium scordium*
            7B-Blüten 12-20 mm   *Ajuga iva*
  2B-Blüte mit Ober- und Unterlippe
    3A-Haare sternförmig   *Phlomis italica**
    3B-Haare einfach/nicht sternförmig
      4A-Pflanze weißfilzig behaart   *Stachys germanica*
      4B-Pflanze nicht weißfilzig behaart
        5A-Stängelblätter verwachsen   *Lamium amplexicaule*
        5B-Stängelblätter nicht verwachsen
          6A-Kraut/Blüte 5-8 mm   *Stachys arvensis*
          6B-Blüten größer/am Grund verholzt
            7A-Blüte 8-10 mm   *Micromeria inodora**
            7B-Blüte 9-15 mm   *Ballota nigra*

Cossons Gamander
*Teucrium cossonii**
(Lamiaceae)

Ajuga iva Moschus-Günsel (Lamiaceae) Behaarte Pflanze/Blätter lineal-länglich/Blüten 12-20 mm/4 Staubblätter/Oberlippe der Blüte klein/Unterlippe der Blüte dreilappig/Felder-Garigues-Kiefernwald-Wegränder/Mai-Okt

Ballota nigra Schwarznessel (Lamiaceae) Behaarte Pflanze/Blätter ei- bis herzförmig/Blüte 9-15 mm/Felder-Wegränder/Mai-Sep

Lamium amplexicaule Stängelumfassende Taubnessel (Lamiaceae) Behaartes Kraut mit verwachsenen Stängelblättern/Blüten 10-20 mm/Blüte mit Ober- und Unterlippe/Unterlippe ohne Seitenlappen/Felder-Wegränder/Feb-Okt

<u>Lavandula dentata</u> Gezähnter Lavendel (Lamiaceae) Grau behaarter Strauch/Blätter länglich/Blüten 7-8 mm/Felsspalten-Garigues-Kiefernwald/Jan-Mai

*Micromeria inodora** (Lamiaceae) Behaarter Zwergstrauch/Blüten 8-10 mm/Kelchzähne der Blüte gleichartig/Garigues-Kiefernwald/Okt-Feb

Moluccella spinosa Stachelige Muschelblume (Lamiaceae) Kraut/Blätter eiförmig/Blüten 25-40 mm/Mai-Juni

Nepeta nepetella Amethystfarbene Katzenminze (Lamiaceae) Behaartes Kraut/Blätter eiförmig-lanzettlich/Blüten 10-12 mm/Eichenwald-Felder-Olivenhaine-Wacholderwald-Wegränder/Menorca/Mai-Juni

*Phlomis italica** Italienisches Brandkraut (Lamiaceae) Weißfilzig behaarter Strauch/Haare sternförmig/Blätter eiförmig/Blüten ca 20 mm/Bergland-Felder-Olivenhaine-Wacholderwald-Wegränder/Mai-Juni

Satureja calamintha Drüsige Bergminze (Lamiaceae) Drüsig behaarte Pflanze/Blätter breit eiförmig und deutlich gestielt/Blüte 10-16 mm/Juli-Okt

*Scutellaria balearica** Balearen-Helmkraut (Lamiaceae) Behaarte Pflanze/Blätter lang gestielt und eiförmig, am Grund herzförmig/Blüten 6-8 mm/Bergland-Eichenwald-Felsspalten/Mai-Juli

<u>Stachys arvensis</u> Acker-Ziest (Lamiaceae) Steif behaartes Kraut/Blüte 5-8 mm mit Ober- und Unterlippe/Unterlippe mit ungezähnten Seitenlappen/Felder

<u>Stachys germanica</u> Deutscher Ziest (Lamiaceae) Grau oder weiß behaarte Pflanze/Blätter spitz-eiförmig/Blüten 15-25 mm/Apr-Aug

*Teucrium asiaticum** Lanzettblättriger Gamander (Lamiaceae)Stinkender Zwergstrauch/Blätter linealischBlüten 10-13 mm ohne Oberlippe/Felder-Garigues-Kiefernwald-Wegränder/Apr-Mai

Teucrium balearicum Balearen-Gamander (Lamiaceae) Dorniger Strauch/weißfilzig behaart/Blüten 10-12 mm/Oberlippe der Blüte fehlend/Felsküsten-Garigues-Kiefernwald/Mai-Juli

<u>Teucrium botrys</u> Trauben-Gamander (Lamiaceae) Flaumig behaarte Pflanze/Blätter tief fiederspaltig/Blüten 15-20 mmohne Oberlippe/Garigues-kalkhaltige Felder-Kiefernwald/Apr-Mai

<u>Teucrium cossonii</u> Cossons Gamander (Lamiaceae) Grau behaarter Zwergstrauch/Haare verzweigt/Blätter lineal-lanzettlich/Blüten 8-10 mm ohne Oberlippe/Felsspalten-Felsküsten/Mai-Aug

Teucrium scordium Lauch-Gamander (Lamiaceae) Weich behaarte Pflanze/Blätter ei- bis herzförmig/Blüten 7-10 mm ohne Oberlippe/Mai-Sep

Wasser-Dost
Eupatorium cannabinum
(Compositae)

Blüten anders

1A-Stängel distelartig	***Dipsacus fullonum***
1B-Stängel nicht distelartig	
2A-Pflanze behaart	***Eupatorium cannabinum***
2B-Pflanze unbehaart	***Centranthus calcitrapae***

Centranthus calcitrapae Fußangel-Spornblume (Valerianaceae) Kraut/Blätter rundlich bis oval/Einzelblüten 2 mm lang/Blüte gespornt/Blüte mit einem Staubblatt/Felder-Steinböden-Wegränder/Apr-Juli

Dipsacus fullonum Wilde Karde (Dipsacaceae) Pflanze bis 2 m/Stängel distelartig/Blätter länglich elliptisch/Blütenköpfe 3-8 cm lang/4 Staubblätter/Feuchtgebiete/Mai-Juli

Eupatorium cannabinum Wasser-Dost (Compositae) Behaarte Pflanze bis 175 cm/Stängelblätter 3- oder 5-lappig/Blüten 2-5 mm/5 Staubblätter/feuchte Standorte/Mai-Juli

Rosa

Weicher Storchschnabel
Geranium molle
(Geraniaceae)

2-4 Blütenblätter

1A-Narbe der Blüte vierteilig   ***Epilobium hirsutum***
1B-Narbe der Blüte ungeteilt   ***Epilobium tetragonum***

Epilobium hirsutum Rauhaariges Weidenröschen (Onagraceae) Weich behaarte
   Pflanze/Blätter länglich-lanzettlich/Blüten 15-25 mm/Kronblätter der Blüte
   eingeschnitten/8 Staubblätter/Narbe vierteilig/Marschland/Mai-Sep
Epilobium tetragonum Vierkantiges Weidenröschen (Onagraceae) Weich
   behaarte Pflanze/Blätter schmal/Blütenblätter 7-12 mm und eingeschnitten/
   8 Staubblätter/Narbe der Blüte ungeteilt/Felder-Feuchtgebiete-Wegränder/
   Mai-Sep

5 Blütenblätter

1A-Blütenblätter nicht eingeschnitten   ***Geranium lucidum***
1B-Blütenblätter eingeschnitten
   2A-Blatt bis zur Mitte geteilt   ***Geranium molle***
   2B-Blatt fast bis zum Grund geteilt   ***Geranium dissectum***

Geranium dissectum Schlitzblättriger Storchschnabel (Geraniaceae) Behaartes
   Kraut/Stängel abstehend behaart/Blatt fast bis zum Grund geteilt/Blüten 8-10
   mm/Blütenblätter eingeschnitten/Feuchtgebiete/März-Juni
Geranium lucidum Glänzender Storchschnabel (Geraniaceae) Kaum behaartes
   Kraut/Blätter maximal bis zur Hälfte eingeschnitten/Blüten 10-14 mm/
   Bergland-Felder-Wegränder/März-Juni
Geranium molle Weicher Storchschnabel (Geraniaceae) Behaartes Kraut/
   Stängel zottig-weichhaarig/Blatt bis zur Mitte geteilt/Blüten 7-10 mm/
   Blütenblätter eingeschnitten/Felder-Wegränder/März-Juni

Wandelröschen
Lantana camara
(Verbenaceae)

Blüten symmetrisch

1A-Blätter sitzend
  2A-Blüte ohne Oberlippe
    3A-Blüten > 7 mm   ***Teucrium chamaedrys***
    3B-Blüten < 7 mm
      4A-Blätter mit < 3 Einschnitten   ***Teucrium cossonii*****
      4B-Blätter mehrfach eingeschnitten
        5A-Blüten in einfachen Köpfchen   ***Teucrium dunense***
        5B-Zusammengesetzten Köpfchen   ***Teucrium capitatum***
  2B-Blüte mit kleiner Oberlippe   ***Ajuga iva***
  2C-Blüte mit Ober- und Unterlippe
    3A-Blüte 3-5 mm   ***Mentha longifolia***
    3B-Blüte 6-8 mm   ***Stachys arvensis***
    3C-Blüte > 10 mm
      4A-Pflanze < 30 cm   ***Parentucellia latifolia***
      4B-Pflanze > 30 cm   ***Ballota hirsuta***
1B-Blätter gestielt
  2A-Dorniger Strauch   ***Lantana camara***
  2B-Krautige Pflanze
    3A-Blüten < 15 mm
      4A-Blüten 7-10 mm   ***Nepeta cataria***
      4B-Blüten 13-15 mm   ***Prunella vulgaris***
    3B-Blüten > 15 mm
      4A-Blüten 15-20 mm   ***Calamintha sylvatica***
      4B-Blüten 20-30 mm   ***Salvia sclarea***

Rot

Acker-Ziest
Stachys arvensis
(Lamiaceae)

Ajuga iva Moschus-Günsel (Lamiaceae) Wollig bis zottig behaarte Pflanze/ Blätter lineal-länglich/Blüte 10-14 mmmit kleiner Oberlippe und dreilappiger Unterlippe/Felder-Garigues-Kiefernwald-Wegränder/Mai-Okt

Ballota hirsuta Behaarte Schwarznessel (Lamiaceae) Behaarte Pflanze/Blätter breit-herzeiförmig/Blüte 14-16 mm/Unterlippe derBlüte mit gezähnten Seitenlappen/Felder-Felsküsten-Wegränder/Mai-Aug

Calamintha sylvatica Berg-Minze (Lamiaceae) Behaartes Kraut/Blätter eiförmig/Blüten 15-20 mm/Eichenwälder-Feuchtgebiete/Aug-Okt

Lantana camara Wandelröschen (Verbenaceae) Dorniger Strauch/Blätter eilänglich/Blüten 4-5 mm/Felder-Wegränder-Zierpflanze/Mai-Okt

Mentha longifolia Roß-Minze (Lamiaceae) Behaarte Pflanze/Blätter elliptisch bis lanzettlich/Blüten 3-5 mm in langen, endständigen Ähren/Feuchtgebiete/ Juni-Okt

Nepeta cataria Echte Katzenminze (Lamiaceae) Grauwollig behaartes Kraut mit Minzgeruch/Blätter eiförmig bis herzförmig/Blüten 7-10 mm/Mai-Sep

Parentucellia latifolia Breitblättrige Parentucellie (Scrophulariaceae) Drüsigklebriger Halbschmarotzer/Blätter lanzettlich bis dreieckig/Blüten 10-12 mm kalkhaltige Felder/März-Mai

Prunella vulgaris Gemeine Braunelle (Lamiaceae) Behaartes Kraut/Blätter oval bis rautenförmig/Blüten 13-15 mm/Mai-Juli

Salvia sclarea Muskateller-Salbei (Lamiaceae) Grau behaartes Kraut/Blätter breit-eiförmig-herzförmig/Blüten 20-30 mm/Oberlippe der Blüte sichelförmig/Felder-Felsspalten-Garigues-Kiefernwälder-Wegränder/Mai-Aug

Stachys arvensis Acker-Ziest (Lamiaceae) Steif behaartes Kraut/Blätter herzeiförmig/Blüte 5-8 mm mit Ober- und Unterlippe/Unterlippe mit ungezähnten Seitenlappen/Felder/März-Juli

Teucrium capitatum Kopfiger Gamander (Lamiaceae) Graufilzg behaarter Halbstrauch/Blätter schmal lanzettlich/Blüten 5 mm in zusammengesetzten Köpfchen ohne Oberlippe/Felder-Garigues-Kiefernwälder-Wegränder/Apr-Aug

Teucrium chamaedrys Edel-Gamander (Lamiaceae) Behaarter Zwergstrauch/ Blätter länglich-oval/Blüten 9-16 mm ohne Oberlippe/Bergland-Eichenwald/ Mai-Sep

Teucrium cossonii* Cossons Gamander (Lamiaceae) Grau behaarter Zwergstrauch/Haare verzweigt/Blätter lineal-lanzettlich/Blüten 8-10 mm ohne Oberlippe/Felsspalten-Felsküsten/Mai-Aug

Teucrium dunense Dünen-Gamander (Lamiaceae) Wollig behaarter Zwergstrauch/Blätter länglich/Blüten in einfachen Köpfchen/Oberlippe fehlend/ Strand-sandige Standorte/Mai-Juli

Früher Ehrenpreis
Veronica praecox
(Scrophulariaceae)

2-4 Blütenblätter

1A-Blätter gestielt   *Veronica beccabunga*
1B-Blätter sitzend
  2A-Blütenstände gegenständig   *Veronica anagalloides*
  2B-Blüten einzeln
    3A-Blätter eingeschnitten   *Veronica verna*
    3B-Blätter gekerbt
      4A-Fruchtstiel kürzer als der Kelch   *Veronica arvensis*
      4B-Fruchtstiel länger als der Kelch   ***Veronica praecox***

Veronica anagalloides Schlamm-Ehrenpreis (Scrophulariaceae) Kraut/Blätter
    lineal-lanzettlich/Blüten in gegenständigen Blütenständen/Blüten 3-5 mm/
    Apr-Sep
Veronica arvensis Feld-Ehrenpreis (Scrophulariaceae) Kraut/Blätter dreieckig
    bis eiförmig/Blüten einzeln/Blüten 2-3 mm/Griffel > 1mm/Fruchtstiel kürzer
    als der Kelch/Kapsel behaart/Felder-Wegränder/Feb-Juni
Veronica beccabunga Bachbunge (Scrophulariaceae) Niederliegende Pflanze/
    Blätter oval-länglich/Blüten 5-7 mm/Feuchtgebiete/Feb-Okt
Veronica praecox Früher Ehrenpreis (Scrophulariaceae) Kraut/Blätter gekerbt/
    Blüten einzeln/Griffel > 1mm/Fruchtstiel länger als der Kelch/Kapsel behaart
    Felder-Wegränder/März-Juli
Veronica verna Frühlings-Ehrenpreis (Scrophulariaceae) Aufrechtes Kraut/
    Blätter dreieckig bis eiförmig/Blüten einzeln/Blüten 3 mm/Kapsel behaart/
    Griffel < 1mm/Felder-Felsspalten-Wegränder/Apr-Juli

Gezähnter Feldsalat
Valerianella dentata
(Valerianaceae)

5 Blütenblätter

1A-Blütenblätter verwachsen   *Campanula erinus*
1B-Blütenblätter nicht verwachsen
  2A-Blätter gestielt   *Verbena supina*
  2B-Blätter sitzend
    3A-Niederliegendes Kraut   *Lippia canescens*
    3B-Aufrechtes Kraut
      4A-Blüten ohne Kelch
        5A-Frucht mit 3 Hörnern   *Valerianella echinata*
        5B-Frucht ohne Hörner   *Valerianella costata*
      4B-Blüten mit Kelch
        5A-Frucht > 4 mm   *Valerianella discoidea*
        5B-Frucht < 4 mm
          6A-Kelch so breit wie die Frucht   *Valerianella eriocarpa*
          6B-Kelch schmaler als die Frucht   <u>*Valerianella dentata*</u>

Campanula erinus Alpenbalsam-Glockenblume (Campanulaceae) Behaartes
   Kraut/Blätter eiförmig/Blüten 3-5 mm/Felder-Steinböden-Wegränder/
   März-Juni
Lippia canescens Graue Teppichverbene (Verbenaceae) Niederliegendes Kraut/
   Blätter verkehrt-eiförmig/Blüten 3-4 mm/Kelch zweilippig/Zierpflanze/
   Juli-Aug
Valerianella costata (Valerianaceae) Aufrechtes Kraut/Blüte mit Kelch/
   3 Staubblätter/Frucht < 4 mm/Frucht mit 3 Hörnern
Valerianella dentata Gezähnter Feldsalat (Valerianaceae) Kraut/Blätter oben
   länglich, unten löffelförmig/Blüten < 5 mm/3 Staubblätter/März-Mai
Valerianella discoidea Scheibenartiger Feldsalat (Valerianaceae) Behaartes
   Kraut/Blätter schmal-spatelförmig bis oval/Blüte mit Kelch/Kelchzipfel
   lang/3 Staubblätter/Frucht > 4mm/Frucht mit 3 Hörnern/Felder-Wegränder/
   Apr-Mai
Valerianella echinata (Valerianaceae) Aufrechtes Kraut/Blüten ohne Kelch/
   3 Staubblätter/Frucht < 4 mm/Frucht mit 3 Hörnern/März-Juni
Valerianella eriocarpa (Valerianaceae) Aufrechtes Kraut/Blätter löffelförmig/
   Blüten < 5 mm/3 Staubblätter/Blüten mit Kelch/Kelchzipfel kurz/Frucht < 4
   mm/Frucht ohne Hörner/Felder-Wegränder/Apr-Mai
Verbena supina Kleines Eisenkraut (Verbenaceae) Behaartes Kraut/Stängel
   vierkantig/Blätter im Umriss dreieckig bis oval/Blüten 2-3 mm/Apr-Juni

Grüner Salbei
Salvia viridis
(Lamiaceae)

Blüte symmetrisch

1A-Blätter sitzend
  2A-Strauch — *Teucrium fruticans*
  2B-Kraut
    3A-Blüten < 5 mm — *Mentha spicata*
    3B-Blüten 5-10 mm — *Salvia verbenaca*
    3C-Blüten > 10 mm
      4A-Blätter unterseits weißfilzig — *Salvia officinalis*
      4B-Blätter unterseits nicht weißfilzig — *Salvia viridis*
1B-Blätter gestielt
  2A-Strauch — *Prasium majus*
  2B-Kraut
    3A-Stängel rund — *Verbena supina*
    3B-Stängel vierkantig
      4A-Blüten < 10 mm
        5A-Blüten in mehrblütigen Quirlen — *Acinos arvensis*
        5B-Blüten in vielblütigen Köpfchen — *Mentha aquatica*
      4B-Blüten > 10 mm
        5A-Pflanze grau behaart — *Calamintha nepeta*
        5B-Pflanze nicht grau behaart
          6A-Mit Blaatpaar unter den Blütenköpfen — *Prunella vulgaris*
          6B-Ohne Blattpaar unter den Blütenköpfen — *Nepeta nepetella*

Blau

Wasser-Minze
Mentha aquatica
(Lamiaceae)

Acinos arvensis Gemeiner Steinquendel (Lamiaceae) Kraut/Stängel vierkantig/
Blätter eiförmigBlüten 7-10 mm/Unterlippe mit weißer Markierung/Apr-Juli

Calamintha nepeta Kleinblütige Bergminze (Lamiaceae) Grauhaariges Kraut/
Stängel vierkantig/Blätter stumpf breit-eiförmig/Blüten 10-15 mm/Unterlippe
der Blüte gepunktet/Aug-Okt

Mentha aquatica Wasser-Minze (Lamiaceae) Kraut/Stängel vierkantigk/Blätter
oval bis elliptisch/Blüten 4-6 mm/Blüten mit Unter- und Oberlippe/Blüten in
endständigem kugeligen Kopf/Feuchtgebiete/Juli-Okt

Mentha spicata Grüne Minze (Lamiaceae) Kraut/Blätter elliptisch bis lanzett-
lich/Blüten 2-4 mm ohne deutliche Unter- und Oberlippe/Blütenstand
endständig und länglich/Zierpflanze/Juli-Nov

Nepeta nepetella Amethystfarbene Katzenminze (Lamiaceae) Behaartes Kraut/
Blätter eiförmig-lanzettlich/Blüten 10-12 mm/Eichenwald-Felder-Oliven-
haine-Wacholderwald-Wegränder/Menorca/Mai-Juni

Prasium majus Großer Klippenziest (Lamiaceae) Strauch mit breiten glänzenden Blättern/Blätter eiförmig bis lanzettlich/Blüten 17-20 mm/Olivenhaine-
Steinböden-Wacholderwald/Mai

Prunella vulgaris Gemeine Braunelle (Lamiaceae) Kraut mit vierkantigem
Stängel/Blätter oval bis rautenförmig/Blüten 13-15 mm/Blattpaar direkt
unter den Blütenköpfen/Mai-Juli

Salvia officinalis Echter Salbei (Lamiaceae) Kraut mit unterseits weißfilzigen
Blättern/Blätter länglich-eiförmig/Blüten 20-35 mm/2 Staubblätter/Zier-
pflanze/Mai-Juli

Salvia verbenaca Eisenkraut-Salbei (Lamiaceae) Flaumig behaartes Kraut mit
eingeschnittenen Blättern/Blätter lanzettlich-eiförmig/Blüten 6-10 mm/
2 Staubblätter/Felder-Wegränder/Jan-Dez

Salvia viridis Grüner Salbei (Lamiaceae) Fein behaartes Kraut/Blätter oval
bis eiförmig/Blüten 14-18 mm/2 Staubblätter/Felder-Garigues-Wegränder/
März-Juni

Teucrium fruticans Strauchiger Gamander (Lamiaceae) Graufilziger Strauch/
Blätter unterseits weißfilzig/Blätter eilanzettlich/Blüten 15-25 mm/Oberlippe
fehlend/Zierpflanze/Feb-Juni

Verbena supina Kleines Eisenkraut (Verbenaceae) Behaartes Kraut/Stängel
vierkantig/Blätter im Umriss dreieckig bis oval/Blüten 2-3 mm/Apr-Juni

Wilde Karde
Dipsacus fullonum
(Dipsacaceae)

Blüten anders

1A-Blätter grundständig   ***Dipsacus fullonum***
1B-Blätter sitzend
   2A-Blütenköpfe < 25 mm
     3A-Hüllblätter der Blüten ganzrandig   *Scabiosa stellata*
     3B-Hüllblätter der Blüten eingeschnitten   *Scabiosa monspeliensis*
   2B-Blütenköpfe > 25 mm
     3A-Blütenstand tellerförmig   *Knautia integrifolia*
     3B-Blütenstand eiförmig   *Dipsacus fullonum*

Dipsacus fullonum Wilde Karde (Dipsacaceae) Stachelige Pflanze mit grund-
ständiger Blattrosette/Stängel auf den Kanten stachelig/Blütenköpfe 3-8 cm
und eiförmig/Feuchtgebiete/Mai-Juli
Knautia integrifolia Einjährige Witwenblume (Dipsacaceae) Behaartes Kraut/
Stängel 20-80 cm/Blätter fiederschnittig/Blütenköpfe 25-35 mm, einzeln und
tellerförmig/Juni-Okt
Scabiosa monspeliensis Französische Skabiose (Dipsacaceae) Kurz behaartes
Kraut/Stängel 20-60 cm/Blätter fefiedert/Blütenköpfe 10-20(27) mm/
Hüllblätter eingeschnitten
Scabiosa stellata Stern-Skabiose (Dipsacaceae) Kurz behaartes Kraut/Stängel
20-60 cm/Blätter lanzettlich, mehrfach gefiedert/Blütenköpfe < 25 mm/
Hüllblätter ganzrandig/Apr-Juni

Balearen-Johanniskraut
Hypericum balearicum
(Hypericaceae)

5 Blütenblätter

1A-Blätter gefiedert   ***Tribulus terrestris***
1B-Blätter nicht gefiedert
   2A-Blätter sitzend   ***Hypericum balearicum*****
   2B-Blätter gestielt   ***Lavandula angustifolia***

Hypericum balearicum * Balearen-Johanniskraut (Hypericaceae) Strauch/Blätter eiförmig-länglich mit gewelltem Blattrand/Blüten 15-40 mm/Bergland– Eichenwald-Olivenhaine-Wacholderwald/Jan-Dez

Lavandula angustifolia Lavendel (Lamiaceae) Aromatischer, grauhaariger Strauch bis 1m/Blätter lineal-lanzettlich/Blüten 10-12 mm/Bergland/Juni-Aug

Tribulus terrestris Erd-Burzeldorn (Zygophyllaceae) Niederliegendes Kraut/ grau behaart/Blätter gefiedert/Blüten 8-10 mm/Felder-Wegränder/Juli-Sep

Gelb

Wandelröschen
Lantana camara
(Verbenaceae)

Blüte symmetrisch

1A-Blätter gestielt	***Lantana camara***
1B-Blätter sitzend	
2A-Blüten mit 2 Staubblättern	***Salvia verbenaca***
2B-Blüten mit 4 Staubblättern	
3A-Blüten mit Ober- und Unterlippe	
4A-Staubblätter in der Blüte verborgen	***Sideritis romana***
4B-Staubblätter der Blüte sichtbar	***Stachys ocymastrum***
3B-Blüte nur mit Unterlippe	
4A-Unterlippe dreilappig	
5A-Blätter dreigeteilt	***Ajuga chamaepitys***
5B-Blätter nicht dreigeteilt	***Ajuga iva***
4B-Unterlippe fünflappig	***Teucrium flavum***
2C-Blüten mit 5 Staubblättern	***Parentucellia viscosa***

Ajuga chamaepitys Gelber Günsel (Lamiaceae) Aromatische Pflanze/Blätter meist dreigeteilt/Blüte 7-15 mm/Blüte nur mit dreilappiger Unterlippe/ 4 Staubblätter/Felder-Wegränder/Mai-Sep

Ajuga iva Moschus-Günsel (Lamiaceae) Behaarte Pflanze/Blätter lineal-länglich Blüten 12-20 mm/Oberlippe der Blüte klein und dreilappig/4 Staubblätter/ Felder-Garigues-Kiefernwald-Wegränder/Mai-Okt

Lantana camara Wandelröschen (Verbenaceae) Dorniger Strauch/Blätter eilänglich/Blüten 4-5 mm/Felder-Wegränder-Zierpflanze/Mai-Okt

Parentucellia viscosa Klebrige Parentucellie (Scrophulariaceae) Drüsig-klebriger Halbschmarotzer/Blätter gekerbt-gesägt/Blüte 16-24 mm/Unterlippe der Blüte dreilappig/5 Staubblätter/Felder-Wegränder/Apr-Juli

Salvia verbenaca Eisenkraut-Salbei (Lamiaceae) Drüsig behaart/Grundrosettenblätter gestielt/Blüte 6-15 mm/2 Staubblätter/Felder-Wegränder/Feb-Juni

Sideritis romana Römisches Gliedkraut (Lamiaceae) Weich behaart/Blätter eiförmig+grob gekerbt-gesägt/Blüte 7-15 mm mit Ober-&Unterlippe/4 Staubblätter/Staubblätter in der Blüte verborgen/Garigues-Kiefernwald/Apr-Aug

Stachys ocymastrum Basilikum-Ziest (Lamiaceae) Abstehend behaart/Blätter stumpf-herzeiförmig/Blüte 12-20 mm mit Ober-&Unterlippe/4 Staubblätter/ Staubblätter aus der Blüte herausragend/Felder-Wegränder/März-Juni

Teucrium flavum Gelber Gamander (Lamiaceae) Halbstrauch/Blätter eiförmig und grob gekerbt/Blüte 12-15 mm und nur mit Unterlippe/Unterlippe fünflappig/4 Staubblätter/Garigues-Kiefernwald-Steinböden/Mai-Aug

Blüte löwenzahnartig

1A-Blätter sitzend	***Picris echioides***

Picris echioides Wurmlattich (Compositae) Behaart/Rosettenblätter länglicheiförmig/Blüten 20-25 mm/Blütenhüllblätter behaart+mehrreihig/Felder-Marschland-Wegränder/Feb-Sep

Mallorca-Brennessel
Urtica atrovirens
(Urticaceae)

Blüten klein

1A-Baum	*Fraxinus angustifolia*
1B-Krautige Pflanze	
2A-Blätter sitzend	*Cannabis sativa*
2B-Blätter gestielt	
3A-Blätter handförmig geteilt	*Cannabis sativa*
3B-Blätter nicht handförmig geteilt	
4A-Pflanze ohne Brennhaare	*Mercurialis annua*
4B-Pflanze mit Brennhaaren	
5A-Blütenstand in kugeligen Köpfchen	*Urtica pilulifera*
5B-Blütenstand in verlängerten Rispen	
6A-Pflanze unten verholzt	*Urtica atrovirens**
6B-Pflanze nicht verholzt	
7A-Blütenstand bis 20 mm	*Urtica urens*
7B-Blütenstand 15-90 mm	*Urtica dubia*

2-4 Blütenblätter

1A-Kraut	*Mercurialis annua*

5 Blütenblätter

1A-Blätter gestielt	*Acer opalus*

Acer opalus Schneeballblättriger Ahorn (Aceraceae) Baum/Blätter fünflappig/ Blätter 6-10 cm breit/Blüten in vielblütigen Trugdolden an 3-4 cm langen Stielen/Eichenwald-Felsspalten/Mai

Cannabis sativa Hanf (Cannabaceae) Kraut/Blätter handförmig geteilt/ Nutzpflanze

Fraxinus angustifolia Schmalblättrige Esche (Oleaceae) Baum/Blätter gefiedert (8-20 cm lang) mit 5-13 Blättchen/Blüten in wenigblütigen Trauben/Feuchtgebiete/März-Mai

Mercurialis annua Waldbingelkraut (Euphorbiaceae) Kraut/Stängel fleischig/ Blätter eiförmig-lanzettlich und gestielt/Felder-Wegränder/März-Mai

*Urtica atrovirens** Mallorca-Brennnessel (Urticaceae) Pflanze mit Brennhaaren/ Blätter rundlich herzförmig und grob gesägt/Blätter mit 4 Nebenblättern an jedem Knoten/Blütenstand bis 2 cm lang

Urtica dubia Geschwänzte Brennnessel (Urticaceae) Kraut mit Brennhaaren/ Blätter eiförmig/Blütenstand eingeschlechtlich/Blüten vierteilig

Urtica pilulifera Pillen-Brennessel (Urticaceae) Kraut mit Brennhaaren/Blätter eiförmig/Blütenstand in kugeligen Köpfchen/Felder-Wegränder/Mai-Juni

Urtica urens Kleine Brennnessel (Urticaceae) Kraut mit Brennhaaren/Blätter nicht handförmig geteilt/Blütenstand zweigeschlechtlich/Perianth vierteilig/ Felder-Wegränder

Dornige Spitzklette
Xanthium spinosum
(Compositae)

Blüten anders

1A-Blätter distelartig   ***Xanthium spinosum***
1B-Blätter nicht distelartig   ***Euphorbia nutans***

Euphorbia nutans (Euphorbiaceae) Kraut mit Milchsaft/Blätter mit
    Nebenblättern/Apr-Mai
Xanthium spinosum Dornige Spitzklette (Compositae) Dorniger Strauch/
    Blätter breit eiförmig/gelappt oder ungeteilt/Juni-Sep

Grün

Bunte Bellardie
Bellardia trixago
(Scrophulariaceae)

2-4 Blütenblätter

1A-Blätter sitzend   *Veronica catenata*

Veronica catenata Roter Wasser-Ehrenpreis (Scrophulariaceae) Unbehaartes oder drüsig behaartes Kraut/Blätter oval-länglich/Blüten rosa mit roten Venen/Blüten 3-5 mm/2 Staubblätter/Feuchtgebiete/Apr-Sep

Blüte symmetrisch

1A-Blätter gestielt
    2A-Pflanze unbehaart   *Moluccella spinosa*
    2B-Pflanze grauwollig behaart   *Nepeta cataria*
1B-Blätter sitzend
    2A-Blüten > 15 mm   *Bellardia trixago*
    2B-Blüten < 15 mm
        3A-Kelch 7-10 mm/Oberlippe ausgerandet   *Stachys brachyclada**
        3B-Kelch 5-7 mm/Oberlippe nicht so   *Stachys arvensis*

Bellardia trixago Bunte Bellardie (Scrophulariaceae) Drüsig behaartes Kraut/ Blätter linealisch oder lineal-lanzettlich/Blüten weiß+rosa oder gelb/Blüten 20-25 mm/Felder-Wegränder/Apr-Juli

Moluccella spinosa Stachelige Muschelblume (Lamiaceae) Krautige oder am Grund verholzte Pflanze/Blätter eiförmig bis rundlich mit oft herzförmigem Grund/Blüten 25-40 mm/Blüten weiß oder rosa/Felder-Wegränder/Mai-Juni

Nepeta cataria Echte Katzenminze, Echte (Lamiaceae) Am Grund verholzte Pflanze mit Minzgeruch/grauwollig behaart/Blätter oval mit oft herzförmigem Grund/Blüten weiß mit roten Flecken/Blüten 7-10 mm/Mai-Sep

Stachys arvensis Acker-Ziest (Lamiaceae) Steif behaartes Kraut/Blätter herzeiförmig/Blüte 5-8 mm mit Ober- und Unterlippe/Unterlippe mit ungezähnten Seitenlappen/Felder/März-Juli

*Stachys brachyclada** (Lamiaceae) Behaartes Kraut/Blüte weiß oder rosa und rot/Blätter eiförmig/Blüten 7-12 mm/Kelch 7-10 mm/Oberlippe ausgerandet/ Kelch behaart/Felsküsten-Steinböden/Ibiza/Apr-Juni

Rauhaariges Weidenröschen
Epilobium hirsutum
(Geraniaceae)

2-4 Blütenblätter

1A-Blüten violett
    2A-Narbe der Blüte vierteilig   ***Epilobium hirsutum***
    2B-Narbe der Blüte ungeteilt   *Epilobium tetragonum*

Epilobium hirsutum Rauhaariges Weidenröschen (Onagraceae) Weich behaarte Pflanze/Blätter länglich-lanzettlich/Blüten 15-25 mm/Kronblätter der Blüte eingeschnitten/8 Staubblätter/Narbe 4-teilig/Marschland/Mai-Sep

Epilobium tetragonum Vierkantiges Weidenröschen (Onagraceae) Weich behaarte Pflanze/Blätter schmal/Blütenblätter 7-12 mm und eingeschnitten/8 Staubblätter/Narbe der Blüte ungeteilt/Felder-Feuchtgebiete-Wegränder/Mai-Sep

Tauben-Storchschnabel
Geranium columbinum
(Geraniaceae)

5 Blütenblätter

1A-Blüten orange	***Lantana camara***
1B-Blüten violett	
2A-Blätter sitzend	***Verbena officinalis***
2B-Blätter gestielt	
3A-Blütenblätter eingeschnitten	
4A-Blatt nur bis zur Mitte geteilt	***Geranium molle***
4B-Blatt fast bis zum Grund geteilt	*Geranium dissectum*
3B-Blütenblätter gekerbt	***Geranium columbinum***
3C-Blütenblätter nicht eingeschnitten	
4A-Pflanze kaum behaart	*Geranium lucidum*
4A-Pflanze behaart	
5A-Kelch < Blüte	*Geranium purpureum*
5B-Kelch und Blüte ca. gleich groß	*Geranium rotundifolium*

Geranium columbinum Tauben-Storchschnabel (Geraniaceae) Behaartes Kraut/Blätter filigran eingeschnitten/Blütenstand 1-2blütig/10 Staubblätter/Blütenblätter 7-10 mm/Blütenblätter gekerbt/Felder-Wegränder/Apr-Juni

Geranium dissectum Schlitzblättriger Storchschnabel (Geraniaceae) Behaartes Kraut/Stängel abstehend behaart/Blatt fast bis zum Grund geteilt/Blüten 8-10 mm/Blütenblätter eingeschnitten/Feuchtgebiete/März-Juni

Geranium lucidum Glänzender Storchschnabel (Geraniaceae) Kaum behaartes Kraut/Blätter maximal bis zur Hälfte eingeschnitten/Blüten 10-14 mm/Bergland-Felder-Wegränder/März-Juni

Geranium molle Weicher Storchschnabel (Geraniaceae) Behaartes Kraut/Stängel zottig-weichhaarig/Blatt bis zur Mitte geteilt/Blüten 7-10 mm/Blütenblätter eingeschnitten/Felder-Wegränder/März-Juni

Geranium purpureum Purpur-Storchschnabel (Geraniaceae) Behaartes Kraut/Blätter fünfteilig/Blütenstand 1-2blütig/10 Staubblätter/Blütenblätter abgerundet/Blütenblätter 5-9 mm/Eichenwald-Felder-Felsspalten-Garigues-Kiefernwald-Olivenhaine-Steinböden-Wacholderwald-Wegränder/März-Juli

Geranium rotundifolium Rundblättriger Storchschnabel (Geraniaceae) Kraut/behaart/Blätter fünfteilig/Blütenstand 1-2blütig/10 Staubblätter/Blütenblätter 5-7 mm/Blütenblätter abgerundet/Felder-Wegränder/Apr-Juni

Lantana camara Wandelröschen (Verbenaceae) Dorniger Strauch/Blätter eilänglich/Blüten 4-5 mm/Felder-Wegränder-Zierpflanze/Mai-Okt

Verbena officinalis Echtes Eisenkraut (Verbenaceae) (Un)behaarte Pflanze/Blüten 3-5 mm/2+2 Staubblätter/Felder-Wegränder/Mai-Juli

<u>Blüten symmetrisch</u>

1A-Blüten orange	*Lantana camara*
1B-Blüten violett	
2A-Blätter sitzend	
3A-Blüte mit Ober- und Unterlippe	
4A-Strauch oder Zwergstrauch	
5A-Blätter nadelartig/Blüten 8-10 mm	*Micromeria inodora**
5B-Blätter eiförmig/Blüten größer	*Phlomis italica**
4B-Krautige Pflanze	
5A-Obere Stängelblätter verwachsen	*Lamium amplexicaule*
5B-Obere Stängelblätter nicht so	
6A-Blätter eiförmig	
7A-Blüten 5-8 mm	
8A-Blüten mit 2 Staubblättern	*Salvia verbenaca*
8B-Blüten mit 4 Staubblättern	*Stachys arvensis*
7B-Blüten größer	
8A-Ganze Pflanze weißfilzig	*<u>Stachys germanica</u>*
8B-Pflanze nicht so	
9A-Blüten mit 2 Staubblättern	
10A-Blattunterseite weißfilzig	*Salvia officinalis*
10B-Blattunterseite nicht so	
11A-Blüten 5-10 mm	*Salvia verbenaca*
11B-Blüten 14-18 mm	*<u>Salvia viridis</u>*
9B-Blüten mit 4 Staubblättern	
10A-Kelch der Blüte 5-lappig	*Ballota nigra*
10B-Kelch der Blüte > 5-lappig	*Ballota hirsuta*
6B-Blätter nicht eiförmig	
7A-Blüte > 10 mm + Pflanze klebrig	*Parentucellia latifolia*
7B-Blüten < 10 mm	
8A-Blätter unterseits weißgrau	*Mentha longifolia*
8B-Blätter frischgrün	*<u>Stachys arvensis</u>*
3B-Blüte mit kleiner Oberlippe	*Ajuga iva*
3C-Blüte ohne Oberlippe	
4A-Mit Dornen	*Teucrium balearicum*
4B-Ohne Dornen	
5A-Blüten < 7 mm	
6A-Blätter mit < 3 Einschnitten	*<u>Teucrium cossonii</u>**
6B-Blätter mehrfach eingeschnitten	
7A-Blüten in einfachen Köpfchen	*Teucrium dunense*
7B-Köpfchen zusammengesetzt	*Teucrium capitatum*

5B-Blüten größer
  6A-Stinkender Zwergstrauch   ***Teucrium asiaticum****
  6B-Pflanze nicht so
    7A-Blätter tief fiederspaltig   ***Teucrium botrys***
    7B-Blätter länglich-oval   ***Teucrium chamaedrys***
    7C-Blätter ei- bis herzförmig   ***Teucrium scordium***
3D-Blüte 2-4 mm ohne Ober- und Unterlippe ***Mentha spicata***
2B-Blätter gestielt
  3A-Strauch
    4A-Zweige mit Dornen/Blüten 4-5 mm   ***Lantana camara***
    4B-Zweige ohne Dornen
      5A-Blätter länglich/Blüten 7-8 mm   ***Lavandula dentata***
      5B-Blätter herzeiförmig/Blüten größer ***Prasium majus***
  3B-Krautige Pflanze
    4A-Stängel rund   ***Verbena supina***
    4B-Stängel vierkantig
      5A-Pflanze unbehaart
        6A-Blüten 25-40 mm   ***Moluccellla spinosa***
        6B-Blüten < 10 mm
          7A-Blüten in mehrblütigen Quirlen ***Acinos arvensis***
          7B-Blüten in vielblütigen Köpfchen ***Mentha aquatica***
      5B-Pflanze behaart
        6A-Pflanze grau behaart
          8A-Blüten 7-10 mm   ***Nepeta cataria***
          8B-Blüten 10-15 mm   ***Calamintha nepeta***
          8C-Blüten 15-20 mm   ***Calamintha sylvatica***
          8D-Blüten 2-3 cm   ***Salvia sclarea***
        6A-Pflanze nicht grau behaart
          7A-Blüten 6-8 mm   ***Scutellaria balearica****
          7B-Blüten > 10 mm
            8A-Pflanze drüsig behaart   ***Satureja calamintha***
            8B-Behaart, aber nicht drüsig
              9A-Blätter oval bis rautenförmig ***Prunella vulgaris***
              9B-Blätter eiförmig-lanzettlich ***Nepeta nepetella***

Gezähnter Lavendel
Lavandula dentata
(Lamiaceae)

Acinos arvensis Gemeiner Steinquendel (Lamiaceae) Kraut/Stängel vierkantig/ Blätter eiförmig/Blüten 7-10 mm/Unterlippe mit weißer Markierung/Apr-Juli

Ajuga iva Moschus-Günsel (Lamiaceae) Behaarte Pflanze/Blätter lineal- länglich/Blüten 12-20 mm/4 Staubblätter/Oberlippe der Blüte klein/Unter- lippe der Blüte dreilappig/Felder-Garigues-Kiefernwald-Wegränder/Mai-Okt

Ballota hirsuta Behaarte Schwarznessel (Lamiaceae) Behaarte Pflanze/Blätter breit herzeiförmig/Blüte 14-16 mm/Unterlippe der Blüte mit gezähnten Seitenlappen/Felder-Felsküsten-Wegränder/Mai-Aug

Ballota nigra Schwarznessel (Lamiaceae) Behaarte Pflanze/Blätter ei- bis herzförmig/Blüte 9-15 mm/Felder-Wegränder/Mai-Sep

Calamintha nepeta Kleinblütige Bergminze (Lamiaceae) Grauhaariges Kraut/ Stängel vierkantig/Blätter stumpf breit-eiförmig/Blüten 10-15 mm/Unterlippe der Blüte gepunktet/Aug-Okt

Calamintha sylvatica Berg-Minze (Lamiaceae) Behaartes Kraut/Blätter eiförmig/Blüten 15-20 mm/Eichenwälder-Feuchtgebiete/Aug-Okt

Lamium amplexicaule Stängelumfassende Taubnessel (Lamiaceae) Behaartes Kraut mit verwachsenen Stängelblättern/Blätter oval nierenförmig-rhombisch Blüten 10-20 mm/Blüte mit Ober- und Unterlippe/Unterlippe ohne Seiten- lappen/Felder-Wegränder/Feb-Okt

Lantana camara Wandelröschen (Verbenaceae) Dorniger Strauch/Blätter eilänglich/Blüten 4-5 mm/Felder-Wegränder-Zierpflanze/Mai-Okt

Lavandula dentata Gezähnter Lavendel (Lamiaceae) Grau behaarter Strauch/ Blätter länglich/Blüten 7-8 mm/Felsspalten-Garigues-Kiefernwald/Jan-Mai

Mentha aquatica Wasser-Minze (Lamiaceae) Kraut/Stängel vierkantig/Blätter oval bis elliptisch/Blüten 4-6 mm/Blüten mit Unter- und Oberlippe/Blüten in endständigem kugeligen Kopf/Feuchtgebiete/Juli-Okt

Mentha longifolia Roß-Minze (Lamiaceae) Behaarte Pflanze/Blätter elliptisch bis lanzettlich/Blüten 3-5 mm in langen, endständigen Ähren/Feuchtgebiete/ Juni-Okt

Mentha spicata Grüne Minze (Lamiaceae) Kraut/Blätter elliptisch bis lanzett- lich/Blüten 2-4 mm ohne deutliche Unter- und Oberlippe/Blütenstand end- ständig/Zierpflanze/Juli-Nov

*Micromeria inodora** (Lamiaceae) Behaarter Zwergstrauch/Blätter nadelartig/ Blüten 8-10 mm/Kelchzähne der Blüte gleichartig/Garigues-Kiefernwald/ Okt-Feb

Moluccella spinosa Stachelige Muschelblume (Lamiaceae) Kraut/Blätter eiför- mig/Blüten 25-40 mm/Mai-Juni

Nepeta cataria Echte Katzenminze (Lamiaceae) Grauwollig behaartes Kraut mit Minzgeruch/Blätter eiförmig bis herzförmig/Blüten 7-10 mm/Mai-Sep

Nepeta nepetella Amethystfarbene Katzenminze (Lamiaceae) Behaartes Kraut/ Blätter eiförmig-lanzettlich/Blüten 10-12 mm/Eichenwald-Felder-Oliven- haine-Wacholderwald-Wegränder/Menorca/Mai-Juni

Deutscher Ziest
Stachys germanica
(Lamiaceae)

Parentucellia latifolia Breitblättrige Parentucellie (Scrophulariaceae) Drüsig-klebriger Halbschmarotzer/Blätter lanzettlich bis dreieckig/Blüten 10-12 mm kalkhaltige Felder/März-Mai

Phlomis italica* Italienisches Brandkraut (Lamiaceae) Weißfilzig behaarter Strauch/Haare sternförmig/Blätter eiförmig/Blüten ca. 20 mm/Bergland-Felder-Olivenhaine-Wacholderwald-Wegränder/Mai-Juni

Prasium majus Großer Klippenziest (Lamiaceae) Strauch mit breiten glänzenden Blättern/Blätter eiförmig bis lanzettlich/Blüten 17-20 mm/Olivenhaine-Steinböden-Wacholderwald/Mai

Prunella vulgaris Gemeine Braunelle (Lamiaceae) Behaartes Kraut/Blätter oval bis rautenförmig/Blüten 13-15 mm/Mai-Juli

Salvia officinalis Echter Salbei (Lamiaceae) Kraut mit unterseits weißfilzigen Blättern/Blätter länglich-eiförmig/Blüten 20-35 mm/2 Staubblätter/Zierpflanze/Mai-Juli

Salvia sclarea Muskateller-Salbei (Lamiaceae) Grau behaartes Kraut/Blätter breit-eiförmig-herzförmig/Blüten 20-30 mm/Oberlippe der Blüte sichelförmig/Felder-Felsspalten-Garigues-Kiefernwälder-Wegränder/Mai-Aug

Salvia verbenaca Eisenkraut-Salbei (Lamiaceae) Flaumig behaartes Kraut mit eingeschnittenen Blättern/Blätter lanzettlich-eiförmig/Blüten 6-16 mm/ 2 Staubblätter/Felder-Wegränder/Jan-Dez

<u>Salvia viridis</u> Grüner Salbei (Lamiaceae) Fein behaartes Kraut/Blätter oval bis eiförmig/Blüten 14-18 mm/2 Staubblätter/Felder-Garigues-Wegränder/ März-Juni

Satureja calamintha Drüsige Bergminze (Lamiaceae) Drüsig behaarte Pflanze/ Blätter breit eiförmig und deutlich gestielt/Blüte 10-16 mm/Juli-Okt

Scutellaria balearica* Balearen-Helmkraut (Lamiaceae) Behaarte Pflanze/ Blätter lang gestielt und eiförmig, am Grund herzförmig/Blüten 6-8 mm/ Bergland-Eichenwald-Felsspalten/Mai-Juli

<u>Stachys arvensis</u> Acker-Ziest (Lamiaceae) Steif behaartes Kraut/Blätter elliptisch oder herz-eiförmig/Blüte 5-8 mm mit Ober- und Unterlippe/ Unterlippe mit ungezähnten Seitenlappen/Felder/Mai-Okt

<u>Stachys germanica</u> Deutscher Ziest (Lamiaceae) Grau oder weiß behaarte Pflanze/Blätter spitz-eiförmig/Blüten 15-25 mm/Apr-Aug

Teucrium asiaticum* Lanzettblättriger Gamander (Lamiaceae)Stinkender Zwergstrauch/Blätter linealisch/Blüten 10-13 mm/Felder-Garigues-Kiefernwald-Wegränder/Apr-Mai

Teucrium balearicum Balearen-Gamander (Lamiaceae) Dorniger Strauch/ weißfilzig behaart/Blüten 10-12 mm/Oberlippe der Blüte fehlend/Felsküsten-Garigues-Kiefernwald/Mai-Juli

<u>Teucrium botrys</u> Trauben-Gamander (Lamiaceae) Flaumig behaarte Pflanze/ Blätter tief fiederspaltig/Blüten 15-20 mmohne Oberlippe/Garigues-kalkhaltige Felder-Kiefernwald/Apr-Mai

Anders

Edel-Gamander
Teucrium chamaedrys
(Lamiaceae)

Teucrium capitatum Kopfiger Gamander (Lamiaceae) Graufilzg behaarter Halbstrauch/Blätter schmal lanzettlich/Blüten 5 mm in zusammengesetzten Köpfchen ohne Oberlippe/Felder-Garigues-Kiefernwälder-Wegränder/Apr-Aug

<u>Teucrium chamaedrys</u> Edel-Gamander (Lamiaceae) Behaarter Zwergstrauch/Blätter länglich-oval/Blüten 9-16 mm ohne Oberlippe/Bergland-Eichenwald/Mai-Sep

<u>Teucrium cossonii</u>* Cossons Gamander (Lamiaceae) Grau behaarter Zwergstrauch/Haare verzweigt/Blätter lineal-lanzettlich/Blüten 8-10 mm ohne Oberlippe/Felsspalten-Felsküsten/Mai-Aug

Teucrium dunense Dünen-Gamander (Lamiaceae) Wollig behaarter Zwergstrauch/Blätter länglich/Blüten in einfachen Köpfchen/Oberlippe fehlend/Strand-sandige Standorte/Mai-Juli

Teucrium fruticans Strauchiger Gamander (Lamiaceae) Graufilziger Strauch/Blätter unterseits weißfilzig/Blätter eilanzettlich/Blüten 15-25 mm/Oberlippe fehlend/Zierpflanze/Feb-Juni

Teucrium scordium Lauch-Gamander (Lamiaceae) Weich behaarte Pflanze/Blätter ei- bis herzförmig/Blüten 7-10 mm ohne Oberlippe/Mai-Sep

Verbena supina Kleines Eisenkraut (Verbenaceae) Behaartes Kraut/Stängel vierkantig/Blätter im Umriss dreieckig bis oval/Blüten 2-3 mm/Apr-Juni

Wilde Karde
Dipsacus fullonum
(Dipsacaceae)

Blüten anders

1A-Blüten violett
  2A-Blütenstand eiförmig/Stängel distelartig   ***Dipsacus fullonum***
  2B-Blütenstand tellerförmig
    3A-Blütenköpfe > 25 mm   ***Knautia integrifolia***
    3B-Blütenköpfe < 25 mm
      4A-Hüllblätter der Blüten ganzrandig   ***Scabiosa stellata***
      4B-Hüllblätter der Blüten eingeschnitten   ***Scabiosa monspeliensis***
  2C-Blütenstand in vielstrahligen Köofchen
    3A-Pflanze behaart   ***Eupatorium cannabinum***
    3B-Pflanze unbehaart   ***Centranthus calcitrapae***

Centranthus calcitrapae Fußangel-Spornblume (Valerianaceae) Kraut/Blätter rundlich bis oval/Einzelblüten 2 mm lang/Blüte gespornt/Blüte mit 1 Staubblatt/Felder-Steinböden-Wegränder/Apr-Juli

Dipsacus fullonum Wilde Karde (Dipsacaceae) Pflanze bis 2 m/Stängel distelartig/Blätter länglich elliptisch/Blütenköpfe 3-8 cm lang/4 Staubblätter/Feuchtgebiete/Mai-Juli

Eupatorium cannabinum Wasser-Dost (Compositae) Behaarte Pflanze bis 175 cm/Stängelblätter 3- oder 5-lappig/Blüten 2-5 mm/5 Staubblätter/feuchte Standorte/Mai-Juli

Knautia integrifolia Einjährige Witwenblume (Dipsacaceae) Behaartes Kraut/Stängel 20-80 cm/Blätter fiederschnittig/Blütenköpfe 25-35 mm/Blüten einzeln/Blütenstand tellerförmig/Juni-Okt

Scabiosa monspeliensis Französische Skabiose (Dipsacaceae) Kurz behaartes Kraut/Stängel 20-60 cm/Blätter gefiedert/Blütenköpfe 10-20(27) mm/Hüllblätter eingeschnitten

Scabiosa stellata Stern-Skabiose (Dipsacaceae) Kurz behaartes Kraut/Stängel 20-60 cm/Blätter lanzettlich, mehrfach gefiedert/Blütenköpfe < 25 mm/Hüllblätter ganzrandig/Apr-Juni

Blätter nicht ganzrandig

-

Blätter nicht gegenständig

Blüten klein

1A-Blätter gestielt   ***Chenopodium album***

2-4 Blütenblätter

1A-Blätter grundständig
  2A-Blüten mit 6 Staubblättern
    3A-Blütenblätter 5-15 mm   *Diplotaxis erucoides*
    3B-Blütenblätter 2-5 mm
      4A-Blätter gefiedert   *Cardamine hirsuta*
      4B-Blätter nicht gefiedert   *Arabidopsis thaliana*
  2B-Mehr oder weniger als 6 Staubblätter
    3A-Blätter gleichmäßig gezähnt   *Plantago macrorhiza*
    3B-Blätter ungleichmäßig gezähnt
      4A-Blätter fleischig und 3-5 mm breit   *Plantago crassifolia*
      4B-Blätter nicht fleischig   *Plantago coronopus*
1B-Blätter gestielt
  2A-Blüten mit 6 Staubblättern
    3A-Pflanze behaart
      4A-Blütenblätter > 10 mm
        5A-Stängel kantig   *Eruca sativa*
        5B-Stängel nicht kantig   ***Raphanus raphanistrum***
      4B-Blütenblätter < 10 mm
        5A-Blütenblätter < 5 mm   *Hornungia petraea*
        5B-Blütenblätter > 5 mm
          6A-Blütenblätter violett geadert   *Carrichtera annua*
          6B-Blütenblätter nicht so   *Erucastrum gallicum*
    3B-Pflanze unbehaart
      4A-Kraut   *Coronopus squamatus*
      4B-Am Grund verholzt
        5A-Blütenblätter 1-3 mm/Schötchen   *Lepidium latifolium*
        5B-Blütenblätter 3-6 mm/Schote   *Rorippa nasturtium aquaticum*
  2B-Mehr oder weniger als 6 Staubblätter
    3A-Wasserpflanze   *Trapa natans*
    3B-Landpflanze
      4A-Blüten mit 2 Staubblättern   *Veronica cymbalaria*
      4B-Blüten mit 4 Staubblättern   *Ilex aquifolium*
      4C-Blüten mit vielen Staubblättern   ***Clematis flammula***

1C-Blätter sitzend
  2A-Pflanze unbehaart
    3A-Stängel kantig   ***Cardaria draba***
    3B-Stängel rund
      4A-Blütenblätter > 5 mm   ***Conringia orientalis***
      4B-Blütenblätter < 5 mm
        5A-Blütenstiel < 3 mm   ***Lepidium spinosum***
        5B-Blütenstiel 3-4 mm   ***Lepidium sativum***
  2B-Pflanze behaart
    3A-Stängel kantig   ***Cardaria draba***
    3B-Stängel rund
      4A-Pflanze krautig
        5A-Blütendurchmesser 1 mm   ***Lepidium campestre***
        5B-Blütendurchmesser 3-5 mm ***Capsella bursa-pastoris***
      4B-Pflanze unten verholzt
        5A-Blütenblätter < 3 mm   ***Lepidium graminifolium***
        5B-Blütenblätter > 3 mm
          6A-Blüten < 20
            7A-Blütenblätter 4-6 mm   ***Arabis hirsuta***
            7B-Blütenblätter 6-10 mm ***Arabis collina***
          6B-Blüten > 20
            7A-Blütenblätter 4-5 mm   ***Arabis planisiliqua***
            7B-Blütenblätter 5-7 mm   ***Arabis sagittata***

Brennende Waldrebe
Clematis flammula
(Ranunculaceae)

Arabidopsis thaliana Ackerschmalwand (Cruciferae) Behaartes Kraut mit grundständigen Blättern/Blätter verkehrt-lanzettlich bis spatelig/Blütenblätter 2-5 mm/Felder-Wegränder/Feb-Juni

Arabis collina Hügel-Gänsekresse (Cruciferae) Behaarte Pflanze/am Grund verholzt/Stängel rund/Blütenblätter 6-10 mm/Felsspalten-Steinböden/Apr-Mai

Arabis hirsuta Raue Gänsekresse (Cruciferae) Behaarte Pflanze/am Grund verholzt/Stängel rund + oben behaart/Haare dort 2-5teilig/Blütenblätter 4-6 mm/ Blüten > 20/Mai

Arabis planisiliqua Flachschotige Gänsekresse (Cruciferae) Behaarte Pflanze/ am Grund verholzt/Stängel rund + unten behaart/Haare 2-3teilig/Blütenblätter 4-5 mm/Blüten > 20

Arabis sagittata Pfeilblättrige Gartenkresse (Cruciferae) Behaarte Pflanze/am Grund verholzt/Stängel rund + unten behaart/Blütenblätter 5-7 mm/Blüten > 20/Haare unverzweigt/März-Juni

Capsella bursa-pastoris Hirtentäschelkraut (Cruciferae) Behaartes Kraut/ Rosettenblätter buchtig gelappt bis fiederspaltig/Blüten 3-5 mm im Durchmesser/Schötchen herzförmig/Felder-Wegränder/Nov-Juli

Cardamine hirsuta Vielstängeliges Schaumkraut (Cruciferae) Behaartes Kraut/ Blätter gefiedert/Blütenblätter 2-5 mm/Felder-Steinböden-Wegränder/Feb-Juni

Cardaria draba Pfeilkresse (Cruciferae) Krautige Pflanze/am Grund verholzt/ Blätter länglich/Blütenblätter 2-4 mm/Felder-Wegränder/März-Juni

Carrichtera annua Einjährige Carrichtera (Cruciferae) Borstig behaartes Kraut/Blätter 2-3fach fiederteilig/Blütenblätter 6-8 mm/violett geadert/ Schote/Felder-Wegränder/Jan-Mai

Chenopodium album Weißer Gänsefuß (Chenopodiaceae) Grünes oder graumehliges Kraut/Blätter rautenförmig/Felder-Wegränder/Apr-Sep

Clematis flammula Brennende Waldrebe (Ranunculaceae) Kletterpflanze/ Blätter mit bis zu dreiblättrigen Fiederblättern/Blüten 15-30 mm/viele Staubblätter/Eichenwald-Garigues-Hecken-Kiefernwald-Olivenhaine-sandige Stellen-Steinböden-Wacholderwald/Mai-Okt

Conringia orientalis Ackerkohl (Cruciferae) Unbehaartes Kraut/Blütenblätter 7-14 mm/Felder-Wegränder/Apr-Juni

Coronopus squamatus Gemeiner Krähenfuß (Cruciferae) Kraut mit 1-2fach fiederspaltigen Blättern/Blütenblätter 1-2 mm/Felder-Strand-Wegränder/ März-Mai

Diplotaxis erucoides Raukenähnlicher Doppelsame (Cruciferae) Behaartes Kraut/Rosettenblätter leierförmig fiederspaltig/Blütenblätter 5-15 mm/ Blütenblätter violett geadert/Felder-Wegränder/Feb-März

Eruca sativa Gemüserauke (Cruciferae) Behaartes Kraut/Stängel kantig/Blätter fiederteilig gelappt/Blütenblätter 15-24 mm/Schote ohne Einschnürungen/ März-Juni

Erucastrum gallicum Französische Hundsrauke (Cruciferae) Behaarte Pflanze/Blütenblätter 9 mm/nicht violett geadert/Schote/Ibiza/Mai-Sep

Hederich
Raphanus raphanistrum
(Cruciferae)

Weiß

Hornungia petraea Zwerg-Steppenkresse (Cruciferae) Kraut/Grundblätter
gefiedert mit elliptischen Abschnitten/Blütenblätter 0-1 mm/Schötchen/
Felsspalten-kalkhaltige Felder-Steinböden/Apr-Mai

Ilex aquifolium Stechpalme (Aquifoliaceae) Strauch mit stechenden Blättern/
Blätter oval/Blüten ca 8 mm/4 Staubblätter/Felsspalten/Feb-Mai

Lepidium campestre Feldkresse (Cruciferae) Behaartes Kraut/Grundblätter
oval-lanzettlich/Stängelblätter pfeilförmig stängelumfassend/Blüten 1 mm im
Durchmesser/Schötchen vorn geflügelt/Felder-Wegränder/Apr-Juni

Lepidium graminifolium Grasblättrige Kresse (Cruciferae) Behaarte Pflanze/
Stängel rund/Rosettenblätter gezähnt oder fiederspaltig/Blütenblätter 1-2 mm/
Marschland-Ödland/Apr-Sep

Lepidium latifolium Breitblättrige Kresse (Cruciferae) Unbehaarte Pflanze/
Blätter oval/Blütenblätter 1-3 mm/Schötchen/Feuchtgebiete-Strand/Apr-Juni

Lepidium spinosum (Cruciferae) Unbehaartes Kraut/Blütenblätter < 5 mm/
Blütenstiel < 3mm/Schötchen/Felder-Wegränder/Menorca/März-Juni

Lepidium sativum Gartenkresse (Cruciferae) Unbehaartes Kraut/Grundblätter
oval-lanzettlich/Stängelblätter gelappt/Blütenblätter < 5 mm/Blütenstiel 3-4
mm/Schötchen/Mai-Juli

Plantago coronopus Schlitzblättriger Wegerich (Plantaginaceae) Pflanze mit
3-7nervigen Rosettenblättern/Blätter 5-20 mm breit und ungleichmäßig
gezähnt/kleine Blüten in 3-7 cm langen Ähren/Felder-Felsküsten-Marschland
Apr-Okt

Plantago crassifolia Dickblatt-Wegerich (Plantaginaceae) Pflanze mit
fleischigen und ungleic-mäßig gezähnten Rosettenblättern/Blätter 3-5 mm
breit/kleine Blüten in 3-7 cm langen Ähren/Marschland-Strand/Apr-Okt

Plantago macrorhiza Großwurzeliger Wegerich (Plantaginaceae) Pflanze mit
fleischigen und gleichmäßig gezähnten Rosettenblättern/Blätter 4-15 mm
breit/Blüten in 3-7 cm langen Ähren/Strand-Felsküsten/Menorca/März-Sep

Raphanus raphanistrum Hederich (Cruciferae) Behaartes Kraut/untere Blätter
gefiedert mit bis zu sieben Paar Seitenlappen/Blütenblätter dunkler geadert/
Blütenblätter 10-25 mm/Schote mit Einschnürungen/Felder-Felsküsten-
Strand-Wegränder/März-Sep

Rorippa nasturtium aquaticum Echte Brunnenkresse (Cruciferae) Pflanze mit
hohlem Stängel/Blütenblätter 3-6 mm/Schote/Jan-Dez

Trapa natans Wassernuss (Trapaceae) Wasserpflanze/Blätter rautenförmig/
Blüten einzeln/Blüten ca 8 mm/Juni-Juli

Veronica cymbalaria Zymbel-Ehrenpreis (Scrophulariaceae) Niederliegendes
Kraut/Blätter 5-9lappig/Blüten 6-10 mm/2 Staubblätter/Felder-Steinböden-
Wegränder/Jan-Apr

5 Blütenblätter

1A-Ohne Blätter
  2A-Narbe der Blüte kopfig   *Cuscuta campestris*
  2B-Narbe der Blüte fadenförmig
    3A-Kelchzipfel länglich/Stängel orange   *Cuscuta planiflora*
    3B-Kelchzipfel 3eckig-eiförmig/Stängel rot   *Cuscuta epithymum*
1B-Blätter sitzend
  2A-Blätter filigran eingeschnitten   ***<u>Nigella damascena</u>***
  2B-Blätter nicht filigran eingeschnitten
    3A-Unbehaartes Kraut   *Polygonum aviculare*
    3B-Behaartes Kraut
      4A-Blütenblätter 2-3 mm   *Saxifraga tridactylites*
      4B-Blütenblätter 9-16 mm   *Saxifraga corsica**
1C-Blätter gestielt
  2A-Blütenblätter verwachsen
    3A-Baum   *Eriobotrya japonica*
    3B-Kraut
      4A-Blüten < 10 mm   *Dichondra micrantha*
      4B-Blüten > 10 mm
        5A-Pflanze klebrig oder drüsig behaart
          6A-Klebrig behaart   *Hyoscyamus albus*
          6B-Drüsig behaart   *Petunia hybrida*
        5B-Pflanze kaum behaart
          6A-Kelchzähne 3-5 mm   *Datura ferox*
          6B-Kelchzähne 5-10 mm   *Datura stramonium*
  2B-Blütenblätter nicht verwachsen
    3A-Blätter ohne Nebenblätter
      4A-Blüten mit 5 Staubblättern
        5A-Stängel geflügelt   *Solanum tuberosum*
        5B- Stängel nicht geflügelt
          6A-Stängel kantig   *Solanum alatum*
          6B-Stängel rund   *Solanum luteum*
      4B-Blüten mit vielen Staubblättern
        5A-Blüte mit Außenkelch   *Malva parviflora*
        5B-Blüte ohne Außenkelch
          6A-Pflanze mit Schwimmblättern
            7A-Blätter weich   *Ranunculus penicillatus*
            7B-Blätter steif   *Ranunculus peltatus*
          6B-Pflanze ohne Schwimmblätter
            7A-Blütenblätter < 6 mm   *Ranunculus trichophyllus*
            7B-Blütenblätter > 5 mm   *Ranunculus aquatilis*

3B-Blätter mit Nebenblättern
  4A-Pflanze mit Dornen
    5A-Blätter eingeschnitten
      6A-Blüten 8-15 mm   ***Crataegus monogyna***
      6B-Blüten 15-20 mm   *Crataegus azarolus*
    5B-Blätter ungeteilt
      6A-Blätter oberseits behaart   *Mespilus germanica*
      6B-Blätter oberseits kahl
        7A-Blüten 7-8 mm   *Pyracantha coccinea*
        7B-Blüten 10-15 mm   *Prunus spinosa*
        7C-Blüten 40-50 mm   ***Prunus dulcis***
    5C-Blätter gefiedert
      6A-Blütenstiel dornig   *Rubus caesius*
      6B-Blütenstiel drüsig
        7A-Blüten 22-40 mm   *Rosa sempervirens*
        7B-Blüten 45-50 mm   *Rosa pouzinii*
      6C-Blütenstiel kahl
        7A-Blüten 22-38 mm   *Rosa agrestis*
        7B-Blüten 45-50 mm   ***Rosa canina***
  4B-Pflanze ohne Dornen
    5A-Kraut   *Potentilla caulescens*
    5B-Kein Kraut
      6A-Blattstiel ohne Drüsen
        7A-Blüten < 20 mm
          8A-Blütenblätter schmal und lang   *Amelanchier ovalis*
          8B-Blütenblätter eiförmig   *Sorbus aria*
        7B-Blüten > 20 mm
          8A-Staubbeutel der Staubblätter rot   *Pyrus communis*
          8B-Staubbeutel der Staubblätter nicht rot *Malus domestica*
      6B-Blattstiel mit Drüsen
        7A-Drüsen der Blattstiele rot   *Prunus avium*
        7B-Drüsen der Blattstiele nicht rot
          8A-Blüten 15-25 mm   *Prunus domestica*
          8B-Blüten 22-32 mm   *Prunus armeniaca*
1D-Blätter gefiedert
  2A-Blüten mit vielen Staubblättern   *Sorbus domestica*
  2B-Blüten mit 5 Staubblättern   ***Sambucus ebulus***

Mehr als 5 Blütenblätter

1A-Blätter gestielt   *Trachelium caeruleum*

Eingriffliger Weißdorn
Crataegus monogyna
(Rosaceae)

Amelanchier ovalis Gemeine Felsenbirne (Rosaceae) Strauch mit Nebenblättern/Blätter oval/Blattstiel ohne Drüsen/Blüten 10-13 mm/Blütenblätter schmal und lang/Feuchtgebiete/Apr-Mai

Arbutus unedo Westlicher Erdbeerbaum (Ericaceae) Baum/Blätter lanzettlich/Blüten 8-9 mm/8 bis 10 Staubblätter/Baumheiden-Macchie-Eichenwald-Garigues-Kiefernwald-Zierpflanze/Okt-Jan

Calystegia sepium Gewöhnliche Zaunwinde (Solanaceae) Kletterpflanze/(un)behaart/Blätter pfeilförmig/Blüten 30-50 mm/Feuchtgebiete-Hecken-Marschland/Mai-Sep

Crataegus azarolus Welsche Mispel (Rosaceae) Baum oder Strauch mit Nebenblättern und Dornen/Blätter eingeschnitten/Blüten 15-20 mm/Apr-Juni

<u>*Crataegus monogyna*</u> Eingriffliger Weißdorn (Rosaceae) Baum oder Strauch mit Nebenblättern und Dornen/Blätter eingeschnitten/Blüten 8-15 mm/Nutzpflanze/Apr-Mai

Cuscuta campestris Amerikanische Grob-Seide (Convolvulaceae) Parasitische Pflanze mit gelblichem bis orangem Stängel/Blüten 2-3 mm/Narbe kopfig/Juli-Sep

Cuscuta epithymum Thymianseide (Convolvulaceae) Parasitische Pflanze mit rotem Stängel/Blüten 2-4 mm/Narbe fadenförmig/Kelchzipfel dreieckig-eiförmig/Stängel rötlich/Bergland-Felder-Felsküsten-Garigues-Kiefernwald-Wegränder/Apr-Mai

Cuscuta planiflora Flachblütige Seide (Convolvulaceae) Parasitische Pflanze mit orangem Stängel/Blüten 1-3 mm/Narbe der Blüte fadenförmig/Kelchzipfel der Blüte länglich/Apr-Nov

Datura ferox Dorniger Stechapfel (Solanaceae) Kraut/Blüten 50-100 mm/Kelchzähne der Blüte 3-5 mm/Felder-Nutzpflanze-Wegränder/Aug-Nov

Datura stramonium Weißer Stechapfel (Solanaceae) Kaum behaartes Kraut/Blüten 50-100 mm/Kelchzähne der Blüte 5-10 mm/Frucht stachelig/Felder-Nutzpflanze-Wegränder/Mai-Sep

Dichondra micrantha Kleinblütige Zweikornwinde (Caryophyllaceae) Kraut/weich behaart/Blüten 2-3 mm

Eriobotrya japonica Wollmispel, (Rosaceae) Baum/Blätter länglich-lanzettlich/Blüten 10 mm/Blätter unterseits behaart/Nutzpflanze-Zierpflane/Okt-Feb

Hyoscyamus albus Weißes Bilsenkraut (Solanaceae) Klebriges Kraut/Blätter eingeschnittenen/Blüten 20-30 mm/Felder-Steinböden-Wegränder/März-Sep

Malus domestica Kultur-Apfel (Rosaceae) Baum oder Strauch/Blätter eiförmig bis elliptisch und mit Nebenblättern/Blüten 3-4 cm Nutzpflanze/Apr-Mai

Malva parviflora Kleinblütige Malve (Malvaceae) Kraut/Blätter nierenförmig/Blüten 7-10 mm mit Außenkelch/viele Staubblätter/Felder-Wegränder/Apr-Mai

Mespilus germanica Deutsche Mispel (Rosaceae) Baum oder Strauch mit Dornen/Blätter eiförmig und unterseits grau behaart/Blüte 25-36 mm/Nutz- und Zierpflanze/Mai-Juni

Schwarzkümmel
Nigella damascena
(Ranunculaceae)

__Nigella damascena__ Schwarzkümmel (Ranunculaceae) Kraut mit filigran einge-
schnittenen Blättern/Blüten 20-32 mm/viele Staubblätter/Felder-Wegränder/
März-Mai

Petunia hybrida Garten-Petunie (Solanaceae) Drüsig behaartes Kraut/Blätter
gestielt/Blüten 25-70 mm/5 Staubblätter/mit Außenkelch/Apr-Juni

Polygonum aviculare Vogel-Knöterich (Polygonaceae) Kraut/Blätter
lanzettlich/Blütenblätter breit und überlappend/Blüten 2-4 mm lang/Apr-Mai

Potentilla caulescens Stängel-Fingerkraut (Rosaceae) Kraut mit Nebenblättern/
Blätter gefingert/Blüten 15-20 mm/Felsspalten-Bergland/Apr-Mai

Prunus armeniaca Aprikose (Rosaceae) Baum oder Strauch/Blätter breit
eiförmig + mit Nebenblättern/Blattstiel mit Drüsen/Blüten 22-32 mm/
Nutzpflanze/Feb-Apr

Prunus avium Süß-Kirsche (Rosaceae) Baum/Blätter oval + mit Nebenblät-
tern/Blattstiel mit roten Drüsen/Blüten 15-25 mm/Nutzpflanze/März-Apr

Prunus domestica Pflaume (Rosaceae) Baum/Blätter eiförmig bis elliptisch +
mit Nebenblättern/Blattstiel mit Drüsen/Blüten 15-25 mm/Nutzpflanze/
Apr-Mai

__Prunus dulcis__ Mandel (Rosaceae) Strauch mit Dornen/Blätter schmal
lanzettlich + mit Nebenblättern/Blüten 4-5 cm/Nutzpflanze/Feb-März

Prunus spinosa Schlehe (Rosaceae) Strauch mit Dornen/Blätter eiförmig und
mit Nebenblättern/Blüten 10-15 mm/Felder-Hecken-Wegränder/März-Apr

Pyracantha coccinea Mittelmeer-Feuerdorn (Rosaceae) Dorniger Strauch/
Blätter eiförmig bis elliptisch und mit Nebenblättern/Blüten 7-8 mm/Apr-Juni

Pyrus communis Birne (Rosaceae) Baum oder Strauch/Blätter eiförmig bis
elliptisch und mit Nebenblättern/Blüten 22-34 mm/rote Staubbeutel/
Nutzpflanze/Apr-Mai

Ranunculus aquatilis Gemeiner Wasserhahnenfuß (Ranunculaceae) Wasserpflanze mit Schwimmblättern/Blätter 3-7teilig/Blüten bis 18 mm/Nektar-
blätter der Blüte rund/viele Staubblätter/Feuchtgebiete-MarschlandMärz-Juli

Ranunculus peltatus Schild-Wasserhahnenfuß (Ranunculaceae) Wasserpflanze
mit Schwimmblättern/Blätter 3-7teilig/Blüten 15-20 mm/Nektarblätter der
Blüte birnenförmig/viele Staubblätter/Feuchtgebiete-Marschland/März-Okt

Ranunculus penicillatus Pinselblättriger Wasserhahnenfuß (Ranunculaceae)
Wasserpflanze mit Schwimmblättern/Blätter 3-7teilig/Blüten 20-30 mm/viele
Staubblätter/Feb-Juli

Ranunculus trichophyllus Haarblättriger Hahnenfuß (Ranunculaceae) Kraut/
Blätter 3-7teilig/Blüten 5-10 mm/Nektarblätter der Blüte mondförmig/viele
Staubblätter/Feuchtgebiete-Marschland/März-Juli

Rosa agrestis Acker-Rose (Rosaceae) Dorniger Strauch/Blätter gefiedert mit
5-7 Blättchen und Nebenblättern/Blüten 22-38 mm/Felder-Hecken-
Wegränder/Apr-Juni

Zwergholunder
Sambucus ebulus
(Caprifoliaceae)

Rosa canina Hecken-Rose (Rosaceae) Dorniger Strauch/Blätter gefiedert mit 5-7 Blättchen und mit Nebenblättern/Blüten 45-50 mm/Blütenstiel kahl/ Felder-Hecken-Wegränder/Apr-Juni

Rosa pouzinii Hecken-Rose (Rosaceae) Dorniger Strauch/Blätter gefiedert mit 5-7 Blättchen und mit Nebenblättern/Blüten 45-50 mm/Blütenstiel drüsig/ Apr-Juni

Rosa sempervirens Immergrüne Rose (Rosaceae) Dorniger Strauch/Blätter gefiedert mit meist 5 Blättchen und mit Nebenblättern/Blüten 22-40 mm/ Blütenstiel drüsig/Eichenwald-Felder-Hecken-Wegränder/Apr-Juni

Rubus caesius Kratzbeere (Rosaceae) Dorniger Strauch/Blätter dreizählig gefiedert und mit Nebenblättern/Blüten 20-25 mm/Blütenstiel dornig/ Feuchtgebiete-Hecken/März-Apr

Sambucus ebulus Zwergholunder (Caprifoliaceae) Pflanze/Blätter gefiedert mit 7-13 Blättchen/Blütenstand 5-16 cm/Felder-Wegränder/Juli-Sep

Saxifraga corsica* Korsischer Steinbrech (Saxifragaceae) Drüsig behaartes Kraut/Blätter 3-5lappig/Blütenblätter 9-16 mm/Felsspalten/Ibiza/Apr-Juni

Saxifraga tridactylites Dreifinger-Steinbrech (Saxifragaceae) Oft rötliches klebrig behaartes Kraut/untere Blätter mit 1-3 fingerartigen Abschnitten/ Blütenblätter 2-3 mm/kalkhaltige Felder-Steinböden/März-Mai

Solanum alatum Rotbeeriger Nachtschatten (Solanaceae) Behaartes Kraut/ Haare anliegend/Stängel kantig + gezähnt gerillt/Blätter länglich-elliptisch bis eiförmig/Blüten 8-16 mm/5 Staubblätter/Jan-Dez

Solanum luteum Gelbbeeriger Nachtschatten (Solanaceae) Abstehend behaartes Kraut/Stängel rund-gerillt und drüsig/Blätter eiförmig/Blüten 8-16 mm/ 5 Staubblätter/Felder-Wegränder/März-Mai

Solanum tuberosum Kartoffel (Solanaceae) Pflanze mit geflügeltem Stängel/ Blättereiförmig/Blüten 25-35 mm/5 Staubblätter/Nutzpflanze/März-Juli

Sorbus aria Echte Mehlbeere (Rosaceae) Baum oder Strauch/Blätter eiförmig mit Nebenblättern/Blattstiel ohne Drüsen/Blüten 10-15 mm/Blütenblätter eiförmig/Felsspalten/Mai-Juni

Sorbus domestica Speierling (Rosaceae) Baum oder Strauch/Blätter oval mit Nebenblättern/Blattstiel ohne Drüsen/Blüten 16-18 mm/Mai-Juni

Trachelium caeruleum Blaues Halskraut (Campanulaceae) Kaum behaarte Pflanze/am Grund verholzt/Blätter eiförmig bis breit lanzettlich/Blüten < 10 mm/Blütenblätter glockenartig verwachsen/5 Staubblätter/Feuchtgebiete/ Mai-Sep

Blüten in Dolden

1A-Wasserpflanze	*Berula erecta*
1B-Strauch mit Trugdolden	*Sambucus nigra*
1C-Krautige Pflanze	
2A-Pflanze mit Dornen	*Echinophora spinosa*
2B-Pflanze ohne Dornen	
3A-Pflanze behaart	
4A-Dolde mit verzweigten Hüllblättern	***Daucus carota***
4B-Dolde ohne verzweigte Hüllblätter	
5A-Haare sternförmig	*Bowlesia incana*
5B-Haare nicht sternförmig	
6A-Dolde ohne bzw nur mit einem Hüllblatt	
7A-Stängel hohl	*Anthriscus caucalis*
7B-Stängel nicht so	
8A-Pflanze unten verholzt	*Pimpinella tragium*
8B-Pflanze unten nicht verholzt	
9A-Dolden knäuelig	
10A-Pflanze mit Grundrosette	*Torilis nodosa*
10B-Pflanze ohne Grundrosette	*Torilis webbii*
9B-Dolden nicht knäuelig	
10A-Dolden alle endständig	*Torilis arvensis*
10B-Dolden auch endständig	*Torilis leptophylla*
6B-Dolden mit mehreren Hüllblättern	
7A-Pflanze unten verholzt	
8A-Dolden 20-50strahlig	*Laserpitium gallicum*
8B-Dolden 10-20strahlig	*Magydaris panacifolia*
7B-Pflanze unten nicht verholzt	
8A-Pflanze nur am Grund behaart	*Orlaya daucoides*
8B-Pflanze auch sonst behaart	*Pseudorlaya pumila*
3B-Pflanze unbehaart	
4A-Dolde mit verzweigten Hüllblättern	
5A-Untere Blätter 2-3fach gefiedert	*Daucus carota*
5B-Untere Blätter einfach gefiedert	
6A-Dolde 15-60strahlig	***Ammi majus***
6B-Dolde bis 150-strahlig	*Ammi visnaga*
4B-Dolde ohne verzweigte Hüllblätter	
5A-Stängel hohl	
6A-Stängel gefleckt	*Conium maculatum*
6B-Stängel nicht gefleckt	*Apium nodiflorum*
5B-Stängel nicht so	
6A-Dolden mit vielen Hüllblättern	*Laserpitium gallicum*
6B-Dolde mit 6-8 Hüllblättern	*Bunium pachypodum*

6C-Dolde mit weniger als 5 Hüllblättern
  7A-Dolde 20-50strahlig   ***Ligusticum lucidum***
  7B-Dolde weniger als 20-strahlig
    8A-Dolde ohne Hüllchenblätter   ***Apium graveolens***
    8B-Dolde mit 2-3 Hüllchenblättern
      9A-Blütenblätter gleich groß   ***Bifora testiculata***
      9B-Blütenblätter ungleich groß ***Bifora radians***
    8C-Dolde mit > 5 Hüllchenblättern ***Pimpinella bicknellii*****

Wilde Möhre
Daucus carota
(Apiaceae)

Ammi majus Große Knorpelmöhre (Apiaceae) Kraut/untere Blätter einfach gefiedert/Dolde 15-60strahlig/Dolde mit Hüllblättern/Felder-Wegränder/ Mai-Juli

Ammi visnaga Große Knorpelmöhre (Apiaceae) Kraut/untere Blätter einfach gefiedert/Dolde 30-50(150!)strahlig/Dolde mit Hüllblättern/Feuchtgebiete/ Mai-Juni

Anthriscus caucalis Hundskerbel (Apiaceae) Behaartes Kraut/Stängel hohl/ Blätter 2-3fach fiederteilig/Dolde ohne oder nur mit 1 Hüll- oder Hüllchenblatt/März-Juni

Apium graveolens Echter Sellerie (Apiaceae) Kraut/Stängel massiv und gefurcht/Blätter 1-2fach gefiedert/Dolde kurz gestielt und ohne Hüll- oder Hüllchenblätter/Feuchtgebiete/Mai-Juli

Apium nodiflorum Knotenblütiger Sellerie (Apiaceae) Pflanze mit hohlem und gefurchten Stängel/Blätter einfach gefiedert/Dolde 3-12strahlig mit 0-2 Hüllblättern und 5-7 Hüllchenblättern/Feuchtgebiete/Mai-Juli

Berula erecta Schmalblättriger Merk (Apiaceae) Wasserpflanze/Blätter einfach gefiedert/Dolde mit Hüll- und Hüllchenblätter/Feuchtgebiete/Mai-Juli

Bifora radians Strahlen-Hohlsame (Apiaceae) Kraut/Stängel gefurcht/Dolde 3-8 strahlig/Dolde ohne oder mit 1 Hüllblatt und 2-3 Hüllchenblättern/ Blütenblätter ungleich groß/Felder-Wegränder/Apr-Juli

Bifora testiculata Warziger Hohlsame (Apiaceae) Kraut/Stängel gefurcht/ Grundblätter 1-2fach fiederschnittig/Stängelblätter 2fach fiederschnittig/ Dolde 1-3(5)strahlig/Dolde ohne oder mit 1 Hüllblatt und 2-3 Hüllchen-blättern/Blütenblätter gleich groß/März-Mai

Bowlesia incana (Apiaceae) Niederliegendes Kraut/behaart/Haare sternförmig/ Blätter nierenförmig/Apr-Mai

Bunium alpinum (Apiaceae) Am Grund verholzte Pflanze/Dolde 3-10strahlig/ Dolde mit 1-5 Hüllblätter/in den Bergen

Bunium pachypodum (Apiaceae) Pflanze/Blätter 2-3fach fieder-schnittig/Dolde 6-15strahlig/Dolde mit 6-8 Hüllblätter/3-6 Hüllchenblätter/Felder-Wegränder Mai-Juni

Conium maculatum Gefleckter Schierling (Apiaceae) Kraut/Stängel hohl + gefleckt/Blätter 2-4fach gefiedert/Dolde mit (0)5-6 unverzweigten Hüll-blättern und 3-6 Hüllchenblättern/Felder-Feuchtgebiete-Wegränder/Mai-Aug

Daucus carota Wilde Möhre (Apiaceae) Kraut/Stängel gefurcht/Blätter 2-3fach gefiedert/Dolde mit vielen verzweigten Hüll-und Hüllchenblättern/Dolde zentral mit dunkler Blüte/Felder-Felsküsten-Wegränder/März-Mai

Echinophora spinosa Starre Stacheldolde (Apiaceae) Behaarte Pflanze/Blätter stechend/Dolden 5-8strahlig/Dolden mit 5-10 Hüll- + 5-10 Hüllchenblättern/ sandige Standorte/Juli-Aug

Laserpitium gallicum Französisches Laserkraut (Apiaceae) Pflanze mit gefurchtem Stängel/Blätter 4-5fach eingeschnitten/Dolde mit vielen Hüll- und Hüllchenblättern/Bergland/Juni-Sep

Fremde Bibernelle
*Pimpinella bicknellii**
(Apiaceae)

Ligusticum lucidum Glänzender Liebstock (Apiaceae) Am Grund verholzte Pflanze/Stängel massiv/Dolde 20-50strahlig/Dolde ohne Hüllblätter/Dolde mit 5-8 Hüllchenblättern/Juli

Magydaris panacifolia * (Apiaceae) Behaarte Pflanze/Stängel massiv/Blätter gefiedert/Felder-Wegränder/Menorca/Mai

Orlaya daucoides Möhrenartiger Breitsame (Apiaceae) Kraut/am Grund behaart/Dolde 2-4strahlig und mit 2-3 Hüll- und Hüllchenblättern/Felder-Wegränder/März-Mai

<u>Pimpinella bicknellii</u> * Bicknells Bibernelle (Apiaceae) Pflanze mit doppelt gefiederten Blättern/Fiederblättchen eiförmig/Dolde 3-8strahlig und ohne Hüllblätter/Dolde mit 5 Hüllchenblättern/steinige Abhänge-Eichenwald-Felsspalten/Apr-Juni

Pimpinella tragium Fremde Bibernelle (Apiaceae) Behaarte Pflanze/unterste Blätter ungeteilt/andere Blätter einfach gefiedert/Dolde 5-15strahlig/Dolde ohne oder nur mit wenigen Hüllblättern/Juli-Aug

Pseudorlaya pumila Falscher Breitsame (Apiaceae) Niederliegendes Kraut/ behaart/Blätter 2-3fach gefiedert mit eiförmigen Abschnitten/Dolde 2-5strahlig mit 2-5 unverzweigten Hüllblättern/Strand/Apr-Juli

Sambucus nigra Schwarzer Holunder (Caprifoliaceae) Strauch mit Trug-dolden/Blätter gegenständig, unpaarig gefiedert mit 5-7 Blättchen/Staub-blätter gelb/Hecken/Juli-Sep

Torilis arvensis Acker-Klettenkerbel (Apiaceae) Behaartes Kraut/Blätter 1-3fach gefiedert/Dolde 2-12 strahlig/Dolde ohne oder nur mit 1 Hüllblatt/ Dolden nicht knäuelig/Dolden alle endständig/Felder-Marschland-Wegränder Mai-Juni

Torilis leptophylla Dünnblättriger Klettenkerbel (Apiaceae) Behaarte Pflanze/ Blätter 2-3fach fiederschnittig/Dolde 2-4strahlig und ohne oder nur mit 1 Hüllblatt/Dolden blattachsel- und endständig/Felder-Marschland-Wegränder/ März-Juni

Torilis nodosa Knotiger Klettenkerbel (Apiaceae) Meist niederliegendes Kraut mit Grundrosette/behaart/Stängel rund/Blätter 1-2fach gefiedert/Dolde 2-3strahlig und ohne Hüllblätter/Dolden knäuelig und blattgegenständig/innere Teilfrüchte nur warzig/Felder-Wegränder/März-Mai

Torilis webbii Webbs Klettenkerbel (Apiaceae) Meist niederliegende behaarte Pflanze ohne Grundrosette/Blätter 1-2fach fiederschnittig/Dolde ohne oder mit 1 Hüllblatt/Dolden knäuelig und blattgegenständig/Teilfrüchte immer beide stachelig/Feb-Mai

Blüten symmetrisch

1A-Pflanze ohne Blätter — *Lygos monosperma*
1B-Blätter dreizählig
  2A-Blütenstand 1-7blütig
    3A-Pflanze behaart — *Trifolium subterraneum*
    3B-Pflanze unbehaart
      4A-Blüten 3-4 mm — *Medicago orbicularis*
      4B-Blüten 6-8 mm — *Trifolium ornithopodioides*
  2B-Blütenstand vielblütig
    3A-Pflanze unbehaart
      4A-Blütenstand fast sitzend
        5A-Blütenstand 5-6 mm — *Trifolium suffocatum*
        5B-Blütenstand 20-60 mm — *Trifolium vesiculosum*
      4B-Blütenstand gestielt
        5A-Blütenstand in Ähren — *Melilotus alba*
        5B-Blütenstand in Köpfchen
          6A-Pflanze am Grund verholzt — *Trifolium repens*
          6B-Pflanze nicht so — *Trifolium nigrescens*
    3B-Pflanze behaart
      4A-Blütenstand fast fast sitzend — *Trifolium scabrum*
      4B-Blütenstand gestielt
        5A-Blüten 4 mm — *Trifolium arvense*
        5B-Blüten 8-10 mm
          6A-Kelch 10 bis 14-venig — *Trifolium alexandrinum*
          6B-Kelch 20-venig — *Trifolium cherleri*
1C-Blätter sitzend
  2A-Blüten mit 4 Staubblättern — *Digitalis minor**
  2B-Blüten mit vielen Staubblättern — *Consolida ajacis*
1D-Blätter gestielt
  2A-Blüten mit 4 Staubblättern — *Cymbalaria fragilis**
  2B-Blüten mit 5 Staubblättern — *Impatiens balsamina*
  2C-Blüten mit 6 Staubblättern
    3A-Blüte 5-6 mm — *Fumaria parviflora*
    3B-Blüte 10-14 mm
      4A-Kelch der Blüte < 3 mm breit — *Fumaria flabellata*
      4B- Kelchder Blüte > 3 mm breit — *Fumaria capreolata*
  2D-Blüten mit vielen Staubblättern
    3A-Blüte gespornt
      4A-Sporn der Blüte < 10 mm — *Delphinium pictum**
      4B-Sporn der Blüte > 10 mm — *Delphinium gracile*

3B-Blüte ungespornt
    4A-Blüte mit 4 Kelchblättern   *Reseda luteola*
    4B-Blüte mit 5-6 Kelchblättern *Reseda alba*
    4C-Blüte mit 6 Kelchblättern
       5A-Blätter < 5 cm   *Reseda media*
       5B-Blätter > 5 cm   *Reseda phyteuma*
1E-Blätter gefiedert
  2A-Blüten einzeln   *Cicer arietinum*
  2B-Blüten in Dolden
    3A-Pflanze nach Anis riechend *Scandix australis*
    3B-Pflanze nicht aromatisch *Scandix pecten-veneris*

Weißer Steinklee
Melilotus alba
(Fabaceae)

Cicer arietinum Kichererbse (Fabaceae) Behaartes Kraut/Blätter unpaarig gefiedert/7-15 Fiederblätter/Blüten 10-12 mm/Nutzpflanze/Mai-Juli

Consolida ajacis Garten-Rittersporn (Ranunculaceae) Kraut mit gespornter Blüte/Blätter handförmig bis 3fach gefiedert/Blüte 10-20 mm/Sporn der Blüte 13-18 mm/viele Staubblätter/Felder-Wegränder-Zierpflanze/Ibiza/Mai-Aug

*Cymbalaria fragilis** (Scrophulariaceae) Behaarte Pflanze/Blätter 3 oder 5-lappig/Blüte 8-13 mm/Blüte gespornt/4 Staubblätter/Felsspalten/Menorca

Delphinium gracile Fremder Rittersporn (Ranunculaceae) Kraut mit gespornter Blüte/untere Blätter 1-2fach handförmig fiederschnittig/Blütenstand bis 30-blütig/Sporn > 10 mm/Sporn länger als Blütensegmente/viele Staubblätter/Juni-Sep

*Delphinium pictum** (Ranunculaceae) Behaartes Kraut/untere Blätter 1-2fach handförmig fiederschnittig/Blüte blaßblau/Blüten 22-26 mm/Sporn 6-8 mm/ viele Staubblätter/Mai-Juni

*Digitalis minor** Balearen-Fingerhut (Scrophulariaceae) Pflanze mit filzig behaartem Stängel und Blättern/Blätter lanzettlich/Blüte > 25 mm/4 Staubblätter/Felsspalten/Mai-Juli

Fumaria capreolata Ranken-Erdrauch (Papaveraceae) Pflanze mit doppelt gefiederten Blättern/Blüte 10-14 mm/6 Staubblätter/Blüte gespornt/Kelch > 3 mm breit/Kelch breiter als Blüte/Felder-Olivenhaine-Wacholderwald-Wegränder/Apr-Sep

Fumaria flabellata Zerschlitzter Erdrauch (Papaveraceae) Kraut/Blätter doppelt gefiedert/Blüte 10-14 mm/6 Staubblätter/Kelch < 3 mm breit/Kelch schmaler als Blüte/Menorca

Fumaria parviflora Kleinblütiger Erdrauch (Papaveraceae) Kraut mit tief eingeschnittenen Blättern/Blüte 5-6 mm/Blüte gespornt/6 Staubblätte/Felder-Wegränder/Jan-Juli

Impatiens balsamina Garten-Springkraut (Balsaminaceae) Kraut/Blätter lanzettlich/Blüte 10-25 mm/Blüte gespornt/Sporn 4-10 mm/5 Staubblätter/ Mai-Sep

Lygos monosperma (Fabaceae) Strauch zur Blütezeit ohne Blätter/Blätter lineal/Blüten 10-12 mm/Zierpflanze/Feb-Apr

Medicago orbicularis Scheiben-Schneckenklee (Fabaceae) Pflanze mit rillig-kantigem Stängel/Blätter dreiteilig/Nebenblätter eingeschnitten/Blütenstand 1-5blütig/Blüten 2-5 mm/Schote gedreht/Felder-Wegränder/Feb-Juni

Melilotus alba Weißer Steinklee (Fabaceae) Behaarte Pflanze/Blätter dreizählig/Nebenblätter ganzrandig/Blütenstand vielblütig und gestielt in Ähren/ Blüte 4-5 mm/Schote eifömig/Mai-Aug

Reseda alba Weiße Resede (Resedaceae) Kraut mit fiederspaltigen Blättern/ Blüte 8-9 mm/viele Staubblätter/5-6 Kelchblätter/Eichenwald-Felder-Wegränder/Feb-Apr

Reseda luteola Wau (Resedaceae) Meist unverzweigtes Kraut/Blätter lanzettlich Blüte 4-5 mm/viele Staubblätter/4 Kelchblätter/Felder-Wegränder/Mai-Okt

Hasen-Klee
Trifolium arvense
(Fabaceae)

Reseda media (Resedaceae) Pflanze mit teilweise ungeteilten Blättern/
6 Kelchblätter/viele Staubblätter

Reseda phyteuma Rapunzel-Resede (Resedaceae) Behaarte Pflanze/Blätter
> 5 cm und teilweise ungeteilt bis zweilappig/Blüte 6-10 mm/viele
Staubblätter/6 Kelchblätter/Felder-Wegränder/Apr-Aug

Scandix australis Südlicher Venuskamm (Apiaceae) Nach Anis riechendes
Kraut/Blätter 2-3fach gefiedert/Dolde 1-3strahlig/Frucht 15-30(40) mm/
Bergland-kalkhaltige Felder/März-Mai

Scandix pecten-veneris Echter Venuskamm (Apiaceae) Kraut/Blätter 2-3fach
gefiedert/Dolde 1-3strahlig/Blüten 2-3 mm/Frucht (20)40-80 mm/Felder-
Wegränder/Feb-Mai

Trifolium alexandrinum Alexandriner Klee (Fabaceae) Behaarte Pflanze/
Blätter 3zählig/Blütenstand gestielt und in vielblütigen 10-25 mm großen
Köpfen/Blüten 8-10 mm/Kelch 10-14venig/Felder-Wegränder/Mai-Aug

<u>Trifolium arvense</u> Hasen-Klee (Fabaceae) Behaarte Pflanze/Blätter dreizählig/
Blütenstand gestielt-vielblütig-weich-wollig/Blütenstand bis 25 mm/Blüten 4
mm/Felder/März-Aug

Trifolium cherleri Cherlers Klee (Fabaceae) Behaartes Kraut/Blätter dreizählig
und vorne eingeschnitten/Blüten 8-10 mm/rosa-weiß/Blüten wenig länger als
der Kelch/Kelch 20-venig/Felder-Wegränder/Apr-Mai

Trifolium nigrescens Schwärzlicher Klee (Fabaceae) Pflanze mit dreizähligen
Blättern/Blütenstand in vielblütigen Köpfen und gestielt/Blüten 6-9 mm/
Felder-Wegränder/Apr-Mai

Trifolium ornithopodioides Vogelfuß-Klee (Fabaceae) Pflanze mit dreizähligen
Blättern/Nebenblätter nicht eingeschnitten/Blütenstand 1-5blütig/Blüten 6-8
mm/Schote gerade/Apr-Juni

Trifolium repens Weiß-Klee (Fabaceae) An den Knoten wurzelnde Pflanze/
Blätter dreizählig/Blütenstand gestielt und in vielblütigen Köpfen/Blüten 7-10
mm/Felder-Feuchtgebiete-Wegränder/Apr-Sep

Trifolium scabrum Rauer Klee (Fabaceae) Behaarte Pflanze/Blätter dreizählig/
Blätter beidseits behaart/Blütenstand fast sitzend und vielblütig/Blüten 7-8
mm/Schote gerade/Felder-Wegränder/Apr-Juni

Trifolium subterraneum Erd-Klee (Fabaceae) Behaarte Pflanze/Blätter dreizählig + vorn eingeschnitten/Blütenstand 1-5(7)blütig/Blüten 8-14 mm/
Schote gerade/Felder-Wegränder/Apr-Juni

Trifolium suffocatum (Fabaceae) Pflanze mit dreizähligen Blättern/Blätter an
der Spitze eingeschnitten/Blütenstand fast sitzend und vielblütig/Blütenstand
5-6 mm/Blüten 3-4 mm/Schote gerade/Felder/März-Aug

Trifolium vesiculosum (Fabaceae) Pflanze mit fast sitzendem Blütenstand
/Blütenstand vielblütig und 20-60 mm groß/Blüten 3-4 mm/Apr-Juni

Strand-Malcolmie
Malcolmia maritima
(Cruciferae)

2-4 Blütenblätter

1A-Blüten mit 6 (4+2) Staubblättern
  2A-Blütenblätter gekerbt
    3A-Blütenstiel mit Frucht <1 mm dick   ***Malcolmia maritima***
    3B-Blütenstiel mit Frucht > 1 mm dick   *Malcolmia flexuosa*
  2B-Blütenblätter nicht gekerbt
    3A-Haare sternförmig
      4A-Blütenblätter < 10 mm   *Malcolmia ramosissima*
      4B-Blütenblätter 12-25 mm   *Maresia nana*
    3B-Haare nicht sternförmig
      4A-Blätter weiß behaart   *Matthiola sinuata*
      4B-Pflanze borstig behaart   ***Raphanus sativus***
1B-Blüten mit 8 Staubblättern   *Epilobium parviflorum*
1C-Blüten mit vielen Staubblättern   *Clematis cirrhosa*

Clematis cirrhosa Ranken-Waldrebe (Ranunculaceae) Kletterpflanze/Blätter gelappt oder 1-2fach dreiteilig/Blüten 18-30 mm/viele Staubblätter/Hecken-Olivenhaine-Steinböden-Wacholderwald/Jan-Apr

Epilobium parviflorum Kleinblütiges Weidenröschen (Onagraceae) Weich behaarte Pflanze/Blätter länglich-lanzettlich/Blüten 7-12 mm/8 Staubblätter/Mai-Aug

Malcolmia flexuosa Gebogene Malcolmie (Cruciferae) Behaartes Kraut/untere Blätter eiförmig-keilförmig/Blütenblätter 12-25 mm/Blütenblätter gekerbt mit weißem oder orangem Auge/6 Staubblätter/zur Fruchtzeit Blütenstiel > 1 mm dick/Felsküsten-Strand/Feb-Apr

Malcolmia maritima Strand-Malcolmie (Cruciferae) Behaarte Pflanze/untere Blätter verkehrt-eiförmig, obere verkehrt-länglich bis lanzettlich/Blütenblätter 12-25 mm/Blütenblätter gekerbt mit weißem oder orangen Auge/6 Staubblätter/zur Fruchtzeit Blütenstiel < 1 mm dick/Menorca/Apr-Juni

Malcolmia ramosissima (Cruciferae) Grau behaarte Pflanze/Blätter länglich/Blütenblätter 4-8 mm/6 Staubblätter/Felder-Strand-Wegränder/März-Mai

Maresia nana Zwerg-Malcolmie (Cruciferae) Behaarte Pflanze/Haare sternförmig/Stängelblätter länglich/Blütenblätter 12-25 mm/Strand/Mai

Matthiola sinuata Strand-Levkoje (Cruciferae) Weiß behaarte Pflanze/Grundblätter buchtig gezähnt bis fiederspaltig/Blütenblätter 17-25 mm/6 Staubblätter/Strand/Apr-Juni

Raphanus sativus Garten-Rettich (Cruciferae) Borstig behaarte Pflanze/Blätter gefiedert mit einem sehr großen ovalen Endabschnitt/Blütenblätter 10-20 mm März-Sep

5 Blütenblätter

1A-Blütenblätter verwachsen
  2A-Pflanze ohne Blätter aber mit Ranke   ***Cuscuta epithymum***
  2B-Pflanze mit gestielten Blättern
    3A-Strauch oder Baum   ***Arbutus unedo***
    3B-Krautige Pflanze
      4A-Pflanze unbehaart   ***Datura ferox***
      4B-Pflanze behaart
        5A-Pflanze niederliegend oder windend   ***<u>Convolvulus althaeoides</u>***
        5B-Pflanze nicht so   ***Petunia hybrida***
1B-Blütenblätter nicht verwachsen
  2A-Kelch der Blüte   verwachsen
    3A-Außenkelch der Blüte 6-9spaltig
      4A-Pflanze am Grund verholzt   ***Althaea officinalis***
      4B-Pflanze am Grund nicht verholzt   ***Althaea hirsuta***
    3B-Außenkelch der Blüte 3spaltig
      4A-Pflanze am Grund verholzt   ***Lavatera triloba****
      4B-Pflanze am Grund nicht verholzt
        5A-Blüten einzeln   ***Lavatera punctata***
        5B-Blüten zu mehreren   ***<u>Lavatera cretica</u>***
  2B-Kelch der Blüte nicht verwachsen
    3A-Blätter dreizählig   ***Oxalis latifolia***
    3B-Blätter gestielt
      4A-Blüte mit 5+5 Staubblättern
        5A-Blütenstand 1-2blütig
          6A-Pflanze am Grund verholzt   ***Erodium reichardii****
          6B-Pflanze am Grund nicht verholzt   ***Erodium maritimum***
        5B-Blütenstand doldenartig
          6A-Maximal 1-2 Blattfiedern   ***Erodium chium***
          6B-Blätter gefiedert
            7A-Blütenblätter < 12 mm   ***<u>Erodium cicutarium</u>***
            7B-Blütenblätter > 12 mm   ***Erodium moschatum***
      4B-Blüte mit vielen Staubblättern
        5A-Blüte mit Außenkelch
          6A-Blütenblätter 4-5 mm   ***Malva pusilla***
          6B-Blütenblätter 7-12 mm   ***Malva nicaeensis***
          6C-Blütenblätter 15-30 mm   ***<u>Malva sylvestris</u>***
        5B-Blüte ohne Außenkelch
          6A-Pflanze mit Dornen
            7A-Blüten 20-32 mm   ***Rubus ulmifolius***

7B-Blüten 45-50 mm
  8A-Blütenstiel kahl   ***Rosa canina***
  8B-Blütenstiel drüsig
    9A-Blätter behaart oder drüsig ***Rosa micrantha***
    9B-Blätter kaum behaart/drüsig ***Rosa pouzinii***
6B-Pflanze ohne Dornen
  7A-Pflanze zur Blütezeit mit Blättern
    8A-Blüten einzeln   ***Cydonia oblonga***
    8B-Blüten in vielblütigen Dolden ***Malus domestica***
  7B-Pflanze zur Blütezeit ohne Blätter
    8A-Blüten 40-50 mm   ***Prunus dulcis***
    8B-Blüten kleiner (22-32 mm)
      9A-Blätter oval/fast sitzend ***Prunus armeniaca***
      9B-Blätter länglich ***Prunus persica***

Blüten in Dolden

1A-Blätter dreizählig   ***Naufraga balearica*****
1B-Blätter nicht dreizählig ***Torilis japonica***

Eibischblättrige Winde
Convolvulus althaeoides
(Convolvulaceae)

Althaea hirsuta Rauhaar-Eibisch (Malvaceae) Behaartes Kraut mit Stern-
haaren/Blätter oft bis zum Grund handförmig geteilt/Blütenblätter 10-20 mm/
Außenkelch 6-9spaltig/Staubblätter gelb/Felder-Wegränder/Mai-Juni

Althaea officinalis Echter Eibisch (Malvaceae) Grau-wollig behaarte Pflanze/
Blätter dreieckig-eiförmig/Blütenblätter 15-20 mm/Außenkelch 8-9spaltig/
Staubblätter rötlich/Feuchtgebiete/Juni-Sep

Arbutus unedo Westlicher Erdbeerbaum (Ericaceae) Strauch oder Baum/Blätter
lanzettlich/Blätter gesägt/Blüten 8-9 mm/Baumheiden-Macchie-Eichenwald-
Garigues-Kiefernwald-Zierpflanze/Okt-Jan

<u>Convolvulus althaeoides</u> Eibischblättrige Winde (Convolvulaceae) Behaarte
Pflanze/Stängel bis 1 m/niederliegend oder windend/Blätter am Grund herz-
bis pfeilförmig, obere Blätter deutlich gelappt/Blüten einzeln oder in
Paaren/Blüten 30-50 mm/Narbe 2-teilig/Felder-Wegränder/März-Juli

Cuscuta epithymum Thymian-Seide (Convolvulaceae) Parasitische Pflanze/
Blätter mit Ranke/Blüte 3-4 mm/Bergland-Felder-Felsküsten-Garigues-
Kiefernwald-Wegränder/Apr-Mai

Cydonia oblonga Echte Quitte (Rosaceae) Strauch/Blätter spitz oder stumpfeiförmig bis oval/Blüten einzeln/Blüten 40-45 mm/Kelchblätter der Blüte
gleichartig/viele Staubblätter/Nutzpflanze/Feb-Mai

Datura ferox Dorniger Stechapfel (Solanaceae) Pflanze mit eiförmigen Blättern
Blüten 50-100 mm/Felder-Nutzpflanze-Wegränder/Aug-Nov

Erodium chium Chios-Reiherschnabel (Geraniaceae) Behaartes Kraut/Stängel-
blätter oval und am Grund herzförmig/Blütenstand doldig/Blütenblätter 5-9
mm/10 Staubblätter, davon 5 ohne Staubbeutel/Felder-Felsküsten-Wegränder
Feb-Juni

<u>Erodium cicutarium</u> Gemeiner Reiherschnabel (Geraniaceae) Kraut/Blätter
gefiedert/Blütenstand doldig/Blütenblätter 4-11 mm/10 Staubblätter, davon 5
ohne Staubbeutel/Felder-Wegränder/Dez-Juli

Erodium maritimum Küsten-Reiherschnabel (Geraniaceae) Behaartes Kraut/
Blätter eilänglich/Blütenstand 1-2blütig/10 Staubblätter, davon 5 ohne Staub-
beutel/Strand-Meeresklippen/Juni

Erodium moschatum Moschus-Reiherschnabel (Geraniaceae) Behaartes Kraut/
Blätter gefiedert/Blütenstand doldig/Blütenblätter 15 mm/10 Staubblätter,
davon 5 ohne Staubbeutel/Felder-Wegränder/Dez-Juli

Erodium reichardii* Balearen-Reiherschnabel (Geraniaceae) Behaarte Pflanze/
Blätter rundlich bis nierenförmig/Blütenstand 1-2blütig/10 Staubblätter/
davon 5 ohne Staubbeutel/schattige Abhänge/Mai-Juni

<u>Lavatera cretica</u> Kretische Strauchpappel (Malvaceae) Kraut/Blätter 5-7lappig/
Blüten zu mehreren/Blütenblätter 10-20 mm/Außenkelch dreispaltig/Felder-
Wegränder/Apr-Sep

Lavatera punctata Punktierte Strauchpappel (Malvaceae) Kraut/Blätter spieß-
(oben) oder nierenförmig (unten)/Blüten einzeln/Blütenblätter 15-30 mm/
Außenkelch dreispaltig/Felder-Wegränder/Juni-Juli

Heckenrose
Rosa canina
(Rosaceae)

*Lavatera triloba** Dreilappige Strauchpappel (Malvaceae) Grau-wollig behaarte Pflanze/Blätter dreilappig/Blüten zu mehreren/Blütenblätter 15-30 mm/Außenkelch der Blüte dreispaltig/Felsküsten/Menorca/Apr-Mai

Malus domestica Kultur-Apfel (Rosaceae) Baum oder Strauch mit Nebenblättern/Blattstiel ohne Drüsen/Blüten in Dolden/Blüten 20-40 mm/Nutzpflanze/Apr-Mai

Malva nicaeensis Nizzäische Käsepappel (Malvaceae) Kraut/Blütenblätter 7-12 mm/viele Staubblätter/Blüte mit Außenkelch/Felder-Wegränder/Apr-Juni

Malva pusilla Kleinblütige Malve (Malvaceae) Kraut/Blüten in Gruppen bis 10/Blütenblätter 4-5 mm/Blüte mit Außenkelch/viele Staubblätter/Juni-Okt

Malva sylvestris Wilde Malve, Wilde (Malvaceae) Am Grund verholzte Pflanze/Blütenblätter 15-30 mm/mit dunklen Streifen/Blüte mit Außenkelch/viele Staubblätter/Felder-Wegränder/Apr-Sep

*Naufraga balearica** (Apiaceae) Kleine am Grund verholzte Pflanze/Blätter dreizählig/Dolde mit 2-4 Blüten/Felsspalten-schattige Abhänge/Mai

Oxalis latifolia Breitblättriger Sauerklee (Oxalidaceae) Fast unbehaartes Kraut/Blätter dreizählig/Blättchen eingeschnitten/Blütenblätter 15-20 mm/10 Staubblätter/Juni-Okt

Petunia hybrida Garten-Petunie (Solanaceae) Drüsig behaartes Kraut/Blätter gestielt/Blüten 25-70 mm/5 Staubblätter/Blüte mit Außenkelch/Apr-Juni

Prunus armeniaca Aprikose (Rosaceae) Strauch oder kleiner Baum/zur Blütezeit meist ohne Blätter/Blätter oval und fast sitzend/Blattstiel mit Drüsen und Nebenblättern/Blüten 22-32 mm/viele Staubblätter/Nutzpflanze-Zierpflanze/Feb-Apr

Prunus dulcis Mandel (Rosaceae) Dorniger Strauch oder kleiner Baum/zur Blütezeit meist ohne Blätter/Blätter schmal lanzettlich/oberseits kahl/Nebenblätter/zur Blütezeit ohne Blätter/Blüten 4-5 cm/viele Staubblätter/Nutzpflanze-Zierpflanze/Feb-März

Prunus persica Pfirsich (Rosaceae) Baumzur Blütezeit ohne Blätter/Blätter länglich/Blüten 22-30 mm/viele Staubblätter/Nutz- und Zierpflanze/Feb-Apr

Rosa canina Heckenrose (Rosaceae) Strauch mit Dornen/Blätter gefiedert und mit Nebenblättern/Blütenstiel kahl/Blüten 45-50 mm/Felder-Hecken-Wegränder/Apr-Juni

Rosa micrantha Kleinblütige Rose (Rosaceae) Strauch mit Dornen/Blätter behaart oder drüsig/Blüten 45-50 mm/Blütenstiel drüsig/viele Staubblätter/Bergland-Felder-Hecken-Wegränder/Mai-Juli

Rosa pouzinii (Rosaceae) Strauch mit Dornen/Blätter gefiedert/Blätter mit Nebenblättern/Blütenstiel drüsig/Blüten 45-50 mm/Apr-Juni

Rubus ulmifolius Ulmenblättrige Brombeere (Rosaceae) Strauch mit Dornen/Blätter fünfzählig/Blüten 20-32 mm/viele Staubblätter/Apr-Mai

Torilis japonica Gewöhnlicher Klettenkerbel (Apiaceae) BehaartesKraut/Stängel massiv/Blätter 1-3fach gefiedert/Dolden 5-12strahlig/4-12 Hüllblätter/Mai-Aug

Balearen-Fingerhut
*Digitalis minor**
(Scrophulariaceae)

Blätter nicht ganzrandig - Blätter nicht gegenständig

Blüten symmetrisch

1A-Pflanze mit Dornen   *Ononis spinosa*
1B-Pflanze ohne Dornen
  2A-Blätter dreizählig
   3A-Pflanze unbehaart
    4A-Blütenstand sitzend   *Trifolium glomeratum*
    4B-Blütenstand gestielt
     5A-Blütenstand 1-5blütig   *Trifolium ornithopodioides*
     5B-Blütenstand vielblütig
      6A-Blütenstand < 20 mm   *Trifolium tomentosum*
      6B-Blütenstand größer
       7A-Obere 2 Blätter gegenständig   *Trifolium spumosum*
       7B-Obere 2 Blätter nicht so   *Trifolium vesiculosum*
   3B-Pflanze behaart
    4A-Blüten einzeln   *Ononis reclinata*
    4B-Blüten zu mehreren
     5A-Blütenstand sitzend
      6A-Einzelblüten 4-5 mm   *Trifolium bocconei*
      6B-Einzelblüten 10-12 mm   *Ononis mitissima*
     5B-Blütenstand gestielt
      6A-Blättchen vorn eingeschnitten
       7A-Blütenstand sitzend   *Trifolium cherleri*
       7B-Blütenstand lang gestielt   *Trifolium fragiferum*
      6B-Blättchen nicht so
       7A-Blätter unterhalb der
          Blütenköpfe gegenständig   *Trifolium squamosum*
       7B-Blätter unterhalb der
          Blütenköpfe nicht gegenständig
        8A-Kelch 10-14venig   *Trifolium ligusticum*
        8B-Kelch 20-venig   *Trifolium lappaceum*
  2B-Blätter nicht dreizählig
   3A-Blätter grundständig   *Solenopsis minuta**
   3B-Blätter sitzend
    4A-Blüten mit 4 Staubblättern   *Digitalis minor**
    4B-Blüten mit vielen Staubblättern   *Consolida ajacis*
   3C-Blätter gestielt
    4A-Blüte > 9 mm   *Fumaria bastardii*
    4B-Blüte < 9 mm
     5A-Kelch bis 20% der Blüte   *Fumaria vaillantii*
     5B-Kelch über 25% der Blüte
      6A-Kelchblätter 1-2 mm/   *Fumaria bracteosa*
      6B-Kelchblätter 2-4 mm   *Fumaria densiflora*

Dornige Hauhechel
Ononis spinosa
(Fabaceae)

Consolida ajacis Garten-Rittersporn (Ranunculaceae) Kraut/Blätter handförmig bis 3fach gefiedert/Blüte 10-20 mm/Sporn 13-18 mm/viele Staubblätter/ Felder-Wegränder-Zierpflanze/Apr-Juli

Digitalis minor * Balearen-Fingerhut (Scrophulariaceae) Behaarte Pflanze/ Blätter lanzettlich/Blüte 35-40 mm/4 Staubblätter/Felsküsten-Felsspalten/ Apr-Juli

Fumaria bastardii (Papaveraceae) Kraut/Blätter vielfach geteilt/Blüte 9-12 mm/ Blüte gespornt/6 Staubblätter/Felder-Wegränder/Feb-Apr

Fumaria bracteosa (Papaveraceae) Kraut/Blätter linealisch+rinnig/Blüte 6-7 mm/Kelch über 25% der Blüte/Blüte gespornt/6 Staubblätter/Formentera und Cabrera/Feb-Apr

Fumaria densiflora Dichtblütiger Erdrauch (Papaveraceae) Kraut/Blätter linealisch und rinnig/Blüte 6-7 mm/Kelch über 25% der Blüte/Blüte gespornt/ 6 Staubblätter/Feb-Apr

Fumaria vaillantii Vaillants Erdrauch (Papaveraceae) Kraut/Blätter linealisch/ Blüte 5-6 mm/Kelch bis 20% der Blüte/Blüte gespornt/Sporn lang und gerade/6 Staubblätter/Feb-Apr

Ononis mitissima Milde Hauhechel (Fabaceae) Behaartes Kraut/Blätter drei-zählig/Blütenstand sitzend/Einzelblüten 10-12 mm/Felder-Felsspalten-Garigues-Kiefernwald-Olivenhaine-Wacholderwald-Wegränder/Apr-Juni

Ononis reclinata Nickende Hauhechel (Fabaceae) Behaartes Kraut/Blätter dreizählig/Blüten einzeln/Blüten 5-10 mm/Felder-Garigues-Kiefernwald-Olivenhaine-Wacholderwald/März-Apr

Ononis spinosa Dornige Hauhechel (Fabaceae) Dorniger Zwergstrauch/ behaart/Blätter dreizählig/Blüten 6-20 mm/Blüten meist einzeln in losen Blütenständen/Felder-Wegränder/Apr-Okt

Solenopsis minuta * Kleine Laurentie (Scrophulariaceae) Pflanze mit grund-ständigen Blättern/Blätter eiförmig-spatelig/Blüten 4-11 mm/5 Staubblätter/ Feuchtgebiete-schattige Abhänge/März-Apr

Trifolium bocconei Boccones Klee (Fabaceae) Behaartes Kraut/Blätter drei-zählig/Blütenstand sitzend/Blütenstand 9-15 mm/Einzelblüten 4-5 mm/ Apr-Juli

Trifolium cherleri Cherlers Klee (Fabaceae) Behaartes Kraut/Blätter dreizählig/ Blättchen vorne eingeschnitten/Blüten 8-10 mm/rosa-weiß/Blüten wenig länger als der Kelch/Felder-Wegränder/Apr-Mai

Trifolium fragiferum Erdbeer-Klee (Fabaceae) Am Grund verholzte Pflanze/ behaart/Blätter dreizählig und vorn eingeschnitten/Köpfe vielblütig/Blüten-stiel bis 20 cm/Blütenstand 10-14 mm breit und 10-35 mm lang/Feucht-gebiete-Marschland/Mai-Aug

Trifolium glomeratum Knäuel-Klee (Fabaceae) Kraut/Blätter dreizählig/ Blütenstand sitzend/Blütenstand 8-10 mm/Einzelblüten 4-5 mm/Felder-Wegränder/Mai-Juni

Strand-Skabiose
Scabiosa maritima
(Dipsacaceae)

Trifolium lappaceum Kletten-Klee (Fabaceae) Behaartes Kraut/Blätter dreizählig/Blütenstand vielblütig/Blütenstand 12-20 mm/Blütenstiel bis 35 mm/ Köpfe von rot-schwarzen Kelchzähnen überwachsen/Kelch 20-venig/ Einzelblüten 7-8 mm/Apr-Mai

Trifolium ligusticum Ligurischer Klee (Fabaceae) Behaartes Kraut/Blätter dreizählig/Blütenstand gestielt/Blütenstand 6-15 mm/Einzelblüten 3-4 mm/Kelch > Blüten/Kelch 10-14venig/Mai-Juni

Trifolium ornithopodioides Vogelfuß-Klee (Fabaceae) Kraut/Blätter dreizählig/ Blütenstand 1-5blütig/Blütenstiel bis 8 mm/Einzelblüten 6-8 mm/Apr-Juni

Trifolium spumosum Schaumiger Klee (Fabaceae) Am Grund verholzte Pflane mit dreizähligen Blättern/Köpfe vielblütig/Köpfe endständig/Blütenstiel 10-40 mm/Einzelblüten 9-12 mm/Menorca/Feuchtstandorte/März-Juni

Trifolium squamosum Meerstrands-Klee (Fabaceae) Behaartes Kraut/Blätter dreizählig/Blütenstand gestielt/Einzelblüte 5-7 mm/Blätter unterhalb der Köpfe gegenständig/Kelchzähne unterschiedlich/Felder-Feuchtgebiete-Wegränder/Mai-Juni

Trifolium tomentosum Filziger Klee, Filziger (Fabaceae) Unbehaartes Kraut/ Blätter dreizählig/Blütenstand gestielt/Blütenstand 6-15 mm/vielblütig/ Einzelblüten 2-8 mm/Felder-Wegränder/Apr-Juni

Trifolium vesiculosum Blasenfrüchtiger Klee (Fabaceae) Unbehaartes Kraut/ Blätter dreizählig/Blütenstand gestielt/Blütenstand 20-60 mm/Blütenstand vielblütig/Einzelblüten 3-4 mm/Apr-Juni

Blüten anders

1A-Pflanze teilweise wollig behaart	***Centaurea aspera***
1B-Pflanze nicht wollig behaart	***Scabiosa maritima***

Centaurea aspera Raue Flockenblume (Compositae) Teilweise wollig behaarte Pflanze/Blätter gefiedert/Blüten 20-25 mm/Felder-Wegränder/Mai-Sep

Scabiosa maritima Strand-Skabiose (Dipsacaceae) Behaartes Kraut/Blätter fiederteilig/Blütenköpfe 2-3 cm/4 Staubblätter/Felder-Wegränder/Mai-Sep

Garten-Silberblatt
Lunaria annua
(Cruciferae)

Blüten klein

1A-Kraut/unbehaart	*Emex spinosa*
1B-Strauch/Zweige behaart	***Corylus avellana***
1C-Baum/Zweige meist unbehaart	*Ulmus minor*

2-4 Blütenblätter

1A-Wasserpflanze
  2A-Blüten in 4-zähligen Blütenquirlen — *Myriophyllum spicatum*
  2B-Blüten in 5-zähligen Blütenquirlen — *Myriophyllum verticillatum*
1B-Landpflanze
  2A-Blüte mit 6 (4+2) Staubblättern
   3A-Blätter gestielt — ***Lunaria annua***
   3B-Blätter sitzend
    4A-Pflanze unbehaart — *Lepidium sativum*
    4B-Pflanze behaart
     5A-Haare unverzweigt — ***Raphanus sativus***
     5B-Haare verzweigt
      6A-Blüten sitzend
       7A-Pflanze abstehend behaart — *Malcolmia africana*
       7B-Pflanze weißfilzig behaart — *Malcolmia littorea*
      6B-Blüten gestielt
       7A-Frucht zusammengedrückt — *Matthiola sinuata*
       7B-Frucht zylindrisch
        8A-Blätter gebuchtet — ***Matthiola tricuspidata***
        8B-Blätter nicht gebuchtet
         9A-Blütenblätter 6-12 mm — *Matthiola parviflora*
         9B-Blütenblätter 12-25 mm — *Matthiola lunata*
  2B-Blüte mit vielen Staubblättern
   3A-Milchsaft gelb/Staubbeutel bläulich — *Glaucium corniculatum*
   3B-Pflanze mit weißem Milchsaft
    4A-Staubfäden der Blüte gelb
     5A-Blätter stängelumfassend — ***Papaver somniferum***
     5B-Blätter nicht stängelumfassend — *Papaver pinnatifidum*
    4B-Staubfäden der Blüte bläulich
     5A-Frucht behaart
      6A-Frucht $\leq$ doppelt so lang wie breit — *Papaver hybridum*
      6B-Frucht viel länger als breit — *Papaver argemone*
     5B-Frucht unbehaart
      6A-Frucht fast rund — ***Papaver rhoeas***
      6B-Frucht viel länger als breit — *Papaver dubium*

Rot

Dreihörnige Levkoje
Matthiola tricuspidata
(Cruciferae)

Corylus avellana Gemeine Hasel (Corylaceae) Strauch/Zweige filzig, abstehend drüsig behaart/Blüten in 8-10 cm langen Kätzchen/Zierpflanze/Jan-März

Emex spinosa Stechampfer (Polygonaceae) Kraut/Blätter stumpf spießförmig/ mit herzförmigem Blattgrund/Blütenstand oben mit männlichen, unten mit weiblichen Blüten/Felder-Strand-Wegränder/März-Mai

Glaucium corniculatum Roter Hornmohn (Papaveraceae) Behaartes Kraut mit gelbem Milchsaft/Blätter tief fiederschnittig/Blüten 3-5 cm/Frucht 11-15 cm lang/viele Staubblätter/Staubfäden gelb/Staubbeutel bläulich/Kapsel mehr als 10 x so lang wie breit/Felder-Wegränder/März-Sep

Lepidium sativum Garten-Kresse (Cruciferae) Kraut/untere Blätter oval-lanzettlich, Stängelblätter gelappt/Blütenblätter 2-4 mm/Schötchen 5-6 mm/ rundlich-eiförmig und an der Spitze breit geflügelt/Mai-Juni

Lunaria annua Garten-Silberblatt (Cruciferae) Behaartes Kraut/Haare unverzweigt/Blätter grob und unregelmäßig gezähnt/Blütenblätter 15-25 mm/ Apr-Juni

Malcolmia africana Afrikanische Meerviole (Cruciferae) Behaartes Kraut/ Haare verzweigt oder sternförmig/Stängelblätter länglich/Blütenblätter 5-12 mm/Blüten sitzend/Schote ohne Einschnürungen/Samen dick/Felder-Wegränder/Feb-Juni

Malcolmia littorea Strand-Malcolmie (Cruciferae) Weißfilzig behaarte Pflanze/ Haare sternförmig/Blätter schmal-länglich/Blüten 15-20 mm/6 Staubblätter/ Schote 30-65 mm/Strand/Mai-Juni

Matthiola lunata (Cruciferae) Behaartes Kraut/Haare verzweigt/Blattrand gezähnt/Blüten gestielt/Blütenblätter 12-25 mm/Frucht zylindrisch/Frucht mit 2 zur Spitze gerichteten Hörnern/Samen flach

Matthiola parviflora Kleinblütige Levkoje (Cruciferae) Behaartes Kraut/Haare verzweigt/Grundblätter buchtig gezähnt bis fiederspaltig/Blüten gestielt/ Blütenblätter 6-12 mm/Frucht zylindrisch/Frucht mit zwei zur Seite abstehenden Hörnern/Samen flach/Felder-Wegränder/März-Juli

Matthiola sinuata Strand-Levkoje (Cruciferae) Weiß behaarte Pflanze/Haare verzweigt/Grundblätter buchtig gezähnt bis fiederspaltig/Blütenblätter 17-25 mm/Blüten gestielt/Frucht zusammengedrückt/Samen flach/Felder-Wegränder/Strand/Apr-Juni

Matthiola tricuspidata Dreihörnige Levkoje (Cruciferae) Wollig behaartes Kraut/Haare verzweigt/Blätter buchtig fiederspaltig/Blüten gestielt/Blütenblätter 15-22 mm/Frucht zylindrisch/Frucht mit 3 gleichen Hörnchen/Samen flach/Strand/März-Juli

Myriophyllum spicatum Ähren-Tausendblatt (Haloragaceae) Wasserpflanze/ Blätter in 4blättrigen Quirlen/Blütenähre 4-16 cm lang/Blüten in vierzähligen Quirlen/Feuchtgebiete-Marschland/Mai

Myriophyllum verticillatum Quirl-Tausendblatt (Haloragaceae) Wasserpflanze/ Blattquirle mit 5 Blättern/Blätter filigran eingeschnitten/Blütenähre mit 10-25 meist fünfzähligen Blütenquirlen/Feuchtgebiete-Marschland/Mai-Sep

Klatsch-Mohn
Papaver rhoeas
(Papaveraceae)

Papaver argemone Sand-Mohn (Papaveraceae) Behaartes Kraut mit weißem Milchsaft/Blätter fiederschnittig/Blütenblätter 10-30 mm/Blüte mit schwarzem Zentrum/viele Staubblätter/Staubfäden bläulich/Staubbeutel gelbgrün oder blau/Frucht behaart/> als doppelt so lang wie breit/März-Juli

Papaver dubium Saat-Mohn (Papaveraceae) Behaartes Kraut mit weißem Milchsaft/Blätter tief in schmale Abschnitte geteilt/untere Blätter gestielt, obere sitzend/Blütenblätter 10-40 mm/viele Staubblätter/Staubfäden bläulich/ Staubbeutel gelbgrün oder braun/Frucht unbehaart/Frucht viel länger als breit Felder-Wegränder/März-Juni

Papaver hybridum Bastard-Mohn (Papaveraceae) Behaartes Kraut mit weißem Milchsaft/Blätter 1-3fach fiederschnittig mit schmalen Blattabschnitten/ Blütenblätter 18-25 mm/Blüte rosarot mit schwarzem Zentrum/viele Staub-blätter/Staubbeutel bläulich/Felder-Wegränder/März-Juli

Papaver pinnatifidum Fiederspaltiger Mohn (Papaveraceae) Behaartes Kraut mit weißem Milchsaft/untere Blätter fiederteilig, obere fiederspaltig/ Blütenblätter 20-80 mm/viele Staubblätter/Staubfäden und Staubbeutel gelb/Frucht unbehaart/Felder-Wegränder/Feb-Juni

Papaver rhoeas Klatsch-Mohn (Papaveraceae) Behaartes Kraut/mit weißem Milchsaft/Blätter tief in schmale Abschnitte geteilt/untere Blätter gestielt, obere sitzend/Blütenblätter 13-50 mm/Blüte mit oder ohne schwarzen Fleck/viele Staubblätter/Staubfäden bläulich/Staubbeutel braun oder gelb/ Frucht unbehaart/Frucht fast rund/März-Juni

Papaver somniferum Schlaf-Mohn (Papaveraceae) Fast unbehaartes Kraut/mit Milchsaft/Blätter länglich und grob gezähnt/Blütenblätter 2-8 cm/violett mit dunklem Zentrum/viele Staubblätter/März-Juni

Raphanus sativus Garten-Rettich (Cruciferae) Borstig behaarte Pflanze/Blätter mit einem sehr großen, ovalen Blattabschnitt/Blütenblätter 10-20 mm/März-Sep

Ulmus minor Feld-Ulme (Ulmaceae) Baum/Zweige meist unbehaart/Blatt-spreite am Grund versetzt ansetzend/Feuchtgebiete-Zierpflanze/März-Apr

Baumförmige Strauchpappel
Lavatera arborea
(Malvaceae)

5 Blütenblätter

1A-Kelchblätter der Blüte verwachsen
  2A-Blüten einzeln
    3A-Kraut/Blütenstiel bis 10 cm lang   ***Lavatera trimestris***
    3B-Pflanze am Grund verholzt   ***Lavatera olbia***
  2B-Blüten in Gruppen
    3A-Außenkelch der Blüte > Kelch   ***Lavatera arborea***
    3B-Außenkelch der Blüte < Kelch   ***Lavatera mauritanica***
1B-Kelchblätter der Blüte nicht verwachsen
  2A-Blütenblätter verwachsen
    3A-Blätter sitzend   ***Erinus alpinus***
    3B-Blätter gestielt   ***Petunia hybrida***
  2B-Blütenblätter nicht verwachsen
    3A-Blätter quirlständig   ***Lippia triphylla***
    3B-Blätter dreizählig   ***Oxalis debilis***
    3C-Blätter sitzend   ***Saxifraga tridactylites***
    3D-Blätter gestielt
      4A-Kraut/Blütenblätter < 15 mm
        5A-2 Tragblätter unter den Blüten   ***Erodium laciniatum***
        5B-3 Tragblätter unter den Blüten   ***Erodium malacoides***
      4B-Kein Kraut/Blütenblätter > 15 mm   ***Kosteletzkya pentacarpos***

Rot

Sommer-Lavatere
Lavatera trimestris
(Malvaceae)

Erinus alpinus Alpenbalsam (Scrophulariaceae) Kleines ausdauerndes Kraut/
Blätter länglich-lanzettlich/Blätter 5-20 mm/Blüte 6-9 mm/4 Staubblätter/
Felsspalten/Mai-Juni

Erodium laciniatum Staubiger Reiherschnabel (Geraniaceae) Behaartes Kraut/
Blätter fiederspaltig/Blütenblätter 7-10 mm/Blüten in 4-9blütigen Dolden/2
Tragblätter unterhalb der Blüten/Cabrera/Feb-März

Erodium malacoides Malvenblättriger Reiherschnabel (Geraniaceae) Kraut/
behaart/Blätter eiförmig-länglich mit herzförmigem Grund/Blüten in 3-
7blütigen Dolden/Blüten 5-9 mm mit mindestens 3 Tragblätter unterhalb der
Blüten/Felder-Wegränder/Jan-Mai

Kosteletzkya pentacarpos Fünffrüchtige Kosteletzkie (Malvaceae) Behaarte
Pflanze/Haare sternförmig/Blätter handförmig dreiteilig oder pfeilförmig/
Blütenblätter 20-25 mm/Menorca und Cabrera/Juni-Sep

<u>Lavatera arborea</u> Baumförmige Strauchpappel (Malvaceae) Am Grund
verholzte 1-3 m große Pflanze/Blätter 5-7lappig und beidseits filzig
behaart/Blüten zu 2-7/Blütenblätter 15-20 mm/Außenkelch der Blüte größer
als der Kelch der Blüte/Felder-Felsküsten-Wegränder/März-Apr

Lavatera mauritanica Mauretanische Lavatere (Malvaceae) Behaartes Kraut/
Blätter rundlich und schwach 5-7lappig/Blütenblätter 8-15 mm/Außenkelch
der Blüte kleiner als der Kelch der Blüte/tief gekerbte Kronblätter

Lavatera olbia Strauch-Malve (Malvaceae) Strauch bis 2 m/Blätter 3-5lappig/
Blüten einzeln und mit Außenkelch/Blütenstiel 2-7 mm/Blütenblätter 15-30
mm und weit auseinander stehend/Felder-Feuchtgebiete-Wegränder/Mai-Juni

<u>Lavatera trimestris</u> Sommer-Lavatere (Malvaceae) Kraut/untere Blätter rundlich, obere spießförmig/Blüten einzeln und mit Außenkelch/Blüten 20-45 mm
Blütenstiel bis 10 cm lang/Felder-Wegränder/Apr-Juni

Lippia triphylla Zitronenstrauch (Verbenaceae) Strauch bis 6 m/Blätter 7-10 cm
Blattquirle meist zu 3 Blättern/Blätter lanzettlich/Blüten 5 mm/Zierpflanze/
Aug-Nov

Oxalis debilis Brasilianischer Sauerklee (Oxalidaceae) Am Grund verholzte
Pflanze/behaart/Blätter dreizählig/Blütenblätter 15-20 mm/Blütenstiel 5-
15(30) cm/Felder-Wegränder/Mai-Aug

Petunia hybrida Garten-Petunie (Solanaceae) Drüsig behaartes Kraut/Blätter
gestielt/Blüten 25-70 mm/5 Staubblätter/Blüten mit Außenkelch/Apr-Juni

Saxifraga tridactylites Dreifinger-Steinbrech (Saxifragaceae) Oft rötliches
klebrig behaartes Kraut/untere Blätter mit 1-3 fingerartigen Abschnitten/
Blütenblätter 2-3 mm/10 Staubblätter/März-Mai

Sommer-Adonisröschen
Adonis aestivalis
(Ranunculaceae)

Mehr als 5 Blütenblätter

1A-Blätter filigran eingeschnitten
   2A-5-8 Blütenblätter/Blüte 10-25 mm   ***Adonis annua***
   2B-8 oder mehr Blütenblätter/Blüte > 25 mm   ***Adonis aestivalis***
1B-Blätter nicht filigran eingeschnitten   ***Anemone coronaria***

Adonis aestivalis Sommer-Adonisröschen (Ranunculaceae) Kraut/Blätter filigran eingeschnitten/8-viele Blütenblätter/Blüten 25-40 mm/Felder-Wegränder/März-Mai

Adonis annua Herbst-Adonisröschen (Ranunculaceae) Kraut/Blätter filigran eingeschnitten/5-8 Blütenblätter/Blüten 10-25 mm/Felder-Wegränder/Feb-Juni

Anemone coronaria Kronen-Anemone (Ranunculaceae) Kraut/Blätter tief eingeschnitten/Staubblätter blau/viele Staubblätter/Felder-Feuchtgebiete-Wegränder/Feb-März

Gemeiner Erdrauch
Fumaria officinalis
(Papaveraceae)

Blüte symmetrisch

1A-Blätter dreizählig
   2A-Pflanze unten verholzt/behaart   ***Trifolium fragiferum***
   2B-Kraut
     3A-Unbehaart
      4A-Blättchen gebuchtet   ***Trifolium stellatum***
      4B-Blättchen nicht gebuchtet   ***Trifolium resupinatum***
     3B-Behaart
      4A-Blütenköpfchen sitzend   ***Trifolium diffusum***
      4B-Blütenköpfchen gestielt
        5A-Einzelblüte 2-5 mm   ***Trifolium arvense***
        5B-Einzelblüte > 5 mm
          6A-Blütenköpfchen 12-20 mm   ***Trifolium lappaceum***
          6B-Blütenköpfchen 20-80 mm   ***Trifolium angustifolium***
1B-Blätter sitzend
   2A-Blüten zu 1-3/in der Ebene   ***Scrophularia ramosissima***
   2B-Blüten zu 3-11/in den Bergen   ***Scrophularia canina***
1C-Blätter gestielt
   2A-Blüte ungespornt   ***Scrophularia peregrina***
   2B-Blüte gespornt
     3A-Blüte 7-8 mm/Frucht rundlich   ***Fumaria muralis***
     3B-Blüte 9-11 mm/Frucht abgeflacht   ***Fumaria officinalis***

Blüten margeritenartig

1A-Blätter sitzend   ***Senecio elegans***

Erdbeer-Klee
Trifolium fragiferum
(Fabaceae)

Fumaria muralis Mauer-Erdrauch (Papaveraceae) Kraut/Blätter vielfach geteilt/Blüte gespornt/Blüten 7-8 mm/Frucht rundlich/Felder-Wegränder/Ibiza/Apr-Juni

<u>Fumaria officinalis</u> Gemeiner Erdrauch (Papaveraceae) Kraut/Blätter vielfach geteilt/Blüte gespornt/Blüten 7-11 mm/Frucht abgeflacht/Felder-Wegränder/Feb-Sep

Scrophularia canina Hunds-Braunwurz (Scrophulariaceae) Pflanze mit fiederschnittigen Blättern/Blüten zu 3-11/Blüten 4-5 mm/in den Bergen/Bergland-Felsküsten-Strand/Apr-Mai

Scrophularia peregrina Fremde Braunwurz (Scrophulariaceae) Pflanze mit breit herzförmigen Blättern/Blüten 6-9 mm/Blüte nicht gespornt/Felder-Steinböden-Wegränder/Apr-Juli

Scrophularia ramosissima (Scrophulariaceae) Pflanze mit fiederschnittigen Blättern/Blüten 1 zu 1-3/Blüten 4-5 mm/in der Ebene/Apr-Juli

Senecio elegans Greiskraut (Compositae) Kaum behaartes Kraut/Stängel gefurcht/Blüten 20-25 mm

<u>Trifolium angustifolium</u> Schmalblättriger Klee (Fabaceae) Behaartes Kraut/Blättchen 1-4 mm schmal und 10-80 mm lang/Blütenköpfchen gestielt/Blütenköpfchen 20-80 mm/Einzelblüte 7-15 mm/Felder-Garigues-Kiefernwälder-Wegränder/Apr-Juli

<u>Trifolium arvense</u> Hasen-Klee (Fabaceae) Behaartes Kraut mit dreizähligen Blättern/Blättchen 5-20 mm/Blütenköpfchen gestielt/Blütenköpfchen ca 20 mm/Einzelblüte 2-5 mm/Felder/Menorca/Apr-Sep

Trifolium diffusum (Fabaceae) Behaartes Kraut mit dreizähligen Blättern/Stängel mehrfach verzweigt/Blütenköpfchen sitzend/Blütenköpfchen 15-25 mm/Einzelblüte ca 12 mm/Mai-Aug

<u>Trifolium fragiferum</u> Erdbeer-Klee (Fabaceae) Behaarte Pflanze mit dreizähligen Blättern/Blätter vorn eingeschnitten/Blätter und Blüten vom Grund lang gestielt/Blütenköpfchen 10-14 mm/Einzelblüte 6-7 mm/Feuchtgebiete-Marschland/Mai-Aug

Trifolium lappaceum Kletten-Klee (Fabaceae) Behaartes Kraut mit dreizähligen Blättern/Blättchen 5-20 mm/Blütenköpfchen gestielt/Blütenstiel bis 35 mm/Blütenköpfchen 12-20 mm/Einzelblüte 7-8 mm/Apr-Mai

Trifolium resupinatum Persischer Klee (Fabaceae) Unbehaartes Kraut mit dreizähligen Blättern/Blättchen nicht gebuchtet/Nebenblätter nicht gezähnt/Blütenköpfchen gestielt/Blütenstiel kleiner bis doppelt so lang wie die Blätter/Blütenköpfchen 8-25 mm/Einzelblüte 2-8 mm/Felder-Wegränder/Apr-Juni

Trifolium stellatum Stern-Klee (Fabaceae) Unbehaartes Kraut mit dreizähligen Blättern/Blättchen gebuchtet/Nebenblätter gezähnt/Blütenköpfchen lang gestielt (30-100 mm)/Blütenköpfchen 15-25 mm/Einzelblüte 8-12 mm/Felder-Wegränder/Apr-Juni

Mariendistel
Silybum marianum
(Compositae)

Blüten anders

1A-Blätter grundständig	*Crupina crupinastrum*
1B-Blätter distelartig	
2A-Blätter weiß gezeichnet	
3A-Blätter behaart	<u>*Galactites tomentosa*</u>
3B-Blätter unbehaart	
4A-Blüten 15-23 mm	*Notobasis syriaca*
4B-Blüten 25-40 mm	<u>*Silybum marianum*</u>
2B-Blätter nicht weiß gezeichnet	
3A-Stängel nicht geflügelt	
4A-Blüten einzeln	*Atractylis humilis*
4B-Blüten zu 2-8	*Cirsium echinatum*
3B-Stängel geflügelt/Blüte > 2 cm	
4A-Blätter grün	*Cirsium vulgare*
4B-Blätter weißgrau behaart	*Onopordum macracanthum*
3C-Stängel geflügelt/Blüte < 2 cm	
4A-Blüte sitzend	*Carduus bourgeanus*
4B-Blüte gestielt/Blütenstiel < 3 cm	<u>*Carduus tenuiflorus*</u>
4C-Blüte gestielt/Blütenstiel > 3 cm	*Carduus pycnocephalus*
1C-Blätter gestielt	
2A-Blätter tief eingeschnitten	*Centaurea seridis*
2B-Blätter nicht tief eingeschnitten	
3A-Blütenstiel hohl	*Arctium minus*
3B-Blütenstiel massiv	
4A-Blüte 12-25 mm x 15-25 mm	*Arctium tomentosum*
4B-Blüte 20-25 mm x 35-42 mm	*Arctium lappa*
1D-Blätter sitzend	
2A-Zwergstrauch	
3A-Ohne Dornen/Blüten 20-30 mm	*Staehelina dubia*
3B-Mit Dornen/Blüten 5-8 mm	*Centaurea calcitrapa*
2B-Krautige Pflanze	
3A-Blüten zu mehreren	
4A-Blätter herz- bis nierenförmig	*Petasites fragrans*
4B-Blätter anders	*Crupina vulgaris*
3B-Blüten einzeln/Blüten > 30 mm	
4A-Blätter tief eingeschnitten	*Leuzea conifera*
4B-Blätter nicht tief eingeschnitten	<u>*Cynara scolymus*</u>
3C-Blüten einzeln/Blüten < 30 mm	
4A-Pflanze unten verholzt	
5A-Pflanze kahl oder kaum behaart	<u>*Cheirolophus intybaceus*</u>
5B-Pflanze behaart/oben kahl	*Mantisalca salmantica*
5C-Ganze Pflanze behaart	*Centaurea collina*

Rot

Cichorienartige Flockenblume
Cheirolophus intybaceus
(Compositae)

Arctium lappa Große Klette (Compositae) (Un)Behaartes Kraut/Blätter spitz eiförmig/Blüten in Gruppen/Blüte 20-25 mm x 35-42 mm/Blütenstiel 3-10 cm/Juli-Okt

Arctium minus Kleine Klette (Compositae) Behaartes Kraut/Grundblätter breit eiförmig/Blütenstiel hohl/Blüte 15-18 x 15-25 mm/Feuchtgebiete/Juli-Okt

Arctium tomentosum Filz-Klette (Compositae) Behaartes Kraut/Blätter spitz eiförmig/Blüten in Gruppen/Blüte 12-25 mm x 15-25 mm/Blütenstiel 3-10 cm/Juli

Atractylis humilis Niedriges Spindelkraut (Compositae) Pflanze mit distelartigen Blättern/Blüten einzeln/Blüten 15-25 mm/Hüllblätter gezähnt und stechend/Felder-Wegränder/Menorca und Ibiza/Juli-Sep

Carduus bourgeanus (Compositae) Behaartes Kraut/Stängel geflügelt/Blüte 12-15 mm/Blütenköpfchen eiförmig/Felder-Wegränder/Ibiza/Apr-Juni

Carduus pycnocephalus Knäuelköpfige Distel (Compositae) Behaartes Kraut mit distelartigen Blättern/grau oder weißfilzig behaart/Stängel geflügelt/Blüte gestielt/Blüten 15-20 mm/Blüten zu 2-3/Felder-Wegränder/März-Juni

__Carduus tenuiflorus__ Dünnköpfige Distel (Compositae) Behaartes Kraut mit distelartigen Blättern/Stängel geflügelt/Blüten zu 3-8/Blüte 15-20 mm/Blüte zylindrisch/Blütenstiel < 3 cm/Felder-Wegränder/Apr-Mai

Centaurea calcitrapa Stern-Flockenblume (Compositae) Fast unbehaarter Zwergstrauch/Grundblätter fiederspaltig/Blüten einzeln/Blüten 5-8 mm/Blütenhüllblätter stechend/Felder-Wegränder/Mai-Sep

Centaurea collina Hügel-Flockenblume (Compositae) Behaarte Pflanze/Blätter tief eingeschnitten/Blüten einzeln/Blüten 13-17 mm/Blütenhüllblätter mit Anhängen/Felder-Wegränder/Ibiza/Juni-Aug

Centaurea seridis Gänsedistelblättrige Flockenblume (Compositae) Behaarte Pflanze/Stängel geflügelt/Blätter tief eingeschnitten/Blüten 15-25 mm/Felder-Strand-Wegränder/Ibiza/März-Aug

__Cheirolophus intybaceus__ Cichorienartige Flockenblume (Compositae) Pflanze mit tief eingeschnittenen Blättern/Blüten einzeln/Blüten 12-16 mm/Juni-Aug

Cirsium echinatum (Compositae) Behaarte Pflanze mit distelartigen Blättern/Blüten zu 2-8/Blüten 25-50 mm/Felder-Wegränder/Juni-Aug

Cirsium vulgare Gemeine Kratzdistel (Compositae) Behaartes Kraut mit distelartigen Blättern/Stängel dornig geflügelt/Blüten 2-4 cm/Blüten zu mehreren/Felder-Wegränder/Mai-Okt

Crupina crupinastrum Echter Schlupfsame (Compositae) Behaartes Kraut/Blätter gezähnt bis fiederschnittig/Blüten 17-22 mm/Blütenköpfchen mit 9-15 Röhrenblüten/Felder-Wegränder/Mai-Juni

Crupina vulgaris Gewöhnlicher Schlupfsame (Compositae) Behaartes Kraut/Blätter gezähnt bis fiederschnittig/Blüte 8-15 mm/Blütenköpfchen mit 3-5 Röhrenblüten/Felder-Wegränder/Mai-Juni

__Cynara scolymus__ Artischocke (Compositae) Behaarte Pflanze/Blätter unterseits weiß behaart/Blätter fiederteilig/Blüten 6-8 cm/Nutzpflanze/Apr-Sep

Filzige Milchfleckdistel
Galactites tomentosa
(Compositae)

Galactites tomentosa Filzige Milchfleckdistel (Compositae) Behaartes Kraut/
Blätter weiß gezeichnet/Blüten 15-20 mm/Felder-Wegränder/März-Juli

Leuzea conifera Zapfenkopf (Compositae) Behaarte Pflanze/Blätter tief einge-
schnitten/Blüten einzeln/Blüten 40-50 mm/Garigues-Kiefernwälder/Mai-Aug

Mantisalca duriaei (Compositae) Behaartes Kraut/Blätter fiederschnittig/Blüten
einzeln/Blüten 15-20 mm/Apr-Okt

Mantisalca salmantica Salamanca-Flockenblume (Compositae) Behaarte
Pflanze/Blüten 15-20 mm/Blätter fiederschnittig/Blüten einzeln/Hüllblätter
mit dunkler Spitze/Apr-Okt

Notobasis syriaca Syrische Kratzdistel (Compositae) Kraut mit distelartigen
Blättern/Blätter weiß gezeichnet/Blüten 15-23 mm/Blüten einzeln oder zu
mehreren/Felder-Wegränder/Mai-Juni

Onopordum macracanthum Langdornige Eselsdistel (Compositae) Behaartes
Kraut mit distelartigen Blättern/Stängel geflügelt/Blätter weiß oder grau/
Blüten 3-6 cm/Juni-Juli

Petasites fragrans Vanillen-Pestwurz (Compositae) Behaarte Pflanze/Blätter
herz- bis nierenförmig/Blüten zu mehreren/Blüten 14-18 mm/Felder-
Wegränder/Jan-März

Silybum marianum Mariendistel (Compositae) Kraut mit distelartigen Blättern/
Blätter weiß gezeichnet/Blüten einzeln/Blüten 25-40 mm/Felder-Wegränder/
Mai-Aug

Staehelina dubia Zweifelhafte Strauchscharte (Compositae) Zwergstrauch/
Stängel weißfilzig/Blätter unterseits weißfilzig/Blüten 20-30 m/Garigues-
Kiefernwälder/Juni-Aug

Persischer Ehrenpreis
Veronica persica
(Scrophulariaceae)

2-4 Blütenblätter

1A-Blätter sitzend
   2A-Blüte mit vielen Staubblättern   ***Roemeria hybrida***
   2B-Blüte mit 6 Staubblättern
      3A-Blüte < 10 mm   ***Arabis verna***
      3B-Blüte > 10 mm   ***Malcolmia africana***
   2C-Blüte mit 2 Staubblättern
      3A-Blätter tief eingeschnitten   ***Veronica verna***
      3B-Blätter gekerbt, nicht tief eingeschnitten
         4A-Fruchtstiel länger Kelch   ***<u>Veronica praecox</u>***
         4B-Fruchtstiel kürzer Kelch   ***Veronica arvensis***
1B-Blätter gestielt
   2A-Blüte mit 6 Staubblättern
      3A-Pflanze behaart   ***<u>Raphanus raphanistrum</u>***
      3B-Pflanze unbehaart   ***Cakile maritima***
   2B-Blüte mit 2 Staubblättern
      3A-Blätter breiter als lang   ***Veronica hederifolia***
      3B-Blätter länger als breit
         4A-Blüten 3-8 mm   ***<u>Veronica polita</u>***
         4B-Blüten 8-12 mm   ***<u>Veronica persica</u>***

Blau

Glanz-Ehrenpreis
Veronica polita
(Scrophulariaceae)

Arabis verna Frühlings-Gartenkresse (Cruciferae) Zierliche Pflanze mit Grundrosette/Blätter gezähnt/behaart/Blüten 4-7 mm/Schote ohne Einschnürungen/Felsspalten-kalkhaltige Felder/März-Sep

Cakile maritima Europäischer Meersenf (Cruciferae) Pflanze mit tief eingeschnittenen Blättern/Blüten 10-28 mm/Schote ohne Einschnürungen/Strand/März-Sep

Malcolmia africana Afrikanische Meerviole (Cruciferae) Abstehend behaartes Kraut/Blätter gezähnt/Blüte 10-24 mm/Schote ohne Einschnürungen/Felder-Wegränder/März-Juni

Raphanus raphanistrum Hederich (Cruciferae) Behaartes Kraut/Blätter tief eingeschnitten/Blüten 24-40 mm/Blütenblätter dunkler geadert/Schote mit Einschnürungen/Felder-Felsküsten-Wegränder/März-Sep

Roemeria hybrida Bastard-Roemerie (Papaveraceae) Meist spinnwebig behaarte Pflanze mit gelbem Milchsaft/Blüten 2-6 cm/viele Staubblätter/Staubblätter gelb/Felder-Wegränder/März-Juni

Veronica anagalloides Schlamm-Ehrenpreis (Scrophulariaceae) Kraut/Blüten in gegenständigen Blütenständen/Blüten 3-5 mm/feuchte Standorte/Apr-Sep

Veronica arvensis Feld-Ehrenpreis (Scrophulariaceae) Aufrechtes Kraut/Blätter gekerbt/Blüten einzeln/Blüten 2-3 mm/Fruchtstiel kürzer Kelch/Kapsel behaart/Griffel > 1mm/Felder-Wegränder/Feb-Juni

Veronica hederifolia Efeu-Ehrenpreis (Scrophulariaceae) Pflanze mit fleischigen Blättern/Blätter breiter als lang und lang gestielt/Blüten 6-9 mm/Felder-Wegränder/Jan-März

Veronica persica Persischer Ehrenpreis (Scrophulariaceae) Kraut/Blätter länger als breit und kurz gestielt/Blüten 8-12 mm/Felder-Wegränder/März-Mai

Veronica polita Glanz-Ehrenpreis (Scrophulariaceae) Niederliegendes Kraut/Blätter länger als breit und kurz gestielt/Blüten 3-8 mm/Felder-Wegränder/Dez-Juni

Veronica praecox Früher Ehrenpreis (Scrophulariaceae) Pflanze mit gekerbten Blättern/Blüten einzeln/Fruchtstiel länger als der Kelch/Kapsel behaart/Griffel > 1mm/Kapsel behaart/Griffel > 1mm/Felder-Wegränder/März-Juli

Veronica verna Frühlings-Ehrenpreis (Scrophulariaceae) Aufrechtes Kraut/Blätter eingeschnitten/Blüten einzeln/Blüten 3 mm/Kapsel behaart/Griffel < 1mm/Felder-Wegränder/Apr-Juli

Strand-Strauchpappel
Lavatera maritima
(Malvaceae)

5 Blütenblätter

1A-Blütenblätter verwachsen
   2A-Blätter grundständig — *Mandragora autumnalis*
   2B-Blätter sitzend — *Campanula dichotoma*
   2C-Blätter gestielt
     3A-Blüten 25-30 mm — *Solanum sodomeum*
     3B-Blüten 50-100 mm — *Datura stramonium*
1B-Blütenblätter nicht verwachsen
   2A-Kelchblätter der Blüte verwachsen
     3A-Krautige Pflanze — *Althaea hirsuta*
     3B-Kleiner verholzter Strauch — *Lavatera maritima*
   2B-Kelchblätter der Blüte nicht verwachsen
     3A-Blätter quirlständig — *Lippia triphylla*
     3B-Blätter gestielt
       4A-Blüte 14-16 mm — *Erodium ciconium*
       4B-Blüte 20-30 mm — *Erodium botrys*
     3C-Blätter sitzend
       4A-Blätter nicht filigran eingeschnitten — *Legousia hybrida*
       4B-Blätter filigran eingeschnitten
         5A-Blüten 20-35 mm — *Nigella gallica*
         5B-Blüten 40-50 mm — *Nigella damascena*

Blau

Langschnäbeliger Reiherschnabel
Erodium ciconium
(Geraniaceae)

Althaea hirsuta Rauhaar-Eibisch (Malvaceae) Behaartes Kraut/Blätter handförmig geteilt/Blüte 2-4 cm/viele Staubblätter/Felder-Wegränder/Mai-Juni

Campanula dichotoma Verzweigte Glockenblume (Campanulaceae) Abstehend behaarte Pflanze bis 15 cm/Stängelblätter eiförmig/Blüte 20-30 mm und glockenartig verwachsen/Ibiza/Mai-Juli

Datura stramonium Weißer Stechapfel (Solanaceae) Kraut/Blätter keileiförmig/Blüten 5-10 cm/stachelige Frucht/Felder-Nutzpflanze-Wegränder/Mai-Sep

Erodium botrys Trauben-Reiherschnabel (Geraniaceae) Behaartes Kraut/Blätter tief fiederschnittig/Blüte 2-3 cm/10 Staubblätter/Felder-Wegränder/Feb-Mai

Erodium ciconium Langschnäbeliger Reiherschnabel (Geraniaceae) Drüsig behaartes Kraut/Blätter länglich-eiförmig-dreieckig/Blüte 14-16 mm/ 10 Staubblätter/Felder-Wegränder/Apr-Mai

Lavatera maritima Strand-Strauchpappel (Malvaceae) Kleiner verholzter Strauch/Blätter leicht fünflappig/Blüte 15-30 mm/viele Staubblätter/Felsküsten/Feb-Mai

Legousia hybrida Kleiner Frauenspiegel (Campanulaceae) Behaartes Kraut/ Blätter oval bis eiförmig + wellig/Blüten 8-15 mm/Kelchblätter länger als die Kronblätter/Felder-Wegränder/Apr-Mai

Lippia triphylla Zitronenstrauch (Verbenaceae) Bis 6 m großer Strauch/Blätter 7-10 cm/Blätter in dreiblättrigen Quirlen/Blüten in zu Rispen vereinigten Ähren/Einzelblüten 5 mm/Zierpflanze/Aug-Nov

Mandragora autumnalis Herbst-Alraune (Solanaceae) Große am Boden liegende Rosettenpflanze/Blätter elliptisch bis verkehrt-eiförmig/Blüten 3-4 cm/Felder-Wegränder/Sep-Dez

Nigella damascena Damaszener-Schwarzkümmel (Ranunculaceae) Kraut mit 2-3fach fiederspaltigen Blättern/Blüten 4-5 cm/viele Staubblätter/Felder-Wegränder/März-Mai

Nigella gallica Französischer Schwarzkümmel (Ranunculaceae) Pflanze mit filigran eingeschnittenen Blättern/Blüten 20-35 mm/viele Staubblätter/Menorca/Juli-Sep

Solanum sodomeum Sodomsapfel (Solanaceae) Stacheliger Strauch/Blätter fiederteilig/Blüten 25-30 mm/Staubblätter zapfig verwachsen/Felder-Wegränder/Mai-Sep

Blau

Mallorca-Kugelblume
*Globularia cambessedesii**
(Globulariaceae)

Mehr als 5 Blütenblätter

1A-Blätter gestielt   ***Trachelium caeruleum***
1B-Blätter sitzend
 2A-Blätter tief eingeschnitten ***Anemone coronaria***
 2B-Blätter nicht tief eingeschnitten ***Globularia cambessedesii*****

Anemone coronaria Kronen-Anemone (Ranunculaceae) Pflanze mit tief eingeschnittenen Blättern/Blüten 35-75 mm/viele Staubblätter/Felder-feuchte
Standorte-Wegränder/Feb-März

Globularia cambessedesii Mallorca-Kugelblume (Globulariaceae) Am Grund
verholzte Pflanze mit entfernt gezähnten Blättern/Blüten 30-35 mm/
4 Staubblätter/Felsspalten/Apr-Mai

Trachelium caeruleum Blaues Halskraut (Campanulaceae) Fast kahle Pflanze/
Blätter eiförmig bis breit lanzettlich/Blüten 5-7 mm und glockenartig
verwachsen/5 Staubblätter/feuchte Standorte/Mai-Sep

Feld-Rittersporn
Consolida regalis
(Ranunculaceae)

Blüten symmetrisch

1A-Blätter grundständig
  2A-Pflanze behaart   ***<u>Viola odorata</u>***
  2B-Pflanze unbehaart   ***<u>Viola jaubertiana</u>*** *
1B-Blätter dreizählig   ***Medicago sativa***
1C-Blätter gestielt
  2A-Sporn < 10 mm
    3A-Blüte blaßblau   ***Delphinium pictum*** *
    3B-Blüte dunkelblau   ***Delphinium staphisagria***
  2B-Sporn > 10 mm
    3A-Blüte behaart   ***Delphinium pentagynum***
    3B-Blüte unbehaart
      4A-Seitliche Honigblätter
          in Blüte eingeschlossen   ***Delphinium halteratum***
      4B-Seitliche Honigblätter
          aus der Blüte herausragend   ***Delphinium gracile***
1D-Blätter sitzend
  2A-Blüte 10-20 mm   ***Consolida ajacis***
  2B-Blüte 20-28 mm   ***<u>Consolida regalis</u>***
1E-Blätter gefiedert   ***<u>Lupinus micranthus</u>***

Blüte löwenzahnartig

1A-Blüten 10-20 mm   ***Lactuca tenerrima***
1B-Blüten 25-35 mm   ***Catananche caerulea***

Blau

Wohlriechendes Veilchen
Viola odorata
(Violaceae)

Catananche caerulea Blaue Rasselblume (Compositae) Angedrückt behaarte Pflanze mit grundständigen Blättern/Blätter lineal/Blüten einzeln/Blüten 10-20 mm/Felder-Garigues-Kiefernwälder-Wegränder/Apr-Sep

Consolida ajacis Garten-Rittersporn (Ranunculaceae) Kraut mit handförmig bis 3fach gefiederten Blättern/Blütenstand in vielblütigen Trauben/Blüte 10-20 mm/Sporn 13-18 mm/viele Staubblätter/Frucht weichhaarig/Felder-Wegränder-Zierpflanze/Apr-Juli

Consolida regalis Feld-Rittersporn (Ranunculaceae) Flaumig behaartes Kraut/ Blätter vielfach geteilt/Blütenstand in vielblütigen Trauben/Blüte 20-28 mm/Sporn 12-25 mm/Frucht kahl/viele Staubblätter/Ibiza/Mai-Juli

Delphinium gracile Rittersporn (Ranunculaceae) Behaartes Kraut/Blüte blau/Blüte behaart/Blütenblätter 6-9 mm/Sporn>10 mm/viele Staubblätter/ Juni-Sep

Delphinium halteratum Geflügelter Rittersporn (Ranunculaceae) Behaartes Kraut/Blätter handförmig fiederschnittig mit schmal lanzettlichen Abschnitten/Blüte behaart/Blüten blauviolett/Blütenblätter 7-12 mm/Sporn > 10 mm/ viele Staubblätter/Ibiza/Apr-Sep

Delphinium pentagynum (Ranunculaceae) Pflanze mit runden Blättern/Blätter tief eingeschnitten/Blüte behaart/viele Staubblätter/Sporn > 10 mm/ Olivenhaine-Wacholderwald

Delphinium pictum* Gemalter Rittersporn (Ranunculaceae) Behaartes Kraut/ Blätter handförmig fiederschnittig mit lanzettlichen Abschnitten/Blüte blaß blau/Blüten 22-26 mm/Sporn 5-10 mm/viele Staubblätter/Bergland/Mai-Juni

Delphinium staphisagria Scharfer Rittersporn (Ranunculaceae) Weich behaarte Pflanze/Blätter handförmig 5-9lappig zerteilt/Blüte dunkelblau/Blüte 24-40 mm/Sporn 2-5 mm/viele Staubblätter/Felder-Wegränder-Zierpflanze/ Mai-Juni

Lactuca tenerrima Westalpen-Lattich (Compositae) Behaarte Pflanze/untere Blätter fiederteilig/Blüten 25-35 mm zu mehreren/Bergland-Felsspalten/ Jan-Okt

Lupinus micranthus Kleinblättrige Lupine (Fabaceae) Abstehend braun behaartes Kraut/Blätter fingerförmig geteilt/Blüten 10-14 mm/Felder-Wegränder/Menorca/März-Mai

Medicago sativa Luzerne (Fabaceae) Behaarte Pflanze/Blätter dreizählig mit kleinen Nebenblättern und vorne gesägt/Blüten 5-12 mm/Schote gedreht/ Felder-Nutzpflanze-Wegränder/Mai-Juli

Viola jaubertiana* Mallorca-Veilchen (Violaceae) Unbehaarte Pflanze/Blätter rundlich und nierenförmig/Blüten 15-20 mm/Felsspalten/März-Mai

Viola odorata Wohlriechendes Veilchen (Violaceae) Leicht behaarte Pflanze mit grundständigen Blättern/Blätter rundlich und nierenförmig/Blüten 13-15 mm/feuchte Standorte-Steinböden/Feb-Apr

Ackerkratzdistel
Cirsium arvense
(Compositae)

<u>Blüten anders</u>

1A-Blätter distelartig
  2A-Blüten einzeln
    3A-Blüten < 30mm
      4A-Blüten 14-16 mm   ***Tyrimnus leucographus***
      4B-Blüten 20-30 mm   ***Carduncellus caeruleus***
    3B-Blüten > 30mm
      4A-Stängel geflügelt   ***Onopordum illyricum***
      4B-Stängel nicht geflügelt
        5A-Blüten 30-40 mm   ***Carduncellus monspelliensium***
        5B-Blüten 40-55 mm   ***Cynara cardunculus***
  2B-Blüten zu mehreren
    3A-Blüten < 15 mm
      4B-Bätter graufilzig   ***Picnomon acarna***
      4A-Blätter nicht graufilzig   ***<u>Cirsium arvense</u>***
    3B-Blüten > 15 mm
      4A-Blätter weißwollig   ***Atractylis cancellata***
      4B-Blätter unterseits weißfilzig   ***Cynara cardunculus***
1B-Blätter nicht distelartig
  2A-Blüte 8-12 mm   ***Centaurea diluta***
  2B-Blüten 30-35 mm   ***<u>Globularia cambessedesii</u>*** *

Atractylis cancellata Gitter-Spindelkraut (Compositae) Weißwollig behaartes
    Kraut/Blüten zu mehreren/Blüten 15-25 mm/Felder-Felsküsten/Apr-Juni
Carduncellus caeruleus Blaue Färberdistel (Compositae) Distelartige
    Pflanze/Stängel behaart/Blüten einzeln/Blüten 2-3 cm/Apr-Mai
Carduncellus monspelliensium Französische Färberdistel (Compositae)
    Distelartige Pflanze/Blüten einzeln/Blüten 3-4 cm/Bergland/Mai-Sep
Centaurea diluta Blasse Flockenblume (Compositae) Aufrechte Pflanze/Blätter
    leierförmig-fiederspaltig/Blüte 8-12 mm/Felder-Wegränder/Mai-Juni
<u>Cirsium arvense</u> Ackerkratzdistel (Compositae) Mehrblütige Pflanze/Blätter
    distelartig/Blüten 7-13 mm/Felder-Wegränder/Mai-Sep
Cynara cardunculus Wilde Artischocke (Compositae) Distelartige Pflanze/
    Blüten 40-55 mm/Felder-Wegränder/Mai-Aug
<u>Globularia cambessedesii</u> * Mallorca-Kugelblume (Globulariaceae) Blätter
    entfernt gezähnten/Blüten 30-35 mm/4 Staubblätter/Felsspalten/Apr-Mai
Onopordum illyricum Illyrische Kratzdistel (Compositae) Behaarte Pflanze/
    Stängel geflügelt/Blüten einzeln/Blüten 4-6 cm/Felder-Wegränder/Juni-Juli
Picnomon acarna Akarna-Kratzdistel (Compositae) Graufilzig behaarte Pflanze
    Blätter distelartig/mehrblütig/Blüten 8-15 mm/Felder-Wegränder/Juli-Sep
Tyrimnus leucographus (Compositae) Distelartiges Kraut/Blätter weißvenig/
    Blüten einzeln/Blüten 14-16 mm/Felder-Olivenhaine-Steinböden-Wegränder/
    Apr-Juli

2-4 Blütenblätter

1A-Blätter grundständig
  2A-Frucht brillenartig
    3A-Blüten > 10 mm   ***Biscutella sempervirens***
    3B-Blüten < 10 mm
      4A-Pflanze dicht behaart   ***Biscutella frutescens***
      4B-Pflanze nicht dicht behaart   ***Biscutella laevigata***
  2B-Frucht ein Schötchen   ***Rapistrum rugosum***
  2C-Frucht eine Schote
    3A-Kronblätter < 5 mm   ***Diplotaxis viminea***
    3B-Kronblätter 5-8 mm
      4A-Schnabel mit Samen   ***<u>Diplotaxis ibicensis</u>*** *
      4B-Schnabel ohne Samen   ***Diplotaxis muralis***
    3C-Kronblätter 8-15 mm
      4A-Samen einreihig   ***Brassica elongata***
      4B-Samen zweireihig   ***Diplotaxis tenuifolia***
1B-Blätter quirlständig   ***Euphorbia helioscopia***
1C-Blätter sitzend
  2A-Pflanze mit Milchsaft
    3A-Pflanze unten verholzt/Milchsaft weiß ***Euphorbia serrata***
    3B-Kraut/Milchsaft gelb   ***Glaucium flavum***
  2B-Pflanze ohne Milchsaft
    3A-Pflanze unbehaart
      4A-Dorniger Strauch   ***Elaeagnus angustifolia***
      4B-Krautige Pflanze
        5A-Pflanze unten verholzt   ***Brassica oleracea***
        5B-Pflanze unten nicht verholzt
          6A-Blüte mit gespornten Kelchblätter ***Biscutella auriculata***
          6B-Blüte ohne gespornte Kelchblätter ***Brassica napus***
    3B-Pflanze behaart
      4A-Kraut
        5A-Haare sternförmig   ***Descurainia sophia***
        5B-Haare nicht sternförmig
          6A-Kelch der Blüte ausgebreitet ***Brassica rapa***
          6B-Kelch der Blüte anliegend
            7A-Blütenblätter 7-10 mm ***Brassica elongata***
            7B-Blütenblätter 2-3 mm   ***Neslia paniculata***
            7C-Blütenblätter 2-4 mm   ***Camelina microcarpa***
      4B-Pflanze unten verholzt
        5A-Kelch der Blüte ausgebreitet   ***Erysimum grandiflorum***
        5B-Kelch der Blüte anliegend
          6A-Blütenblätter 5-12 mm   ***Erysimum cheiri***
          6B-Blütenblätter 12-28 mm ***Matthiola fruticulosa***

1D-Blätter gestielt
  2A-Blüte mit vielen Staubblättern (> 10)   *Chelidonium majus*
  2B-Blüte nicht mit vielen Staubblättern
    3A-Pflanze unbehaart
      4A-Strauch/Blätter leicht gezähnt   *Rhamnus alaternus*
      4B-Strauch/Blätter stechend   *<u>Rhamnus ludovici-salvatoris</u>**
      4C-Krautige Pflanze
        5A-Kelch der Blüte anliegend
          6A-Pflanze unten verholzt   *Brassica balearica**
          6B-Pflanze nicht so   *Succowia balearica*
        5B-Kelch der Blüte ausgebreitet
          6A-Pflanze unten verholzt   *Rorippa sylvestris*
          6B-Pflanze unten nicht verholzt
            7A-Kelch der Blüte aufrecht   *Sisymbrium erysimoides*
            7B-Kelch der Blüte ausgebreitet
              8A-Blüten einzeln   *Sisymbrium runcinatum*
              8B-Blüten zu mehreren   *Sisymbrium polyceratium*
    3B-Pflanze behaart
      4A-Blütenblätter < 6 mm
        5A-Blütenstiel 3-6 mm   *Sisymbrium irio*
        5B-Blütenstiel 1-4 mm
          6A-Kelch der Blüte > Blütenblätter *Coronopus didymus*
          6B-Kelch der Blüte nicht so
            7A-Frucht (Schote) 10-20 mm   *Sisymbrium officinale*
            7B-Frucht (Schote) 20-50 mm   *Sisymbrium erysimoides*
      4B-Blütenblätter > 5 mm
        5A-Kelch der Blüte anliegend
          6A-Blüten 5-10 mm   *Hirschfeldia incana*
          6B-Blüten > 10 mm
            7A-Stängel kantig   *Eruca sativa*
            7B-Stängel rund   *<u>Raphanus raphanistrum</u>*
        5B-Kelch der Blüte abstehend   *Sisymbrium orientale*
        5C-Kelch der Blüte ausgebreitet
          6A-Blätter oben stängelumfassend   *Brassica rapa*
          6B-Blätter oben gezähnt   *Sinapis arvensis*
          6C-Blätter oben eingeschnitten   *<u>Sinapis alba</u>*
1E-Blätter gefiedert
  2A-Blütenblätter behaart
    3A-Pflanze unbehaart   *Ruta chalepensis*
    3B-Pflanze oben drüsig behaart   *Ruta angustifolia*
  2B-Blütenblätter kahl
    3A-Blütenblätter gezähnt   *<u>Ruta graveolens</u>*
    3B-Blütenblätter ungezähnt   *Ruta montana*

Ibiza-Doppelsame
*Diplotaxis ibicensis**
(Cruciferae)

Biscutella auriculata Kleinöhriges Brillenschötchen (Cruciferae) Kahles Kraut/Blätter leicht gezähnt bis gelappt oder fiederteilig/Kelchblätter gespornt/Blütenblätter 11-15 mm/Schötchen/Frucht brillenartig/Feb-Sep

Biscutella frutescens (Cruciferae) Pflanze dicht behaart/Blüten 8 mm/Blütenstand 10-15 cm/Kelchblätter 2 mm/Frucht brillenartig/Ibiza

Biscutella laevigata Glattes Brillenschötchen (Cruciferae) Pflanze nicht dicht behaart/Grundblätter lanzettlich und tief gelappt/Blüten 6-10 mm/Frucht brillenartig/Baumheiden-Macchie-Bergland-Eichenwald-Felder-Felsspalten-Garigues-Olivenhaine-Steinböden-Wacholderwald/März-Aug

Biscutella sempervirens Immergrünes Brillenschötchen (Cruciferae) Behaarte Pflanze/Blätter geschweift gezähnt/Blüten 10-14 mm/Blütenstand < 8 cm/Kelchblätter 2-4 mm/Frucht brillenartig/Feb-Mai

Brassica balearica* Balearen-Kohl, Balearen- (Cruciferae) Zwergstrauch/Blätter eiförmig/Blütenblätter 10-15 mm/Felsspalten/Feb-Juni

Brassica elongata Langtraubiger Kohl (Cruciferae) Behaartes Kraut/Blätter verkehrt-eilanzettlich/Blütenblätter 7-10 mm/Schote geschnäbelt/Samen einreihig/Schnabel ohne Samen

Brassica napus Raps (Cruciferae) Kraut/Rosettenblätter und untere Blätter fiederlappig/Blütenblätter 11-18 mm/Blüten blaßgelb/Kelch ausgebreitet/Schote geschnäbelt/Felder-Nutzpflanze-Wegränder/Apr-Sep

Brassica oleracea Gemüse-Kohl (Cruciferae) Pflanze mit welligen und geteilten Grundblättern/Blütenblätter 15-20 mm/Schote geschnäbelt/Apr-Juli

Brassica rapa Rübsen (Cruciferae) Behaartes Kraut/Rosettenblätter und untere Blätter fiederlappig/Blütenblätter 5-12 mm/Blüten leuchtend gelb/Frucht (Schote) geschnäbelt/Nutzpflanze/Apr-Juni

Camelina microcarpa Kleinfrüchtiger Leindotter (Cruciferae) Behaartes Kraut Blätter pfeilförmig/Blütenblätter 2-4 mm/Kelch anliegend/Frucht (Schötchen) geschnäbelt/Felder-Wegränder/Apr-Juni

Chelidonium majus Schöllkraut (Papaveraceae) Kraut/Blätter gelappt/Blüten 15-25 mm/viele Staubblätter/Felder-Feuchtgebiete-Wegränder/März-Nov

Coronopus didymus Zweiknotiger Krähenfuß (Cruciferae) Pflanze mit unangenehmem Geruch/Blätter fiederteilig/Blütenblätter < 6 mm/Blütenstiel 1-4 mm Kelch > Blütenblätter/Frucht weniger als 3x so lang wie breit (Schötchen)/Felder-Wegränder/März-Mai

Descurainia sophia Gemeine Besenrauke (Cruciferae) Behaartes Kraut/Haare sternförmig/Blätter 2-3fach fiederspaltig/Blütenblätter < Kelchblätter/Frucht (Schote) ungeschnäbelt/Apr-Sep

<u>Diplotaxis ibicensis</u>* Ibiza-Doppelsame (Cruciferae) Blüten 10-12 mm/Frucht eine Schote/Samen in der Schote zweireihig/Schnabel der Schote mit Samen/Felder-Felsküsten-Strand-Wegränder/Apr-Mai

Diplotaxis muralis Mauer-Doppelsame (Cruciferae) Kraut/Blüten 10-15 mm/Blätter fiederspaltig/Blütenstiele ca. so lang wie die Blüten/Frucht eine Schote/Samen in der Schote zweireihig/Schnabel ohne Samen/März-Sep

Gelb

Erzherzog-Ludwig-Salvator-Kreuzdorn
*Rhamnus ludovici-salvatoris**
(Rhamnaceae)

Diplotaxis tenuifolia Schmalblättriger Doppelsame (Cruciferae) Graue Pflanze/Blätter elliptisch/Blüten 15-30 mm/Frucht eine Schote/Samen zweireihig/Schnabel ohne Samen/Menorca/März-Sep

Diplotaxis viminea Ruten-Doppelsame (Cruciferae) Kraut/Blüten 7-9 mm/ äußere Staubblätter steril/Blütenstiele kürzer als die Blüten/Frucht eine Schote/Samen in der Schote zweireihig/Felder-Wegränder/März-Apr

Elaeagnus angustifolia Schmalblättrige Ölweide (Elaeagnaceae) Dorniger Strauch/Blätter schmal-lanzettlich/Blüten 8-10 mm/Zierpflanze/Mai-Juni

Eruca sativa Gemüse-Rauke (Cruciferae) Behaartes Kraut/Stängel kantig/ Blätter fiederlappig/Blütenblätter 15-24 mm/Frucht geschnäbelt/März-Juni

Erysimum cheiri Goldlack (Cruciferae) Behaarte Pflanze/Blätter länglich-lanzettlich/Blütenblätter 5-12 mm/Schote geschnäbelt/März-Juni

Erysimum grandiflorum Großblütiger Goldlack (Cruciferae) Behaarte Pflanze/Blütenblätter 15-20 mm/Kelch ausgebreitet/Frucht vierkantig/ Eichenwald-Felder-Garigues-Kiefernwald-Steinböden-Wegränder/Apr-Aug

Euphorbia helioscopia Sonnenwend-Wolfsmilch (Euphorbiaceae) Pflanze mit Milchsaft/Blätter eiförmig/Blüten in Dolden/Felder-Wegränder/Dez-Mai

Euphorbia serrata Gesägte Wolfsmilch (Euphorbiaceae) Pflanze mit Milchsaft Blätter eiförmig-lanzettlich/Blüten in Dolden/Felder-Wegränder/März-Juli

Glaucium flavum Gelber Hornmohn (Papaveraceae) Spärlich behaartes Kraut mit gelbem Milchsaft/Blätter fiederspaltig/Blüten 55-75 mm/Strand/Apr-Sep

Hirschfeldia incana Gewöhnlicher Bastard-Senf (Cruciferae) Behaartes Kraut untere Blätter leierförmig-fiederschnittig/Blütenblätter 5-10 mm/Frucht geschnäbelt und am Stängel anliegend/Felder-Wegränder/Apr-Mai

Matthiola fruticulosa Trübe Levkoje (Cruciferae) Graufilzig bis spärlich behaarte Pflanze/Blätter geschweift-gelappt/Blütenblätter 12-28 mm/Kelch der Blüte anliegend/Schote ungeschnäbelt/Felder-Wegränder/Ibiza/Apr-Juli

Neslia paniculata Finkensame (Cruciferae) Behaartes Kraut/Blätter lanzettlich-pfeilförmig/Blütenblätter 2-3 mm/Kelch der Blüte ausgebreitet/Schötchen geschnäbelt/Felder-Wegränder/März-Mai

<u>Raphanus raphanistrum</u> Hederich (Cruciferae) Behaartes Kraut/Stängel rund/Blütenblätter 10-20 mm und violett geadert/Kelch anliegend/Frucht geschnäbelt und eingeschnürt/2-9 cm/Felder-Felsküsten-Wegränder/März-Sep

Rapistrum rugosum Runzeliger Rapsdotter (Cruciferae) Behaartes Kraut/ Grundblätter leierförmig-gefiedert/Blüten 8-10 mm/Frucht ein Schötchen/ Schötchen mit unterem und oberem Glied/Felder-Wegränder/Apr-Juni

Rhamnus alaternus Immergrüner Kreuzdorn (Rhamnaceae) Strauch/Blätter lanzettlich bis eiförmig/Blüten 2-3 mm/Baumheiden-Macchie-Eichenwald-Garigues-Hecken-Kiefernwald-Olivenhaine-Wacholderwald/Dez-Mai

<u>Rhamnus ludovici-salvatoris</u>* Erzherzog-Ludwig-Salvator-Kreuzdorn (Rhamnaceae) Strauch mit stechenden Blättern/Blätter rundlich bis elliptisch/Blüten 2-3 mm/Eichenwald-Olivenhaine-Wacholderwald-Zierpflanze/März-Mai

Weißer Senf
Sinapis alba
(Cruciferae)

Rorippa sylvestris Wilde Sumpfkresse (Cruciferae) Sumpfpflanze mit kantigem Stängel/Blätter fiederlappig oder fiederteilig/Blütenblätter 2-6 mm/Blütenstiel 4-12 mm/Kelch ausgebreitet/Mai-Okt

Ruta angustifolia Schmalblättrige Raute (Rutaceae) Pflanze mit unten doppelt gefiederten Blättern/Blütenblätter drüsig behaart/Felder-Garigues-Kiefernwald-Olivenhaine-Wacholderwald-Wegränder/Mai-Juni

Ruta chalepensis Gefranste Raute (Rutaceae) Pflanze mit doppelt gefiederten Blättern/Blütenblätter behaart/Felder-Garigues-Kiefernwald-Olivenhaine-Wacholderwald-Wegränder/März-Juni

<u>Ruta graveolens</u> Wein-Raute (Rutaccac) Pflanze mit doppelt gefiederten Blättern/Blüten 14-18 mm/Blütenblätter gezähnt/Nutzpflanze/Mai-Juni

Ruta montana Berg-Raute (Rutaceae) Pflanze mit oben doppelt gefiederten Blättern/Blüten 9-15 mm/Blütenblätter ungezähnt/Olivenhaine-Wacholderwald/Juni-Juli

<u>***Sinapis alba***</u> Weißer Senf (Cruciferae) Behaartes Kraut/Stängel kantig gefurcht/Blätter leierförmig-fiederspaltig/Blütenblätter 8-15 mm/Kelch abstehend/Frucht abstehend und geschnäbelt/Schnabel zusammengedrückt und gekrümmt/Felder-Wegränder/März-Juni

Sinapis arvensis Acker-Senf (Cruciferae) Behaartes Kraut/untere Blätter grob gezähnt und oft leierförmig/Blütenblätter 10-16 mm/Kelch abstehend/Frucht abstehend und geschnäbelt/Schnabel gerade/Felder-Wegränder/März-Juni

Sisymbrium erysimoides (Cruciferae) (Un)Behaartes Kraut/Blätter einfach/Blütenblätter 1-3 mm/Blütenstiel 1-2 mm/Kelch ausgebreitet/Blüten ohne Tragblätter/Felder-Wegränder/März-Mai

Sisymbrium irio Glanz-Rauke (Cruciferae) Kraut mit tief fiederspaltigen Blättern/Blütenblätter 2-6 mm/Blütenstiel 3-6 mm/Blütenblätter > Kelch/Schote 30-50 mm und unbehaart/Felder-Wegränder/März-Juni

Sisymbrium officinale Weg-Rauke (Cruciferae) Behaartes Kraut/Grundblätter tief fiederspaltig/Stängelblätter pfeilförmig/Blütenblätter 1-3 mm/Blütenstiel 1-2 mm/Schote 10-20 mm/Felder-Wegränder/März-Sep

Sisymbrium orientale Orientalische Rauke (Cruciferae) Behaartes Kraut/Blätter gelappt/Blütenblätter 6-10 mm/Kelch abstehend/obere Blätter dreiteilig/Frucht 4-10 cm und behaart/Felder-Wegränder/Apr-Juni

Sisymbrium polyceratium Reichblättrige Rauke (Cruciferae) Kraut/Blüten zu mehreren/Blütenblätter 1-2 mm/Kelch ausgebreitet/Blüten mit Tragblättern

Sisymbrium runcinatum Schrotsägeförmige Rauke (Cruciferae) Kraut mit schrotsägeförmigen Blättern/Blüten einzeln/Blütenblätter 2-4 mm/Blüten mit Tragblättern/Felder-Garigues-Kiefernwald-Wegränder

Succowia balearica Balearen-Suckowie (Cruciferae) Kahles oder rau behaartes Kraut/Blätter 1-2fach fiederteilig/Blütenblätter 7-10 mm/Kelch anliegend/Frucht rundlich und stachelig/Felder-Felsspalten-Wegränder/Apr-Mai

Gelb

5 Blütenblätter

1A-Blätter mit Ranke
  2A-Pflanze mit grünen Blätter   *Citrullus colocynthis*
  2B-Pflanze ohne grüne Blätter
    3A-Narbe der Blüte kopfig   *Cuscuta campestris*
    3B-Narbe der Blüte verlängert   *Cuscuta approximata*
1B-Blätter dreizählig
  2A-Blüten 10 mm   *Ranunculus weyleri**
  2B-Blüten 20-50 mm   **_Oxalis pes-caprae_**
1C-Blätter 5-7zählig   *Potentilla reptans*
1D-Blätter grundständig
  2A-Blütenblätter verwachsen   *Primula vulgaris*
  2B-Blütenblätter nicht verwachsen   *Ranunculus bullatus*
1E-Blätter sitzend
  2A-Blüten einzeln blattachselständig
    3A-Blüte mit 4 Staubblättern/Blüten 4-5 cm   *Verbascum creticum*
    3B-Blüte mit 5 Staubblättern/Blüten 2-4 cm   *Verbascum blattaria*
  2B-Blüten zu 2-7 blattachselständig
    3A-Staubblätter der Blüte violett behaart
      4A-Staubblätter der Blüte quer gestellt   *Verbascum boerhavii*
      4B-Staubblätter der Blüte nierenförmig
        5A-Blütenstiel 2-5 mm   **_Verbascum sinuatum_**
        5B-Blütenstiel 5-18 mm   *Verbascum nigrum*
    3B-Staubblätter nicht violett behaart   *Verbascum thapsus*
1F-Blätter gestielt
  2A-Blütenblätter verwachsen   *Primula vulgaris*
    3A-Blüte < 10 mm   *Sibthorpia africana**
    3B-Blüten 10-30 mm   *Lycopersicon esculentum*
    3C-Blüten > 30 mm   *Hyoscyamus albus*
  2B-Blütenblätter nicht verwachsen
    3A-Baum   *Tilia platyphyllos*
    3B-Kraut
      4A-Blüte mit 3 Staubblättern
        5A-Blüten < 5 cm
          6A-Blätter tief eingeschnitten   *Citrullus lanatus*
          6B-Blätter gezähnt   *Cucumis melo*
        5B-Blüten > 5 cm
          6A-Stängel gefurcht   *Cucurbita maxima*
          6B-Stängel nicht gefurcht   *Cucurbita pepo*
      4B-Blüte mit 5 Staubblättern
        5A-Blüten < 15 mm   *Solanum villosum*
        5B-Blüten > 15 mm

6A-Blätter stachelig	*Solanum rostratum*
6B-Blätter nicht stachelig	***Ecballium elaterium***
4C-Blüte mit 9-11 Staubblättern	*Chrozophora tinctoria*
4D-Blüte mit vielen Staubblättern	
5A-Blätter mit Nebenblättern	
6A-Blüten < 10 mm	
7A-Stängelhaare ungleich lang	*Agrimonia eupatoria*
7B-Stängelhaare gleich lang	*Agrimonia procera*
6B-Blüten > 10 mm	*Potentilla reptans*
5B-Blätter ohne Nebenblätter	
6A-Pflanze unbehaart	
7A-Blüten 5-9 mm	*Ranunculus ophioglossifolius*
7B-Blüten > 10 mm	*Ranunculus muricatus*
6B-Pflanze (un)behaart	
7A-Blüten < 10 mm	
8A-Blüten 4-12 mm	*Ranunculus arvensis*
8B-Blüten 5-10 mm	*Ranunculus sceleratus*
7B-Blüten > 10 mm	*Ranunculus trilobus*
6C-Pflanze behaart	
7A-Blütezeit Sep-Feb	*Ranunculus bullatus*
7B-Blütezeit anders	
8A-Blütenblätter eingeschnitten	*Abutilon theophrasti*
8B-Blütenblätter nicht so	
9A-Kelch der Blüte abstehend	
10A-Blüten 3-6 mm	*Ranunculus parviflorus*
10B-Blüten 10 mm	*Ranunculus weyleri**
10C-Blüten > 10 mm	
11A-Blütenstiel glatt	*Ranunculus macrophyllus*
11B-Blütenstiel gefurcht	
12A-Wurzeln fleischig	*Ranunculus bulbosus*
12B-Wurzeln nicht so	*Ranunculus sardous*
9B-Kelch der Blüte anliegend	
10A-Fruchtschnabel gerade	*Ranunculus paludosus*
10B-Fruchtschnabel gekrümmt	*Ranunculus barceloii**
10C-Blütenstiel gefurcht	***Ranunculus repens***
1G-Blätter gefiedert	
2A-Blüten 4-8 mm	*Agrimonia eupatoria*
2B-Blüten 10-12 mm	*Lycopersicon esculentum*
2C-Blüten 17-25 mm	*Potentilla reptans*

Spritzgurke
Ecballium elaterium
(Cucurbitaceae)

Abutilon theophrasti Chinesische Samtpappel (Hypericaceae) Behaartes Kraut/ Blätter gezähnt/Blüten 14-26 mm/Blütenblätter eingeschnitten/viele Staubblätter/Juli-Okt

Agrimonia eupatoria Gemeiner Odermennig (Rosaceae) Behaartes Kraut/ Stängelhaare unterschiedlich lang/Blätter gefiedert/Blüten 4-8 mm/viele Staubblätter/Felder-Flusswälder-Wegränder/Apr-Okt

Agrimonia procera Großer Odermennig (Rosaceae) Kraut mit Nebenblättern/ Stängelhaare gleich lang/Blüten 4-8 mm/viele Staubblätter/Juni-Aug

Chrozophora tinctoria Lackmuskraut (Euphorbiaceae) Behaartes Kraut/Haare sternförmig/Blätter eiförmig bis rhombisch/9-11 Staubblätter/Felder-Wegränder/Apr-Okt

Citrullus colocynthis Koloquinte (Cucurbitaceae) Niederliegende Pflanze mit Ranken/behaart/Blätter eiförmig-länglich/Blüten 18-26 mm/5-12 Blütenblätter/viele Staubblätter/Ibiza/Juni-Okt

Citrullus lanatus Wasser-Melone (Cucurbitaceae) Kraut/Blätter tief eingeschnitten/Blüten 17-25 mm/3 Staubblätter/Nutzpflanze/Mai-Aug

Crucianella maritima Strand-Kreuzblatt (Rubiaceae) Unbehaarte Pflanze/ Blätter zu viert/Blüten 10-13 mm/Krone trichterig mit längerer Röhre/ Strand/Apr-Sep

Cucumis melo Zucker-Melone (Cucurbitaceae) Kraut/Stängel weich behaart/ Blätter nierenförmig/Blüten 20-30 mm/3 Staubblätter/Nutzpflanze/Juni-Juli

Cucurbita maxima Riesen-Kürbis (Cucurbitaceae) Kraut/Stängel gefurcht/ Blüten 7-10 cm/Blüten leicht riechend/3 Staubblätter/Nutzpflanze/Juni-Aug

Cucurbita pepo Garten-Kürbis (Cucurbitaceae) Kraut/Blätter fünflappig bis fiederlappig/Blüten 7-10 cm/3 Staubblätter/Nutzpflanze/März-Sep

Cuscuta approximata Angenäherte Seide (Convolvulaceae) Pflanze ohne grüne Blätter/Stängel windend/Blüten 2-4 mm/Narbe verlängert/Feb-Sep

Cuscuta campestris Amerikanische Grob-Seide (Convolvulaceae) Pflanze ohne grüne Blätter/Stängel windend/Blüten 2-3 mm/Narbe kopfig/Apr-Nov

<u>Ecballium elaterium</u> Spritzgurke (Cucurbitaceae) Behaartes Kraut/Blätter herzförmig bis dreieckig/Blüten 18-20 mm/5 Staubblätter/Felder-Wegränder/ Mai-Okt

Fumana ericoides Erika-Nadelröschen (Cistaceae) Zwergstrauch/Blätter lineal/ Blüten 8-16 mm/viele Staubblätter/Garigues-Kiefernwald/Mai

Fumana laevipes (Cistaceae) Zwergstrauch/Blätter ungleichmäßig verteilt/ Blüten 9-14 mm/viele Staubblätter/ohne Nebenblätter/Garigues-Kiefernwald-Steinspalten/Apr-Mai

Fumana procumbens Zwerg-Sonnenröschen (Cistaceae) Zwergstrauch/viele Staubblätter/Blätter linealisch/Blüten 8-16 mm/Bergwiesen-Kiefernwald-Waldränder/Apr-Aug

Nickender Sauerklee
Oxalis pes-caprae
(Oxalidaceae)

Fumana thymifolia Thymianblättriges Nadelröschen (Cistaceae) Zwergstrauch Blätter nadelartig/Blüten 9-14 mm/äußere Staubfäden ohne Staubbeutel/ Garigues-Kiefernwald/März-Juni

Hyoscyamus albus Weißes Bilsenkraut (Solanaceae) Klebriges, abstehend drüsig-wollig behaartes Kraut/Blätter eiförmig/Blüten 12-16 mm/viele Staubblätter/Achänen > 4 mm/Felder-Steinböden-Wegränder/März-Sep

Jasminum fruticans Strauchiger Jasmin (Oleaceae) Strauch/Blätter länglich/ Blüten 12-15 mm/2 Staubblätter/Felsspalten/Apr-Juni

Linum strictum Steifer Lein (Linaceae) Kraut ohne Nebenblätter/Blattrand rau/Blütenblätter 6-12 mm/5 Staubblätter mit und 5 Staubblätter ohne Staubbeutel/Garigues-kalkhaltige Felder-Kiefernwald/Mai-Juni

Lycopersicon esculentum Tomate (Solanaceae) Kraut/Blätter unpaarig gefiedert/Blüten 10-12 mm/Blütenstiel rund/viele Staubblätter/Felder-Feuchtgebiete-Nutzpflanze-Wegränder/Apr-Juli

<u>Oxalis pes-caprae</u> Nickender Sauerklee (Oxalidaceae) Kraut/Blätter dreizählig/ Blüten 2-5 cm/10 Staubblätter/Felder-Garigues-Kiefernwald-Olivenhaine-Strand-Wacholderwald-Wegränder/Dez-Juni

Portulaca oleracea Wilder Portulak (Portulacaceae) Kraut mit Nebenblättern/ Blätter dickfleischig/Blütenblätter eingeschnitten/Blütenblätter 6-8 mm/ 7-12 Staubblätter/Felder-Wegränder/Mai-Okt

Potentilla reptans Kriechendes Fingerkraut (Rosaceae) Kraut mit Nebenblättern Blätter 5-7zählig/Blüten 17-25 mm/viele Staubblätter/Feuchtgebiete/Mai-Sep

Primula vulgaris Schaftlose Primel (Primulaceae) Kraut/Blätter grundständig/ Blüten 5-9 mm/viele Staubblätter/Apr-Mai

Ranunculus arvensis Acker-Hahnenfuß (Ranunculaceae) Kraut/Stängelblätter mit zahlreichen linealischen Abschnitten/Blüten 4-12 mm/viele Staubblätter/ Blütenstiel rund/Felder-Wegränder/März-Juli

Ranunculus barceloi* (Ranunculaceae) Behaartes Kraut/Blüten 20-32 mm/ viele Staubblätter/Kelch anliegend/Fruchtschnabel gekrümmt/Felder-Feuchtgebiete-Olivenhaine-Wacholderwald

Ranunculus bulbosus Knolliger Hahnenfuß (Ranunculaceae) Behaartes Kraut mit fleischigen Wurzeln/Grundblätter dreilappig/Blüten 2-3 cm/Staubblätter viele/Kelch der Blüte zurückgeschlagen/Blütenstiel gefurcht/März-Juni

Ranunculus bullatus Blasiger Hahnenfuß (Ranunculaceae) Behaarte Pflanze/ Blätter eiförmig/Blüten 18-26 mm/5-12 Blütenblätter/viele Staubblätter/Felsspalten-Garigues-Eichenwald-Kiefernwald-Wacholderwald/Sep-Feb

Ranunculus macrophyllus Großblättriger Hahnenfuß (Ranunculaceae) Behaartes Kraut/Blätter fünflappig/Blüten 25-30 mm/viele Staubblätter/Kelch der Blüte zurückgeschlagen/Blütenstiel glatt/Felder-Feuchtgebiete-Wegränder/März-Juni

Kriechender Hahnenfuß
Ranunculus repens
(Ranunculaceae)

Ranunculus muricatus Stachelfrucht-Hahnenfuß (Ranunculaceae) Unbehaartes Kraut/untere Blätter rundlich nierenförmig, oft 3teilig gelappt/Blüten 12-16 mm/viele Staubblätter/Felder-Feuchtgebiete-Wegränder/März-Mai

Ranunculus ophioglossifolius Natternzungenblättriger Hahnenfuß (Ranunculaceae) Kraut/untere Blätter herzförmig/Blüten 5-9 mm/viele Staubblätter/Feuchtgebiete/Apr-Mai

Ranunculus paludosus Kerbel-Hahnenfuß (Ranunculaceae) Behaartes Kraut/ Grundblätter deutlich dreilappig/Blüten 20-32 mm/viele Staubblätter/Kelch der Blüte anliegend/Fruchtschnabel gerade/Felder-Olivenhaine-Wacholder- wald/März-Apr

Ranunculus parviflorus Kleinblütiger Hahnenfuß (Ranunculaceae) Behaartes Kraut/untere Blätter 3-5lappig/Blüten 3-6 mm/viele Staubblätter/Felder- Olivenhaine-Wacholderwald-Wegränder/Apr-Juni

<u>Ranunculus repens</u> Kriechender Hahnenfuß (Ranunculaceae) Behaartes Kraut Stängel kriechend/Blätter von dreieckigem Umriss/Blüten 20-30 mm/Kelch anliegend/Blütenstiel gefurcht/viele Staubblätter/Feuchtgebiete/Apr-Juni

Ranunculus sardous Rauer Hahnenfuß (Ranunculaceae) Behaartes Kraut/ Grundblätter dreilappig/Blüten 12-25 mm/Blütenstiel gefurcht/Kelch der Blüte zurückgeschlagen/viele Staubblätter/Felder-Feuchtgebiete-Wegränder/ März-Juni

Ranunculus sceleratus Gift-Hahnenfuß (Ranunculaceae) Kraut/Stängel kantig/ Grundblätter tief dreiteilig/Blüten 4-12 mm/viele Staubblätter/Feuchtgebiete- Marschland/März-Okt

Ranunculus trilobus Dreilappiger Hahnenfuß (Ranunculaceae) Kraut/Grund- blätter ei- oder fächerförmig/Blüten 10-15 mm/viele Staubblätter/Felder- Feuchtgebiete-Wegränder/März-Mai

Ranunculus weyleri* Weylers Hahnenfuß (Ranunculaceae) Behaartes Kraut/ Blätter dreilappig/Blüten 10 mm/5 oder mehr Blütenblätter/viele Staubblätter Felsspalten-schattige Abhänge/Mai-Juli

Rubia peregrina Kletten-Krapp (Rubiaceae) Kletternde Kriechpflanze/Blätter zu 4-8/Blätter lanzettlich bis eiförmig/Blüten 4-5 mm/Krone radförmig mit kurzer Röhre/Baumheiden Macchie-Eichenwald-Garigues-Hecken-Kiefern- wald-Olivenhaine-Steinböden-Wacholderwald/Apr-Sep

Rubia tinctorum Echte Färberrötee (Rubiaceae) Pflanze mit quirlständigen Blättern/Blätter elliptischzu 4-6/Krone radförmig mit kurzer Röhre/Blüten 5-6 mm/Blüten in endständigen Trugdolden/Hecken-Nutzpflanze/Juni-Aug

Sedum praealtum Größerer Mexikanischer Mauerpfeffer (Crassulaceae) Strauch bis 75 cm/Blätter dickfleischig/10 Staubblätter

Sibthorpia africana* Balearen-Sibthorpie (Scrophulariaceae) Kriechpflanze/ Blüte 4-7 mm/Blüte nicht röhrig verwachsen/Blätter fächerförmig leicht eingeschnitten/Felsspalten-schattige Abhänge/Jan-Sep

Solanum rostratum Stachel-Nachtschatten (Solanaceae) Kraut mit stacheligen Blättern/Blüten 20-40 mm/5 Staubblätter/Mai-Juli

Gewelltblättrige Königskerze
Verbascum sinuatum
(Scrophulariaceae)

Solanum villosum Gelber Nachtschatten (Solanaceae) Kraut/Stängel oben weißhaarig/Blätter breit-eförmig/Blüten 10-14 mm/5 Staubblätter/Felder-Wegränder/Mai-Nov

Tilia platyphyllos Sommer-Linde (Tiliaceae) Baum/Blätter herzförmig gezähnt/Blätter 6-12 cm/Zierpflanze/Juni-Juli

Tribulus terrestris Erd-Burzeldorn (Zygophyllaceae) Niederliegendes Kraut/grau behaart/Blätter gefiedert/Blüten 8-10 mm/Felder-Wegränder/Juli-Sep

Verbascum blattaria Motten-Königskerze (Scrophulariaceae) Behaartes Kraut/Blätter/Blütenstiel gefurcht/Blüten 12-25 mm/Kelch zurückgeschlagen/viele Staubblätter/März-Juni

Verbascum boerhavii Boerhavische Königskerze (Scrophulariaceae) Behaartes Kraut/Blätter leierförmig/Blüten 23-26 mm/viele Staubblätter/Felder-Wegränder/Mai-Juli

Verbascum creticum Kretische Königskerze (Scrophulariaceae) Kraut/Stängel kantig/Grundblätter lanzettlich, leierförmig-fiederschnittig/Blüten 4-12 mm/viele Staubblätter/Achänen bis 3 mm/Felder-Wegränder/März-Mai

Verbascum nigrum Schwarze Königskerze (Scrophulariaceae) Behaartes Kraut/untere Blätter mit herzförmigem Grund/Blüten 20-32 mm/Kelch der Blüte anliegend/viele Staubblätter/Fruchtschnabel gerade/März-Apr

<u>Verbascum sinuatum</u> Gewelltblättrige Königskerze (Scrophulariaceae) Kraut/Grundblätter buchtig gelappt/Blüten 10-15 mm/viele Staubblätter/Felder-Wegränder/Apr-Okt

Verbascum thapsus Kleinblättrige Königskerze (Scrophulariaceae) Behaartes Kraut/untere Blätter breit ei- bis löffelförmig/Blüten 3-6 mm/viele Staubblätter/Eichenwald-Felder-Wegränder/Apr-Juli

Vincetoxicum hirundinaria Gebräuchliche Schwalbenwurz (Asclepiadaceae) Aufrechte Pflanze/Blätter lanzetlich/Blüten 5-10 mm/Blüten in Gruppen zu 6-8/Felsspalten/Mai-Juli

Gelb

Scharbockskraut
Ranunculus ficaria
(Ranunculaceae)

Mehr als 5 Blütenblätter

1A-Blätter kakteenartig
  2A-Stacheln zu 1-2/Stacheln < 1 cm   ***Opuntia ficus-indica***
  2B-Stacheln zu 1-4/Stacheln > 1 cm   ***Opuntia maxima***
1B-Blätter durchwachsen   ***Blackstonia perfoliata***
1C-Blätter filigran eingeschnitten
  2A-Blüten 15-28 mm   ***Adonis microcarpa***
  2B-Blüten 25-40 mm   ***Adonis aestivalis***
1D-Blätter grundständig   ***Ranunculus bullatus***
1E-Blätter gestielt
  2A-Pflanze nur bis 25 cm   ***Ranunculus ficaria***
  2B-Pflanze größer, bis 1 m   ***Solidago virgaurea***
1F-Blätter sitzend
  2A-Strauch   ***Santolina chamaecyparissus***
  2B-Kraut   ***Solidago virgaurea***

Adonis aestivalis Sommer-Adonisröschen (Ranunculaceae) Kraut/Blätter filigran eingeschnitten/Blüten 25-40 mm/Felder-Wegränder/März-Mai

Adonis microcarpa Kleinfrüchtiges Adonisröschen (Ranunculaceae) Kraut/Blätter filigran eingeschnitten/Blüten 15-28 mm/Felder-Wegränder/März-Juli

Blackstonia perfoliata Verwachsenblättriger Bitterling (Gentianaceae) Kraut mit durchwachsenen Blättern/Blüte 8-15 mm/Felder-Felsküsten-Marschland-Wegränder/Jan-Sep

Opuntia ficus-indica Echter Feigenkaktus (Cactaceae) Kaktee/Stacheln zu 1-2/Stacheln < 1 cm/Blüten 7-10 cm/viele Staubblätter/Mai-Juli

Opuntia maxima (Cactaceae) Kaktee/Stacheln zu 1-4/Stacheln > 1 cm/Zierpflanze (oft verwildert)/Mai-Juli

Ranunculus bullatus Blasiger Hahnenfuß (Ranunculaceae) Pflanze mit unterseits behaarten Blättern/Blätter breit eiförmig/Blüten 18-26 mm/5-12 Blütenblätter/viele Staubblätter/Felsspalten-Garigues-Eichenwald-Kiefernwald-Wacholderwald/Sep-Feb

Ranunculus ficaria Scharbockskraut (Ranunculaceae) Pflanze mit breit-eiförmig-herzförmigen Blättern/Blüten 2-4 cm/viele Staubblätter/Felder-Feuchtgebiete-Wegränder/März-Apr

Santolina chamaecyparissus Scheinzypressen-Heiligenkraut (Compositae) Weiß bis grau behaarter Strauch/Blätter eingeschnitten/Blüten 6-10 mm/Bergland-Eichenwald-Felder-Felsküsten-Garigues-Kiefernwald-Wegränder-Zierpflanze/Apr-Aug

Solidago virgaurea Gemeine Goldrute (Compositae) Krautige Pflanze mit gestielten Grundblättern/Stängelblätter lanzettlich und ungestielt/Blüten 6-10 mm/5 Staubblätter/Baumheiden Macchie-Bergland-Eichenwald-Kiefernwald/Juli-Okt

Gelb

Gemeines Rutenkraut
Ferula communis
(Apiaceae)

Blüte in Dolden

1A-Blätter gestielt
  2A-Blätter filigran eingeschnitten — ***Ferula communis***
  2B-Blätter anders — ***Pastinaca lucida*** *
1B-Blätter gefiedert
  2A-Blätter filigran eingeschnitten — ***Ferula communis***
    3A-Frucht 1-3 mm — ***Ridolfia segetum***
    3B-Frucht 4-10 mm — ***Foeniculum vulgare***
  2B-Blätter anders
    3A-Pflanze unbehaart
      4A-Stängel rund
        5A-Blüten mit vielen Hüllblättern — ***Kundmannia sicula***
        5B-Blüten mit wenigen Hüllblättern
          6A-Frucht 7-8 mm — ***Smyrnium olusatrum***
          6B-Frucht 8-15 mm — ***Elaeoselinum asclepium***
      4B-Stängel kantig/schmal geflügelt — ***Smyrnium perfoliatum***
    3B-Pflanze behaart
      4A-Stängel hohl — ***Pimpinella lutea***
      4B-Stängel massiv
        5A-Endlappen der Blätter ganzrandig
          6A-Blätter kahl — ***Thapsia garganica***
          6B-Blätter behaart — ***Thapsia gymnesica*** *
        5B-Endlappen der Blätter gezähnt — ***Thapsia villosa***

Gelb

Sizilianische Kundmannie
Kundmannia sicula
(Apiaceae)

Elaeoselinum asclepium Asklepias-Ölsilge (Apiaceae) Pflanze mit rundem, massiven Stängel/Blätter 4-5fach gefiedert/Dolde 8-25strahlig/Dolden mit wenigen Hüllblättern/Frucht 8-15 mm/Garigues-Kiefernwald/Ibiza/Apr-Juni

<u>Ferula communis</u> Gemeines Rutenkraut (Apiaceae) Bis 3 m große Pflanze/ Blätter vielfach gefiedert/Blütenstand groß/Felder-Olivenhaine-Wacholderwald-Wegränder/Mai-Juni

Foeniculum vulgare Wilder Fenchel (Apiaceae) Blaugrün bereifte Pflanze/ Blätter 3-4fach gefiedert/Dolde 12-30strahlig/Dolden ohne Hüllblätter/Frucht 4-10 mm/Felder-Wegränder/Juni-Aug

<u>Kundmannia sicula</u> Sizilianische Kundmannie (Apiaceae) Pflanze mit rundem Stängel/Blätter gefiedert/Dolde 5-30strahlig/Dolde mit vielen Hüllblättern/ Felder-Wegränder/Apr-Juni

Pastinaca lucida* Glänzender Pastinak (Apiaceae) Bis 1 m große, unangenehm riechende und (phototoxische!) Pflanze/untere Blätter ungeteilt, obere gefiedert/Dolde 5-15strahlig/Bergland-Felder-Wegränder/Mai-Aug

Pimpinella lutea Algerischer Fenchel (Apiaceae) Grau behaarte Pflanze/Stängel hohl/Blätter gefiedert/Menorca

Ridolfia segetum Acker-Fenchel (Apiaceae) Kraut/Blätter 3-4fach gefiedert/ Dolde 10-60strahlig/Dolde ohne Hüllblätter/Frucht 1-3 mm/Felder-Wegränder/Juni-Aug

Smyrnium olusatrum Gespinst-Gelbdolde (Apiaceae) Pflanze mit Selleriegeschmack/Stängel rund und gefurcht/Grundblätter 2-4fach dreizählig oder gefiedert, obere dreizählig/Dolden 7-15strahlig/Dolde mit wenigen Hüllblättern/Frucht 7-8 mm/Felder-Feuchtgebiete-Wegränder/Feb-Mai

Smyrnium perfoliatum Stängelumfassende Gelbdolde (Apiaceae) Pflanze mit hohlem, kantigem, schmal geflügeltem Stängel/untere Blätter 2fach dreiteilig, obere herzeiförmig/Dolden 5-12strahlig/Dolde ohne Hüllblätter/Apr-Juli

Thapsia garganica Gargano-Purgierdolde (Apiaceae) Borstig behaarte Pflanze/ Stängel massiv/gefurcht/Blätter 2-4fach gefiedert/Dolde 5-30strahlig/Dolde ohne Hüllblätter/Felder-Garigues-Kiefernwald-Wegränder/Ibiza/Apr-Juli

Thapsia gymnesica* (Apiaceae) Borstig behaartePflanze/Stängel massiv/ Blätter gefiedert/Blüten in endständigen Dolden/Dolde ohne Hüllblätter/ Felsküsten/Mai-Aug

Thapsia villosa Behaarte Purgierdolde (Apiaceae) Ausdauernde Pflanze mit wollig behaarten Blättern/Stängel massiv+kahl+fein gerillt/Blätter 2-4fach gefiedert/Fels- und Grasfluren/Mai-Juli

Gelb

Blüten symmetrisch

1A-Pflanze zur Blütezeit ohne Blätter
  2A-Strauch mit Dornen/Blüten 15-20 mm   *Ulex parviflorus*
  2B-Strauch ohne Dornen
   3A-Blüten 5-8 mm   *Retama sphaerocarpa*
   3B-Blüten 20-25 mm   *Spartium junceum*
1B-Pflanze zur Blütezeit mit Blättern
  2A-Blätter dreizählig
   3A-Pflanze unbehaart
    4A-Nebenblätter der Blätter gezähnt
     5A-Blätter dunkel gefleckt   *Medicago arabica*
     5B- Blätter nicht dunkel gefleckt
      6A-Blütenstand > 10blütig
       7A-Blütenstand < 15 mm   *Melilotus sulcatus*
       7B-Blütenstand > 15 mm
        8A-Frucht dunkel   *Melilotus infesta*
        8B-Frucht gelblich
         9A-Blüten 4-7 mm   *Melilotus segetalis*
         9B-Blüten 6-9 mm   *Melilotus italica*
      6B-Blütenstand < 10blütig
       7A-Blüten 2-3 mm   *Medicago praecox*
       7B-Blüten 3-5 mm
        8A-Frucht länglich   *Medicago polymorpha*
        8B-Frucht eiförmig   *Melilotus messanensis*
    4B-Nebenblätter der Blätter ungezähnt
     5A-Blüten < 4 mm   *Melilotus indica*
     5B-Blüten > 3 mm
      6A-Razeme ca. 10 mm   *Melilotus neapolitana*
      6B-Razeme 15-20 mm   *Melilotus elegans*
      6C-Razeme >> 20 mm   *Melilotus officinalis*
   3B-Pflanze behaart
    4A-Strauch 1-4 m   *Medicago citrina*
    4B-Pflanze kleiner
     5A-Nebenblätter der Blätter ungezähnt
      6A-Blüten in 1-2blütige Rispen
       7A-Am Grund verholzte Pflanze   *Ononis minutissima*
       7B-Krautige Pflanze
        8A-Blüten 6-7 mm   *Ononis ornithopodioides*
        8B-Blüten 7-12 mm   *Ononis viscosa*
        8C-Blüten 14-15 mm   *Ononis pubescens*
      6B-Blüten in vielblütigen Köpfchen
       7A-Pflanze überall weiß behaart   *Medicago marina*

7B-Pflanze nicht so
  8A-Kelch > 5-nervig   ***Trifolium striatum***
  8B-Kelch 5-nervig
    9A-Köpfchen < 20-blütig   ***Trifolium filiforme***
    9B-Köpfchen > 20-blütig   ***Trifolium campestre***
6C-Blüten in vielblütigen Trauben
  7A-Blüten > 12 mm
    8B-Blättchen länglich - Traube   ***<u>Ononis natrix</u>***
    8B-Blättchen rundlich
      9A-Kelch ganzrandig   ***Ononis zschakei****
      9B-Kelch gezähnt   ***Ononis crispa****
  7B-Blüten < 12 mm
    8A-Pflanze unten verholzt   ***Ononis pusilla***
    8B-Pflanze unten nicht verholzt
      9A-Früchte > 3 mm   ***Medicago minima***
      9B-Früchte < 3 mm
        10A-Trauben < 10-blütig   ***Medicago secundiflora***
        10B-Trauben > 10-blütig   ***Medicago lupulina***
5B-Nebenblätter der Blätter gezähnt
  6A-Frucht sichelförmig (7-15 mm)   ***Trigonella monspeliaca***
  6B-Frucht spiralig
    7A-Frucht nie stachelig   ***Medicago scutellata***
    7B-Frucht dünn stachelig
      8A-Frucht unbehaart   ***Medicago disciformis***
      8B-Frucht etwas behaart   ***Medicago ciliaris***
      8C-Frucht dicht behaart   ***Medicago minima***
    7C-Frucht stachelig
      8A-Frucht mit schmalem Rand
        9A-Frucht links drehend   ***Medicago turbinata***
        9B-Frucht rechts drehend   ***Medicago murex***
      8B-Frucht ohne Rand
        9A-Frucht dicht behaart   ***Medicago rigidula***
        9B-Frucht unbehaart
          10A-Blütenstand 1-3blütig   ***Medicago doliata***
          10B-Blütenstand 1-3blütig   ***Medicago truncatula***
          10C-Blütenstand 3-7blütig   ***Medicago littoralis***
2B-Blätter nicht dreizählig
3A-Blätter grundständig   ***Hypecoum procumbens***
3B-Blätter sitzend
  4A-Blüte mit 2 Kelchblättern
    5A-Große Blütenblätter 1-lappig   ***Hypecoum pendulum***
    5B-Große Blütenblätter 3-lappig   ***Hypecoum imberbe***
  4B-Blüte mit 6 Kelchblättern   ***Reseda lutea***

Gelb

Zitronengelber Strauchklee
*Medicago citrina**
(Fabaceae)

Hypecoum imberbe Ungebartete Lappenblume (Papaveraceae) Kraut/Blätter fein 2-3fach gefiedert/Blüten 10-15 mm/Kronblätter unterschiedlich/große Kronblätter dreilappig/kleine Kronblätter zweilappig/2 Kelchblätter/Frucht nicht hängend/Felder-Wegränder/März-Juli

Hypecoum pendulum Gelbäugelchen (Papaveraceae) Kraut/Blätter fein 2-3fach gefiedert/Blüten 5-15 mm/Blütenblätter verschieden groß/Felder-Wegränder/Menorca/Apr-Juni

Hypecoum procumbens Niederliegende Lappenblume (Papaveraceae) Kahles, blaugrünes Kraut/Blätter fein 2-3fach gefiedert/Blüten 10-15 mm/alle Blütenblätter dreilappig/März-Juli

Medicago arabica Arabischer Schneckenklee (Fabaceae) Kraut/Blätter dunkel gefleckt/Nebenblätter gezähnt/Blüten 5-7 mm/Blütenstand 1-6blütig/Felder-Wegränder/Apr-Juni

Medicago ciliaris Gefranster Schneckenklee (Fabaceae) Behaartes Kraut/Nebenblätter gezähnt/Büten 6-9 mm/Hülse spiralig, dünnstachelig und etwas behaart/Felder-Wegränder/Apr-Juni

Medicago citrina Zitronengelber Baumklee (Fabaceae) Bis 250 cm großer Strauch/Cabrera-Ibiza/Okt-März

Medicago disciformis Diskusförmiger Schneckenklee (Fabaceae) Behaartes Kraut/Nebenblätter gezähnt/Blüten 4-5 mm/Frucht dünnstachelig, behaart und spiralig/Felder-Garigues-Wegränder/Formentera/März-Juni

Medicago doliata Oliven-Schneckenklee (Fabaceae) Behaartes Kraut mit gezähnten Nebenblättern/Frucht spiralig, stachelig und eiförmig/Blüten 5-6 mm/Traube einblütig/Felder-Wegränder/März-Juni

Medicago littoralis Küsten-Schneckenklee (Fabaceae) Behaartes Kraut mit gezähnten Nebenblättern/Blüten 5-6 mm/1-6blütig/Frucht stachelig und spiralig Felder-Felsküsten-Strand-Wegränder/Feb-Juli

Medicago lupulina Hopfenklee (Fabaceae) Behaartes Kraut mit ungezähnten Nebenblättern/Blüten in bis zu 50-blütigen Trauben/Blüten 3-6 mm/Früchte < 3 mm/Felder-Wegränder/Apr-Okt

Medicago marina Strand-Schneckenklee (Fabaceae) Weißfilzig behaarte Pflanze/am Grund verholzt/Blüten 6-8 mm/Strand/Apr-Juni

Medicago minima Zwerg-Schneckenklee (Fabaceae) Behaartes Kraut mit ungezähnten Nebenblättern/Blüten in Trauben/Blüten 3-5 mm/Früchte > 3 mm und spiralig/Felder-Wegränder/März-Juni

Medicago murex Stachel-Schneckenklee (Fabaceae) Behaartes Kraut mit gezahnten Nebenblättern/Blüten in 1-4blütige Traube/Blüten 5-6 mm/Frucht spiralig, stachelig und eiförmig/Felder-Wegränder/März-Juni

Medicago polymorpha Rauer Schneckenklee (Fabaceae) Kraut mit gezähnten Nebenblättern/Blüten in 1-8blütige Razemen/Blüten 3-5 mm/Felder-Wegränder/März-Mai

Gelbe Hauhechel
Ononis natrix
(Fabaceae)

Medicago praecox Frühblühender Schneckenklee (Fabaceae) Kraut/Nebenblätter gezähnt/Blüten zu1-2/Blüten 2-3 mm/Feb-Apr

Medicago rigidula Steifer Schneckenklee (Fabaceae) Behaartes Kraut/Nebenblätter gezähnt/Blüten 5-6 mm/Hülse stachelig und dicht behaart/Apr-Juni

Medicago scutellata Schüsselförmiger Schneckenklee (Fabaceae) Drüsig behaartes Kraut/Nebenblätter gezähnt/Hülse spiralig und nie stachelig/Blüten 6-7 mm/März-Juni

Medicago secundiflora Einseitswendiger Schneckenklee (Fabaceae) Behaartes Kraut/Nebenblätter ungezähnt/Blüten in Trauben/Blüten 3-6 mm/Früchte<3 mm/Apr-Juni

Medicago truncatula Gestutzter Schneckenklee (Fabaceae) Behaartes Kraut/Nebenblätter gezähnt/Hülse spiralig+stachelig und (un)behaart/Blüten zu 1-3/Blüten 5-6 mm/Felder-Garigues-Wegränder/März-Mai

Medicago turbinata Kreuselförmiger Schneckenklee (Fabaceae) Behaartes Kraut/Nebenblätter gezähnt/Blüten 5-6 mm

Melilotus elegans (Fabaceae) Kraut mit ungezähnten Nebenblättern/Blüten 4-7 mm/Razeme 15-20 mm/Felder-Wegränder/Feb-Mai

Melilotus indica Kleinblütiger Steinklee (Fabaceae) Kraut mit ungezähnten Nebenblättern/Blüten 2-3 mm/März-Mai

Melilotus infesta Rundfrüchtiger Steinklee (Fabaceae) Abstehend flaumig behaarte Pflanze/Nebenblätter gezähnt/Blüten 4-7 mm/Blüten gestielt/Kelchzähne gleich/Blütenstand 15-50blütig und 2-3 cm groß

Melilotus italica Italienischer Steinklee (Fabaceae) Kraut mit gezähnten Nebenblättern/Blüten 6-9 mm Blütenstand vielblütig und 15-30 mm groß/Frucht gelblich/Feb-Mai

Melilotus messanensis Silzilianischer Steinklee (Fabaceae) Kraut mit gezähnten Nebenblättern/Blüten 4-7 mm/Blütenstand 3-10blütig und < 1 cm groß/Feuchtgebiete-Marschland/März-Mai

Melilotus neapolitana Neapolitanischer Steinklee (Fabaceae) Kraut mit ungezähnten Nebenblättern/Blüten 5-7 mm/Blütenstand ca. 10 mm

Melilotus officinalis Echter Steinklee (Fabaceae) Kraut/Nebenblätter ungezähnt Blüten 4-7 mm/Blütenstand > 2 cm/Felder-Wegränder/Apr-Sep

Melilotus segetalis Saat-Steinklee (Fabaceae) Kraut/Nebenblätter gezähnt/Blüten 4-7 mm/Blütenstand (>15 cm) 30-50blütig/Frucht gelb/Apr-Mai

Melilotus sulcatus Gefurchter Honigklee (Fabaceae) Kraut mit gezähnten Nebenblättern/Blüten 3-4 mm/Blütenstand 8-25blütig und 10-15 mm groß/Felder-Garigues-Kiefernwald-Wegränder/März-Mai

*Ononis crispa** Krause Hauhechel (Fabaceae) Behaarter Zwergstrauch/Blättchen stark gezähnt/Blüten 15-20 mm/Felder-Felsküsten-Garigues-Kiefernwald-Strand-Wegränder/Mai-Juli

Ononis minutissima Winzige Hauhechel (Fabaceae) Behaarter Zwergstrauch/Blättchen scharf gezähnt/Blüten 5-14 mm/Kelchzähne unbehaart/Apr-Okt

Ononis natrix Gelbe Hauhechel (Fabaceae) Behaarter Zwergstrauch/Blättchen länglich/Blüten 12-20 mm/Mai-Juli

Kleinblütiger Stechginster
Ulex parviflorus
(Fabaceae)

Ononis ornithopodioides Vogelfußähnliche Hauhechel (Fabaceae) Klebrig behaartes Kraut/Nebenblätter ungezähnt/Rispen 1-2blütig/Blüten 6-7 mm/ März-April

Ononis pubescens Behaarte Hauhechel (Fabaceae) Behaartes Kraut/ Nebenblätter ungezähnt/Blüten einzeln/Blüten 14-15 mm/März-Juni

Ononis pusilla Zwerg-Hauhechel (Fabaceae) Am Grund verholzt/Blättchen scharf gezähnt/Blüten 5-12 mm/Kelchzähne behaart/Tragblätter der Blüten blattartig/Apr-Mai

Ononis viscosa Klebrige Hauhechel (Fabaceae) Behaartes Kraut/Blättchen elliptisch/Nebenblätter ungezähnt/Rispen 1-blütig/Blüten 7-16 mm/Felder-Garigues-Kiefernwald-Wegränder/Apr-Juni

Ononis zschakei* Krause Hauhechel (Fabaceae) Am Grund verholzte Pflanze mit rundlichen Fiederblättchen/Kelch ganzrandig/Felsspalten/Apr-Juni

Reseda lutea Gelbe Resede (Resedaceae) Unbehaarte Pflanze/Grundrosette mit länglichen Blättern/Stängelblätter fiederlappig/Blüten 4-5 mm/6 Kelchblätter/ Felder-Wegränder/Mai-Sep

Retama sphaerocarpa Gewöhnliche Retama (Fabaceae) Strauch/Blätter seidig behaart/Blüten 5-8 mm/Hecken/Apr-Juli

Spartium junceum Pfriemenginster (Fabaceae) Strauch/Blätter lineal-lanzett-lich/Blüten 20-25 mm/Blüten in Trauben/Felder-Wegränder-Zierpflanze/ März-Juli

Trifolium campestre Feld-Klee (Fabaceae) Behaartes Kraut/Nebenblätter ungezähnt/Blüten 4-5 mm/Kelch 5nervig/Blüten in > 20-blütigen Köpfchen/ Felder-Wegränder/Apr-Okt

Trifolium filiforme Kleiner Klee (Fabaceae) Behaartes Kraut/Nebenblätter ungezähnt/Blüten in Köpfchen (< 20-blütig)/Kelch 5-nervig/Blüten 2-3 mm/ Apr-Okt

Trifolium striatum Streifen-Klee (Fabaceae) Behaartes Kraut/Nebenblätter ungezähnt/Blüten 4 mm/Kelch > 5-nervig/Blüten in Köpfchen/Felder/ Mai-Juli

Trigonella monspeliaca Französischer Bockshornklee (Fabaceae) Behaartes Kraut/Nebenblätter gezähnt/Blüten 4 mm/Hülse sichelförmig (7-15 mm)/ Felder-Wegränder/März-Mai

<u>Ulex parviflorus</u> Kleinblütiger Stechginster (Fabaceae) Strauch mit Dornen/ Kelch tief zweilippig/Blüten 6-9 mm/Garigues-Kiefernwald/Ibiza/Dez-Juni

Gelb

Weißfilziges Greiskraut
Senecio bicolor
(Compositae)

<u>Blüte margeritenartig</u>

1A-Blätter distelartig   *Carlina vulgaris*
1B-Blätter nadelartig   *Senecio linifolius*
1C-Blätter gestielt   *Doronicum grandiflorum*
1D-Blätter sitzend
  2A-Blätter gezähnt
    3A-Blüten > 15 mm   *Senecio leucanthemifolius*
    3B-Blüten < 15 mm
      4A-Pflanze unbehaart/mehrblütig   *Senecio lividus*
      4B-Pflanze behaart
        5A-Blüten einzeln/Pflanze 5-20 cm   *Calendula tripterocarpa*
        5B-Vielblütig   <u>*Achillea ageratum*</u>
  2B-Blätter eingeschnitten
    3A-Pflanze unbehaart
      4A-Blüten < 12 mm   *Senecio vulgaris*
      4B-Blüten 12-25 mm   *Senecio angulatus*
      4C-Blüten > 30 mm
        5A-Obere Blätter tief eingeschnitten   *Chrysanthemum coronarium*
        5B-Obere Blätter nicht so   *Chrysanthemum segetum*
    3B-Pflanze behaart
      4A-Blüten < 12 mm   *Senecio viscosus*
      4B-Blüten 12-15 mm   <u>*Senecio bicolor*</u>

Gelb

Leberbalsamblättrige Schafgarbe
Achillea ageratum
(Compositae)

__Achillea ageratum__ Leberbalsamblättrige Schafgarbe (Compositae) Krautige Pflanze/Blätter länglich und gezähnt/Blüten 5-7 mm/Feuchtgebiete/Mai-Sep

Calendula tripterocarpa Dreifrüchtige Ringelblume (Compositae) Flaumig und drüsig behaarte Pflanze bis 20 cm/Blätter lineal-lanzettlich und gezähnt/ Blüten 5-12 mm/Blüten einzeln/Felder-Wegränder/Ibiza/Dez-Mai

Carlina vulgaris Gemeines Greiskraut (Compositae) Behaartes Kraut/Blätter fiederspaltig/Blüten 15-40 mm/Blüten einzeln oder zu 2-5/Juni-Sep

Chrysanthemum coronarium Kronen-Wucherblume (Compositae) Stark riechendes Kraut/Blätter eingeschnitten/obere Blätter tief eingeschnitten/ Blüten 30-60 mm/Felder-Wegränder/März-Juli

Chrysanthemum segetum Saat-Wucherblume (Compositae) Kraut/Blätter eingeschnitten/obere Blätter nicht tief eingeschnitten/Blüten 35-55 mm/ Felder-Wegränder/Apr-Juni

Doronicum grandiflorum Großblütige Gemswurz (Compositae) Drüsig behaartes Kraut/Stängel schmal geflügelt/Blätter gezähnt/Blüten 35-65 mm/ Blüten einzeln/Zierpflanze/Juli-Sep

Senecio angulatus (Compositae) Pflanze mit eingeschnittenen Blättern/Blüten 12-25 mm/weniger als 7 Zungenblüten/Feuchtgebiete-Olivenhaine-Wacholderwald-Zierpflanze/Mai-Sep

__Senecio bicolor__ Weißfilziges Greiskraut (Compositae) Zwergstrauch/Blätter eingeschnitten/weißfilzig/Blüten 12-15 mm/Felsküsten-Strand/Mai-Juni

Senecio leucanthemifolius Wucherblumenblättriges Greiskraut (Compositae) Kraut/obere Blätter gelappt bis fiederschnittig, untere gezähnt/Blüten 15-22 mm/Felsküsten/März-Juli

Senecio linifolius Leinblättriges Kreuzkraut (Compositae) Vielblütiger Zwergstrauch bis 50 cm/Blätter nadelartig/Blüten 10-15 mm mit 10-15 Zungenblüten/Zungenblüten 5-8 mm

Senecio lividus Schwarzblaues Kreuzkraut (Compositae) Pflanze bis 60 cm/ Blätter gezähnt/Blüten 6-10 mm/mehrblütig/Olivenhaine-Wacholderwald/ Apr-Juni

Senecio viscosus Klebriges Greiskraut (Compositae) Klebrig behaartes Kraut/ Blätter eingeschnitten/Blüten 6-12 mm/Menorca/Juli-Sep

Senecio vulgaris Gemeines Greiskraut (Compositae) Kraut mit fiederspaltigen Blättern/Blüten 6-10 mm/Felder-Wegränder/Feb-Juni

Gelb

Blüten löwenzahnartig

1A-Blätter distelartig
  2A-Blätter nicht stechend/rau behaart   ***Picris echioides***
  2B-Blätter stechend
    3A-Pflanze kaum oder nicht behaart   ***Scolymus maculatus***
    3B-Pflanze deutlich behaart
      4A-Hochblätter kaum behaart   ***Scolymus hispanicus***
      4B-Hochblätter dicht behaart   ***Scolymus grandiflorus***
1B-Blätter grundständig
  2A-Pflanze behaart
    3A-Blüten einzeln
      4A-Haare sternförmig   ***Hieracium pilosella***
      4B-Haare alle einfach
        5A-Pflanze < 10 cm   ***Hyoseris radiata***
        5B-Pflanze > 10 cm   ***Hyoseris scabra***
      4C-Haare unterschiedlich
        5A-Äußere Zungenblüten grünlich   ***Leontodon tuberosus***
        5B-Äußere Zungenblüten violett
          6A-Kraut   ***Leontodon longirostris***
          6B-Pflanze am Grund verholzt   ***Leontodon taraxacoides***
    3B-Mehrblütig
      4A-Haare nicht gelblich   ***Hypochoeris achryophorus***
      4B-Haare gelblich
        5A-Blätter tief eingeschnitten   ***Crepis sancta***
        5B-Blätter nicht eingeschnitten   ***Crepis triasii*****
  2B-Pflanze unbehaart
    3A-Blüten einzeln
      4A-Stängel oben drüsig behaart   ***Aetheorhiza bulbosa*****
      4B- Stängel oben nicht drüsig behaart
        5A-Stängel hohl
          6A-Blätter tief eingeschnitten   ***Taraxacum laevigatum***
          6B-Blätter nicht tief eingeschnitten   ***Taraxacum obovatum***
        5B-Stängel nicht hohl
          6A-Stängel oben fein gerillt   ***Podospermum laciniatum***
          6B-Stängel rund
            7A-Einzelblüte nur gelb   ***Reichardia picroides***
            7B-Einzelblüte unten rötlich   ***Reichardia intermedia***
    3B-Mehrblütig
      4A-Stängel drüsig behaart   ***Aetheorhiza bulbosa***
      4B-Stängel nicht drüsig behaart
        5A-Blüten 10-15 mm   ***Hypochoeris glabra***
        5B-Blüten 20-30 mm   ***Hypochoeris radicata***

1C-Blätter sitzend
  2A-Dorniger Zwergstrauch bis 20 cm   ***Launaea cervicornis*** *

  2B-Krautige Pflanze ohne Dornen
   3A-Pflanze behaart
    4A-Blütenstiel sternförmig behaart
     5A-Stängel mit Sternhaaren
      6A-Pflanze drüsig behaart   ***Hieracium amplexicaule***
      6B-Pflanze nicht drüsig behaart ***Hieracium glaucinum***
     5B-Stängel ohne Sternhaare
      6A-Blätter drüsig behaart   ***Hieracium pseudocerinthe***
      6B-Blätter nicht drüsig behaart
       7A-Blütenstiel drüsig behaart ***Hieracium aragonense***
       7B-Blütenstiel nicht drüsig behaart ***Hieracium elisaeanum***
    4B-Blütenstiel nicht sternförmig behaart
     5A-Blüten einzeln (oder mehrblütig)
      6A-Hüllblätter einreihig   ***Urospermum picroides***
      6B-Hüllblätter zweireihig   ***Hedypnois cretica***
     5B-Mehrblütig
      6A-Hüllblätter der Blüten zweireihig
       7A-Blüten < 11 mm
        8A-Blüten mit 5-6 Hüllblättern/kahl ***Rhagadiolus edulis***
        8B-Blüten mit 8 Hüllblättern/behaart ***Rhagadiolus stellatus***
       7B-Blüten 10 mm/Blüten sitzend ***Chondrilla juncea***
       7C-Blüten > 10 mm
        8A-Pflanze ohne Milchsaft ***Lapsana communis***
        8B-Pflanze mit Milchsaft
         9A-Rand der Blütenhüllblätter weiß
          10A-Blüten unterseits rötlich ***Crepis bellidifolia***
          10B-Zungenblüten gelb ***Crepis vesicaria***
         9B-Blütenhüllblätter nicht so
          10A-Blüten 11-13 mm ***Crepis tingitana***
          10B-Blüten 15-25 mm ***Crepis foetida***
      6B-Hüllblätter der Blüten dreireihig
       7A-Hüllblätter der Blüten behaart
        8A-Obere Blätter behaart ***Sonchus tenerrimus***
        8B-Alle Blätter unbehaart ***Sonchus arvensis***
       7B-Hüllblätter der Blüten fast kahl
        8A-Blätter weich und matt ***Sonchus oleraceus***
        8B-Blätter steif und glänzend ***Sonchus asper***
      6C-Hüllblätter der Blüten mehrreihig ***Picris echioides***
   3B-Pflanze unbehaart
    4A-Blüten einzeln
     5A-Blätter nur wenig gezähnt   <u>***Scorzonera baetica***</u>

<u>**Fortsetzung –>**</u>

Gift-Lattich
Lactuca virosa
(Compositae)

5B-Blätter deutlich gezähnt   ***Scorzonera hispanica***

5C-Untere Blätter tief eingeschnitten   ***Scorzonera laciniata***

4B-Blüten zu mehreren

  5A-Blätter herablaufend   ***Lactuca viminea***

  5B-Blätter stängelumfassend

    6A-Blätter ganzrandig   ***Lactuca saligna***

    6B-Blätter gezähnt   ***<u>Lactuca virosa</u>***

    6C-Blätter eingeschnitten

      7A-Alle Blätter dick und wachsig   ***Lactuca serriola***

      7B-Blätter anders   ***Sonchus asper***

1D-Blätter gefiedert   ***Arctotheca calendula***

Gelb

Knollen-Gänsedistel
*Aetheorhiza bulbosa**
(Compositae)

*Aetheorhiza bulbosa** Knollen-Gänsedistel (Compositae) Pflanze mit drüsig behaartem Stängel/Blätter schwach buchtig gezähnt bis gelappt/Blüten einzeln oder zu mehreren/Blüten 18-32 mm/Felder-Olivenhaine-schattige Abhänge-Strand-Wacholderwald/Mai-Juni

Arctotheca calendula Ringelblumen-Arctotheca (Compositae) Niederliegendes Kraut/Blätter leierförmig-fiederschnittig und unterseits behaart/Blüten 3-5 cm Strand-Zierpflanze/Mai-Juni

Chondrilla juncea Großer Knorpellatich (Compositae) Behaarte, aufrechte Pflanze/Grundblätter schrotsägeförmig/Blüte ca 10 mm/Blüten sitzend und zu mehreren/Felder-Wegränder/Mai-Nov

Crepis bellidifolia Gänseblümchenblättriger Pippau (Compositae) Behaartes Kraut/Blätter eingeschnitten/Blüten > 10 mm zu mehreren/Zungenblüten unterseits rötlich/Hüllblätter zweireihig/Hüllblätter weiß berandet/März-Juli

Crepis foetida Stink-Pippau (Compositae) Behaartes Kraut/Blätter eingeschnitten/Blüten 15-25 mm/Hüllblätter zweireihig/Feb-Juli

Crepis sancta Hasen-Pippau (Compositae) Behaartes Kraut/Blätter tief eingeschnitten/Blüten 15-20 mm zu mehreren/Felder-Wegränder/Dez-Mai

Crepis tingitana (Compositae) Behaarte Pflanze/Blattrand gezähnt/mehrblütig/Blüten 11-13 mm/Hüllblätter zweireihig/Hüllblätter ohne Rand

*Crepis triasii** Klippen-Pippau (Compositae) Behaarte Pflanze/Blätter gezähnt/mehrblütig/Felsspalten/Apr-Juli

Crepis vesicaria Löwenzahn-Pippau (Compositae) Behaartes Kraut/Blätter unregelmäßig fiederteilig/mehrblütig/Blüten 15-25 mm/Zungenblüten unterseits nicht rötlich/Hüllblätter zweireihig/Hüllblätter weiß berandet/ Felder-Waldrand-Wegränder/März-Juli

Hedypnois cretica Kreta-Röhrenkraut (Compositae) Behaartes Kraut/Blätter länglich, ungeteilt bis buchtig gezähnt/Blüten einzeln (oder mehrblütig)/ Blüten 13-16 mm/Hüllblätter zweireihig/Felder-Wegränder/Mai-Juni

Hieracium amplexicaule Stängelumfassendes Habichtskraut (Compositae) Klebrig behaarte Pflanze/Stängel und Blütenstiel sternförmig behaart/ Blätter gezähnt/mehrblütig/Felsspalten-Steinböden/Mai-Aug

Hieracium aragonense (Compositae) Behaarte Pflanze/Blätter gezähnt bis gelappt/nur Blütenstiel sternförmig behaart/mehrblütig/Mai-Juli

Hieracium elisaeanum (Compositae) Behaarte Pflanze/Blätter gezähnt/ mehrblütig/nur Blütenstiel sternförmig behaart/Bergland/Juni-Aug

Hieracium glaucinum Frühblühendes Habichtskraut (Compositae) Behaarte Pflanze/Stängel und Blütenstiel mit Sternhaaren/Grundblätter schmal-lanzettlich/mehrblütig/Eichenwald-Felsspalten-Kiefernwald-schattige Abhänge-Steinböden-Waldrand/Mai-Sep

Hieracium pilosella Kleines Habichtsohr (Compositae) Behaarte Pflanze/ Rosettenblätter löffelförmig/Blüten einzeln/Blüten 2-3 cm/Bergland/Apr-Okt

Hieracium pseudocerinthe (Compositae) Behaarte Pflanze/nur Blütenstiel sternförmig behaart/Stängel klebrig drüsig behaart/mehrblütig/Juli-Aug

Gelb

Scorzonera baetica
(Compositae)

Hyoseris radiata Strahliger Schweinssalat (Compositae) Behaartes Kraut/ Pflanze < 10 cm/Blätter eingeschnitten/Blüten einzeln/Blüten 25-35 mm/ Felder-Wegränder/März-Juni

Hyoseris scabra Rauer Schweinssalat (Compositae) Behaartes Kraut/Blätter eingeschnitten/Blüten einzeln/Pflanze > 10 cm/Blüten 25-35 mm/März-Mai

Hypochoeris achryophorus Spreutragendes Ferkelkraut (Compositae) Behaartes Kraut/Stängel rau behaart/Blätter grundständig und gezähnt/ mehrblütig/Blüten 12-15 mm/Felder-Garigues-Wegränder/Apr-Juni

Hypochoeris glabra Kahles Ferkelkraut (Compositae) Kraut/Blätter gelappt bis entfernt gezähnt/mehrblütig/Blüten 10-15 mm/Menorca/März-Juni

Hypochoeris radicata Gemeines Ferkelkraut (Compositae) Pflanze mit buchtig gezähnten Blättern/mehrblütig/Blüten 20-30 mm/Mai-Okt

Lactuca saligna Weidenblättriger Lattich (Compositae) Kraut mit weißlichem Stängel/Blätter stängelumfassend/ganzrandig/mehrblütig/Juli-Okt

Lactuca serriola Kompaß-Lattich (Compositae) Verzweigtes Kraut bis 180 cm/ Blätter stängelumfassend/Blattrand ganzrandig bis eingeschnitten oder gezähnt/mehrblütig/Felder-Wegränder/Juni-Aug

Lactuca viminea Ruten-Lattich (Compositae) Bis 1 m große, vielstämmige Pflanze/Stängel weißlich/Blätter herablaufend/mehrblütig/Felsfluren-Wegränder/Juni-Sep

<u>Lactuca virosa</u> Gift-Lattich (Compositae) Bis zu 2 m große Pflanze/Blätter stängelumfassend und gezähnt/mehrblütig/Blüten 9-11 mm

Lapsana communis Mauer-Lattich (Compositae) Behaartes Kraut/Blätter eingeschnitten/mehrblütig/Blüten gestielt/Blüten 10-20 mm/Mai

Launaea cervicornis* Geweih-Dornlattich (Compositae) Bis 20 cm großer Zwergstrauch mit Dornen/Felsküsten/Mai-Juni

Leontodon longirostris (Compositae) Kraut/behaart/Blätter grundständig und eingeschnitten/Blüten einzeln/äußere Zungenblüten außen violett/Mai-Sep

Leontodon taraxacoides Nickender Löwenzahn (Compositae) Behaarte Pflanze am Grund verholzt/Blätter grundständig und eingeschnitten/Blüten einzeln/ Felder-Wegränder/Apr-Juni

Leontodon tuberosus Knolliger Löwenzahn (Compositae) Behaarte Pflanze/ Blätter grundständig und eingeschnitten/Blüten einzeln/Blüten 20-28 mm/ Mai-Juni

Picris echioides Natterkopf-Bitterkraut (Compositae) Behaartes Kraut/untere Blätter eiförmig-länglich und buchtig gezähnt/mehrblütig/Hüllblätter behaart + mehrreihig/Blüten bis 20-25 mm/Mai-Sep

Podospermum laciniatum Schlitzblättriger Stielsame (Compositae) Kraut/ Blätter eingeschnitten/Blüten 15-25 mm/Felder-Wegränder/Apr-Juni

Reichardia intermedia Mittelmeer-Reichardie (Compositae) Kraut/Blätter zungenförmig und stachelig gezähnt/Blüten 18-24 mm/Felder-Garigues-Kiefernwald-Olivenhaine-Wacholderwald-Wegränder/März-Mai

Gelb

Gefleckte Golddistel
Scolymus hispanicus
(Compositae)

Reichardia picroides Bitterkraut-Reichardie (Compositae) Pflanze mit ge-
zähnten oder fiederteiligen Blättern/Blüten einzeln (18-24 mm)/Felder-
Garigues-Kiefernwald-Olivenhaine-Steinböden-Wacholderwald-Wegränder/
März-Mai

Rhagadiolus edulis Gemeiner Sichelsalat (Compositae) Behaartes Kraut/
Blätter tief fiederspaltig/mehrblütig/Blüten gestielt/Blüten 7-10 mm mit 5-6
unbehaarten Hüllblättern/Apr-Juni

Rhagadiolus stellatus Sternfrüchtiger Sichelsalat (Compositae) Behaartes
Kraut/Blätter ganzrandig bis fiederspaltig/mehrblütig/Blüten gestielt/Blüten
7-10 mm/8 Hüllblätter/behaart/Felder-Wegränder/Mai-Juni

Scolymus grandiflorus Gefleckte Golddistel (Compositae) Distelartige Pflanze
Blätter fiederteilig/Hochblätter dicht behaart/Blüten 15-22 mm/Felder-Weg-
ränder/Mai-Sep

Scolymus hispanicus Spanische Golddistel (Compositae) Disteartige Pflanze/
Stängel unterbrochen geflügelt/Blüten 15-20 mm/Felder-Wegränder/Juni-Juli

Scolymus maculatus Gefleckte Golddistel (Compositae) Distelartige Pflanze/
Stängel durchgehend geflügelt/Blätter weißnervig/Blüten 12-18 mm/Juni-Juli

Scorzonera baetica (Compositae) Unbehaarte Pflanze/Blätter ganzrandig oder
wenig gezähnt/Blüten einzeln/Garigues-Kiefernwald/Ibiza/Apr-Mai

Scorzonera hispanica Garten-Schwarzwurzel (Compositae) Pflanze mit gezähnten Blättern/Blüten einzeln/Garigues-Eichenwald-Kiefernwald/Mai-Juli

Scorzonera laciniata Schlitzblättriger Stielsame (Compositae) Kraut/Blätter
eingeschnitten/Blüten einzeln/Blüten 15-25 mm/Felder-Wegränder/Apr-Juni

Sonchus arvensis Acker-Gänsedistel (Compositae) Behaarte Pflanze/Blätter
stängelumfassend/Blüten 40-50 mm/Hüllblätter behaart/Menorca/Juli-Aug

Sonchus asper Raue Gänsedistel (Compositae) Pflanze mit unten löffel-
förmigen Blättern/Blüten 20-25 mm/mehrblütig/Blütenhüllblätter fast
kahl/Felder-Feuchtgebiete-Wegränder/Mai-Juni

Sonchus oleraceus Kohl-Gänsedistel (Compositae) Pflanze mit tief eingeschnittenen und stängelumfassenden Blättern/Blüten 20-25 mm/Hüllblätter
fast kahl/Felder-Wegränder/Mai-Juni

Sonchus tenerrimus Zarte Gänsedistel (Compositae) Behaarte Pflanze/Blätter
fiederteilig/Blüten 20-30 mm/mehrblütig/Hüllblätter behaart/Felder-Fels-
küsten-Wegränder/Mai-Juni

Taraxacum laevigatum Schwielen-Löwenzahn (Compositae) Pflanze mit
hohlem Stängel/Blätter gezähnt und nicht tief eingeschnitten/Blüten einzeln/
Hüllblätter zweireihig/Felder-Wegränder/Feb-Okt

Taraxacum obovatum Umgekehrteiförmigblättrige Kuhblume (Compositae)
Pflanze mit gezähnten Blättern/Stängel hohl/Blüten einzeln/Hüllblätter
zweireihig/Felder-Felsspalten-Wegränder/Feb-Okt

Urospermum picroides Bitterkrautartiger Schwefelsame (Compositae) Behaarte
Pflanze/Blätter gezähnt/Blüten einzeln (oder mehrblütig)/Blüten 25-40 mm/
Hüllblätter einreihig/Felder-Wegränder/Feb-Juli

Wollige Färberdistel
Carthamus lanatus
(Compositae)

<u>Blüten anders</u>

1A-Blätter distelartig	
2A-Dorniger Strauch/Blätter unbehaart	*Centaurea balearica*
2B-Krautige Pflanze/behaart	
3A-Pflanze drüsig behaart	***<u>Carthamus lanatus</u>***
3B-Blätter behaart	*Carduncellus dianius*
1B-Blätter grundständig	*Crepis pusilla*
1C-Blätter gestielt	
2A-Stängel und Zweige grün	*Xanthium strumarium*
2B-Stängel und Zweige mit Streifen/Punkten	*Xanthium italicum*
1D-Blätter sitzend	
2A-Dorniger Strauch/Blätter unbehaart	*Centaurea balearica*
2B-Krautige Pflanze	
3A-Pflanze unbehaart	*Cotula coronopifolia*
3B-Pflanze behaart	
4A-Blätter distelartig	*Carduncellus dianius*
4B-Blätter nicht distelartig	
5A-Blätter tief eingeschnitten	
6A-Stängel meist rötlich	***<u>Artemisia vulgaris</u>***
6B-Stängel nicht so	
7A-Blüten 3 mm	*Artemisia absinthium*
7B-Blüten 5-8 mm	*Artemisia arborescens*
5B-Blätter nicht tief eingeschnitten	
6A-Blätter weißwollig behaart	*Otanthus maritimus*
6B-Blätter nicht weißwollig behaart	*Artemisia caerulescens*

Gelb

Wermut
Artemisia vulgaris
(Compositae)

Artemisia absinthium Wermut (Compositae) Behaarte Pflanze/Blätter tief eingeschnitten/Blüten 3 mm/Felder-Wegränder/Juli-Sep

Artemisia arborescens Strauch-Beifuß (Compositae) Behaarte Pflanze/Blätter tief eingeschnitten/Blüten 5-8 mm/Felder-Wegränder/Apr-Juni

Artemisia caerulescens Blauer Beifuß (Compositae) Behaarte Pflanze/Blätter überwiegend ungeteilt/oben grün/Blüten 2-3 mm/Juni-Okt

Artemisia vulgaris Gewöhnlicher Beifuß (Compositae) Behaarte Pflanze bis 150 cm/Stängel riefig-kantig/Blätter unterseits weich behaart/Blüten 2-5 mm/Juni-Okt

Carduncellus dianius Montgo-Färberdistel (Compositae) Behaarte Pflanze/ Blätter distelartig/Blüten ca. 3 cm/Felsspalten-Felsspalten/Ibiza/Mai-Juli

Carthamus lanatus Wollige Färberdistel (Compositae) Drüsig behaartes Kraut/Blätter eilanzettlich/Blüten 20-30 mm/Hüllblätter der Blüten dornig gezähnt/Felder-Wegränder/Mai-Sep

Centaurea balearica (Compositae) Dorniger, unbehaarter Strauch/Blätter linear oder fiederschnittig/Blüten einzeln/Hüllblätter der Blüten dornig gezähnt/Menorca/Mai-Juli

Cotula coronopifolia Krähenfußblättrige Laugenblume (Compositae) Kraut/ Blätter fleischig/Blüten 5-10 mm/Blütenhüllblätter zweireihig/Marschland/ Apr-Aug

Crepis pusilla Zwerg-Pippau (Compositae) Stängelloses Kraut mit grund- ständiger Blattrosette/Blätter länglich und entfernt gekerbt/Blüten zu 2-8/ Blütenstand 3-4 mm/kalkhaltige Felder/März-Apr

Otanthus maritimus Schneeweiße Strandfilzblume (Compositae) Weißwollig behaarte Pflanze/Blätter länlich und fein gekerbt-gesägt/Blüten 7-10 mm/ Strand/Juni-Sep

Xanthium italicum Italienische Spitzklette (Compositae) Kraut mit violett oder braun gestreiften oder punktierten Stängeln und Zweigen/Köpfchen bis 3 cm und stachelig/Juni-Aug

Xanthium strumarium Gewöhnliche Spitzklette (Compositae) Stacheliges Kraut/Blätter breit-eiförmig und gesägt/Köpfchen bis 3 cm/Juni-Aug

<u>Blüten klein</u>

1A-Blätter sitzend
  2A-Wasserpflanze   ***Najas marina***
  2B-Landpflanze   ***Atriplex rosea***
1B-Blätter gestielt
  2A-Baum
    3A-Blätter handförmig eingeschnitten   ***Ficus carica***
    3B-Blätter nicht so
      4A-Blätter mit herzförmiger Basis
        5A-Blätter oberseits rau   ***Morus alba***
        5B-Blätter oberseits (fast) glatt   ***Morus nigra***
      4B-Blätter ohne herzförmige Basis
        5A-Pflanze mit Milchsaft   ***Broussonetia papyrifera***
        5B-Pflanze ohne Milchsaft
          6A-Zweige eng behaart   ***Quercus suber***
          6B-Zweige nicht behaart
            7A-Borke glatt   ***Celtis australis***
            7B-Borke nicht glatt   ***Quercus faginea***
  2B-Strauch
    3A-Zweige behaart   ***Quercus coccifera***
    3B-Zweige unbehaart
      4A-Zweige rotbraun/glänzend   ***Quercus humilis***
      4B-Borke braun/glatt   ***<u>Corylus avellana</u>***
  2C-Krautige Pflanze
    3A-Pflanze unbehaart
      4A-Pflanze am Grund verholzt   ***Chenopodium bonus-henricus***
      4B-Pflanze nicht so
        5A-Blüte eingeschlechtlich
          6A-Stängel nicht gefurcht   ***Atriplex tornabenei***
          6B-Stängel stark gefurcht
            7A-Blattbasis keilförmig   ***Atriplex patula***
            7B-Blattbasis nicht so   ***Atriplex prostrata***
        5B-Blüte zweigeschlechtlich   ***Emex spinosa***
    3B-Pflanze behaart
      4A-Pflanze am Grund verholzt   ***Soleirolia soleirolii****
      4B-Pflanze nicht am Grund verholzt
        5A-Pflanze mit gelben Drüsenhaaren   ***Chenopodium ambrosioides***
        5B-Pflanze ohne gelbe Drüsenhaare
          6A-Blätter zweifarbig   ***Chenopodium glaucum***
          6B-Blätter einfarbig

7A-Blätter stinkend
  8A-Blätter rautenförmig   *__Chenopodium vulvaria__*
  8B-Blätter nicht rautenförmig *Chenopodium murale*
7B-Blätter geruchlos
  8A-Stängel rot überlaufen   *__Chenopodium album__*
  8B-Stängel nie rot
    9A-Mittlere Blätter breit   *Chenopodium opulifolium*
    9B-Mittlere Blätter länglich
      10A-Samenschale punktiert *Chenopodium ficifolium*
      10B-Samenschale anders *Chenopodium suecicum*

Weißer Gänsefuß
Chenopodium album
(Chenopodiaceae)

Atriplex patula Spreizende Melde (Chenopodiaceae) Mehlig bereiftes Kraut/
Stängel stark gefurcht/intere Blätter rhombisch oder pfeilförmig/obere Blätter
lineal/Blüten eingeschlechtlich/Felder-Feuchtgebiete-Wegränder/Apr-Sep

Atriplex prostrata Spieß-Melde (Chenopodiaceae) Mehlig bereiftes Kraut/
Stängel stark gefurcht/untere Blätter spießförmig oder dreieckig/Blüten
eingeschlechtlich/Felder-Felsküsten-Feuchtgebiete-Marschland-Wegränder/
Juli-Sep

Atriplex rosea Rosen-Melde (Chenopodiaceae) Kraut mit eiförmig, gleichförmig gebuchteten Blättern mit keilförmigem Grund/Felsküsten-Strand/Juli-
Sep

Atriplex tornabenei Rosen-Melde (Chenopodiaceae) Kraut mit eiförmigen
gleichförmig gebuchteten Blättern mit keilförmigem Grund/Blüten einge-
schlechtlich/Felsküsten-Strand/Juli-Nov

Broussonetia papyrifera Papier-Maulbeerbaum (Moraceae) Baum mit
Milchsaft/Borke dunkelgrau/junge Blätter 3-5lappig, ältere Blätter breit bis
schmal-eiförmig/Blätter unterseits behaart/Blüten in zylindrischen Kätzchen/
Apr-Mai

Celtis australis Südlicher Zürgelbaum (Ulmaceae) Baum mit glatter Borke/
Blätter schief eiförmig und unterseits behaart/Feuchtgebiete-Zierpflanze/
Apr-Mai

<u>Chenopodium album</u> Weißer Gänsefuß (Chenopodiaceae) Mehlig bestäubtes
Kraut/Blätter eiförmig-rhombisch bis lanzettlich/Blüten in end- und achselständigen Scheinähren/Felder-Wegränder/Apr-Sep

Chenopodium ambrosioides Mexikanischer Tee (Chenopodiaceae) Aromatisch
riechendes Kraut mit gelben Drüsenhaaren/Blätter lanzettlich/Juli-Okt

Chenopodium bonus-henricus Guter Heinrich (Chenopodiaceae) Pflanze mit
spießförmigen Blättern/Blüten meist nur mit einem endständigen Blüten-
stand/Juni-Sep

Chenopodium ficifolium Feigenblättriger Gänsefuß (Chenopodiaceae) Kraut/
Blätter dreilappig und geruchlos/mittlere Blätter länger als breit/Samenschale
punktiert/Juni-Sep

Chenopodium glaucum Graugrüner Gänsefuß (Chenopodiaceae) Aufrechtes
Kraut/Blätter elliptisch bis lanzettlich/Blütenstände rispig oder ährig/Apr-Mai

Chenopodium murale Mauer-Gänsefuß (Chenopodiaceae) Stinkendes Kraut/
Blätter rhombisch/Blütenstandachse mehlig bestäubt/Felder-Wegränder/
März-Sep

Chenopodium opulifolium Schneeballblättriger Gänsefuß (Chenopodiaceae)
Mehlig bereiftes Kraut/Blätter rundlich oder rhombisch/Blütenstiel mehlig
bestäubt/Schuttplätze/Juni-Okt

Chenopodium suecicum Grüner Gänsefuß (Chenopodiaceae) Geruchloses
Kraut/mittlere Blätter dreilappig und länger als breit/Samenschale glatt oder
gefurcht/Schuttplätze/Juni-Aug

Grün

Stink-Gänsefuß
Chenopodium vulvaria
(Chenopodiaceae)

Chenopodium vulvaria Stink-Gänsefuß (Chenopodiaceae) Dicht mehlig
behaartes Kraut/Blätter eiförmig-rhombisch/beim Reiben nach Fisch stinkend
Blüten in end- oder achselständigen Rispen/Felder-Wegränder/Mai-Sep

Corylus avellana Gemeine Hasel (Corylaceae) Strauch mit brauner und glatter
Borke/Blätter oval oder abgerundet/Blüten in gelben Kätzchen, weibliche
Blüten in knospenförmigen rötlichen Büscheln/Zierpflanze/Jan-März

Emex spinosa Stechampfer (Polygonaceae) Kraut mit ovalen Blättern mit
herzförmigem Grund/Blattrand gelappt/männliche Blütenstände endständig,
weibliche achselständig/Blüten mit 4-6 Staubblättern und 3 Narben/März-Mai

Ficus carica Feigenbaum (Moraceae) Baum/Zweige mit Milchsaft/Blätter
3-5lappig/viele unscheinbare Blüten an den Innenwänden kleiner Gebilde/
Felder-Felsküsten-Felsspalten-Nutzpflanze-Wegränder/Mai-Okt

Morus alba Weiße Maulbeere (Moraceae) Baum/mit Milchsaft/Blätter breit
eiförmig-herzförmig/Blätter oberseits gegen den Strich rau/Blüten in
zylindrischen Köpfchen/Früchte weiß bis rosa/Feuchtgebiete-Zierpflanze/
Apr-Mai

Morus nigra Schwarze Maulbeere (Moraceae) Baum mit Milchsaft/Blätter
breit eiförmig-herzförmig/Blüten in Kätzchen/Früchte dunkel bis schwarzrot/
Apr-Mai

Najas marina Großes Nixkraut (Najadaceae) Untergetauchte Wasserpflanze/
Blätter gegen- oder quirlständig/männliche Blüten zweilippig/weibliche
Blüten ohne Blütenblätter/Juli-Aug

Quercus coccifera Kermes-Eiche (Fagaceae) Strauch/Zweige behaart/Blätter
breit-eiförmig bis länglich, ledrig und stechend/Eichenwald-Garigues-
Kiefernwald/März-Mai

Quercus faginea Portugiesische Eiche (Fagaceae) Baum/Blätter oval bis
eiförmig/Blätter unterseits filzig behaart/Eichenwald/März-Apr

Quercus humilis Flaum-Eiche (Fagaceae) Baum oder Strauch/Triebe und
Blattstiele flaumig behaart/Blätter länglich eiförmig und buchtig gelappt/
Eichenwald-Zierpflanze/Apr-Mai

Quercus suber Kork-Eiche (Fagaceae) Baum mit korkiger Borke/Zweige eng
behaart/Blätter eiförmig-länglich/Blätter unterseits behaart/Blüten in bis 4 cm
langen Kätzchen/Nutzpflanze/Apr-Mai

Soleirolia soleirolii* Bubikopf (Urticaceae) Behaarte Pflanze/Stängel nieder-
liegend/Blätter nierenförmig-rundlich/obere Blüten männlich, untere weiblich
schattige Abhänge-Zierpflanze/Apr-Mai

Grün

Kleiner Wiesenknopf
Sanguisorba minor
(Rosaceae)

2-4 Blütenblätter

1A-Wasserpflanze　　　　　　　　　　　　***Myriophyllum spicatum***
1B-Landpflanze
　2A-Blätter grundständig　　　　　　　　***<u>Sanguisorba minor</u>***
　2B-Blätter sitzend
　　3A-Blüte mit 6 Staubblättern　　　　　***Lepidium ruderale***
　　3B-Blüte nicht mit 6 Staubblättern
　　　4A-Drüsig behaartes Kraut　　　　　***Plantago afra***
　　　4B-Pflanze nicht drüsig behaart　　　***Sanguisorba minor***
　2C-Blätter gestielt
　　3A-Kletterpflanze/Stängel holzig　　　***Clematis vitalba***
　　3B-Kraut
　　　4A-Pflanze unbehaart　　　　　　　***Euphorbia pterococca***
　　　4B-Pflanze behaart
　　　　5A-Alle Blätter gestielt　　　　　***Aphanes arvensis***
　　　　5B-Obere Blätter ungestielt　　　　***Aphanes floribunda***

Aphanes arvensis Gemeiner Ackerfrauenmantel (Rosaceae) Behaartes Kraut/
　alle Blätter gestielt/mit Nebenblättern/Blätter dreilappig/Blüten klein/
　kalkhaltige Felder/Apr-Juli

Aphanes floribunda (Rosaceae) Behaartes Kraut/mit weißen Haaren/obere
　Blätter ungestielt/mit Nebenblättern/kalkhaltige Felder/März-Mai

Clematis vitalba Gemeine Waldrebe (Ranunculaceae) Kletterpflanze mit
　Fiederblättern/Blüten 15-30 mm/Blüten angenehm riechend/Feuchtgebiete-
　Hecken/Juni-Aug

Euphorbia pterococca Flügelfrüchtige Wolfsmilch (Euphorbiaceae) Kraut mit
　Milchsaft/Blätter verkehrt-eiförmig-spatelig/Felder-Wegränder/Apr-Mai

Lepidium ruderale Schutt-Kresse (Cruciferae) Kraut mit tief fiederspaltigen
　Grundblättern/Blüten klein (1 mm)/6 Staubblätter/Menorca

Myriophyllum spicatum Ähren-Tausendblatt (Haloragaceae) Wasserpflanze/
　Blätter in vierblättrigen Quirlen/Blütenähre 4-16 cm lang/Blüten in 4-
　zähligen Quirlen/Marschland/Mai

Plantago afra Flohsamen-Wegerich (Plantaginaceae) Drüsig behaaartes Kraut/
　Blätter lineal-lanzettlich/Blüten in Ähren/Kelchblätter 3-5 mm/Felder-
　Wegränder/Apr-Juni

<u>Sanguisorba minor</u> Kleiner Wiesenknopf (Rosaceae) Rosettenpflanze/Blätter
　gefiedert mit 3-12 Blattpaaren/Blättchen gesägt/Felder-Garigues-Kiefernwald-
　Wegränder/Mai-Sep

Grün

Stinkende Nieswurz
Helleborus foetidus
(Ranunculaceae)

5 Blütenblätter

1A-Blätter schuppig ohne Blattgrün/mit Ranke   *Cuscuta campestris*
1B-Blätter dreizählig   *Helleborus lividus**
1C-Blätter gefiedert   *Ailanthus altissima*
1D-Blätter sitzend
  2A-Baum   *Platanus hispanica*
  2B-Strauch   *Hedera helix*
  2C-Krautige Pflanze
    3A-Pflanze unbehaart   *Polygonum aviculare*
    3B-Pflanze drüsig behaart   <u>*Helleborus foetidus*</u>
1E-Blätter gestielt
  2A-Klebrig behaartes Kraut
    3A-Blüten 12-17 mm   <u>*Nicotiana rustica*</u>
    3B-Blüten 35-45 mm   *Hyoscyamus albus*
  2B-Pflanze am Grund verholzt/unbehaart
    3A-Blüten hängend/Blüten 7-10 mm   *Umbilicus rupestris*
    3B-Blüten horizontal/Blüten 7 mm   *Umbilicus horizontalis*

Ailanthus altissima Götterbaum (Simaroubaceae) Baum/Blätter unbehaart/ Blüten 7-8 mm/Felder-Feuchtgebiete-Felsküsten-Wegränder/Juni-Juli

Cuscuta campestris Nordamerikanische Seide (Convolvulaceae) Windender Schmarotzer/Stängel gelb bis orange/Blüten 2-3 mm/Narbe kopfig/Apr-Okt

Hedera helix Efeu (Araliaceae) Strauch/Blätter in Form und Größe variabel/ Blüten in 6-10 cm langen Rispen mit doldigen Teilblütenständen mit 8-19 Einzelblüten/Eichenwald-Felsspalten-Feuchtgebiete-Zierpflanze/Sep-Nov

<u>*Helleborus foetidus*</u> Stinkende Nieswurz (Ranunculaceae) Drüsig behaaartes Kraut/Blätter mit 7-13 Segmente/Blüten in Ähren/Kelchblätter 3-5 mm/ Bergland-Eichenwald/Apr-Juni

*Helleborus lividus** Korsische Nieswurz (Ranunculaceae) Pflanze mit drei- zähligen Blättern/Blüten 30-55 mm/viele Staubblätter/Felsspalten/Feb-März

Hyoscyamus albus Weißes Bilsenkraut (Solanaceae) Klebrig behaartes Kraut/ Blätter eiförmig/Blüten 35-45 mm/Felder-Steinböden-Wegränder/März-Sep

<u>*Nicotiana rustica*</u> Bauern-Tabak (Solanaceae) Klebrig behaartes Kraut/Blätter eiförmig bis lanzettlich/Blüten 12-17 mm/Blüte röhrig verwachsen/Nutz- pflanze/Ibiza/Apr-Okt

Platanus hispanica Bastard-Platane (Platanaceae) Baum/Blätter 3-5lappig/ Blätter 12-25 cm breit/Feuchtgebiete-Zierpflanze/Apr-Mai

Polygonum aviculare Vogel-Knöterich (Polygonaceae) Kraut mit überlappen- den Blütenblättern/Blüten 2-4 mm lang/Apr-Mai

Umbilicus horizontalis Waagerechtes Nabelkraut (Crassulaceae) Pflanze mit schildfömigen Blättern/Blüten 7 mm/Felsspalten-Steinböden/Apr-Juni

Umbilicus rupestris Hängendes Nabelkraut (Crassulaceae) Pflanze mit schildfömigen Blättern/Blüten 7-10 mm/Felsspalten-Steinböden/Apr-Juni

Grün

Stumpfblättriger Ampfer
Rumex obtusifolius
(Polygonaceae)

Mehr als 5 Blütenblätter

1A-Strauch
  2A-Pflanze mit Dornen   ***Xanthium spinosum***
  2B-Pflanze ohne Dornen   *Vitis vinifera*
1B-Krautige Pflanze
  2A-Blätter grundständig   *Myosurus minimus*
  2B-Blätter nicht grundständig
    3A-Blätter sitzend   *Reseda odorata*
    3B-Blätter gestielt
      4A-Blattgrund pfeil- oder spießförmig *Rumex acetosella*
      4B-Blattgrund herzförmig
        5A-Blätter spatelig/eiförmig-lanzettlich *Rumex bucephalophorus*
        5B-Blätter anders   ***Rumex obtusifolius***
      4C-Blattgrund anders
        5A-Innere Blütenhüllblätter länglich *Rumex conglomeratus*
        5B-Innere Blütenhüllblätter herzförmig *Rumex crispus*

Myosurus minimus Mäuseschwanz (Ranunculaceae) Kraut mit grundständigen Blättern/Blüten einzeln/Blütenblätter 3-4 mm/Felder-Wegränder/März-Mai

Reseda odorata Garten-Resede (Resedaceae) Behaartes Kraut/Blätter linear-spatelförmig/Blütenblätter 4-5 mm/viele Staubblätter/Apr-Sep

Rumex acetosella Kleiner Sauerampfer (Polygonaceae) Am Grund verholzte Pflanze/Blätter speer- oder pfeilförmig/Blüten in vielblütigen Blütenständen/Baumheiden-Macchie-Felder/Apr-Sep

Rumex bucephalophorus Stierkopf-Ampfer (Polygonaceae) Kraut mit häufig rot überlaufenem Stängel/Blätter spatelig oder eiförmig-lanzettlich/Blüten in vielblütigen Razemen/Felder-sandige Böden-Wegränder/Apr-Mai

Rumex conglomeratus Knäuel-Ampfer (Polygonaceae) Am Grund verholzt/Stängel zickzackförmig/Blätter länglich mit abgerundetem Grund/untere Blätter lang gestielt/innere Blütenhüllblätter ganzrandig und länglich/Mai

Rumex crispus Krauser Ampfer (Polygonaceae) Am Grund verholzte Pflanze mit länglich-lanzettlichen Blättern/Blattrand auffällig gewellt/innere Blütenhüllblätter ganzrandig und herzförmig/Mai

Rumex obtusifolius Stumpfblättriger Ampfer (Polygonaceae) Am Grund verholzte Pflanze mit am Grund herzförmigen Blättern/Blätter oft mit leicht gewelltem Rand/innere Blütenhüllblätter gezähnt/Mai

Vitis vinifera Echter Weinstock (Vitaceae) Strauch mit ahornartigen Blättern/Blätter gestielt und oft mit Ranken/Blütenblätter 5 mm/Nutzpflanze-Olivenhaine-Wacholderwald-Zierpflanze/Mai-Juni

Xanthium spinosum Dornige Spitzklette (Compositae) Dorniger Strauch/Blätter meist dreilappig/Blätter unterseits graufilzig/Felder-Schuttplätze-Wegränder/Juni-Sep

Strand-Distel
Eryngium maritimum
(Apiaceae)

Blüten anders

1A-Baum mit gestielten Blättern
   2A-Blätter bis zur Hälfte eingeschnitten   ***Platanus hybrida***
   2B-Blätter tiefer eingeschnitten   ***Platanus orientalis***
1B-Krautige Pflanze
   2A-Blätter distelartig
     3A-Blütenhüllblätter eiförmig/breit dornig   ***Eryngium maritimum***
     3B-Blütenhüllblätter lineallanzettlich/gezähnt ***Eryngium campestre***
   2B-Blätter nicht distelartig
     3A-Pflanze mit Milchsaft
       2A-Pflanze < 15 cm   ***Euphorbia dracunculoides***
       2B-Pflanze > 15 cm
         3A-Blätter verkehrt-eiförmig   ***Euphorbia platyphyllos***
         3B-Blätter länglich   ***Euphorbia medicaginea***
     3B-Pflanze ohne Milchsaft
       4A-Kleine niederliegende Pflanze   ***Gymnostyles stolonifera***
       4B-Aufrechte Pflanze   ***Artemisia arborescens***

Artemisia arborescens Strauch-Beifuß (Compositae) Behaarte Pflanze/Blätter tief eingeschnitten/Blüten 5-8 mm/Felder-Wegränder-Zierpflanze/Juni-Sep

Eryngium campestre Feld-Mannstreu (Apiaceae) Graugrüne oder weißliche Pflanze/Blätter dreilappig + stechend/Blüten 10-15 mm/Blüten in Köpfchen und von 5-7 stechenden lineal-lanzettlich Hüllblättern/Felder-Garigues-Kiefernwald-Olivenhaine-Wacholderwald-Wegränder/Mai-Sep

Eryngium maritimum Strand-Distel (Apiaceae) Blaugrüne, kugelbuschartige Pflanze/Blätter 3-5lappig und stechend/Blüten in 15-30 mm großen Köpfchen Hüllblätter eiförmig und breit dornig gezähnt/am Meer/Strand/Juni-Okt

Euphorbia dracunculoides Langblättrige Wolfsmilch (Euphorbiaceae) Rötliches Kraut mit Milchsaft/bis 10 cm/Blätter 4-15 mm/Blütenstand bis 8-strahlig/Felsküsten/März-Juni

Euphorbia medicaginea (Euphorbiaceae) Kraut mit Milchsaft/Blätter schmal länglich (20-35 mm)/Felder-Wegränder/Jan-Mai

Euphorbia platyphyllos Breitblättrige Wolfsmilch (Euphorbiaceae) Kraut mit Milchsaft/Blätter verkehrt-eiförmig/Blüten in 3-5strahligen Dolden/März-Sep

Gymnostyles stolonifera Teppich-Nacktgriffel (Compositae) Niederliegende Pflanze/Blätter fiederschnittig/Blütenköpfchen 5-8 mm/Felder-Wegränder/ März-Mai

Platanus orientalis Morgenländische Platane (Platanaceae) Baum/Blätter hand-förmig 5-7lappig/Blüten meist in 3-6 lang gestielten, kugeligen Köpfchen/ Apr-Juni

Platanus hybrida Gewöhnliche Platane (Platanaceae) Baum/Blätter handförmig 3-5lappig/Blüten meist in 2 lang gestielten, kugeligen Köpfchen/Apr-Mai

Grün

Schlaf-Mohn
Papaver somniferum
(Papaveraceae)

2-4 Blütenblätter

1A-Blüte mit 6 Staubblättern
  2A-Blätter gestielt   *Erucastrum gallicum*
  2B-Blätter sitzend   *Capsella rubella*
1B-Blüte mit vielen Staubblättern
  2A-Pflanze kaum behaart   ***Papaver somniferum***
  2B-Pflanze deutlich behaart
    3A-Fruchtknoten behaart   *Papaver argemone*
    3B-Fruchtknoten kahl   ***Papaver rhoeas***

Capsella rubella Rötliches Hirtentäschel (Cruciferae) Unbehaartes oder wenig behaartes Kraut/Grundblätter länglich lanzettlich, obere stängelumfassend/Blütenblätter 2-3 mm/Blütenblätter kaum größer als Kelchblätter/Blüten weiß mit rotem Rand/Felder-Wegränder/Jan-Dez

Erucastrum gallicum Französische Hundsrauke (Cruciferae) Dicht behaartes Kraut/Blätter doppelt fiederspaltig/Blüten weißgelb/Blütenblätter 6-10 mm/Ibiza/Mai-Okt

Papaver argemone Sand-Mohn (Papaveraceae) Abstehend behaartes Kraut mit Milchsaft/Grundblätter fiederteilig bis 2fach fiederschnittig, mit länglich-lanzettlichen Abschnitten/Blüten rot mit schwarzem Zentrum/Blütenblätter 1-3 cm/viele Staubblätter/Fruchtknoten (Kapsel) behaart/März-Juni

Papaver rhoeas Klatsch-Mohn (Papaveraceae) Abstehend behaartes Kraut mit Milchsaft/Blätter tief in schmale Abschnitte geteilt, untere gestielt, obere sitzend/Blüten rot mit schwarzem Zentrum/Blütenblätter 13-50 mm/viele Staubblätter/Fruchtknoten (Kapsel) kahl/Felder-Wegränder/März-Juni

Papaver somniferum Schlaf-Mohn (Papaveraceae) Fast unbehaartes Kraut mit Milchsaft/Blätter länglich eiförmig/Blüten rosa bis violett mit dunklem Zentrum/Blütenblätter 2-8 cm/viele Staubblätter/Felder-Wegränder/März-Juni

Mehrfarbig

Schaftlose Primel
*Primula acaulis**
(Primulaceae)

5 Blütenblätter

1A-Wasserpflanze   *Ranunculus aquatilis*
1B-Landpflanze
   2A-Blätter alle grundständig   *Primula acaulis*
   2B-Blätter nicht so   *Solanum tuberosum*

Primula acaulis* Schaftlose Primel (Primulaceae) Pflanze mit grundständigen Blättern/Blätter verkehrteiförmig-länglich/Blüten gelb und dunkelgelb/Blüten 2-4 cm/Felsspalten-schattige Abhänge/März-Juni

Ranunculus aquatilis Gemeiner Wasserhahnenfuß (Ranunculaceae) Wasserpflanze mit Schwimm- und Unterwasserblättern/Schwimmblätter tief in 3-7 Abschnitte geteilt/Blüten 8-18 mm/viele Staubblätter/Feuchtgebiete-Marschland/März-Juli

Solanum tuberosum Kartoffel (Solanaceae) Kaum behaartes Kraut/Blätter gefiedert/Blüten 25-40 mm/Blüten weiß und gelb/5 Staubbläter/Nutzpflanze/Juli-Sep

Dreilappiges Zymbelkraut
Cymbalaria muralis
(Scrophulariaceae)

Blüten symmetrisch

1A-Blätter grundständig
  2A-Blätter herzförmig und mit Nebenblättern
    3A-Ausläufer kurz und dick   *Viola suavis*
    3B-Ausläufer lang und schlank   *Viola alba*
  2B-Blätter nicht herzförmig
    3A-Blüten weiß mit roten Venen   ***Acanthus mollis***
    3B-Blüten blau/Blüten 4-11 mm   *Solenopsis laurentia*
1B-Blätter dreizählig   *Trifolium cherleri*
1C-Blätter unpaarig gefiedert (7-15 Fiederpaare) *Biserrula pelecinus*
1D-Blätter sitzend
  2A-Blüten ca. 8 mm   *Scrophularia valentina*
  2B-Blüten 30-45 mm   *Antirrhinum majus*
1E-Blätter gestielt
  2A-Stängel geflügelt   *Scrophularia auriculata*
  2B-Stängel vierkantig   *Scrophularia valentina*
  2C-Stängel anders
    3A-Blätter meist dreilappig oder ungelappt *Cymbalaria aequitriloba**
    3B-Blätter 5-9lappig   ***Cymbalaria muralis***
    3C-Blätter anders
      4A-Blüte > 9 mm
        5A-Blüte weiß und rot
          6A-Kelch fast ganzrandig   *Fumaria capreolata*
          6B-Kelch gezähnt   *Fumaria bicolor*
        5B-Blüte rosa und dunkelrot
          6A-Oberes Blütenblatt einfarbig   *Fumaria agraria*
          6B-Oberes Blütenblatt zweifarbig
            7A-Frucht runzlig wenn trocken
              8A-Oberes Blütenblatt stumpf   *Fumaria barnolae*
              8B-Oberes Blütenblatt spitz   *Fumaria gaillardotii*
            7B-Frucht glatt wenn trocken
              8A-Kelch 2-3 x 1-2 mm   *Fumaria bastardii*
              8B-Kelch 4-5 x 2-3 mm   *Fumaria muralis*
      4B-Blüte < 9 mm
        5A-Kelch > 25% der Blüte
          6A-Kelch > 2 mm/Blüten rosa   *Fumaria densiflora*
          6B-Kelch < 2 mm/Blüten purpurrot   ***Fumaria officinalis***
        5B-Kelch < 20% der Blüte
          6A-Blüte weiß mit dunkelroter Spitze   *Fumaria parviflora*
          6B-Blüten rosa bis blaßrot   *Fumaria vaillantii*
          6C-Blüten weiß oder gelb und dunkelrot *Platycapnos spicatus*

Mehrfarbig

Weicher Akanthus
Acanthus mollis
(Acanthaceae)

Acanthus mollis Weicher Akanthus (Acanthaceae) Kaum behaarte Pflanze mit grundständigen Blättern/Blätter tief eingeschnitten/Blüten weiß mit roten Venen/Blüten 35-50 mm/Felder-Wegränder-Zierpflanze/Mai-Juni

Antirrhinum majus Großes Löwenmaul (Scrophulariaceae) Pflanze mit lanzettlich-elliptischen Blättern/Blüte rosa oder violett mit weißen oder gelben Teilen/Blüten 30-45 mm/Felder-Steinböden-Wegränder/Apr-Mai

Biserrula pelecinus Sägehülse (Fabaceae) Behaartes Kraut mit Nebenblättern/Blätter mit 7-15 Fiederpaaren/Blüten 4-6 mm/Felder-Wegränder/März-Juni

_Cymbalaria aequitriloba_* Dreilappiges Zymbelkraut (Scrophulariaceae) Drüsig behaarte Pflanze/Blätter meist dreilappig oder ungelappt/Blüte blau oder violett/Blüten 8-13 mm/Blüte gespornt/Sporn 2-3 mm/4 Staubblätter/Felsspalten-schattige Abhänge/Apr-Aug

Cymbalaria muralis Zymbelkraut (Scrophulariaceae) Pflanze mit 5-9lappigen Blättern/Blüte blau und gelb und weiß/Blüten 9-15 mm/Blüte gespornt/Sporn 1-3 mm/4 Staubblätter/Steinböden/Apr-Aug

Fumaria agraria (Papaveraceae) Kraut/Blüte rosa und dunkelrot/Blüten 12-16 mm/Blütenstand 14-25(30)blütig/oberes Blütenblatt einfarbig/Frucht > 2 mm Durchmesser und runzlig wenn trocken/6 Staubblätter/Felder-Hecken-Wegränder/Feb-März

Fumaria barnolae (Papaveraceae) Kraut/Blüte rosa + dunkelrot/Blüten 12-14 mm/oberes Blütenblatt zweifarbig und stumpf/Kelch 3-4x1-2 mm/Blütenstand 10-25blütig/Ibiza

Fumaria bastardii Bastard-Erdrauch (Papaveraceae) Bis 1 m großes Kraut/Blätter 2-4fach gefiedert/Blüte rosa und dunkelrot/Blütenstand 15-25blütig/Blüten 9-12 mm/oberes Blütenblatt zweifarbig/Kelch 2-3x1-2 mm/6 Staubblätter/Frucht glatt wenn trocken/Felder-Wegränder/Feb-Apr

Fumaria bicolor (Papaveraceae) Kraut/Blüte weiß und rot/Blütenstand 8-15blütig Blüte 10-13 mm/Kelch gezähnt/Kelch 2-3x1mm/6 Staubblätter/Frucht runzlig wenn trocken/Mai

Fumaria capreolata Ranken-Erdrauch (Papaveraceae) Kraut/mit doppelt gefiederten Blättern/30-60 cm/Blüte weiß bis rot mit dunkelroter Spitze/Blütenstand 25-35blütig/Blüte gespornt/Blüte 10-14 mm/6 Staubblätter/Kelch 4-6x2-4 mm/Kelch fast ganzrandig/Felder-Olivenhaine-Wacholderhaine-Wegränder/Apr-Sep

Fumaria densiflora Dichtblütiger Erdrauch (Papaveraceae) Kraut mit 2-4fach fiederteiligen Blättern/Blüte 6-7 mm/Blüte gespornt/Kelch > 25% der Blüte/Kelch > 2 mm/Narbe zweiteilig/6 Staubblätter/März-Juli

Fumaria gaillardotii (Papaveraceae) Kraut/Blüte 10-13 mm/Blüte rosa und dunkelrot/oberes Blütenblatt zweifarbig + spitz/Kelch 3-4 x 1-2 mm/Frucht runzlig wenn trocken/Blütenstand 10-25blütig/6 Staubblätter/Frucht runzlig wenn trocken/Ibiza/März-Juni

Vaillants Erdrauch
Fumaria vaillantii
(Papaveraceae)

Fumaria muralis Mauer-Erdrauch (Papaveraceae) Kraut/Blätter 2-4fach fiederteilig/Blüte rosa und dunkelrot/Blütenstand 10-20blütig/Blüte gespornt/ Blüten 10-12 mm/oberes Blütenblatt zweifarbig/6 Staubblätter/Kelch 4-5 x 2-3 mm/Kelch spitz/Frucht rundlich/Felder-Wegränder/Ibiza/Jan-Okt

<u>Fumaria officinalis</u> Gemeiner Erdrauch (Papaveraceae) Kraut mit doppelt gefiederten Blättern/Blüten purpurrot und an der Spitze dunkelrot/Blüte gespornt/Blüte 7-9 mm/6 Staubblätter/Kelch > 25% der Blüte/Frucht abgeflacht/Felder-Wegränder/März-Mai

Fumaria parviflora Kleinblütiger Erdrauch (Papaveraceae) Kraut mit doppelt gefiederten Blättern/Blüte 5-6 mm/Kelch < 20% der Blüte/Blüte weißlich und an der Spitze dunkelrot/Blüte gespornt/6 Staubblätter/Narbe zweiteilig/Frucht rundlich eiförmig höckerig/Felder-Wegränder/Apr-Mai

<u>Fumaria vaillantii</u> Vaillants Erdrauch (Papaveraceae) Kraut mit doppelt gefiederten Blättern/Blüte gespornt/Blüten blaßrosa mit dunklen Spitzen/ Blüte 5-6 mm/6 Staubblätter/Kelch < 20% der Blüte/Narbe zweiteilig/Frucht kugelig/März-Juni

Platycapnos spicatus Ähriger Breitrauch (Papaveraceae) Kraut mit doppelt fiederschnittigen Blättern/Blüten weiß oder gelb und dunkelrot/Blüten 5-6 mm/Kelch > 20% der Blüte/Narbe dreiteilig/Ibiza/März-Juni

Scrophularia auriculata Wasser-Braunwurz (Scrophulariaceae) Pflanze mit vierkantigem Stängel/Stängel geflügelt/Blätter oval/4 Staubblätter/Blüten grün und rot/Blüten ohne Sporn/Blüten 5-9 mm/4 Staubblätter/Feuchtgebiete-schattige Abhänge-Waldrand/Apr-Juli

Scrophularia valentina Wasser-Braunwurz (Scrophulariaceae) Am Grund verholzte Pflanze mit vierkantigem Stängel/Blüten grün und rot/Blüten 5-9 mm/4 Staubblätter/Feuchtgebiete-schattige Abhänge-Waldrand/Juni-Sep

Solenopsis laurentia Kleine Laurentie (Campanulaceae) Am Grund verholzte Pflanze/Blätter länglich elliptisch bis länglich-spatelig/Blüten blau und weiß/Blüten 4-11 mm/Felder/März-Apr

Trifolium cherleri Cherlers Klee (Fabaceae) Behaartes Kraut/Blätter dreizählig/ Blüten 8-10 mm/rosa und weiß/Blüten wenig länger als der Kelch/Felder-Wegränder/Apr-Mai

Viola alba Weißes Veilchen (Violaceae) Kaum behaarte Pflanze mit langen und schlanken Ausläufern/Blätter herzförmig/Blätter mit Nebenblättern/ Nebenblätter linear-lanzettlich/Blüten violett und weiß/Blüten gespornt/ Blüten 15-20 mm/Eichenwald/Feb-Juni

Viola suavis Blaues Veilchen (Violaceae) Behaarte Pflanze/Ausläufer kurz und dick/Blätter herzförmig/Blätter mit Nebenblättern/Nebenblätter lanzettlich/ Blüten violett und weiß/Blüten gespornt/Blüten 15-20 mm/März

Stink-Hundskamille
Anthemis cotula
(Compositae)

Blüten margeritenartig

1A-Pflanze unbehaaart   *Leucanthemum paludosum**
1B-Pflanze behaaart
  2A-Blätter distelartig
    3A-Pflanze am Grund verholzt   *Carlina corymbosa*
    3B-Pflanze am Grund nicht verholzt   *Carlina lanata*
  2B-Blätter nicht distelartig
    3A-Pflanze am Grund verholzt
      4A-Blüte 5-20(30) mm/Stängel gefurcht   *Tanacetum parthenium*
      4B-Blüte 24-40 mm/Blatt fleischig   *Anthemis maritima*
    3B-Pflanze am Grund nicht verholzt
      4A-Blüten < 10 mm   *Cotula australis*
      4B-Blüten > 10 mm
        5A-Pflanze unangenehm riechend   *<u>Anthemis cotula</u>*
        5B-Pflanze aromatisch   *Chamaemelum mixtum*
        5C-Pflanze ohne Geruch
          6A-Blütenhüllblätter stumpf   *<u>Anthemis arvensis</u>*
          6B-Blütenhüllblätter spitz
            7A-Rand der Blütenhüllblätter
              weiß oder purpurn   *Anacyclus clavatus*
            7B-Rand der Blütenhüllblätter
              nicht weiß oder purpurn   *Anthemis secundiramea*

Blüten löwenzahnartig

1A-Blätter grundständig   *Reichardia tingitana*

Acker-Hundskamille
Anthemis arvensis
(Compositae)

Anacyclus clavatus Keulen-Bertram (Compositae) Behaartes Kraut/Blätter 2-3fach gefiedert/Blütenhüllblätter spitz mit weißem oder purpurnen Rand und seidig behaart/obere Blätter gefiedert/Blüte 15-20 mm ohne Ligula/Blütenhüllblätter seidig behaart/Felder-Wegränder/Mai-Juli

Anthemis arvensis Acker-Hundskamille (Compositae) Behaartes Kraut/nicht aromatisch riechend/Blütenhüllblätter stumpf mit braunem Rand/Blüte 20-40 mm/Felder-Wegränder/Apr-Juni

Anthemis cotula Stink-Hundskamille (Compositae) Unangenehm riechendes Kraut/(un)behaart/Blätter bis zu 3-fach tief fiederteilig/Blütenhüllblätter mit hellbraunem Rand/Blüten 10-30 mm/Felder-Wegränder/Mai-Sep

Anthemis maritima Strand-Hundskamille (Compositae) Zwergstrauch/behaart/Blätter fleischig und drüsig, 1-2fach fiederschnittig/Blüten innen gelb und außen weiß/Blüten 24-40 mm/Blütenköpfe mit mehreren Reihen Tragblättern Felsküsten-Strand/Mai-Aug

Anthemis secundiramea (Compositae) Behaartes Kraut/Blätter 1-2fach fiederschnittig/Blütenhüllblätter spitz/Blüte 17-25 mm/Küstenstandorte/März-Juni

Carlina corymbosa Ebensträußige Eberwurz (Compositae) Behaarte Pflanze/Blätter distelartig/Blüten einzeln/Blüten 12-20 mm/Blüten gelb/innere Blütenhüllblätter gelb und braungelb/Felder-Wegränder/Juni-Okt

Carlina lanata Wollige Eberwurz (Compositae) Behaartes Kraut/Blätter distelartig/Blüten bis 40 mm/innere Blütenhüllblätter rötlich/Felder-Wegränder/Mai-Aug

Chamaemelum mixtum Gemischte Kamille (Compositae) Behaartes Kraut/aromatisch riechend/Blätter 1-3fach fiederteilig/obere Blätter gezähnt/Blütenhüllblätter stumpf/Blüte 18-25 mm/Felder-Wegränder/Apr-Juli

Cotula australis Südliche Laugenblume (Compositae) Behaartes Kraut/Blüten 4-5 mm/Blütenköpfe mit 2 Reihen Tragblättern/Mai

Leucanthemum paludosum Kleine Margerite (Compositae) Kraut/Blüten innen gelb+außen weiß/Blüten einzeln (selten zu 2-6)/Blüten 20-30 mm/Blütenköpfe mit mehreren Tragblätterreihen/Garigues-Kiefernwald/Ibiza/Apr-Juni

Reichardia tingitana Tanger-Reichardie (Compositae) Behaartes Kraut/Blätter gezähnt oder fiederspaltig/Blüte gelb mit dunklem rötlichem Zentrum/Blüten 15-30 mm/Felsküsten-kalkhaltige Felder-Strand/März-Mai

Tanacetum parthenium Mutterkraut (Compositae) Behaarte Pflanze/Stängel gefurcht/Blätter gefiedert/vielblütig/Blüte 5-20(30) mm/Blütenköpfe mit 3 Reihen Tragblättern/Nutzpflanze-Zierpflanze/Juni-Sep

Gemeine Hasel
Corylus avellana
(Corylaceae)

Blüten klein

1A-Blüten braun	***Artemisia vulgaris***
1B-Blüten grau	***Chenopodium vulvaria***
1C-Blüten violett	
2A-Kraut/unbehaart	***Emex spinosa***
2B-Strauch/Zweige behaart	***Corylus avellana***
2C-Baum/Zweige meist unbehaart	***Ulmus minor***

Artemisia vulgaris Gemeiner Beifuß (Compositae) Pflanze bis 150 cm/Blätter gefiedert/Blüten braun/Blüten in Köpfchen/Blüten 2-4 mm/Blätter unterseits weich behaart/Juni-Okt

Chenopodium vulvaria Stink-Gänsefuß (Chenopodiaceae) Krautige Pflanze mit grauen Blüten/10-65 cm/Blätter rhombisch, am Grund paarig gelappt/Blüten grau/Blütenstand unterbrochen ährig/beim Zerreiben nach faulendem Fisch stinkend/Felder-Wegränder/Mai-Sep

Corylus avellana Gemeine Hasel (Corylaceae) Strauch/Zweige filzig, abstehend drüsig behaart/Blüten in 8-10 cm langen Kätzchen/Zierpflanze/Jan-März

Emex spinosa Stechampfer (Polygonaceae) Kraut/Blätter stumpf spießförmig/ mit herzförmigem Blattgrund/Blütenstand oben mit männlichen unten mit weiblichen Blüten/Felder-Strand-Wegränder/März-Mai

Ulmus minor Feld-Ulme (Ulmaceae) Baum/Zweige meist unbehaart/Blattspreite am Grund versetzt ansetzend/Feuchtgebiete-Zierpflanze/März-Apr

2-4 Blütenblätter

1A-Büten orange
  2A-Blüte mit 6 (4+2) Staubblättern — *Neslia paniculata*
  2B-Blüte mit vielen Staubblättern
    2A-Pflanze mit gelbem Milchsaft — *Glaucium corniculatum*
    2B-Pflanze mit weißem Milchsaft — *Papaver dubium*
1B-Blüten braun
  2A-Blütenblätter 6-12 mm — *Matthiola parviflora*
  2B-Blütenblätter 17-28 mm — *Matthiola fruticulosa*
1C-Büten violett
  2A-Wasserpflanze
    3A-Blüten in 4-zähligen Blütenquirlen — *Myriophyllum spicatum*
    3B-Blüten in 5-zähligen Blütenquirlen — *Myriophyllum verticillatum*
  2B-Landpflanze
    3A-Blüte mit 2 Staubblättern — *Veronica hederifolia*
    3B-Blüte mit 6 (4+2) Staubblättern
      4A-Blätter grundständig/Blüten 4-7 mm — *Arabis verna*
      4B-Blätter gestielt
        5A-Pflanze unbehaart — *Cakile maritima*
        5B-Pflanze behaart
          6A-Blätter tief eingeschnitten — ***Raphanus raphanistrum***
          6B-Blätter herzförmig — ***Lunaria annua***
      4C-Blätter sitzend
        5A-Blütenblätter gekerbt
          6A-Blütenstiel mit Frucht <1 mm dick — ***Malcolmia maritima***
          6B-Blütenstiel mit Frucht > 1 mm dick — *Malcolmia flexuosa*
        5B-Blütenblätter nicht gekerbt
          6A-Pflanze unbehaart — *Lepidium sativum*
          6B-Pflanze behaart
            7A-Haare einfach
              8A-Blätter weiß behaart — *Matthiola sinuata*
              8B-Pflanze borstig behaart — ***Raphanus sativus***
            7B-Haare verzweigt
              8A-Kelchblätter einfach
                9A-Blütenblätter 8-10 mm — *Malcolmia africana*
                9B-Blütenblätter kleiner
                  10A-Narbe der Blüte tief 2teilig — *Malcolmia ramosissima*
                  10B-Narbe nicht so — *Maresia nana*
              8B-Kelchblätter der Blüten gesackt
                9A-Blütenblätter 6-12 mm — *Matthiola parviflora*
                9B-Blütenblätter größer — *Malcolmia littorea*

3C-Blüten mit 8 Staubblättern   *Epilobium parviflorum*
3D-Blüte mit vielen Staubblättern
  4A-Staubfäden der Blüte violett   *Roemeria hybrida*
  4B-Staubfäden der Blüte gelb   ***Papaver somniferum***

Garten-Silberblatt
Lunaria annua
(Cruciferae)

Arabis verna Frühlings-Gartenkresse (Cruciferae) Zierliche Pflanze mit Grundrosette/Blätter gezähnt/behaart/Blüten 4-7 mm/Schote ohne Einschnürungen/Felsspalten-kalkhaltige Felder/März-Sep

Cakile maritima Europäischer Meersenf (Cruciferae) Pflanze mit tief eingeschnittenen Blättern/Blüten 10-28 mm/Schote ohne Einschnürungen/Strand/März-Sep

Epilobium parviflorum Kleinblütiges Weidenröschen (Onagraceae) Weich behaarte Pflanze/Blätter länglich-lanzettlich/Blüten 7-12 mm/8 Staubblätter/Mai-Aug

Glaucium corniculatum Roter Hornmohn (Papaveraceae) Behaartes Kraut mit gelbem Milchsaft/Blätter tief fiederschnittig/Blüten 3-5 cm/Frucht 11-15 cm lang/viele Staubblätter/Staubfäden gelb/Staubbeutel bläulich/Kapsel mehr als 10 x so lang wie breit/Felder-Wegränder/März-Sep

Lepidium sativum Garten-Kresse (Cruciferae) Kraut/untere Blätter oval-lanzettlich, Stängelblätter gelappt/Blütenblätter 2-4 mm/Schötchen 5-6 mm/rundlich-eiförmig und an der Spitze breit geflügelt/Mai-Juni

<u>Lunaria annua</u> Garten-Silberblatt (Cruciferae) Behaartes Kraut/Haare unverzweigt/Blätter grob und unregelmäßig gezähnt/Blütenblätter 15-25 mm/Apr-Juni

Malcolmia africana Afrikanische Meerviole (Cruciferae) Behaartes Kraut/Haare verzweigt oder sternförmig/Stängelblätter länglich/Blütenblätter 5-12 mm/Blüten sitzend/Schote ohne Einschnürungen/Samen dick/Felder-Wegränder/Feb-Juni

Malcolmia flexuosa Gebogene Malcolmie (Cruciferae) Behaartes Kraut/untere Blätter eiförmig-keilförmig/Blütenblätter 12-25 mm/Blütenblätter gekerbt mit weißem oder orangem Auge/6 Staubblätter/zur Fruchtzeit Blütenstiel > 1 mm dick/Felsküsten-Strand/Feb-Apr

Malcolmia littorea Strand-Malcolmie (Cruciferae) Weißfilzig behaarte Pflanze/Haare sternförmig/Blätter schmal länglich/Blüten 15-20 mm/6 Staubblätter/Schote 30-65 mm/Strand/Mai-Juni

<u>Malcolmia maritima</u> Strand-Malcolmie (Cruciferae) Behaarte Pflanze/untere Blätter verkehrt-eiförmig, obere verkehrt-länglich bis lanzettlich/Blütenblätter 12-25 mm/Blütenblätter gekerbt mit weißem oder orangen Auge/6 Staubblätter/zur Fruchtzeit Blütenstiel < 1 mm dick/Menorca/Apr-Juni

Malcolmia ramosissima (Cruciferae) Grau behaarte Pflanze/Blätter länglich/Blütenblätter 4-8 mm/6 Staubblätter/Felder-Strand-Wegränder/März-Mai

Maresia nana Zwerg-Malcolmie (Cruciferae) Behaarte Pflanze/Haare sternförmig/Stängelblätter länglich/Blütenblätter 12-25 mm/Strand/Mai

Matthiola fruticulosa Trübe Levkoje (Cruciferae) Graufilzig bis spärlich behaartes Kraut mit braunen Blüten/Blätter linealisch oder fiederspaltig/Blüten mit 4 Blütenblättern/Blüten 17-28 mm/Felder-Wegränder/Apr-Juli

Matthiola lunata (Cruciferae) Behaartes Kraut/Haare verzweigt/Blattrand gezähnt/Blüten gestielt/Blütenblätter 12-25 mm/Frucht zylindrisch/Frucht mit 2 zur Spitze gerichteten Hörnern/Samen flach

Garten-Rettich
Raphanus sativus
(Cruciferae)

Matthiola parviflora Kleinblütige Levkoje (Cruciferae) Behaaartes Kraut mit braunen Blüten/Haare verzweigt/Blätter buchtig gezähnt bis fiederteilig/ Blüten mit 4 Blütenblättern/Blütenblätter 6-12 mm/Blüten gestielt/Frucht zylindrisch und mit 2 zur Seite abstehenden Hörnern/Samen flach/März-Juli

Matthiola sinuata Strand-Levkoje (Cruciferae) Weiß behaarte Pflanze/Haare verzweigt/Grundblätter buchtig gezähnt bis fiederspaltig/Blütenblätter 17-25 mm/Blüten gestielt/Frucht zusammengedrückt/Samen flach/Felder-Wegränder-Strand/Apr-Juni

Matthiola tricuspidata Dreihörnige Levkoje (Cruciferae) Wollig behaartes Kraut/Haare verzweigt/Blätter buchtig fiederspaltig/Blüten gestielt/Blütenblätter 15-22 mm/Frucht zylindrisch/Frucht mit 3 gleichen Hörnchen/Samen flach/Strand/März-Juli

Myriophyllum spicatum Ähren-Tausendblatt (Haloragaceae) Wasserpflanze/ Blätter in 4blättrigen Quirlen/Blütenähre 4-16 cm lang/Blüten in vierzähligen Quirlen/Feuchtgebiete-Marschland/Mai

Myriophyllum verticillatum Quirl-Tausendblatt (Haloragaceae) Wasserpflanze/ Blattquirle mit 5 Blättern/Blätter filigran eingeschnitten/Blütenähre mit 10-25 meist fünfzähligen Blütenquirlen/Feuchtgebiete-Marschland/Mai-Sep

Neslia paniculata Finkensame (Cruciferae) Behaartes Kraut mit orangen Blüten/Blüten mit 4 Blütenblättern/Blütenblätter 2-3 mm/Schötchen geschnäbelt/Felder-Wegränder/März-Mai

Papaver dubium Saat-Mohn (Papaveraceae) Behaartes Kraut mit weißem Milchsaft/Blätter tief in schmale Abschnitte geteilt/untere Blätter gestielt, obere sitzend/Blütenblätter 10-40 mm/viele Staubblätter/Staubfäden bläulich/ Staubbeutel gelbgrün oder braun/Frucht unbehaart/Frucht viel länger als breit Felder-Wegränder/März-Juni

Papaver somniferum Schlaf-Mohn (Papaveraceae) Fast unbehaartes Kraut/mit Milchsaft/Blätter länglich und grob gezähnt/Blütenblätter 2-8 cm/violett mit dunklem Zentrum/viele Staubblätter/März-Juni

Raphanus raphanistrum Hederich (Cruciferae) Behaartes Kraut/Blätter tief eingeschnitten/Blüten 24-40 mm/Blütenblätter dunkler geadert/Schote mit Einschnürungen/Felder-Felsküsten-Wegränder/März-Sep

Raphanus sativus Garten-Rettich (Cruciferae) Borstig behaarte Pflanze/Blätter gefiedert mit einem sehr großen ovalen Endabschnitt/Blütenblätter 10-20 mm März-Sep

Roemeria hybrida Bastard-Roemerie (Papaveraceae) Meist spinnwebig behaarte Pflanze mit gelbem Milchsaft/Blüten 2-6 cm/viele Staubblätter/ Staubblätter gelb/Felder-Wegränder/März-Juni

Veronica hederifolia Efeu-Ehrenpreis (Scrophulariaceae) Pflanze mit fleischigen Blättern/Blätter breiter als lang und lang gestielt/Blüten 6-9 mm/ Felder-Wegränder/Jan-März

5 Blütenblätter

1A-Blütenblätter verwachsen
  2A-Pflanze ohne Blätter aber mit Ranke   ***Cuscuta epithymum***
  2B-Pflanze mit gestielten Blättern
    3A-Strauch oder Baum
      4A-Pflanze mit Stacheln   ***Solanum sodomeum***
      4B-Pflanze ohne Stacheln   ***Arbutus unedo***
    3B-Krautige Pflanze
      4A-Blätter grundständig   ***Mandragora autumnalis***
      4B-Blätter sitzend
        5A-Blätter eiförmig   ***Campanula dichotoma***
        5B-Blätter länglich-lanzettlich   ***Erinus alpinus***
      4C-Blätter gestielt
        5A-Pflanze kaum behaart
          6A-Kelchzähne der Blüte 3-5 mm   ***Datura ferox***
          6B-Kelchzähne der Blüte 5-10 mm   ***Datura stramonium***
        5B-Pflanze behaart
          6A-Pflanze niederliegend oder windend ***<u>Convolvulus althaeoides</u>***
          6B-Pflanze nicht so   ***Petunia hybrida***
1B-Blütenblätter nicht verwachsen
  2A-Kelch der Blüte   verwachsen
    3A-Außenkelch der Blüte 6-9spaltig
      4A-Pflanze am Grund verholzt   ***Althaea officinalis***
      4B-Pflanze am Grund nicht verholzt   ***Althaea hirsuta***
    3B-Außenkelch der Blüte dreispaltig
      4A-Blüten einzeln
        5A-Krautige Pflanze
          6A-Nebenblätter schmal   ***Lavatera punctata***
          6B-Nebenblätter breit   ***<u>Lavatera trimestris</u>***
        5B-Pflanze zumindest unten verholzt
          6A-Nebenblätter schmal   ***<u>Lavatera maritima</u>***
          6B-Nebenblätter breit   ***Lavatera olbia***
      4B-Blüten in Gruppen
        5A-Kelch der Blüte 15-25 mm   ***Lavatera triloba*****
        5A-Kelch kleiner
          6A-Außenkelch der Blüte > Kelch   ***<u>Lavatera arborea</u>***
          6B-Außenkelch der Blüte < Kelch
            7A-Untere Blätter nur bis 8 cm groß   ***Lavatera mauritanica***
            7B-Untere Blätter größer   ***<u>Lavatera cretica</u>***
  2B-Kelchblätter der Blüte nicht verwachsen
    3A-Blätter quirlständig   ***Lippia triphylla***

3B-Blätter dreizählig
  4A-Blättchen dreieckig und unbehaart — *Oxalis latifolia*
  4B-Blättchen herzförmig und behaart — *Oxalis debilis*
3C-Blätter sitzend
  4A-Blätter filigran eingeschnitten
    5A-Blüten 20-35 mm — *Nigella gallica*
    5B-Blüten 40-50 mm — <u>*Nigella damascena*</u>
  4B-Blätter nicht filigran eingeschnitte
    5A-Blütenblätter > Kelchblätter — *Saxifraga tridactylites*
    5B-Kelch > Blütenblätter — *Legousia hybrida*
3D-Blätter gestielt
  4A-Blüte mit 5+5 Staubblättern
    5A-Blätter gefiedert
      6A-Fiederblätter verschieden groß — <u>*Erodium ciconium*</u>
      6B-Fiederblätter gleich groß
        7A-Fiederblätter sitzend — <u>*Erodium cicutarium*</u>
        7B-Fiederblätter gestielt — *Erodium moschatum*
    5B-Blätter nicht gefiedert
      6A-Frucht < 17 mm
        7A-Blätter > 3 cm breit — *Erodium malacoides*
        7B-Blätter < 3 cm breit
          8A-Pflanze unten verholzt — *Erodium reichardii**
          8B-Pflanze nicht verholzt — *Erodium maritimum*
      6B-Frucht größer
        7A-Pflanze unten verholzt — *Erodium chium*
        7B-Pflanze nicht verholzt
          8A-Blüten mit 2 Tragblätter — *Erodium laciniatum*
          8B-Blüten mit ≥3 Tragblättern — *Erodium botrys*
  4B-Blüte mit vielen Staubblättern
    5A-Blüte mit Außenkelch
      6A-Blütenblätter 4-5 mm — *Malva pusilla*
      6B-Blütenblätter 7-12 mm — *Malva nicaeensis*
      6C-Blütenblätter 15-30 mm — <u>*Malva sylvestris*</u>
    5B-Blüte ohne Außenkelch
      6A-Pflanze mit Dornen
        7A-Blüten 20-32 mm — *Rubus ulmifolius*
        7B-Blüten 45-50 mm
          8A-Blütenstiel kahl — <u>*Rosa canina*</u>
          8B-Blütenstiel drüsig
            9A-Blätter behaart oder drüsig — *Rosa micrantha*
            9B-Blätter kaum behaart/drüsig — *Rosa pouzinii*

Fortsetzung –>

Mandel
Prunus dulcis
(Rosaceae)

6B-Pflanze ohne Dornen
  7A-Pflanze zur Blütezeit mit Blättern
    8A-Blüten einzeln   ***Cydonia oblonga***
    8B-Blüten in vielblütigen Dolden ***Malus domestica***
  7B-Pflanze zur Blütezeit ohne Blätter
    8B-Blüten 40-50 mm   ***Prunus dulcis***
    8A-Blüten kleiner (22-32 mm)
      9A-Blätter oval/fast sitzend ***Prunus armeniaca***
      9B-Blätter länglich   ***Prunus persica***

<u>Außerdem</u>

Kosteletzkya pentacarpos Fünffrüchtige Kosteletzkie (Malvaceae) Behaarte Pflanze/Haare sternförmig/Blätter handförmig dreiteilig oder pfeilförmig/ Blütenblätter 20-25 mm/Menorca und Cabrera/Juni-Sep

Gemeiner Reiherschnabel
Erodium cicutarium
(Malvaceae)

Althaea hirsuta Rauhaar-Eibisch (Malvaceae) Behaartes Kraut/Blätter handförmig geteilt/Blüte 2-4 cm/viele Staubblätter/Felder-Wegränder/Mai-Juni

Althaea officinalis Echter Eibisch (Malvaceae) Grau-wollig behaarte Pflanze/Blätter dreieckig-eiförmig/Blütenblätter 15-20 mm/Außenkelch 8-9spaltig/Staubblätter rötlich/Feuchtgebiete/Juni-Sep

Arbutus unedo Westlicher Erdbeerbaum (Ericaceae) Strauch oder Baum/Blätter lanzettlich/Blätter gesägt/Blüten 8-9 mm/Baumheiden Macchie-Eichenwald-Garigues-Kiefernwald-Zierpflanze/Okt-Jan

Campanula dichotoma Verzweigte Glockenblume (Campanulaceae) Abstehend behaarte Pflanze bis 15 cm/Stängelblätter eiförmig/Blüte 20-30 mm und glockenartig verwachsen/Ibiza/Mai-Juli

<u>Convolvulus althaeoides</u> Eibischblättrige Winde (Convolvulaceae) Behaarte Pflanze/Stängel bis 1 m/niederliegend oder windend/Blätter am Grund herz- bis pfeilförmig, obere Blätter deutlich gelappt/Blüten einzeln oder in Paaren/Blüten 30-50 mm/Narbe 2-teilig/Felder-Wegränder/März-Juli

Cuscuta epithymum Thymian-Seide (Convolvulaceae) Parasitische Pflanze/Blätter mit Ranke/Blüte 3-4 mm/Bergland-Felder-Felsküsten-Garigues-Kiefernwald-Wegränder/Apr-Mai

Cydonia oblonga Echte Quitte (Rosaceae) Strauch/Blätter spitz oder stumpfeiförmig bis oval/Blüten einzeln/Blüten 40-45 mm/Kelchblätter der Blüte gleichartig/viele Staubblätter/Nutzpflanze/Feb-Mai

Datura ferox Dorniger Stechapfel (Solanaceae) Pflanze mit eiförmigen Blättern Blüten 50-100 mm/Felder-Nutzpflanze-Wegränder/Aug-Nov

Datura stramonium Weißer Stechapfel (Solanaceae) Kraut/Blätter keileiförmig Blüten 5-10 cm/stachelige Frucht/Felder-Nutzpflanze-Wegränder/Mai-Sep

Erinus alpinus Alpenbalsam (Scrophulariaceae) Kleines ausdauerndes Kraut/Blätter länglich-lanzettlich/Blätter 5-20 mm/Blüte 6-9 mm/4 Staubblätter/Felsspalten/Mai-Juni

Erodium botrys Trauben-Reiherschnabel (Geraniaceae) Behaartes Kraut/Blätter tief fiederschnittig/Blüte 2-3 cm/5+5 Staubblätter/Felder-Wegränder/Feb-Mai

Erodium chium Chios-Reiherschnabel (Geraniaceae) Behaartes Kraut/Stängelblätter oval + unten herzförmig/Blütenstand doldig/Blütenblätter 5-9 mm/5+5 Staubblätter/Felder-Felsküsten-Wegränder/Feb-Juni

<u>Erodium ciconium</u> Langschnäbeliger Reiherschnabel (Geraniaceae) Drüsig behaartes Kraut/Blätter länglich-eiförmig-dreieckig/Blüte 14-16 mm/5+5 Staubblätter/Felder-Wegränder/Apr-Mai

<u>Erodium cicutarium</u> Gemeiner Reiherschnabel (Geraniaceae) Kraut/Blätter gefiedert/Blütenblätter 4-11 mm/5+5 Staubblätter/Felder-Wegränder/Dez-Juli

Erodium laciniatum Staubiger Reiherschnabel (Geraniaceae) Behaartes Kraut/Blätter fiederspaltig/Blütenblätter 7-10 mm/Cabrera/Feb-März

Erodium malacoides Malvenblättriger Reiherschnabel (Geraniaceae) Kraut/behaart/Blätter eiförmig-länglich mit herzförmigem Grund/Blüten 5-9 mm mit mindestens 3 Tragblättern unterhalb der Blüten/Felder-Wegränder/Jan-Mai

Erodium maritimum Küsten-Reiherschnabel (Geraniaceae) Behaartes Kraut/Blätter eilänglich/Blütenstand 1-2blütig/Strand-Meeresklippen/Juni

Kretische Strauchpappel
Lavatera cretica
(Malvaceae)

Erodium maritimum Küsten-Reiherschnabel **(Geraniaceae)** Behaartes Kraut/ Blätter eilänglich/Blütenstand 1-2blütig/10 Staubblätter, davon 5 ohne Staubbeutel/Strand-Meeresklippen/Juni

Erodium moschatum Moschus-Reiherschnabel (Geraniaceae) Behaartes Kraut/ Blätter gefiedert/Blütenstand doldig/Blütenblätter 15 mm/10 Staubblätter, davon 5 ohne Staubbeutel/Felder-Wegränder/Dez-Juli

Erodium reichardii* Balearen-Reiherschnabel **(Geraniaceae)** Behaarte Pflanze/ Blätter rundlich bis nierenförmig/Blütenstand 1-2blütig/10 Staubblätter/ davon 5 ohne Staubbeutel/schattige Abhänge/Mai-Juni

Kosteletzkya pentacarpos Fünffrüchtige Kosteletzkie (Malvaceae) Behaarte Pflanze/Haare sternförmig/Blätter handförmig dreiteilig oder pfeilförmig/ Blütenblätter 20-25 mm/Menorca und Cabrera/Juni-Sep

<u>Lavatera arborea</u> Baumförmige Strauchpappel (Malvaceae) Pflanze unten verholzt/1-3 m/Blätter 5-7lappig und beidseits filzig behaart/Blüten zu 2-7/ Blütenblätter 15-20 mm/Außenkelch der Blüte größer als der Kelch der Blüte/Felder-Felsküsten-Wegränder/März-Apr

<u>Lavatera cretica</u> Kretische Strauchpappel (Malvaceae) Kraut/Blätter 5-7lappig/ Blüten zu mehreren/Blütenblätter 10-20 mm/Außenkelch dreispaltig/Felder-Wegränder/Apr-Sep

<u>Lavatera maritima</u> Strand-Strauchpappel (Malvaceae) Kleiner verholzter Strauch/Blätter leicht fünflappig/Blüte 15-30 mm/viele Staubblätter/Felsküsten/Feb-Mai

Lavatera mauritanica Mauretanische Lavatere (Malvaceae) Behaartes Kraut/ Blätter rundlich und schwach 5-7lappig/Blütenblätter 8-15 mm/Außenkelch der Blüte kleiner als der Kelch der Blüte/tief gekerbte Kronblätter

Lavatera olbia Strauch-Malve (Malvaceae) Strauch bis 2 m/Blätter 3-5lappig/ Blüten einzeln und mit Außenkelch/Blütenstiel 2-7 mm/Blütenblätter 15-30 mm und weit auseinander stehend/Felder-Feuchtgebiete-Wegränder/Mai-Juni

Lavatera punctata Punktierte Strauchpappel (Malvaceae) Kraut/Blätter oben spießförmig und unten nierenförmig/Blüten einzeln/Blütenblätter 15-30 mm/ Blüten mit dreispaltigem Außenkelch/Felder-Wegränder/Juni-Juli

Lavatera triloba* Dreilappige Strauchpappel (Malvaceae) Grau-wollig behaarte Pflanze/Blätter dreilappig/Blüten zu mehreren/Blütenblätter 15-30 mm/ Blüten mit dreispaltigem Außenkelch/Felsküsten/Menorca/Apr-Mai

<u>Lavatera trimestris</u> Sommer-Lavatere (Malvaceae) Kraut/untere Blätter rundlich, obere spießförmig/Blüten einzeln und mit Außenkelch/Blüten 20-45 mm Blütenstiel bis 10 cm lang/Felder-Wegränder/Apr-Juni

Legousia hybrida Kleiner Frauenspiegel (Campanulaceae) Behaartes Kraut/ Blätter oval bis eiförmig und wellig/Blüten 8-15 mm/Kelchblätter länger als die Kronblätter/Felder-Wegränder/Apr-Mai

Lippia triphylla Zitronenstrauch (Verbenaceae) Bis 6 m großer Strauch/Blätter 7-10 cm/Blätter in dreiblättrigen Quirlen/Blüten in zu Rispen vereinigten Ähren/Einzelblüten 5 mm/Zierpflanze/Aug-Nov

Wilde Malve
Malva sylvestris
(Malvaceae)

Malus domestica Kultur-Apfel (Rosaceae) Baum oder Strauch mit Nebenblättern/Blattstiel ohne Drüsen/Blüten in Dolden/Blüten 20-40 mm/Nutzpflanze/Apr-Mai

Malva nicaeensis Nizzäische Käsepappel (Malvaceae) Kraut/Blüte mit Außenkelch/Blütenblätter 7-12 mm/viele Staubblätter/Felder-Wegränder/Apr-Juni

Malva pusilla Kleinblütige Malve (Malvaceae) Kraut/Blüten in Gruppen bis 10 Blütenblätter 4-5 mm/Blüte mit Außenkelch/viele Staubblätter/Juni-Okt

<u>Malva sylvestris</u> Wilde Malve (Malvaceae) Unten verholzte Pflanze/Blüte mit Außenkelch/Blütenblätter 15-30 mm und mit dunklen Streifen/viele Staubblätter/Felder-Wegränder/Apr-Sep

Mandragora autumnalis Herbst-Alraune (Solanaceae) Rosettenpflanze/Blätter elliptisch bis verkehrt-eiförmig/Blüten 3-4 cm/Felder-Wegränder/Sep-Dez

<u>Nigella damascena</u> Damaszener-Schwarzkümmel (Ranunculaceae) Kraut/Blätter 2-3fach fiederspaltig/Blüten 4-5 cm/Felder-Wegränder/März-Mai

Nigella gallica Französischer Schwarzkümmel (Ranunculaceae) Blätter filigran eingeschnitten/Blüten 20-35 mm/viele Staubblätter/Menorca/Juli-Sep

Oxalis debilis Brasilianischer Sauerklee (Oxalidaceae) Unten verholzte Pflanze/behaart/Blätter 3-zählig/Blütenblätter 15-20 mm/Felder-Wegränder/Mai-Aug

Oxalis latifolia Breitblättriger Sauerklee (Oxalidaceae) Fast unbehaartes Kraut/Blätter dreizählig/Blütenblätter 15-20 mm/10 Staub-blätter/Juni-Okt

Petunia hybrida Garten-Petunie (Solanaceae) Drüsig behaartes Kraut/Blätter gestielt/Blüten 25-70 mm/5 Staubblätter/Blüte mit Außenkelch/Apr-Juni

Prunus armeniaca Aprikose (Rosaceae) Baum oder Strauch/zur Blütezeit ohne Blätter/Blüten 22-32 mm/viele Staubblätter/Nutzpflanze Zierpflanze/Feb-Apr

<u>Prunus dulcis</u> Mandel (Rosaceae) Dorniger Baum oder Strauch/zur Blütezeit ohne Blätter/Blüten 4-5 cm/viele Staubblätter/Nutzpflanze/Feb-März

Prunus persica Pfirsich (Rosaceae) Baumzur Blütezeit ohne Blätter/Blätter länglich/Blüten 22-30 mm/viele Staubblätter/Nutz- und Zierpflanze/Feb-Apr

<u>Rosa canina</u> Heckenrose (Rosaceae) Strauch mit Dornen/Blätter gefiedert + mit Nebenblättern/Blütenstiel kahl/Blüten 45-50 mm/Felder-Hecken-Wegränder/Apr-Juni

Rosa micrantha Kleinblütige Rose (Rosaceae) Strauch mit Dornen/Blätter behaart oder drüsig/Blüten 45-50 mm/Blütenstiel drüsig/viele Staubblätter/Bergland-Felder-Hecken-Wegränder/Mai-Juli

Rosa pouzinii (Rosaceae) Strauch mit Dornen/Blätter gefiedert/Blätter mit Nebenblättern/Blütenstiel drüsig/Blüten 45-50 mm/Apr-Juni

<u>Rubus ulmifolius</u> Ulmenblättrige Brombeere (Rosaceae) Strauch mit Dornen/Blätter fünfzählig/Blüten 20-32 mm/viele Staubblätter/Apr-Mai

Saxifraga tridactylites Dreifinger-Steinbrech (Saxifragaceae) Oft rötliches klebrig behaartes Kraut/untere Blätter mit 1-3 fingerartigen Abschnitten/Blütenblätter 2-3 mm/10 Staubblätter/März-Mai

Solanum sodomeum Sodomsapfel (Solanaceae) Stacheliger Strauch/Blätter fiederteilig/Blüten 25-30 mm/Staubblätter zapfig verwachsen/Felder-Wegränder/Mai-Sep

Kronen-Anemone
Anemone coronaria
(Ranunculaceae)

Mehr als 5 Blütenblätter

1A-Büten violett
  2A-Blätter filigran eingeschnitten
    3A-5-8 Blütenblätter/Blüte 10-25 mm   *Adonis annua*
    3B-8-viele Blütenblätter/Blüte >25 mm   *Adonis aestivalis*
  2B-Blätter nicht filigran eingeschnitten
    3A- Blätter gestielt   *Trachelium caeruleum*
    3B-Blätter sitzend
      4A-Blätter tief eingeschnitten   *Anemone coronaria*
      4B-Blätter nicht tief eingeschnitten   *Globularia cambessedesii**

Adonis aestivalis Sommer-Adonisröschen (Ranunculaceae) Kraut/Blätter filigran eingeschnitten/8-viele Blütenblätter/Blüten 25-40 mm/Felder-Wegränder/März-Mai

Adonis annua Herbst-Adonisröschen (Ranunculaceae) Kraut/Blätter filigran eingeschnitten/5-8 Blütenblätter/Blüten 10-25 mm/Felder-Wegränder/Feb-Juni

Anemone coronaria Kronen-Anemone (Ranunculaceae) Kraut/Blätter tief eingeschnitten/Blüten 35-75 mm/viele Staubblätter/Staubblätter blau/Felder-Feuchtgebiete-Wegränder/Feb-März

*Globularia cambessedesii** Mallorca-Kugelblume (Globulariaceae) Pflanze unten verholzt/Blätter entfernt gezähnt/Blüten 30-35 mm/4 Staubblätter/Felsspalten/Apr-Mai

Trachelium caeruleum Blaues Halskraut (Campanulaceae) Fast kahle Pflanze/Blätter eiförmig bis breit lanzettlich/Blüten 5-7 mm und glockenartig verwachsen/5 Staubblätter/feuchte Standorte/Mai-Sep

Blüten in Dolden

1A-Büten violett
  2A-Blätter dreizählig   *Naufraga balearica**
  2B-Blätter nicht dreizählig   *Torilis japonica*

*Naufraga balearica** (Apiaceae) Kleine am Grund verholzte Pflanze/Blätter dreizählig/Dolde mit 2-4 Blüten/Felsspalten-schattige Abhänge/Mai

Torilis japonica Gewöhnlicher Klettenkerbel (Apiaceae) BehaartesKraut/Stängel massiv/Blätter 1-3fach gefiedert/Dolden 5-12strahlig/4-12 Hüllblätter/Mai-Aug

Blüten symmetrisch

1A-Blüten violett
  2A-Pflanze mit Dornen   ***Ononis spinosa***
  2B-Pflanze ohne Dornen
    3A-Blätter grundständig
      4A-Blattgrund herzförmig
        5A-Pflanze behaart   ***Viola odorata***
        5B-Pflanze unbehaart   ***Viola jaubertiana*** *
      4B-Blattgrund nicht so   ***Solenopsis minuta*** *
    3B-Blätter dreizählig
      4A-Blüten einzeln (nicht in Köpfchen)
        5A-Blüten gestielt/Blättchen 5-8 mm lang ***Ononis reclinata***
        5B-Blüten sitzend/Blättchen 1-2 cm lang ***Ononis mitissima***
      4B-Blüten in vielblütigen Trauben   ***Medicago sativa***
      4C-Blüten in vielblütigen Köpfchen
        5A-Blütenstand sitzend
          6A-Pflanze unbehaart
            7A-Blättchen abgerundet   ***Trifolium glomeratum***
            7B-Blättchen leicht zugespitzt ***Trifolium tomentosum***
          6B-Pflanze behaart
            7A-Einzelblüten 4-5 mm   ***Trifolium bocconei***
            7B-Einzelblüten 10-12 mm
              8A-Pflanze niederliegend (5-15 cm) ***Trifolium cherleri***
              8B-Pflanze verzweigt (15-40 cm) ***Trifolium diffusum***
        5B-Blütenstand gestielt
          6A-Pflanze unbehaart
            7A-Blütenstand 1-5blütig   ***Trifolium ornithopodioides***
            7B-Blütenstand vielblütig
              8A-Blütenstand < 20 mm
                9A-Blütenstandstiel ≤ Blattstiel ***Trifolium resupinatum***
                9B-Blütenstandstiel > Blattstiel ***Trifolium tomentosum***
              8B-Blütenstand größer
                9A-Obere 2 Blätter gegenständig ***Trifolium spumosum***
                9B-Obere 2 Blätter nicht so   ***Trifolium vesiculosum***
          6B-Pflanze behaart
            7A-Obere 2 Blätter gegenständig ***Trifolium squamosum***
            7B-Obere 2 Blätter nicht so
              8A-Blütenstand kugelig
                9A-Nebenblätter oval   ***Trifolium stellatum***
                9B-Nebenblätter lanzettlich
                  10A-Nebenblätter lanzettlich ***Trifolium lappaceum***
                  10B-Nebenblätter lanzettlich ***Trifolium fragiferum***

8B-Blütenstand nicht kugelig
  9A-Blättchen lineal-lanzettlich   ***Trifolium angustifolium***
  9B-Blättchen eiförmig
    10A-Nebenblätter eiförmig   ***Trifolium arvense***
    10B-Nebenblätter oval   *Trifolium ligusticum*
3C-Blätter anders
 4A-Blätter sitzend
  5A-Blüten < 1 cm
   6A-Blüten zu 1-3/im Flachland   *Scrophularia ramosissima*
   6B-Blüten zu 3-11/in den Bergen   *Scrophularia canina*
  5B-Blüten größer
   6A-Blüten mit 4 Staubblättern   ***Digitalis minor*****
   6B-Blüten mit vielen Staubblättern
    7A-Blüte 10-20 mm   *Consolida ajacis*
    7B-Blüte 20-28 mm   ***Consolida regalis***
 4B-Blätter gestielt
  5A-Blüte ohne Sporn
   6A-Blätter fingerförmig geteilt   ***Lupinus micranthus***
   6B-Blätter breit-herzförmig   *Scrophularia peregrina*
  5B-Blüte mit Sporn
   6A-Blüte ≤ 8 mm
    7A-Blattsegmente flach   ***Fumaria officinalis***
    7B-Blattsegmente rinnig
     8A-Blätter gräulich blaugrün   ***Fumaria vaillantii***
     8B-Blätter grün
      9A-Blüte 4-5 mm/Kelch 1-2 mm   *Fumaria bracteosa*
      9B-Blüte und Kelchblätter größer   *Fumaria densiflora*
   6B-Blüte 9-15 mm
    7A-Blütenstand bis 12-blütig   *Fumaria muralis*
    7B-Blütenstand > 12-blütig   *Fumaria bastardii*
   6C-Blüten größer
    7A-Blüte behaart   *Delphinium pentagynum*
    7B-Blüte unbehaart
     8A-Sporn < 10 mm
      9A-Blüte blaß blauviolett   *Delphinium pictum***
      9B-Blüte dunkel blauviolett   *Delphinium staphisagria*
     8B-Sporn > 10 mm
      9A-Seitliche Honigblätter
       in Blüte eingeschlossen   *Delphinium halteratum*
      9B-Seitliche Honigblätter
       aus der Blüte herausragend   *Delphinium gracile*

Anders

Feld-Rittersporn
Consolida regalis
(Ranunculaceae)

Consolida ajacis Garten-Rittersporn (Ranunculaceae) Kraut/Blätter handförmig bis 3-fach gefiedert/Blüte 10-20 mm/Sporn 13-18 mm/viele Staubblätter/ Felder-Wegränder-Zierpflanze/Apr-Juli

Consolida regalis Feld-Rittersporn (Ranunculaceae) Flaumig behaartes Kraut/ Blätter vielfach geteilt/Blütenstand in vielblütigen Trauben/Blüte 20-28 mm/ Sporn 12-25 mm/Frucht kahl/viele Staubblätter/Ibiza/Mai-Juli

Delphinium gracile Rittersporn (Ranunculaceae) Behaartes Kraut/Blüte behaart Blütenblätter 6-9 mm/Sporn > 10 mm/viele Staubblätter/Juni-Sep

Delphinium halteratum Geflügelter Rittersporn (Ranunculaceae) Behaartes Kraut/Blätter handförmig fiederschnittig mit schmal lanzettlichen Abschnitten/Blüte behaart/Blüten blauviolett/Blütenblätter 7-12 mm/Sporn>10 mm/ viele Staubblätter/Ibiza/Apr-Sep

Delphinium pentagynum (Ranunculaceae) Pflanze mit runden Blättern/Blätter tief eingeschnitten/Blüte behaart/viele Staubblätter/Sporn > 10 mm/Oliven-haine-Wacholderwald

Delphinium pictum* Gemalter Rittersporn (Ranunculaceae) Behaartes Kraut/ Blätter handförmig fiederschnittig mit lanzettlichen Abschnitten/Blüten 22-26 mm/Sporn 5-10 mm/viele Staubblätter/Bergland/Mai-Juni

Delphinium staphisagria Scharfer Rittersporn (Ranunculaceae) Weich behaarte Pflanze/Blätter handförmig 5-9lappig/Blüte dunkelblau/Blüte 24-40 mm/ Sporn 2-5 mm/viele Staubblätter/Felder-Wegränder-Zierpflanze/Mai-Juni

<u>Digitalis minor</u>* Balearen-Fingerhut (Scrophulariaceae) Behaarte Pflanze/ Blätter lanzettlich/Blüte 35-40 mm/4 Staubblätter/Felsküsten-Felsspalten/ Apr-Juli

Fumaria bastardii (Papaveraceae) Kraut/Blätter vielfach geteilt/Blüte 9-12 mm Blüte gespornt/6 Staubblätter/Felder-Wegränder/Feb-Apr

Fumaria bracteosa (Papaveraceae) Kraut/Blätter linealisch+rinnig/Blüte 6-7 mm/Kelch über 25% der Blüte/Blüte gespornt/6 Staubblätter/Formentera und Cabrera/Feb-Apr

Fumaria densiflora Dichtblütiger Erdrauch (Papaveraceae) Kraut/Blätter linealisch und rinnig/Blüte 6-7 mm/Kelch über 25% der Blüte/Blüte gespornt/ 6 Staubblätter/Feb-Apr

Fumaria muralis Mauer-Erdrauch (Papaveraceae) Kraut/Blätter vielfach geteilt/Blüte gespornt/Blüten 7-8 mm/Frucht rundlich/Felder-Wegränder/ Ibiza/Apr-Juni

<u>Fumaria officinalis</u> Gemeiner Erdrauch (Papaveraceae) Kraut/Blätter vielfach geteilt/Blüte gespornt/Blüten 7-11 mm/Frucht abgeflacht/Felder-Wegränder/ Feb-Sep

<u>Fumaria vaillantii</u> Vaillants Erdrauch (Papaveraceae) Kraut/Blätter linealisch/ Blüte 5-6 mm/Kelch bis 20% der Blüte/Blüte gespornt/Sporn lang und gerade/6 Staubblätter/Feb-Apr

<u>Lupinus micranthus</u> Kleinblättrige Lupine (Fabaceae) Behaartes Kraut/Blätter fingerförmig geteilt/Blüten 10-14 mm/Felder-Wegränder/Menorca/März-Mai

Schmalblättriger Klee
Trifolium angustifolium
(Fabaceae)

Medicago sativa Luzerne (Fabaceae) Behaarte Pflanze/Blätter dreizählig mit kleinen Nebenblättern und vorne gesägt/Blüten 5-12 mm/Schote gedreht/Felder-Nutzpflanze-Wegränder/Mai-Juli

Ononis mitissima Milde Hauhechel (Fabaceae) Behaartes Kraut/Blätter dreizählig/Blütenstand sitzend/Einzelblüten 10-12 mm/Felder-Felsspalten-Garigues-Kiefernwald-Olivenhaine-Wacholderwald-Wegränder/Apr-Juni

Ononis reclinata Nickende Hauhechel (Fabaceae) Behaartes Kraut/Blätter dreizählig/Blüten einzeln/Blüten 5-10 mm/Felder-Garigues-Kiefernwald-Olivenhaine-Wacholderwald/März-Apr

__Ononis spinosa__ Dornige Hauhechel (Fabaceae) Dorniger Zwergstrauch/behaart/Blätter dreizählig/Blüten 6-20 mm/Blüten meist einzeln in losen Blütenständen/Felder-Wegränder/Apr-Okt

Scrophularia canina Hunds-Braunwurz (Scrophulariaceae) Pflanze mit fiederschnittigen Blättern/Blüten zu 3-11/Blüten 4-5 mm/in den Bergen/Bergland-Felsküsten-Strand/Apr-Mai

Scrophularia peregrina Fremde Braunwurz (Scrophulariaceae) Pflanze mit breit herzförmigen Blättern/Blüten 6-9 mm/Blüte nicht gespornt/Felder-Steinböden-Wegränder/Apr-Juli

Scrophularia ramosissima (Scrophulariaceae) Pflanze mit fiederschnittigen Blättern/Blüten 1 zu 1-3/Blüten 4-5 mm/imFlachland/Apr-Juli

*Solenopsis minuta** Kleine Laurentie (Scrophulariaceae) Pflanze mit grundständigen Blättern/Blätter eiförmig-spatelig/Blüten 4-11 mm/5 Staubblätter/Feuchtgebiete-schattige Abhänge/März-Apr

__Trifolium angustifolium__ Schmalblättriger Klee (Fabaceae) Behaartes Kraut/Blättchen 1-4 mm schmal und 10-80 mm lang/Blütenköpfchen gestielt/Blütenköpfchen 20-80 mm/Einzelblüte 7-15 mm/Felder-Garigues-Kiefernwälder-Wegränder/Apr-Juli

__Trifolium arvense__ Hasen-Klee (Fabaceae) Behaartes Kraut mit dreizähligen Blättern/Blättchen 5-20 mm/Blütenköpfchen gestielt/Blütenköpfchen ca 20 mm/Einzelblüte 2-5 mm/Felder/Menorca/Apr-Sep

Trifolium bocconei Boccones Klee (Fabaceae) Behaartes Kraut/Blätter dreizählig/Blütenstand sitzend/Blütenstand 9-15 mm/Einzelblüten 4-5 mm/Apr-Juli

Trifolium cherleri Cherlers Klee (Fabaceae) Behaartes Kraut/Blätter dreizählig/Blättchen vorne eingeschnitten/Blüten 8-10 mm/rosa-weiß/Blüten wenig länger als der Kelch/Felder-Wegränder/Apr-Mai

Trifolium diffusum (Fabaceae) Behaartes Kraut mit dreizähligen Blättern/Stängel mehrfach verzweigt/Blütenköpfchen sitzend/Blütenköpfchen 15-25 mm/Einzelblüte ca 12 mm/Mai-Aug

__Trifolium fragiferum__ Erdbeer-Klee (Fabaceae) Am Grund verholzte Pflanze/behaart/Blätter dreizählig und vorn eingeschnitten/Köpfe vielblütig/Blütenstiel bis 20 cm/Blütenstand 10-14 mm breit und 10-35 mm lang/Feuchtgebiete-Marschland/Mai-Aug

Anders

Mallorca-Veilchen
*Viola jaubertiana**
(Violaceae)

Trifolium glomeratum Knäuel-Klee (Fabaceae) Kraut/Blätter dreizählig/ Blütenstand sitzend/Blütenstand 8-10 mm/Einzelblüten 4-5 mm/Felder-Wegränder/Mai-Juni

Trifolium lappaceum Kletten-Klee (Fabaceae) Behaartes Kraut mit dreizähligen Blättern/Blättchen 5-20 mm/Blütenköpfchen gestielt/Blütenstiel bis 35 mm/ Blütenköpfchen 12-20 mm/Einzelblüte 7-8 mm/Apr-Mai

Trifolium ligusticum Ligurischer Klee (Fabaceae) Behaartes Kraut/Blätter dreizählig/Blütenstand gestielt/Blütenstand 6-15 mm/Einzelblüten 3-4 mm/Kelch größer als die Blüten/Kelch 10-14venig/Mai-Juni

Trifolium ornithopodioides Vogelfuß-Klee (Fabaceae) Kraut/Blätter dreizählig/ Blütenstand 1-5blütig/Blütenstiel bis 8 mm/Einzelblüten 6-8 mm/Apr-Juni

Trifolium resupinatum Persischer Klee (Fabaceae) Unbehaartes Kraut mit dreizähligen Blättern/Blättchen nicht gebuchtet/Nebenblätter nicht gezähnt/ Blütenköpfchen gestielt/Blütenstiel kleiner bis doppelt so lang wie die Blätter/Blütenköpfchen 8-25 mm/Einzelblüte 2-8 mm/Felder-Wegränder/ Apr-Juni

Trifolium spumosum Schaumiger Klee (Fabaceae) Am Grund verholzte Pflane mit dreizähligen Blättern/Köpfe vielblütig/Köpfe endständig/Blütenstiel 10-40 mm/Einzelblüten 9-12 mm/Menorca/Feuchtstandorte/März-Juni

Trifolium squamosum Meerstrands-Klee (Fabaceae) Behaartes Kraut/Blätter dreizählig/Blütenstand gestielt/Einzelblüte 5-7 mm/Blätter unterhalb der Köpfe gegenständig/Kelchzähne unterschiedlich/Felder-Feuchtgebiete-Wegränder/Mai-Juni

Trifolium stellatum Stern-Klee (Fabaceae) Unbehaartes Kraut mit dreizähligen Blättern/Blättchen gebuchtet/Nebenblätter gezähnt/Blütenköpfchen lang gestielt (30-100 mm)/Blütenköpfchen 15-25 mm/Einzelblüte 8-12 mm/Felder-Wegränder/Apr-Juni

Trifolium tomentosum Filziger Klee, Filziger (Fabaceae) Unbehaartes Kraut/ Blätter dreizählig/Blütenstand kurz gestielt/Blütenstand 6-15 mm/vielblütig/ Einzelblüten 2-8 mm/Felder-Wegränder/Apr-Juni

Trifolium vesiculosum Blasenfrüchtiger Klee (Fabaceae) Unbehaartes Kraut/ Blätter dreizählig/Blütenstand gestielt/Blütenstand 20-60 mm/Blütenstand vielblütig/Einzelblüten 3-4 mm/Apr-Juni

<u>Viola jaubertiana</u>* Mallorca-Veilchen (Violaceae) Unbehaarte Pflanze/Blätter rundlich und nierenförmig/Blüten 15-20 mm/Felsspalten/März-Mai

<u>Viola odorata</u> Wohlriechendes Veilchen (Violaceae) Leicht behaarte Pflanze mit grundständigen Blättern/Blätter rundlich und nierenförmig/Blüten 13-15 mm/feuchte Standorte-Steinböden/Feb-Apr

Garten-Ringelblume
Calendula officinalis
(Compositae)

Blüten margeritenartig

1A-Blüten orange
    2A-Pflanze am Grund verholzt   ***Gazania rigens***
    2B-Pflanze am Grund nicht verholzt   ***Calendula officinalis***
1B-Blüten violett   ***Senecio elegans***

Calendula officinalis Garten-Ringelblume (Compositae) Behaartes Kraut mit orangen Blüten/Blätter länglich bis oval/Blüten gänseblümchenartig/Blüten 4-7 cm/Zierpflanze/März-Mai

Gazania rigens Halbstrauch-Gazanie (Compositae) Behaarte Pflanze mit orangen Blüten/Blüten 5-8 cm/Zierpflanze/Mai-Juli

Senecio elegans Greiskraut (Compositae) Kaum behaartes Kraut/Stängel gefurcht/Blüten 20-25 mm

Blüte löwenzahnartig

1A-Blüten violett
    2A-Blüten 10-20 mm   ***Lactuca tenerrima***
    2B-Blüten 25-35 mm   ***Catananche caerulea***

Catananche caerulea Blaue Rasselblume (Compositae) Angedrückt behaarte Pflanze mit grundständigen Blättern/Blätter lineal/Blüten einzeln/Blüten 10-20 mm/Felder-Garigues-Kiefernwälder-Wegränder/Apr-Sep

Lactuca tenerrima Westalpen-Lattich (Compositae) Behaarte Pflanze/untere Blätter fiederteilig/Blüten 25-35 mm zu mehreren/Bergland-Felsspalten/Jan-Okt

Blüten anders

1A-Blüten violett
  2A-Blätter stechend oder distleartig
    3A-Blätter weiß gezeichnet
      4A-Blätter behaart   ***Galactites tomentosa***
      4B-Blätter unbehaart
        5A-Blüten 15-23 mm   ***Notobasis syriaca***
        5B-Blüten 25-40 mm   ***Silybum marianum***
    3B-Blätter mit langen, gelben Dornen   ***Picnomon acarna***
    3C-Blätter anders
      4A-Stängel geflügelt
        5A-Blütenköpfchen > 2 cm
          6A-Blätter grün   ***Cirsium vulgare***
          6B-Blätter weißgrau behaart
            7A-Weniger als 8 Blattlappenpaare ***Onopordum macracanthum***
            7B-Mehr als 7 Blattlappenpaare ***Onopordum illyricum***
        5B-Blütenköpfchen < 2 cm
          6A-Blüte sitzend   ***Carduus bourgeanus***
          6B-Blüte gestielt
            7A-Blütenstiel < 3 cm   ***Carduus tenuiflorus***
            7B-Blütenstiel > 3 cm   ***Carduus pycnocephalus***
      4B-Stängel nicht geflügelt
        5A-Blüten einzeln
          6A-Blütenköpfchen mit Hochblättern
            7A-Hochblätter gezähnt   ***Atractylis cancellata***
            7B-Hochblätter fiederschnittig   ***Atractylis humilis***
          6B-Blütenköpfchen ohne Hochblätter
            7A-Blüten 5-8 mm   ***Centaurea calcitrapa***
            7B-Blüten 14-16 mm   ***Tyrimnus leucographus***
            7C-Blüten 20-30 mm   ***Carduncellus caeruleus***
            7D-Blüten 30-40 mm   ***Carduncellus monspelliensium***
            7E-Blüten 40-55 mm   ***Cynara cardunculus***
        5B-Blüten zu 2-8
          6A-Blütenköpfchen mit Hochblättern
            7A-Hochblätter gezähnt   ***Atractylis cancellata***
            7B-Hochblätter fiederschnittig   ***Atractylis humilis***
          6B-Blütenköpfchen ohne Hochblätter
            7A-Blätter unterseits weißfilzig   ***Cynara cardunculus***
            7B-Blätter grün
              8A-Blattoberseite ohne Borsten   ***Cirsium arvense***
              8B-Blattoberseite mit Borsten   ***Cirsium echinatum***

2B-Blätter nicht distelartig
  3A-Blätter grundständig   *Crupina crupinastrum*
  3B-Blätter gestielt
    4A-Blätter oval bis eiförmig   ***<u>Globularia cambessedesii</u>****
    4B-Blätter herzförmig
      5A-Blütenstiel hohl   *Arctium minus*
      5B-Blütenstiel massiv
        6A-Blüte 12-25 mm x 15-25 mm   *Arctium tomentosum*
        6B-Blüte 20-25 mm x 35-42 mm   *Arctium lappa*
    4C-Blätter eingeschnitten oder anders
      5A-Blütenköpfchen distelartig
        6A-Stängel geflügelt   *Centaurea seridis*
        6B-Stängel nicht geflügelt   *Centaurea aspera*
      5B-Blütenköpfchen nicht stechend
        6A-Blütenköpfchen 8-12 mm   *Centaurea diluta*
        6B-Blütenköpfchen 2-3 cm   *Scabiosa maritima*
  3C-Blätter sitzend
    4A-Zwergstrauch   *Staehelina dubia*
    4B-Krautige Pflanze
      5A-Blüten zu mehreren
        6A-Blätter herz- bis nierenförmig   *Petasites fragrans*
        6B-Blätter anders   *Crupina vulgaris*
      5B-Blüten einzeln
        6A-Blüten > 30 mm
          7A-Blätter tief eingeschnitten   *Leuzea conifera*
          7B-Blätter nicht tief eingeschnitten
            8A-Blüten 30-35 mm   ***<u>Globularia cambessedesii</u>****
            8B-Blüten deutlich größer   ***<u>Cynara scolymus</u>***
        6B-Blüten < 30 mm
          7A-Zwergstrauch   *Globularia alypum*
          7B-Krautige Pflanze
            8A-Pflanze unten verholzt
              9A-Ganze Pflanze behaart   *Centaurea collina*
              9B-Pflanze nur unten behaart   *Mantisalca salmantica*
              9C-Pflanze unbehaart   ***<u>Cheirolophus intybaceus</u>***
            8B-Pflanze unten nicht verholzt
              9A-Blütenköpfchen tellerförmig ***<u>Scabiosa maritima</u>***
              9B-Blütenköpfchen distelartig   *Mantisalca duriaei*

Anders

Dünnköpfige Distel
Carduus tenuiflorus
(Compositae)

Arctium lappa Große Klette (Compositae) (Un)Behaartes Kraut/Blätter spitz eiförmig/Blüten in Gruppen/Blüte 20-25 mm x 35-42 mm/Blütenstiel 3-10 cm/Juli-Okt

Arctium minus Kleine Klette (Compositae) Behaartes Kraut/Grundblätter breit eiförmig/Blütenstiel hohl/Blüte 15-18 x 15-25 mm/Feuchtgebiete/Juli-Okt

Arctium tomentosum Filz-Klette (Compositae) Behaartes Kraut/Blätter spitz eiförmig/Blüten in Gruppen/Blüte 12-25 mm x 15-25 mm/Blütenstiel 3-10 cm/Juli

Atractylis cancellata Gitter-Spindelkraut (Compositae) Weißwollig behaartes Kraut/Blüten zu mehreren/Blüten 15-25 mm/Felder-Felsküsten/Apr-Juni

Atractylis humilis Niedriges Spindelkraut (Compositae) Pflanze mit distelartigen Blättern/Blüten einzeln/Blüten 15-25 mm/Hüllblätter gezähnt und stechend/Felder-Wegränder/Menorca und Ibiza/Juli-Sep

Carduncellus caeruleus Blaue Färberdistel (Compositae) Distelartige Pflanze/Stängel behaart/Blüten einzeln/Blüten 2-3 cm/Apr-Mai

Carduncellus monspelliensium Französische Färberdistel (Compositae) Distelartige Pflanze/Blüten einzeln/Blüten 3-4 cm/Bergland/Mai-Sep

Carduus bourgeanus (Compositae) Behaartes Kraut/Stängel geflügelt/Blüte 12-15 mm/Blütenköpfchen eiförmig/Felder-Wegränder/Ibiza/Apr-Juni

Carduus pycnocephalus Knäuelköpfige Distel (Compositae) Behaartes Kraut mit distelartigen Blättern/grau oder weißfilzig behaart/Stängel geflügelt/Blüte gestielt/Blüten 15-20 mm/Blüten zu 2-3/Felder-Wegränder/März-Juni

<u>Carduus tenuiflorus</u> Dünnköpfige Distel (Compositae) Behaartes Kraut mit distelartigen Blättern/Stängel geflügelt/Blüten zu 3-8/Blüte 15-20 mm/Blüte zylindrisch/Blütenstiel < 3 cm/Felder-Wegränder/Apr-Mai

Centaurea aspera Raue Flockenblume (Compositae) Teilweise wollig behaarte Pflanze/Blätter gefiedert/Blüten 20-25 mm/Felder-Wegränder/Mai-Sep

Centaurea calcitrapa Stern-Flockenblume (Compositae) Fast unbehaarter Zwergstrauch/Grundblätter fiederspaltig/Blüten einzeln/Blüten 5-8 mm/Blütenhüllblätter stechend/Felder-Wegränder/Mai-Sep

Centaurea collina Hügel-Flockenblume (Compositae) Behaart/Blätter tief eingeschnitten/Blüten einzeln (13-17 mm)/Felder-Wegränder/Ibiza/Juni-Aug

Centaurea diluta Blasse Flockenblume (Compositae) Aufrechte Pflanze/Blätter leierförmig-fiederspaltig/Blüte 8-12 mm/Felder-Wegränder/Mai-Juni

Centaurea seridis Gänsedistelblättrige Flockenblume (Compositae) Pflanze behaart/Stängel geflügelt/Blätter tief eingeschnitten/Blüten 15-25 mm/Felder-Strand-Wegränder/Ibiza/März-Aug

<u>Cheirolophus intybaceus</u> Cichorienartige Flockenblume (Compositae) Pflanze mit tief eingeschnittenen Blättern/Blüten einzeln/Blüten 12-16 mm/Juni-Aug

<u>Cirsium arvense</u> Ackerkratzdistel (Compositae) Mehrblütige Pflanze/Blätter distelartig/Blüten 7-13 mm/Felder-Wegränder/Mai-Sep

Cirsium echinatum (Compositae) Behaarte Pflanze mit distelartigen Blättern/Blüten zu 2-8/Blüten 25-50 mm/Felder-Wegränder/Juni-Aug

Artischocke
Cynara scolymus
(Compositae)

Cirsium vulgare Gemeine Kratzdistel (Compositae) Behaartes Kraut/Blätter distelartig/Stängel dornig/Blüten 2-4 cm/Felder-Wegränder/Mai-Okt

Crupina crupinastrum Echter Schlupfsame (Compositae) Behaartes Kraut/Blätter gezähnt bis fiederschnittig/Blüten 17-22 mm/Blütenköpfchen mit 9-15 Röhrenblüten/Felder-Wegränder/Mai-Juni

Crupina vulgaris Gewöhnlicher Schlupfsame (Compositae) Behaartes Kraut/Blätter gezähnt bis fiederschnittig/Blüte 8-15 mm/Blütenköpfchen mit 3-5 Röhrenblüten/Felder-Wegränder/Mai-Juni

Cynara cardunculus Wilde Artischocke (Compositae) Distelartige Pflanze/Blüten 40-55 mm/Felder-Wegränder/Mai-Aug

<u>Cynara scolymus</u> Artischocke (Compositae) Behaarte Pflanze/Blätter unterseits weiß behaart/Blätter fiederteilig/Blüten 6-8 cm/Nutzpflanze/Apr-Sep

<u>Galactites tomentosa</u> Filzige Milchfleckdistel (Compositae) Behaartes Kraut/Blätter weiß gezeichnet/Blüten 15-20 mm/Felder-Wegränder/März-Juli

Globularia alypum Strauchige Kugelblume (Globulariaceae) Kleiner Strauch/Blütenköpfe bis 25 mm/2 Staubblätter/Garigues-Kiefernwald/Okt-Apr

<u>Globularia cambessedesii</u>* Mallorca-Kugelblume (Globulariaceae) Blätter entfernt gezähnten/Blüten 30-35 mm/4 Staubblätter/Felsspalten/Apr-Mai

Leuzea conifera Zapfenkopf (Compositae) Behaarte Pflanze/Blätter tief eingeschnitten/Blüten einzeln/Blüten 40-50 mm/Garigues-Kiefernwälder/Mai-Aug

Mantisalca duriaei (Compositae) Behaartes Kraut/Blätter fiederschnittig/Blüten einzeln/Blüten 15-20 mm/Apr-Okt

Mantisalca salmantica Salamanca-Flockenblume (Compositae) Behaart/Blätter fiederschnittig/Blüten 15-20 mm/Hüllblätter mit dunkler Spitze/Apr-Okt

Notobasis syriaca Syrische Kratzdistel (Compositae) Kraut/Blätter distelartig und weiß gezeichnet/Blüten 15-23 mm/Felder-Wegränder/Mai-Juni

Onopordum illyricum Illyrische Kratzdistel (Compositae) Behaarte Pflanze/Stängel geflügelt/Blüten einzeln/Blüten 4-6 cm/Felder-Wegränder/Juni-Juli

Onopordum macracanthum Langdornige Eselsdistel (Compositae) Behaartes Kraut/Blätter distelartig, weißgrau/Stängel geflügelt/Blüten 3-6 cm/Juni-Juli

Petasites fragrans Vanillen-Pestwurz (Compositae) Pflanze behaart/Blätter herz- bis nierenförmig/Blüten 14-18 mm/Felder-Wegränder/Jan-März

Picnomon acarna Akarna-Kratzdistel (Compositae) Graufilzig behaarte Pflanze Blätter distelartig/mehrblütig/Blüten 8-15 mm/Felder-Wegränder/Juli-Sep

<u>Scabiosa maritima</u> Strand-Skabiose (Dipsacaceae) Behaartes Kraut/Blätter fiederteilig/Blütenköpfe 2-3 cm/4 Staubblätter/Felder-Wegränder/Mai-Sep

<u>Silybum marianum</u> Mariendistel (Compositae) Distelartiges Kraut/Blätter weiß gezeichnet/Blüten einzeln/Blüten 25-40 mm/Felder-Wegränder/Mai-Aug

Staehelina dubia Zweifelhafte Strauchscharte (Compositae) Zwergstrauch/Stängel weißfilzig/Blätter unterseits weißfilzig/Blüten 20-30 m/Garigues-Kiefernwälder/Juni-Aug

Tyrimnus leucographus (Compositae) Distelartiges Kraut/Blätter weißvenig/Blüten einzeln/Blüten 14-16 mm/Felder-Olivenhaine-Steinböden-Wegränder/Apr-Juli

Literaturauswahl

Aichele, D. & Schwegler, H. (2004) Die Blütenpflanzen Mitteleuropas Bd. 1-5. Franckh-Kosmos Verlags-GmbH & Co. KG, Stuttgart.

Alomar, G, Mus, M. & Rosselló, J.A. (1997) Flora Endemica de Les Balears. Consell Insular de Mallorca, Palma.

Beckett, E. (1993) Illustrated Flora of Mallorca. Editorial Moll, Palma.

Beckett, E. (1988) Wild Flowers of Majorca, Minorca, Ibiza. A.A. Balkema, Rotterdam.

Blamey, M. & Grey-Wilson, C. (1998) Mediterranean Wild Flowers. Domino Books Ltd, St Helier, Jersey.

Blamey, M. & Grey-Wilson, C. (2003) Cassell's Wild Flowers Of Britain & Northern Europe. Weidenfeld & Nicolson, London.

Bonner, A. (2003) Plants of paths, marshs and meadows. Information Press, Oxford.

Bonafe, F. (1977-1980) Flora De Mallorca Bd. 1-4. Editorial Moll, Palma.

Bonnier, G. (1990) La Grande Flore En Couleurs (Bd. 1-2). Editions Belin, Paris.

Buttler, K.P. (1996) Orchideen. Mosaik-Verlag GmbH, München.

Gibbons, B. & Brough, P. (2004) Der große Kosmos-Naturführer Blütenpflanzen. Franckh-Kosmos Verlags-GmbH & Co. KG, Stuttgart.

Gil, L. & Llorens (1999) Claus De Determinacio De La Flora Balear. Grafiques Miramar, Palma.

Kajan, E. (1998) Pflanzen auf Mallorca und auf anderen Inseln der Balearen. IHW Verlag, Eching.

Lüder, R. (2004) Grundkurs Pflanzenbestimmung. Quelle & Meyer Verlag, Wiebelsheim.

Mertz, P. (2015) terra NaturWanderführer Mallorca. Tecklenborg-Verlag, Steinfurt.

Muer, T., Sauerbier, H. & Calixto, F.C. (2016) Die Farn- und Blütenpflanzen der Kanarischen Inseln, Margraf Publishers, Weikersheim.

Pollunin, O. & Smythies, B.E. (2004) Guia De Campo De Las Flores De Espana, Portugal Y Sudoeste De Francia. Ediciones Omega, S.A., Barcelona.

Rollan, M.G. (1999) Atlas Clasificatorio De La Flora De Espana Peninsular Y Balear Bd. 1-2. Ministerio De Agricultura, Pesca Y Alimentacion, Madrid.

Rothmaler, W. (1976-1987) Exkursionsflora für die Gebiete der DDR und der BRD. (Bd. 3-4). Volk und Wissen Volkseigener Verlag Berlin.

Schauer, T. & Caspari, C. (2004) Der große BLV Pflanzenführer. BLV Verlagsgesellschaft mbh, München.

Schmeil, O. & Fitschen, J. (1993) Flora von Deutschland und angrenzender Länder. Quelle & Meyer Verlag, Heidelberg.

Schönfelder, P. & Schönfelder, I. (2002) Kosmos Atlas Mittelmeer- und Kanarenflora. Franckh-Kosmos Verlags-GmbH & Co. KG, Stuttgart.

Schönfelder, P. & Schönfelder, I. (2008) Die neue Kosmos-Mittelmeerflora. Franckh-Kosmos Verlags-GmbH & Co. KG, Stuttgart.

Thorogood, C. (2016) Field Guide to the Wild Flowers of the Western Mediterranean. Kew Publishing, Kew.

Tutin, T.G., Burges, N.A., Chater, A.O., Edmondson, J.R., Heywood, V.H., Moore, D.M., Valentine, D.H., Walters, S.M. & Webb, D.A. (1968-1980) Flora Europaea Bd.1-5. Cambridge University Press, Cambridge.

Internet

http://herbarivirtual.uib.es
http://www.floracatalana.net
http://www.mittelmeerflora.de

Ausflugsvorschläge auf Mallorca

Auf der Insel gibt es vielfältige Wandermöglichkeiten, wenn man weiß, wo solche Routen beginnen und enden bzw. wo man sein Auto abstellen kann. Mit der entsprechenden Vorbereitung können diese Touren auch oft mit den Sehenswürdigkeiten der Insel kombiniert werden:

- Schloßberg Bellver
- Trappistenkloster La Trapa
- Soller
- Kastell von Alaro
- Kloster Lluc
- Klöster rund um Randa
- Strand von Es Trenc
- Burganlage von Capdepera
- Coves d'Arta

Lohnende Ausflugsziele sind auch die Naturparks S'Albufera und Mondrago, der botanische Garten von Soller, die Gartenanlagen Jardins d'Alfabia und Raixa in der Nähe von Bunyola, sowie der Garten Botanicactus zwischen Ses Salines und Santanyi im Südosten der Insel. Insbesondere im Frühjahr fällt es schwer, alle diese Orte in einem Urlaub auf der Insel unterzubringen.

Tourvorschläge und Wegbeschreibungen gibt es zum Beispiel auf:

http://www.outdooractive.com/de/wanderungen/mallorca/wanderungen-auf-mallorca/1468058/

Vegetationstypen

Inselzentrum

Überall auf den balearischen Inseln wachsen in der Ebene im Frühjahr eine Vielzahl von Wildblumen. Rechts und links der größeren Straßen und entlang der Feldwege gibt es auf den Feldern einen Artenreichtum, wie er in Mitteleuropa selten geworden ist. Wanderungen fallen daher in der Regel kurz aus, weil insbesondere von Mitte März bis Ende Mai schon auf wenigen Quadratmetern viel zu entdecken ist. Aber auch davor und danach lohnt es sich bei Fahrten durch das Inselinnere ab und zu aus dem Auto auszusteigen und ein Stück entlang der Straßen entlang zu gehen. Auch wenn Anfang des Jahres oder im Sommer die Artenvielfalt überschaubarer ist, gibt es auch zu diesen Jahreszeiten, aber auch im Herbst bestimmte Arten, die nur zu dieser Zeit zu finden sind.

Garrigue und Macchie

Nach der Rodung der Wälder oder nach Bränden mit nachfolgender
Beweidung sind an vielen Stellen der Inseln strauchige Pflanzengesellschaften entstanden. Als Garrigue bezeichnet man dabei Gesellschaften
die aus Gräsern und Stauden und einzelnen Gebüschen bis 1,5 m beste-
hen. Macchien werden dagegen von einer Vielzahl von kleinen und oft
undurchdringlichen Sträuchern dominiert, die 2-5 m hoch werden können. Beide zeichnen sich im Frühjahr nicht nur durch eine große Far-
benpracht aus, sondern verströmen auch ihre typischen Düfte. Beispiele
für beide Pflanzengesellschaften gibt es zwischen Cala Sant Vicenz
und Port de Pollenca, bei Sa Trapa in der Nähe des Wehrturms Cala
Embasset und der gleichnamigen Bucht (Garrigue), auf der Halbinsel
Cap Formentor, im Naturschutzgebiet Montanya de la Victoria gleich
außerhalb von S'Illot in Richtung Ermita de la Victoria oder später auf
dem Rundweg in der Nähe des Coll de ses Fontanelles (Macchie). Ein
anderes lohnenswertes Ziel ist der Parc natural de la peninsula de
Llevant im Nordosten der Insel mit Beginn der Wanderung bei der
Finca S'Alqueria Vella.

Kiefernwald

Im Südosten der Insel befindet sich die Cala Mondrago mit schönen
Buchten und Kiefernwäldern. Während dieser Naturpark im Sommer
wegen der schönen Strände überlaufen ist, kann man im Frühjahr auf
ausgezeichneten Wegen schöne und kurze Wanderungen unterneh-
men. Im Frühjahr blühen hier nicht nur verschiedene Orchideenarten,
sondern auch viele andere Pflanzenarten. Andere schöne Kiefernwälder findet man im Norden der Insel östlich des Naturparks S'Albufera,
aber auch im Bergland im Westen der Insel rund um das Kloster Lluc
oder in der Nähe des kleinen Badeortes Sant Elm auf dem Weg zur
Klosterruine Sa Trapa im äußersten Südwesten der Insel.

Felsküsten

An vielen Stellen der Inseln, wie am Cap de Ses Salines im Südosten
der Inseln oder östlich von Can Picafort im Norden der Insel, sind die
Küsten felsig. Trotzdem gibt es auch hier eine ganze Reihe von
Pflanzenarten, die sich auf den Felsen oder in den Spalten zwischen
den Steinen ansiedeln. Trotz der schwierigen Wachstumsbedingungen
bilden auch hier verschiedene Pflanzenarten dichte Matten, die wenn
sie in Blüte stehen, eindrucksvolle Blütenteppiche bilden.

Olivenbaumhaine und Steineichenwald

Ausgehend von der Finca S'Hermitago zum Castell s'Alaro befinden sich schöne Beispiele für alte Olivenhaine und dichte Steineichenwälder. Während der Unterwuchs in den Olivenhainen noch sehr abwechslungsreich ist, kommen nur noch wenige Arten mit dem geringen Lichtangebot in den Steineichenwäldern zurecht. Wanderungen durch Steineichenwälder gibt es z.B. auch noch im Naturschutzgebiet Son Moragues, direkt nördlich von Valldemosa.

Dünenlandschaften, Salinen und Feuchtgebiete

Auch auf den balearischen Inseln gibt es an verschiedenen Stellen feuchte Standorte mit Arten, die es nur hier und nirgends sonst auf den Insel gibt. Die bekanntesten sind im Norden der Insel der Naturpark S'Albufera zwischen Port d'Alcudia und Can Picafort oder der Naturpark S'Albufereta zwischen Alcudia und Port de Pollenca.

Einen Kontrast hierzu bietet im Westen der Insel der Torrent de Pareis bei Sa Calobra oder die einzigartige Dünenlandschaft zwischen Colonia de Sant Jordi und Ses Covetes im Südosten von Mallorca. Auch hier ist es möglich, auf verschiedenen Wegen eine einzigartige Pflanzenwelt zu erkunden. Viele der hier vorkommenden Pflanzenarten zeichnen sich durch eine hohe Salztoleranz aus, um so dem hohen Salzgehalt in Boden, Wasser und Luft zu widerstehen.

Index

A

© Springer-Verlag GmbH Deutschland, ein Teil von Springer Nature 2020
H. Mehlhorn, *Quick Flora Mallorca*,
https://doi.org/10.1007/978-3-662-60736-7

A
B
C
D
E
F
G
H
I
J
K
L
M
N
O
P
Q
R
S
T
U
V
W
X
Y
Z

A B C D E F G H I J K L M N O P Q R S T U V W X Y Z

E

O

A
B
C
D
E
F
G
H
I
J
K
L
M
N
O
P
Q
R
S
T
U
V
W
X
Y
Z

T

Typha
 - domingensis, 299
 - latifolia, **298**, 299
Tyrimnus
 - leucographus, 437, 546, 551

U

Ulex
 - parviflorus, 192, 195, 203,
   462, **468**, 469
Ulme
 - Feld-, 405, 517
Ulmus
 - minor, 401, 405, 517
Umbilicus
 - horizontalis, 497
 - rupestris, 497
Urginea
 - fugax, 123, 125
 - maritima, 98, 105
Urospermum
 - dalechampii, 207
 - picroides, 475, 483
Urtica
 - atrovirens, **338**, 339
 - dubia, 339
 - membranacea, 303
 - pilulifera, 339
 - urens, 339

V

Vaccaria
 - hispanica, 34, **38**, 39, 72, 79
Vaillantie
 - Behaarte, 179
 - Mauer-, 179
Valantia
 - hispida, 174, 179
 - muralis, 174, 179

Valerianella
 - costata, 327
 - dentata, **326**, 327
 - discoidea, 327
 - echinata, 327
 - eriocarpa, 51, 71, 72, 79, 327
 - microcarpa, 311
 - rimosa, 303
Veilchen
 - Blaues, 511
 - Mallorca-, 435, 542, 543
 - Weißes, 511
 - Wohlriechendes, 434, 435,
   543
Venuskamm
 - Echter, 385
 - Südlicher, 385
Verbascum
 - blattaria, 446, 455
 - boerhavii, 446, 455
 - creticum, 446, 455
 - nigrum, 446, 455
 - sinuatum, 446, **454**, 455
 - thapsus, 446, 455
Verbena
 - officinalis, **310**, 311, 347
 - supina, 327, 329, 331, 349,
   355
Vergißmeinnicht
 - Acker-, 247
 - Hügel-, 247
Veronica
 - anagallis-aquatica, 51, **70**, 71
 - anagalloides, 325, 425
 - arvensis, 325, 423, 425
 - beccabunga, 325
 - catenata, 343
 - cymbalaria, 360, 365
 - hederifolia, 423, 425, 518,
   523
 - persica, **422**, 423, 425
 - polita, 423, **424**, 425
 - praecox, **324**, 325, 423, 425
 - verna, 325, 423, 425
Viburnum
 - tinus, 92, 97

A
B
C
D
E
F
G
H
I
J
K
L
M
N
O
P
Q
R
S
T
U
V
W
X
Y
Z